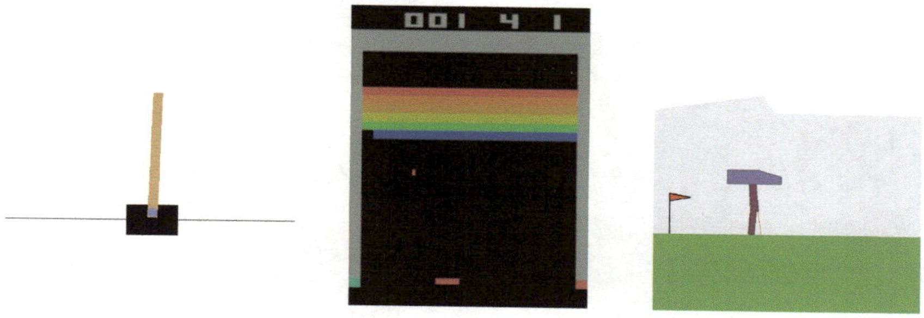

a）CartPole　　b）Atari Breakout　　c）BipedalWalker

图 1-3　三个环境示例，包含不同的状态、动作和奖励

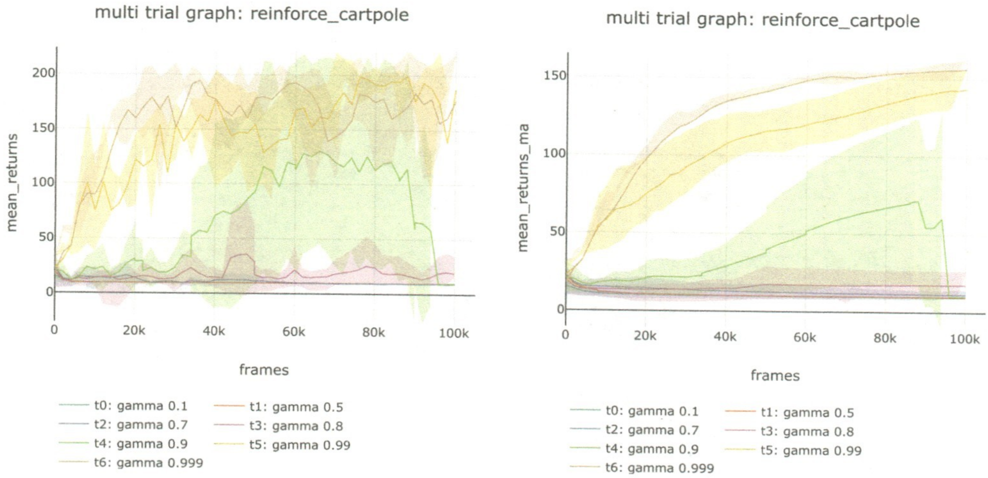

a）多重试验图　　b）带移动平均值的多重试验图

图 2-3　将折扣因子 γ 设置为不同值的效果图。对于 CartPole，较低的 γ 表现较差，而试验 6 中的 $\gamma=0.999$ 表现最佳。通常，对于 γ 来说不同的问题可能具有不同的最佳值

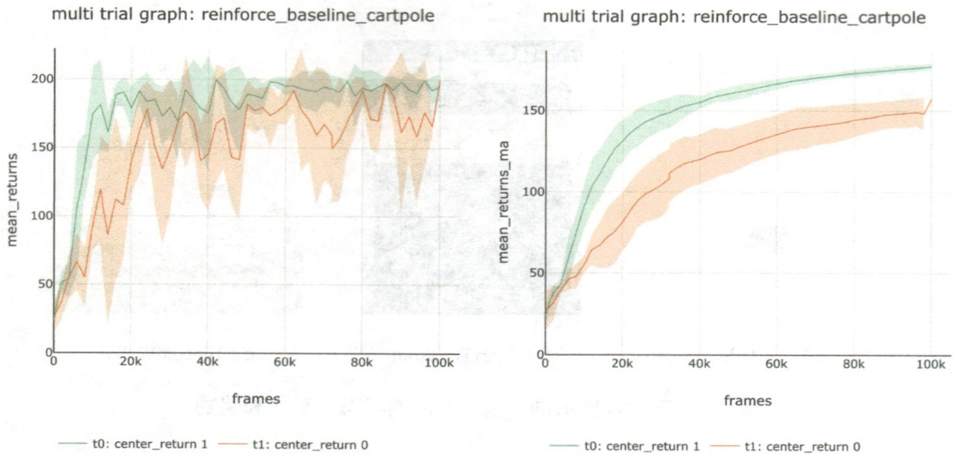

a）多重试验图　　b）带移动平均值的多重试验图

图 2-4　当使用基准线来减少策略梯度估计的方差时，性能会得到改善

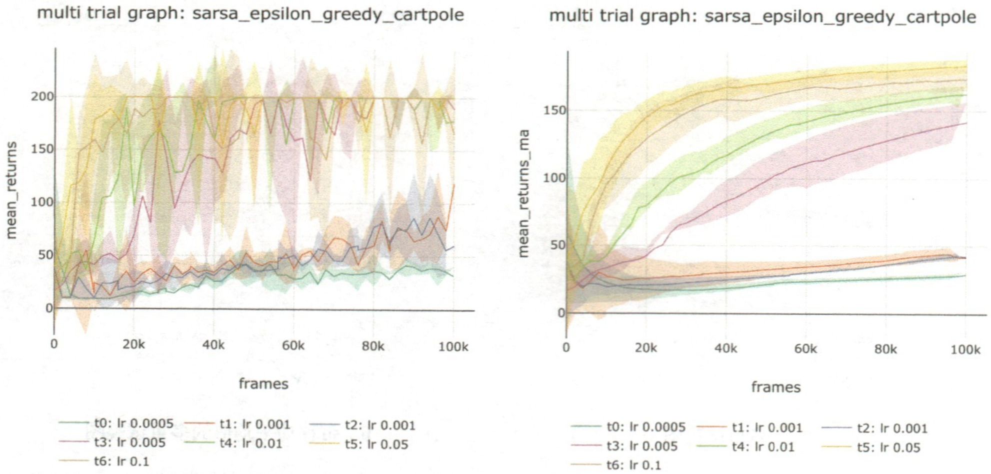

a）多重试验图　　b）带移动平均值的多重试验图

图 3-6　较高的学习率对 SARSA 性能的影响。和预期一样，当学习率更高时智能体的学习速度更快

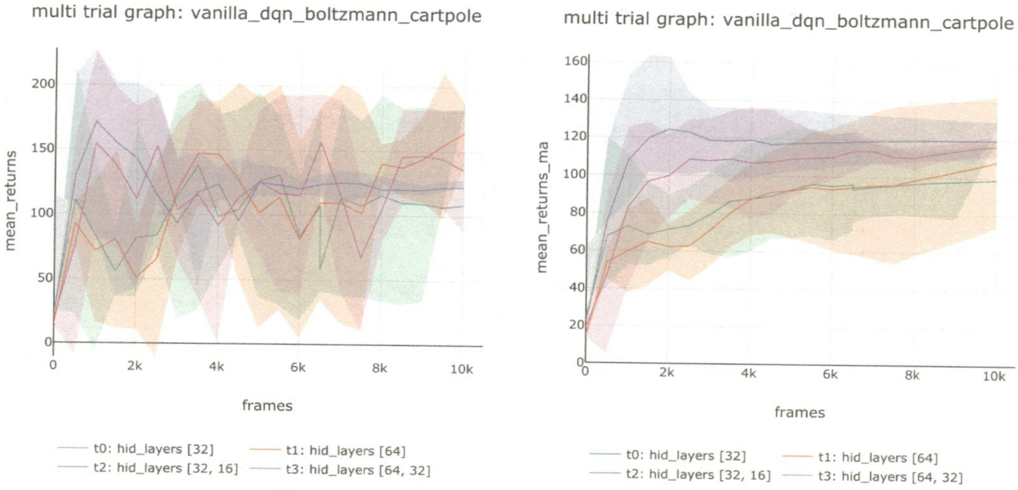

a）多重试验图　　　　b）带移动平均值的多重试验图

图 4-3　不同网络架构的影响。具有两个隐藏层的网络具有更强的学习能力，其性能略好于只有单个隐藏层的网络

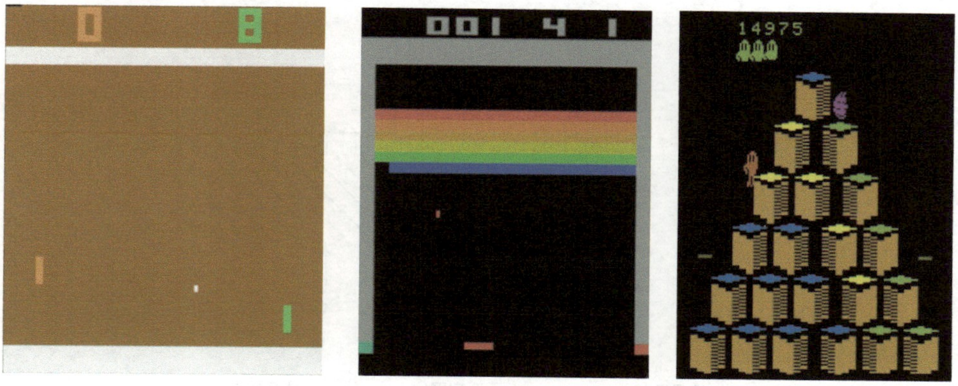

a）Pong　　　　b）Breakout　　　　c）Qbert

图 5-2　由 OpenAI Gym 提供的三款 Atari 游戏的示例状态

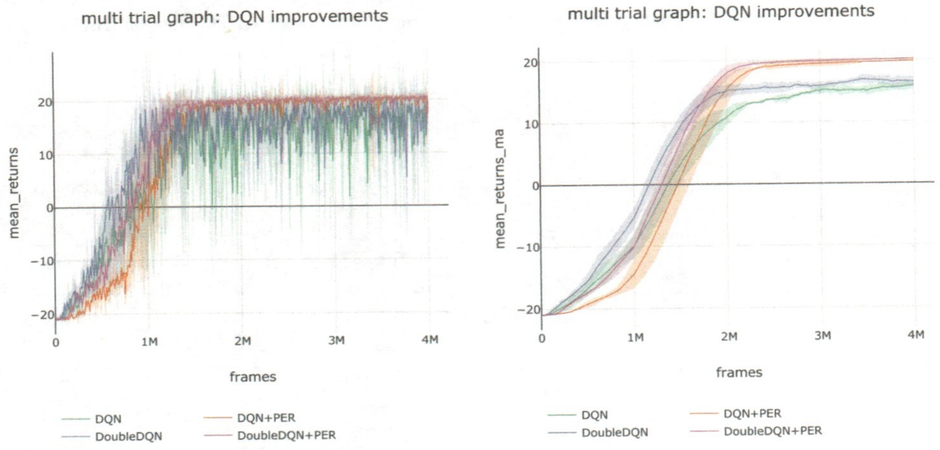

a）多重试验图　　b）带移动平均值的多重试验图

图 5-4　使用 Atari Pong 比较 4 种 DQN 改进变体的性能。与预期一样，双重 DQN+PER 的性能最好，其次是 DQN+PER，最后是双重 DQN 和 DQN

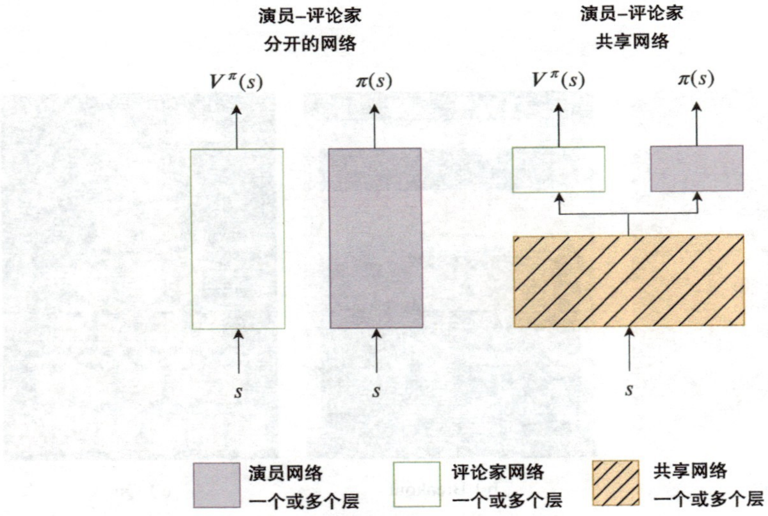

图 6-1　演员 – 评论家网络架构：共享网络和分开的网络

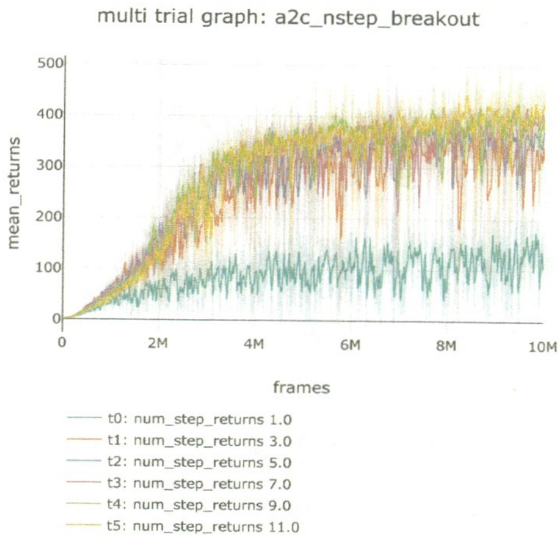

a）多试验图

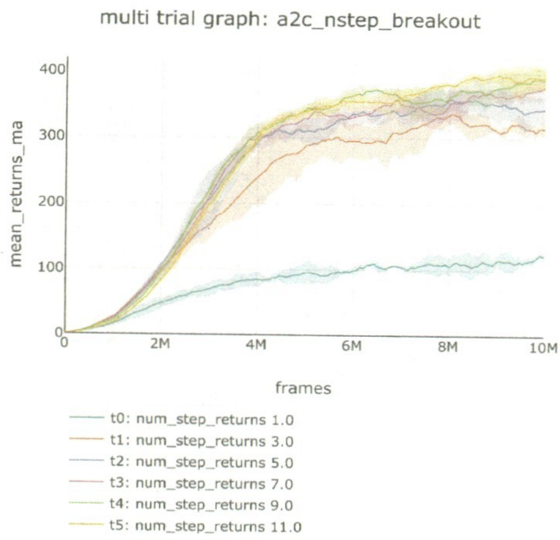

b）带移动平均值的多试验图

图 6-5 演员 – 评论家不同 n 步回报步长对 Breakout 环境的影响。步长 n 越大，性能越好

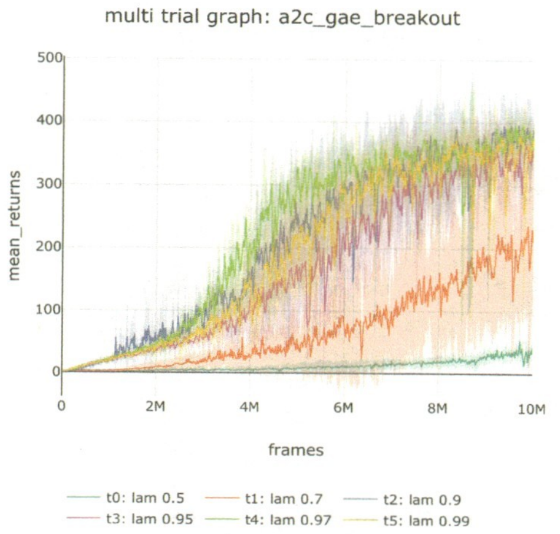

a）多重试验图

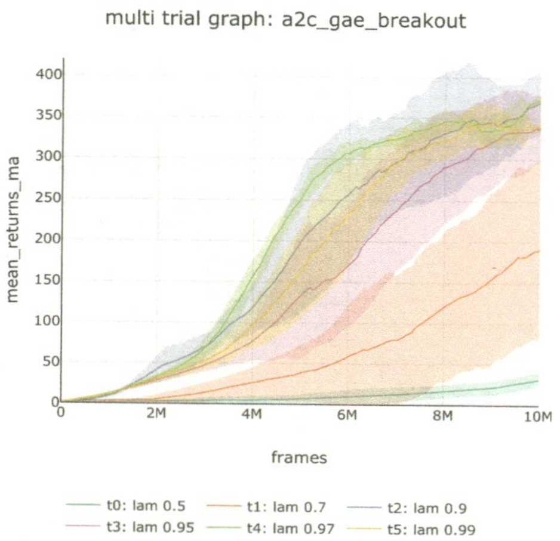

b）带移动平均值的多重试验图

图 6-6 在 Breakout 环境中，不同的 GAE λ 的值对演员 – 评论家的影响。$\lambda = 0.97$ 表现最好，然后是 $\lambda = 0.90$ 和 0.99

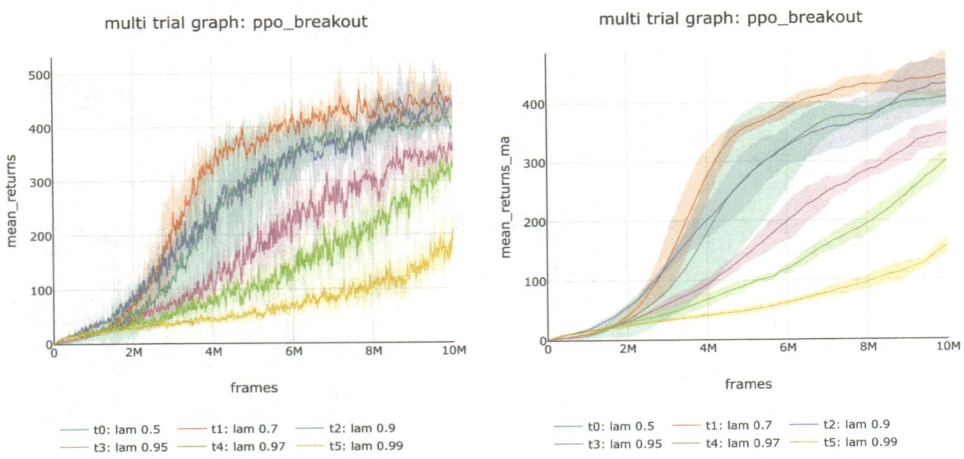

a）多重试验图　　b）带移动平均值的多重试验图

图 7-4　近端策略优化中不同广义优势估计 λ 值对 Breakout 环境的影响。$\lambda = 0.70$ 的效果最好，而接近 0.90 的 λ 值的效果不佳

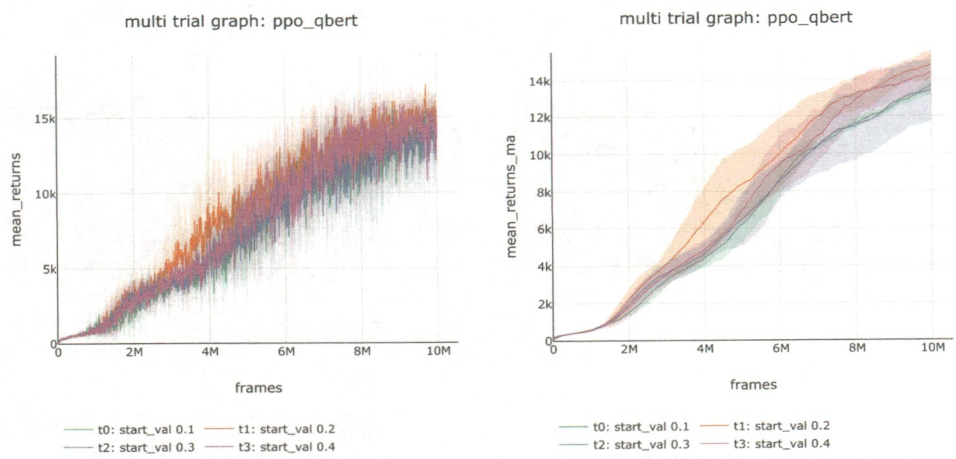

a）多重试验图　　b）带移动平均值的多重试验图

图 7-5　近端策略优化中不同裁剪 ε 值对 Qbert 环境的影响。总体而言，该算法对此超参数不是很敏感

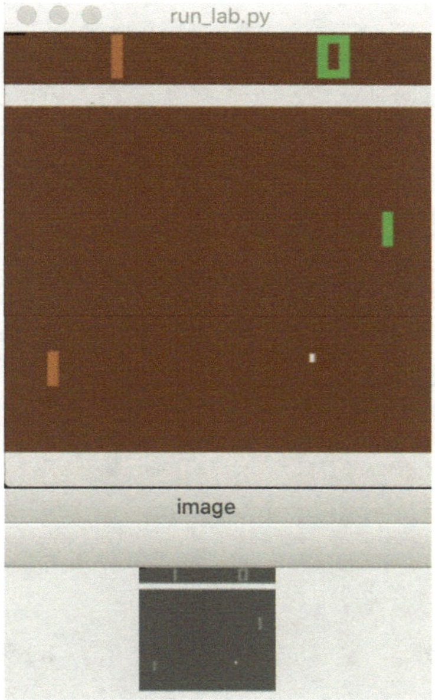

图 10-3　SLM Lab 中 Atari Pong 的图像调试示例。原始彩色图像在上面渲染，而预处理图像（缩小和灰度化的）在下面渲染，以进行比较。按任意键可以跨过该帧

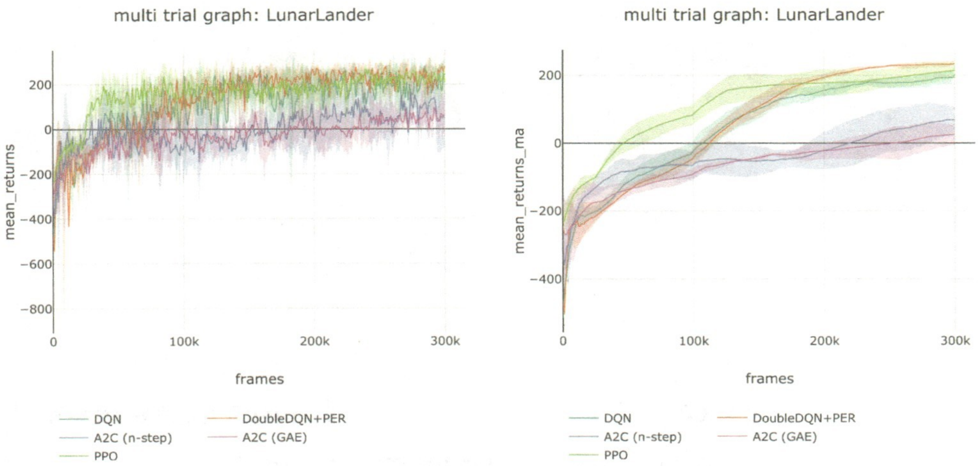

a）多重试验图　　b）带移动平均值的多重试验图

图 10-5　LunarLander 环境下的算法性能比较

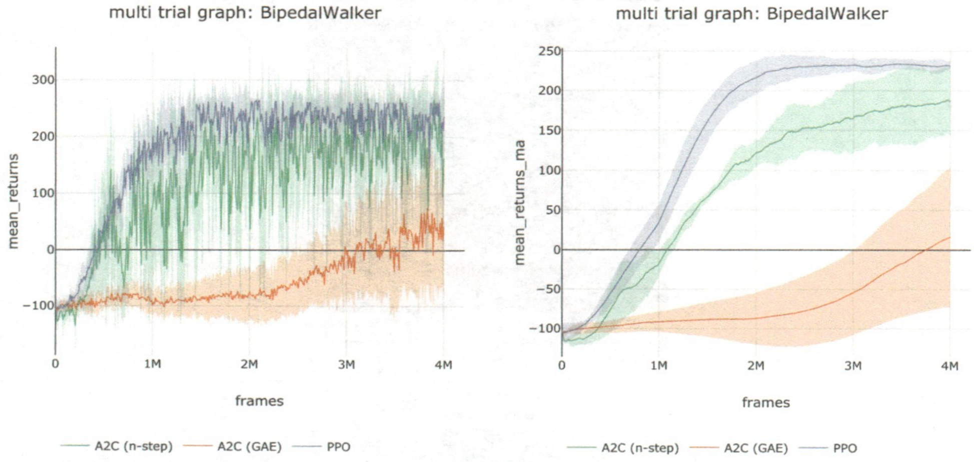

a）多重试验图　　b）带移动平均值的多重试验图

图 10-6　BipedalWalker 环境下的算法性能比较

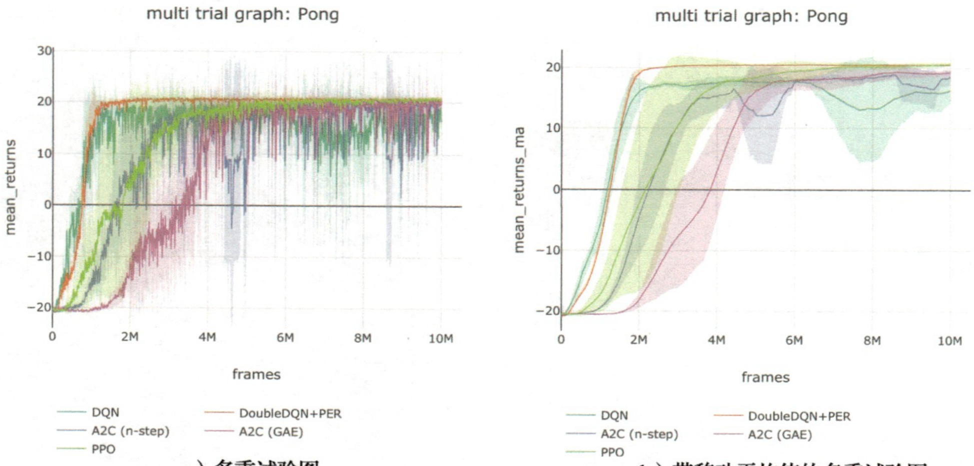

a）多重试验图　　b）带移动平均值的多重试验图

图 10-7　Atari Pong 环境下的算法性能比较

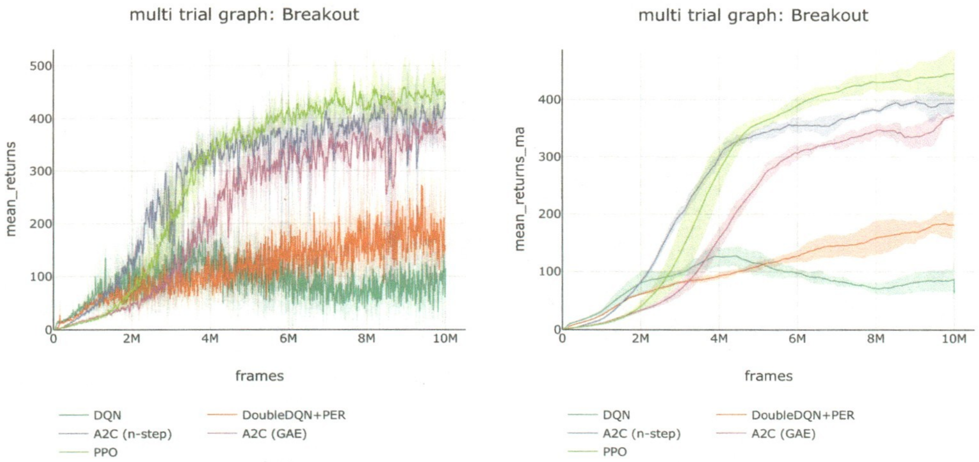

a）多重试验图　　　　b）带移动平均值的多重试验图

图 10-8　Atari Breakout 环境下的算法性能比较

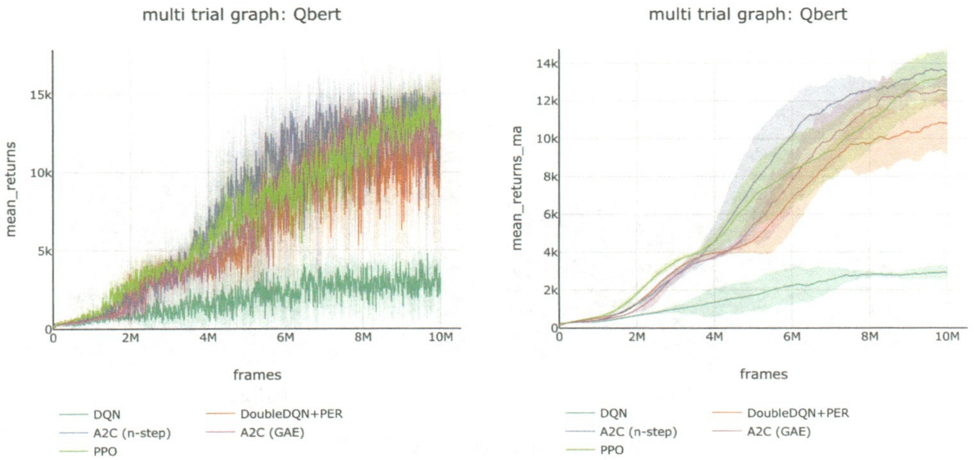

a）多重试验图　　　　b）带移动平均值的多重试验图

图 10-9　Atari Qbert 环境下的算法性能比较

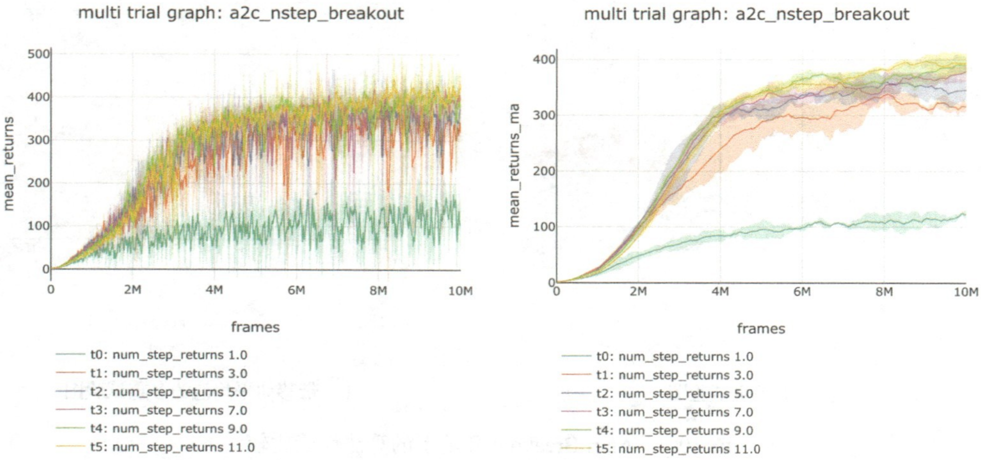

a）多重试验图　　b）带移动平均值的多重试验图

图 11-3　多重试验图示例

a）山　　b）随机图像

图 12-1　山的图像与随机图像

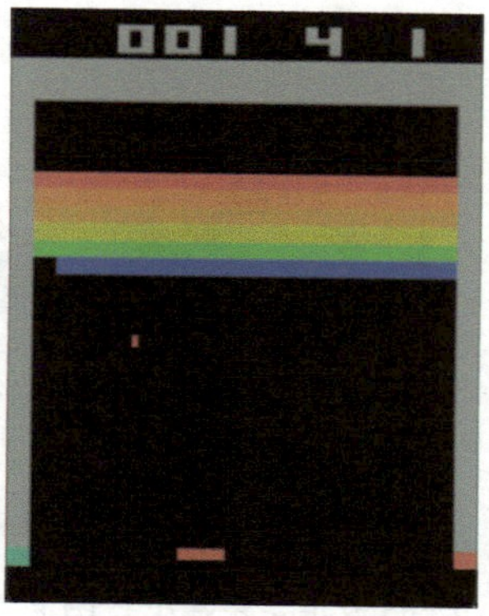

图 12-2　Atari Breakout

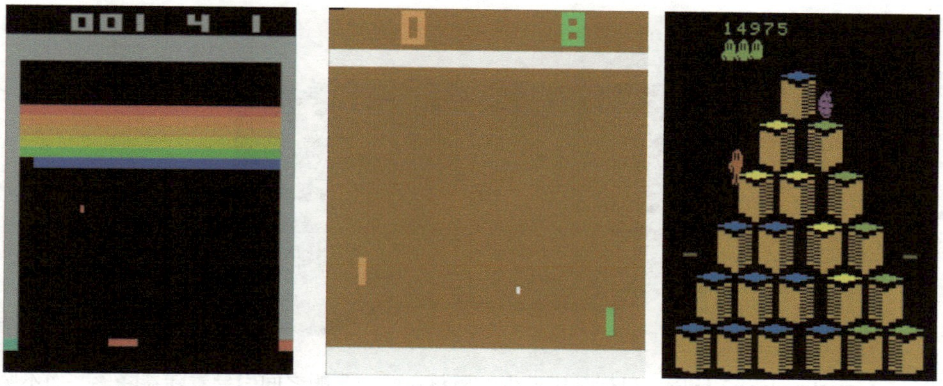

a）Breakout　　b）Pong　　c）Qbert

图 14-1　具有 RGB 彩色图像（3 阶张量）的状态的 Atari 游戏示例。这些是 OpenAI Gym 提供的 Arcade 学习环境（ALE）的一部分

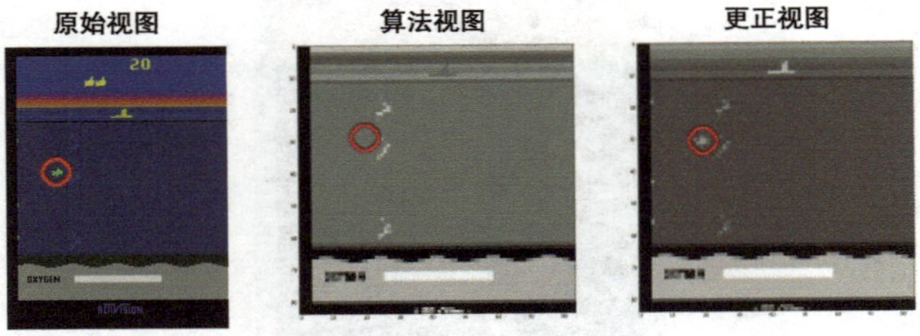

图 14-4　灰度变换会导致关键的游戏元素消失，因此，在调试时始终检查预处理后的图像是一种好习惯。图像来自 OpenAI 基准：DQN

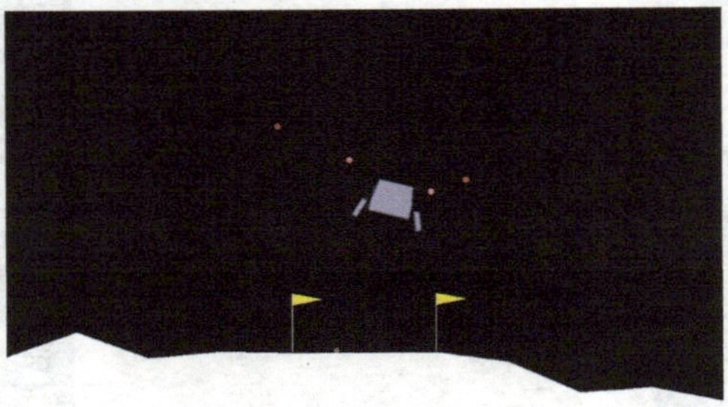

图 B-3　LunarLander-v2 环境。目标是用最少的燃料在两面旗帜之间引导着陆器降落，而不坠毁

智能科学与技术丛书

Foundations of Deep Reinforcement Learning

Theory and Practice in Python

深度强化学习

基于 Python 的理论及实践

[美] 劳拉·格雷泽 (Laura Graesser)
龚辉伦 (Wah Loon Keng) ◎ 著

许静 过辰楷 金骁 刘磊 朱静雯 ◎ 译

机械工业出版社
CHINA MACHINE PRESS

图书在版编目（CIP）数据

深度强化学习：基于 Python 的理论及实践 /（美）劳拉·格雷泽（Laura Graesser），（美）龚辉伦（Wah Loon Keng）著；许静等译．-- 北京：机械工业出版社，2021.8（2023.10 重印）
（智能科学与技术丛书）
书名原文：Foundations of Deep Reinforcement Learning: Theory and Practice in Python
ISBN 978-7-111-68933-1

Ⅰ. ①深… Ⅱ. ①劳… ②龚… ③许… Ⅲ. ①软件工具 - 程序设计 Ⅳ. ① TP311.561

中国版本图书馆 CIP 数据核字（2021）第 165887 号

北京市版权局著作权合同登记 图字：01-2020-2989 号。

Authorized translation from the English language edition, entitled *Foundations of Deep Reinforcement Learning: Theory and Practice in Python*, ISBN: 9780135172384, by Laura Graesser, Wah Loon Keng, published by Pearson Education, Inc., Copyright © 2020 Pearson Education, Inc.

All rights reserved. No part of this book may be reproduced or transmitted in any form or by any means, electronic or mechanical, including photocopying, recording or by any information storage retrieval system, without permission from Pearson Education, Inc.

Chinese simplified language edition published by China Machine Press, Copyright © 2021.

本书中文简体字版由 Pearson Education（培生教育出版集团）授权机械工业出版社在中国大陆地区（不包括香港、澳门特别行政区及台湾地区）独家出版发行。未经出版者书面许可，不得以任何方式抄袭、复制或节录本书中的任何部分。

本书封底贴有 Pearson Education（培生教育出版集团）激光防伪标签，无标签者不得销售。

本书围绕深度强化学习进行讲解，结构合理有序，内容重点突出，理论结合实践，全面讨论了深度强化学习的研究成果及实践工具。本书分为四部分，共 17 章，涉及的主要内容包括：REINFORCE、SARSA、深度 Q 网络、改进的深度 Q 网络、优势演员 - 评论家算法、近端策略优化算法、并行方法、深度强化学习工程实践、SLM Lab、神经网络架构、硬件、状态、动作、奖励、转换函数等。

本书可以作为高等院校人工智能、计算机、大数据等相关专业的本科或研究生教材，也可以作为人工智能相关领域的研究人员和技术人员的参考书籍。

出版发行：机械工业出版社（北京市西城区百万庄大街 22 号 邮政编码：100037）
责任编辑：姚 蕾 游 静　　责任校对：马荣敏
印　　刷：北京捷迅佳彩印刷有限公司　　版　　次：2023 年 10 月第 1 版第 4 次印刷
开　　本：185mm×260mm 1/16　　印　　张：18.5　　插　　页：6
书　　号：ISBN 978-7-111-68933-1　　定　　价：119.00 元

客服电话：（010）88361066 68326294

版权所有·侵权必究
封底无防伪标均为盗版

这本书是关于深度强化学习的无门槛指南，涵盖了流行算法背后的数学概念以及实现方法。对于希望在实践中应用深度强化学习的读者来说，这本书将是很有价值的资源。

——Volodymyr Mnih，DQN 开发主管

通过本书可以快速了解深度强化学习算法的理论、语言和实现方面的专业知识。全书用熟悉的符号清晰地阐明概念，用简洁、可读的代码解释各类新技术，而不是在不相关的材料中浪费时间——这些都是为本书打下坚实基础的完美方法。

——Vincent Vanhoucke，谷歌首席科学家

作为一个每天都在努力使深度强化学习方法对大众更有用的人，我相信本书将是一部受欢迎的作品。它为强化学习中的基本概念提供了易于学习的介绍，也为该领域的许多主要算法提供了直观的解释和代码。在今后的几年里，对于那些对深度强化学习感兴趣的人来说，本书将是宝贵的资源。

——Arthur Juliani，Unity Technologies 机器学习高级工程师

一直以来，掌握深度强化学习的唯一方法是慢慢地从几十个不同的来源积累知识。终于，我们有了一本把所有的内容融合在一起的好书。

——Matthew Rahtz，ETH Zürich 机器学习研究员

译者序

Foundations of Deep Reinforcement Learning: Theory and Practice in Python

强化学习是从传统试错学习发展而来的一种回报式学习方法，它已成为现代人工智能领域的一个重要分支，并在机器人、电子游戏、语音系统等诸多领域取得了令人瞩目的应用成果。在围棋应用中取得巨大成功的博弈算法 AlphaGo 以及升级版的 AlphaGo Zero，更是将强化学习的相关研究推向高峰。现代强化学习理论与心理学、运筹学和数学优化等其他知识领域有着紧密关联，特别是随着深度学习的兴起，强化学习的网络模型向着纵深发展，在学习效果上取得了新的突破，形成了一批面向深度强化学习的新模型、新算法。近年来，在人工智能领域的顶级会议上，关于深度强化学习的探讨一直是热点议题，这使得深度强化学习有望在更多实用领域大显身手。

由于深度强化学习涉及的知识面较广，难以从零星的细节中掌握其体系特征，因此学习深度强化学习需要一本全面且系统的好书。本书从这一目标出发，围绕深度强化学习的体系特征进行了深入浅出的讲解和探讨，特点鲜明。首先，本书的叙述结构合理有序，开篇第 1 章总览本书各部分的算法思路，第 2～9 章介绍典型的深度强化算法理论，第 10～17 章介绍算法的实操细节。全书沿着从理论到实践的叙述主线循序渐进地进行讲解，遵循客观学习规律。其次，本书突出知识学习的实用性，对于关键算法均有代码示例讲解，用 8 章的篇幅讲解实践过程中的工作场景、代码框架、环境搭建等内容，使读者更易上手，并加深理解。最后，本书内容设置合理，重点突出，理论部分主要围绕深度强化学习及其优化算法来讲解，深入剖析典型的 REINFORCE 算法的原理和实现，为读者提供系统的推导和解释。此外，一些章节最后的扩展阅读和历史回顾板块也是本书的亮点，它们试图从时间维度上拓宽读者的视野，激发读者的学习兴趣。

本书可以作为高等院校人工智能、计算机、大数据等相关专业的本科或研究生教材，也可以作为人工智能相关领域的研究人员和技术人员的参考书籍。此外，对强化学习感兴趣的读者也可以将本书作为自学的参考教材。

译者在本书的翻译过程中尽量做到语言流畅，符合中文表达的习惯，对于专业术语也尽量保持其语境含义。由于本书涉及范围广泛，限于译者水平，在译文中难免存在疏漏和错误，真诚希望读者朋友批评指正。

最后，感谢为本书翻译工作做出贡献的研究生吴彦峰、邱宇、高红灿、王伟静等。同时向机械工业出版社的温莉芳女士、何方编辑表示深深的谢意，感谢他们为本书顺利出版提供的帮助和支持。

许静

2021 年 3 月于南开园

序 言

2019 年 4 月，OpenAI 的五款机器人在 Dota 2 比赛中与 2018 年人类世界冠军 OG 展开较量。Dota 2 是一款复杂的多人竞技游戏，玩家可以选择不同的角色，赢得一场比赛需要策略、团队合作和快速决策。如果构建一个人工智能来参与这款游戏，需要考虑很多的变量和一个看似无限的优化搜索空间，这似乎是一个不可逾越的挑战。然而，OpenAI 的机器人轻而易举地赢得了胜利，随后它们在与公众玩家的比赛中也赢得了99%以上的胜利。这一成就背后的创新就是深度强化学习。

虽然这是最近才发展起来的，但强化学习和深度学习都已经存在了几十年，大量的新研究和 GPU 功率的不断提高推动了这一技术的发展。本书将向读者介绍深度强化学习，并将过去六年所做的工作融合成一个连贯的整体。

虽然训练电脑赢得电子游戏的胜利可能不是特别有用的事情，但它是一个起点。强化学习是机器学习的一个领域，它对于解决顺序决策问题(即随着时间的推移而解决的问题)非常有用。这几乎适用于任何情况——无论是玩电子游戏、走在街上，还是驾驶汽车。

本书对这个处于机器学习前沿的复杂主题做了通俗易懂的介绍。两位作者不仅对这方面的许多论文进行了研究，还创建了一个开源库 SLM Lab，用于帮助读者通过快速建立和运行算法来深入学习强化学习。SLM Lab 是基于 PyTorch 用 Python 编写的，但是读者只需要熟悉 Python 即可。至于选择使用 TensorFlow 或其他一些库作为深度学习框架的读者，仍然可以从这本书中获得启发，因为它介绍了深度强化学习解决方案的概念和问题公式。

本书汇集了新的深度强化学习研究成果，以及读者可以使用的示例和代码，还有与 OpenAI Gym、Roboschool、Unity ML-Agents 工具包一起使用的库，这使得本书成为希望使用这些系统的读者的完美起点。

Paul Dix

丛书编辑

前　言

当 DeepMind 在 Atari 街机游戏中取得突破性进展时，我们第一次发现了深度强化学习(Deep RL)。人工智能体在只使用图像而不使用先验知识的情况下，首次达到了人类的水平。

人工智能体在没有监督的情况下，通过反复试验自学的想法激发了我们的想象力，这是一种新的、令人兴奋的机器学习方法，它与我们熟悉的监督学习领域有很大的不同。

我们决定一起学习这个主题，我们阅读书籍和论文，学习在线课程，学习代码，并尝试实现核心算法。我们意识到，深度强化学习不仅在概念上具有挑战性，在实现过程中也需要像大型软件工程项目一样经过艰辛的努力。

随着我们的进步，我们了解了更多关于深度强化学习的知识——算法如何相互关联以及它们的不同特征是什么。形成这种心理模型是一个挑战，因为深度强化学习是一个新的研究领域，尚无全面的理论书籍，我们必须直接从研究论文和在线讲座中学习。

另一个挑战是理论与实现之间的巨大差距。通常，深度强化学习算法有许多组件和可调的超参数，这使其变得敏感且脆弱。为了成功运行，所有组件都需要正确地协同工作，并使用适当的超参数值。从理论上讲，实现这一目标所需的细节并不是很清楚，但同样重要。在我们的学习过程中，那些理论和实现相结合的资源是非常宝贵的。

我们觉得从理论到实现的过程应该比我们发现的更简单，我们希望通过自己的努力使深度强化学习更易于学习。这本书是我们的尝试，书中采用端到端的方法来引入深度强化学习——从直觉开始，然后解释理论和算法，最后是实现和实践技巧。这也是为什么这本书附带了一个软件库 SLM Lab，其中包含了所有算法的实现。简而言之，这是我们在开始学习这一主题时希望拥有的书。

深度强化学习属于强化学习中一个较大的领域。强化学习的核心是函数逼近，在深度强化学习中，函数是用深度神经网络学习的。强化学习与有监督和无监督学习一起构成了机器学习的三种核心技术，每种技术在问题的表达方式和算法的数据学习方式上都有所不同。

在这本书中，我们专注于深度强化学习，因为我们所经历的挑战是针对强化学习这一子领域的。这从两个方面限制了本书的范围。首先，它排除了在强化学习中可以用来学习函数的所有其他技术。其次，虽然强化学习从 20 世纪 50 年代就已经存在，但本书强调的是 2013 年到 2019 年的发展。最近的许多发展都是建立在较早的研究基础上的，因此我们认为有必要追溯主要思想的发展。然而，我们并不打算给出这一领域的全面历史介绍。

这本书是针对计算机科学专业的学生和软件工程师的，旨在介绍深度强化学习，无须事先了解相关主题。但是，我们假设读者对机器学习和深度学习有基本的了解，并且有中级 Python 编程水平。一些使用 PyTorch 的经验也是有用的，但不是必需的。

这本书的结构如下。

第 1 章介绍深度强化学习问题的不同方面，并对深度强化学习算法进行综述。

第一部分是基于策略的算法和基于值的算法。第 2 章介绍第一种策略梯度方法（REINFORCE 算法）。第 3 章介绍第一种基于值的方法（SARSA）。第 4 章讨论深度 Q 网络（DQN）算法。第 5 章重点讨论改进的深度 Q 网络——目标网络、双重 DQN 算法和优先级经验回放技术。

第二部分重点研究基于策略和基于值的组合方法。第 6 章介绍对 REINFORCE 算法进行扩展的演员-评论家算法。第 7 章介绍对演员-评论家算法进行扩展的近端策略优化（PPO）算法。第 8 章讨论同步和异步并行方法，适用于本书中的任何算法。最后，第 9 章总结所有的算法。

每个算法章节的结构都是相同的。首先，介绍该章的主要概念，并通过相关的数学公式进行研究。然后，描述算法并讨论在 Python 中的实现。最后，提供一个可在 SLM Lab 中运行的可调超参数配置算法，并用图表说明该算法的主要特点。

第三部分重点介绍实现深度强化学习算法的实践细节。第 10 章介绍工程和调试实现，包括关于超参数和实验结果的小结。第 11 章为配套的 SLM Lab 提供使用参考。第 12 章介绍神经网络架构。第 13 章讨论硬件。

本书的最后一部分（第四部分）是关于环境设计的，由第 14～17 章组成，分别讨论状态、动作、奖励和转换函数的设计。

我们推荐从第 1 章开始顺序阅读到第 10 章。这些章节介绍了本书中的所有算法，并提供了实现算法的实用技巧。接下来的三章（第 11～13 章）集中在更专业的主题上，可以按任何顺序阅读。对于不想深入研究的读者来说，第 1、2、3、4、6 和 10 章是本书的一个连贯子集，重点关注了一些算法。最后，第四部分包含了一组独立的章节，供对更深入地理解环境或构建自己的环境有特殊兴趣的读者阅读。

SLM Lab[67]是本书的配套软件库，是一个使用 PyTorch[114]构建的模块化深度强化学习框架。SLM 是 Strange Loop Machine 的缩写，向侯世达的名著《哥德尔、艾舍尔、巴赫：集异璧之大成》[53]致敬。SLM Lab 的具体例子包括使用 PyTorch 的语法和特性来训练神经网络。然而，实现深度强化学习算法的基本原理也适用于其他的深度学习框架，比如 TensorFlow[1]。

SLM Lab 的设计旨在帮助初学者通过将其组成部分组织成概念清晰的片段来学习深度强化学习。这些组成部分与学术文献中讨论的深度强化学习一致，以便于从理论转换到代码。

学习深度强化学习的另一个重要方面是实验。为了方便实验，SLM Lab 还提供了一个实验框架，帮助初学者设计和测试自己的假设。

SLM Lab 库作为 GitHub 上的开源项目发布。我们鼓励读者安装它（在 Linux 或 MacOS 机器上），并按照存储库网站上的说明运行第一个演示（https://github.com/

kengz/SLM-Lab)。已经创建了一个专用的 git 分支“book”，其代码版本与本书兼容。从存储库网站复制的简短安装说明显示在代码 0-1 中。

代码 0-1　从 book git 分支安装 SLM-Lab

```
# clone the repository
git clone https://github.com/kengz/SLM-Lab.git
cd SLM-Lab
# checkout the dedicated branch for this book
git checkout book
# install dependencies
./bin/setup
# next, follow the demo instructions on the repository website
```

我们建议你先设置它，这样就可以使用本书中介绍的算法来训练智能体了。除了安装和运行演示程序外，在阅读算法章节(第一部分和第二部分)之前，不需要熟悉 SLM Lab，我们会在需要的地方向训练智能体发出所有命令。在第 11 章中，我们将重点从算法转移到更实际的深度强化学习方面，对 SLM Lab 进行更广泛的讨论。

致谢

有许多人帮助我们完成了这本书，我们要感谢 Milan Cvitkovic、Alex Leeds、Navdeep Jaitly、Jon Krohn、Katya Vasilaky 以及 Katelyn Gleason 的支持和鼓励。感谢 OpenAI、PyTorch、Ilya Kostrikov 和 Jamromir Janisch 为深度强化学习算法提供了高质量的开源实现，也感谢 Arthur Juliani 对环境设计的早期讨论，这些资源和讨论对于我们创建 SLM Lab 是非常宝贵的。

许多人对这本书的初稿提供了深思熟虑和有见地的反馈。我们要感谢 Alexandre Sablayrolles、Anant Gupta、Brandon Strickland、Chong Li、Jon Krohn、Jordi Frank、Karthik Jayasurya、Matthew Rahtz、Pidong Wang、Raymond Chua、Regina R. Monaco、Rico Jonschkowski、Sophie Tabac 和 Utku Evci 投入的时间和精力，他们使得这本书更加出色。

非常感谢 Pearson 的制作团队——Alina Kirsanova、Chris Zahn、Dmitry Kirsanov 和 Julie Nahil，他们对细节的关注使文字变得更加流畅。

最后，没有我们的编辑 Debra Williams Cauley，这本书就不可能存在。感谢 Cauley 的耐心和鼓励，是她帮助我们完成了写书的梦想。

目　录

Foundations of Deep Reinforcement Learning：Theory and Practice in Python

第三部分 实践细节

第四部分 环境设计

强化学习简介

这一章将介绍强化学习的主要概念。我们将从一些简单的实例开始，建立对于强化学习的直观理解，包括对于智能体和环境这两个基本组件的理解。

首先，我们将看到智能体如何与环境交互以获得更加完善的目标，我们将对此进行形式化定义，将强化学习定义为一个马尔可夫决策过程，这就是强化学习的理论基础。

然后，我们将介绍智能体能够学习的三个基本函数：策略、值函数、模型。智能体对于这些函数的学习策略不同，因而形成了各种深度强化学习算法族。

最后，我们将简要介绍深度学习（它是本书中使用的函数逼近技术），并讨论强化学习与监督学习的不同之处。

1.1 强化学习

强化学习（Reinforcement Learning，RL）关注如何解决顺序决策问题，很多现实问题都可以归为此类，例如玩电子游戏、体育竞技、驾驶、优化库存、机器人控制等。这些都是靠人与机器来完成的。

对于这类任务，我们的目标就是赢得游戏，或者安全到达目的地，或者最小化产品成本。我们每采取一步动作，都要了解外部世界的反馈，也就是我们距离目标的差距，包括游戏中的分数、驾驶中距离目的地的距离，或者产品的单价等。为了达到最终目标，我们将采取一系列的动作，每一步动作都将改变外部世界。我们观察每一步动作之后外部世界的改变，以决定下一步的动作。

想象一下这样的场景：在一次聚会中，一个朋友带来一个旗杆，要求你尽可能长时间地托着旗杆保持平衡。如果你以前从未托过旗杆，那么一开始旗杆会频繁掉落。你可能需要花几分钟通过反复尝试来了解托旗杆的感觉。

很快你将从自己的失误中获得有价值的信息，包括旗杆的重心、倾斜的速度、倾斜的角度、调整的速度和力度等，以此形成如何平衡旗杆的直觉。有了这些直觉信息，你就可以不断改进和调整动作，这样就可以托着旗杆坚持5秒、10秒、30秒、1分钟，甚至更长时间。

这个过程就是强化学习的工作过程。在强化学习中，“你”被称为“智能体”，旗杆和周围物体被称为“环境”。事实上，我们利用环境解决强化学习问题的第一个场景是一个称为“CartPole”的玩具，如图1-1所示。一个智能体控制一辆小车沿轨道滑动，维持一根杆子直立平衡一段时间。实际上，人类要做得更多，例如，你可以调动肌肉，凭物

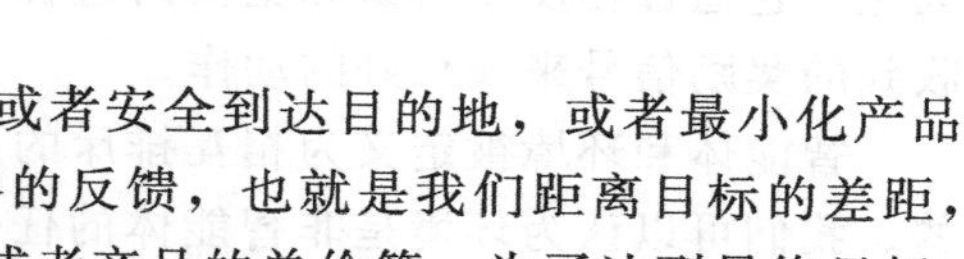

图1-1 适应环境的简单玩具CartPole-v0，其目标是通过控制小车的左右运动以保持杆子直立200个时间步

理直觉保持平衡，或者从类似的任务中转移技能，比如让一个装满饮料的托盘保持平衡，这些问题本质上都采用了相同的控制机制。

强化学习就是研究这种形式的问题以及人工智能体用以解决这些问题的方法，它是人工智能的子领域，可以追溯到最优控制理论和马尔可夫决策过程（MDP）。Richard Bellman 在 20 世纪 50 年代第一次研究了动态规划与拟线性方程的关联性[15]。我们在后面介绍强化学习中最重要的公式——Bellman 方程时，将给出进一步介绍。

强化学习问题可以表示为一个由智能体和环境组成的系统。环境产生描述系统状态的信息，这就是所谓的*状态*。智能体通过观察状态并使用此信息选择*动作*来与环境交互。环境接受动作并转换到下一个状态，然后它将向智能体返回下一个状态和一个*奖励*。当（状态→动作→奖励）循环完成时，我们就说一个时间步已经完成。循环重复，直到环境终止（例如问题解决）。整个过程可由图 1-2 中的控制回路来描述。

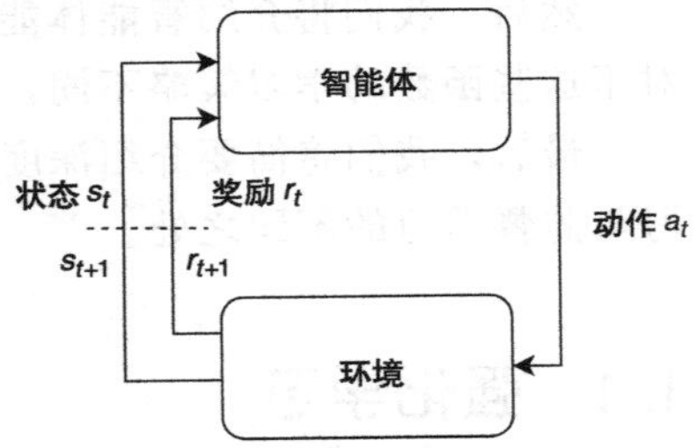

图 1-2　强化学习控制回路

我们称智能体的动作生成函数为*策略*，准确地说，策略就是一种将状态映射到动作的函数。动作将改变环境，并影响智能体观察和执行的下一步动作。智能体和环境之间的交互是在时间上展开的，因此可以认为它是一个顺序决策过程。

强化学习问题有一个*目标*，即智能体所获得的奖励之和。智能体需要通过选择好的动作使目标最大化。它通过在反复尝试和犯错的过程中与环境交互来学习如何做到这一点，并使用接收到的奖励信号来强化好的动作。

智能体和环境被定义为相互排斥的，因此状态、动作和奖励之间的交换界限是明确的。我们可以认为环境是非智能体的任何事物。例如，骑自行车时，我们可以对智能体和环境有多个定义，但它们都同样有效。如果把我们的整个身体看成可以观察周围环境并产生肌肉运动作为动作的智能体，那么环境就是自行车和道路。如果把我们的思维过程看成智能体，那么环境就是我们的身体、自行车和道路，而动作就是从大脑发送到肌肉的神经信号，状态就是返回大脑的感官输入。

本质上，强化学习系统是一个反馈控制回路，在这个回路中，智能体和环境相互作用和交换信号，而智能体试图使目标最大化。交换的信号是（s_t，a_t，r_t），它们分别代表状态、动作和奖励，t 表示这些信号发生的时间步。（s_t，a_t，r_t）三元组称为*经验*。控制回路可以一直重复⊖，或者在达到终止状态或最大时间步（$t=T$）时终止。从 $t=0$ 到环境终止的时间范围称为一个*事件*。*轨迹*是一个事件的一系列经历，$\tau=(s_0, a_0, r_0)$，(s_1, a_1, r_1)，…智能体通常需要很多事件去学习一个好的策略，所需事件数量根据问题的复杂程度从几百到几百万不等。

让我们看看图 1-3 所示的三个强化学习环境的示例，了解如何定义状态、动作和奖励。所有的环境都可以通过 OpenAI Gym[18] 获得，OpenAI Gym 是一个开放源码库，提供了一组标准化的环境。

⊖　无限控制回路在理论上存在，但在实践中不存在。通常，我们给环境分配一个最大时间步 T。

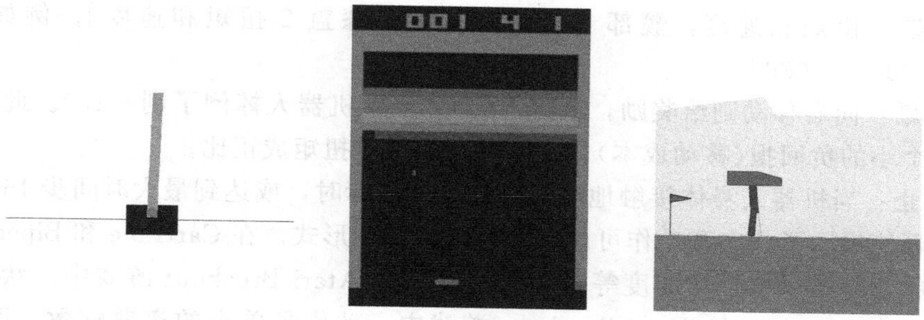

a）CartPole　　b）Atari Breakout　　c）BipedalWalker

图 1-3　三个环境示例，包含不同的状态、动作和奖励(见彩插)

CartPole(见图 1-3a)是最简单的强化学习环境之一，最早由 Barto、Sutton 和 Anderson[11]于 1983 年描述。在这种环境中，一根杆子连接在一辆可以沿着无摩擦轨道移动的小车上。该环境的主要特征如下：

1. **目标**：保持杆子直立 200 个时间步。

2. **状态**：一个长度为 4 的数组，表示[小车位置，小车速度，极角，极角速度]。例如[−0.034，0.032，−0.031，0.036]。

3. **动作**：一个整数，0 表示将小车向左移动固定距离，1 表示将小车向右移动固定距离。

4. **奖励**：杆子保持直立时，每维持一个时间步，奖励+1。

5. **终止**：当杆子倒下(与垂直方向的夹角大于 12 度)，或小车移出屏幕，或达到最大时间步 200 时。

Atari Breakout(见图 1-3b)是一个复古的街机游戏，由一个球、一个由智能体控制的底部球拍和砖块组成。游戏的目标是控制球拍让球反弹，击中并打碎所有的砖块。开始时玩家有 5 条命，每次球从屏幕底部掉下来都会失去一条命。

1. **目标**：使游戏得分最大化。

2. **状态**：分辨率为 160×210 像素的 RGB 数字图像，即我们在游戏屏幕上看到的图像。

3. **动作**：集合{0，1，2，3}中的一个整数，该集合映射到游戏控制器的动作集合{无动作，启动球，向右移动，向左移动}。

4. **奖励**：连续状态之间的游戏分数差。

5. **终止**：失去全部 5 条命时。

BipedalWalker(见图 1-3c)反映了一个连续控制问题，其中一个智能体使用机器人的激光雷达传感器来感知周围环境，并在不摔倒的情况下向右行走。

1. **目标**：走到右边，不要摔倒。

2. **状态**：一个长度为 24 的数组，表示[船体角度，船体角速度，x 速度，y 速度，髋部 1 关节角度，髋部 1 关节速度，膝盖 1 关节角度，膝盖 1 关节速度，腿部 1 地面接触，髋部 2 关节角度，髋部 2 关节速度，膝盖 2 关节角度，膝盖 2 关节速度，腿部 2 地面接触，…，10 激光雷达读数]。例如[2.745e−03，1.180e−05，−1.539e−03，−1.600e−02，…，7.091e−01，8.859e−01，1.000e+00，1.000e+00]。

3. **动作**：由区间[−1.0，1.0]中的 4 个浮点数组成的一个向量，表示[髋部 1 扭矩和速度，膝盖1扭矩和速度，髋部2扭矩和速度，膝盖2扭矩和速度]。例如[0.097，0.430，0.205，0.089]。

4. **奖励**：向右移动则给奖励，最多+300。如果机器人摔倒了则-100。此外，每一步都有一个小的负回报(移动成本)，它与施加的绝对扭矩成正比。

5. **终止**：当机器人身体接触地面或到达右侧目标时，或达到最大时间步1600之后。

这些环境展示了状态和动作可以采取的一些不同形式。在CartPole和BipedalWalker游戏中，状态是描述位置和速度等性质的向量。在Atari Breakout游戏中，状态是一幅游戏画面。在CartPole和Atari Breakout游戏中，动作是单个的离散整数，而在BipedalWalker游戏中，动作是4个浮点数的连续向量。奖励总是一个标量，其范围因任务而异。

在看过这些例子之后，下面给出描述状态、动作和奖励的形式化定义。

$$s_t \in \mathcal{S} \text{ 是状态，} \mathcal{S} \text{ 是状态空间。} \tag{1.1}$$

$$a_t \in \mathcal{A} \text{ 是动作，} \mathcal{A} \text{ 是动作空间。} \tag{1.2}$$

$$r_t = \mathcal{R}(s_t, a_t, s_{t+1}) \text{ 是奖励，} \mathcal{R} \text{ 是奖励函数。} \tag{1.3}$$

状态空间$\mathcal{S}$是环境中所有可能状态的集合，根据环境的不同，它可以以多种不同的方式定义，如整数、实数、向量、矩阵、结构化或非结构化数据。类似地，动作空间$\mathcal{A}$是由环境定义的所有可能动作的集合，它也可以有多种形式，但通常定义为标量或向量。奖励函数$\mathcal{R}(s_t, a_t, s_{t+1})$为每个转换$(s_t, a_t, s_{t+1})$指定正、负或零标量。状态空间、动作空间和奖励函数由环境指定。它们共同定义了(s, a, r)三元组，这个三元组是描述强化学习系统的基本信息单元。

1.2 强化学习中的MDP

现在，我们考虑如何使用**转换函数**使环境从一个状态转换到下一个状态。在强化学习中，转换函数被表示为马尔可夫决策过程(MDP)，MDP是一个数学框架，用于对顺序决策进行建模。

我们可以通过一般的式1.4来理解为什么转换函数被表示为MDP。

$$s_{t+1} \sim P(s_{t+1} \mid (s_0, a_0), (s_1, a_1), \cdots, (s_t, a_t)) \tag{1.4}$$

式1.4表示在时间步t，下一个状态s_{t+1}是从概率分布P中采样的，该概率分布P取决于整个历史。环境从状态s_t过渡到状态s_{t+1}的概率取决于到目前为止在一个事件中发生的所有先前状态s和动作a。以这种形式对转换函数建模是很有挑战性的，特别是如果事件持续了许多时间步。我们设计的转换函数需要能够解释过去任何时候所发生的各种影响，此外，这个公式使得从智能体的动作到产生的函数，再到使用的**策略**，这些都相当复杂。由于状态和动作的所有历史都与所采取的动作如何影响下一个状态有关联，因此智能体需要考虑所有这些信息，以决定如何采取下一步动作。

为了使环境的转换函数更加实用，我们将其转换为MDP，下一个状态s_{t+1}只由前一时刻的状态s_t和动作a_t决定，这就是**马尔可夫特性**。在这种假设下，新的转换函数变成如下形式：

$$s_{t+1} \sim P(s_{t+1} \mid s_t, a_t) \tag{1.5}$$

式1.5表示下一个状态s_{t+1}是从概率分布$P(s_{t+1} \mid s_t, a_t)$中采样的。这是原始转换函数的一种简单形式。马尔可夫特性意味着当前时刻 t 的状态和动作包含足够的信息来完全确定 $t+1$ 时刻的下一个状态的转移概率。

尽管这个公式很简单，但仍然相当强大。许多过程可以用这种形式表达，包括游戏、机器人控制和规划。这是因为状态可以被定义为包含马尔可夫转移函数所需的任何必要信息。

例如，考虑由公式 $s_{t+1}=s_t+s_{t-1}$ 描述的斐波那契序列，其中每个 s_t 被视为一个状态。为了使用马尔可夫函数，我们将状态重新定义为 $s_t'=[s_t, s_{t-1}]$。这样，状态中就包含了足够的信息来计算序列中的下一个元素。这种策略可以更广泛地应用于由 k 个连续有限的状态组成的任何系统，其中每一个状态都包含足够的信息以转换到下一个状态。方框 1-1 包含了更多关于如何在 MDP 和泛化的 POMDP 中定义状态的详细信息。在本书中，方框用于提供深入的细节，在第一次阅读时可以跳过这些细节，而不会影响对主要内容的理解。

方框 1-1 MDP 和 POMDP

到目前为止，状态的概念出现在两个地方。第一，状态是由环境产生并被智能体观察到的东西。让我们将其称为**观察到的状态** s_t。第二，状态是转换函数所使用的东西，我们称之为环境的**内部状态** s_t^{int}。

在 MDP 中，$s_t=s_t^{\text{int}}$，也就是说，观察到的状态与环境的内部状态是完全相同的。用于将环境转换到下一个状态的相同状态信息也可供智能体获取。

情况并非总是如此。观察到的状态可能与环境的内部状态不同，即 $s_t \neq s_t^{\text{int}}$，在这种情况下，环境被描述为**部分可观察的** MDP(缩写为 POMDP)，因为状态 s_t 仅有部分关于环境状态的信息可以被智能体获取。

在本书中，大部分情况下，我们忽略了这个区别，并假设 $s_t=s_t^{\text{int}}$，然而，由于两个原因，了解 POMDP 还是很重要的。第一，在一些示例中，环境不是完美的 MDP。例如，在 Atari 环境中，观察到的状态 s_t 是单幅 RGB 图像，它表达的是物体位置、命的条数等信息，而不是物体速度。速度将包含在环境的内部状态中，因为需要速度来确定下一步要采取的动作。在这种情况下，要获得良好的性能，必须修改 s_t 以包含更多信息。这将在第 5 章中讨论。

第二，很多有趣的现实问题都是 POMDP 问题，包括传感器或数据限制、模型误差和环境噪声。对 POMDP 的更详细的讨论不在本书的范围内，但我们将在第 12 章讨论网络架构时简单介绍 POMDP。

最后，在第 14 章讨论状态设计时，s_t 和 s_t^{int} 的区别将是很重要的，因为智能体需要从 s_t 中学习。包含在 s_t 中的信息以及与 s_t^{int} 的不同程度将有助于理解更难或更容易解决的问题。

我们现在可以介绍强化学习的 MDP 公式了。MDP 由四元组 $\mathcal{S}$、$\mathcal{A}$、$P(.)$、$\mathcal{R}(.)$组成，具体定义如下：

- $\mathcal{S}$ 是状态集合；
- $\mathcal{A}$ 是动作集合；

- $P(s_{t+1} \mid s_t, a_t)$是环境的状态转换函数；
- $\mathcal{R}(s_t, a_t, s_{t+1})$是环境的奖励函数。

在本书中，强化学习问题的一个重要假设是智能体不能访问转换函数 $P(s_{t+1} \mid s_t, a_t)$或奖励函数 $\mathcal{R}(s_t, a_t, s_{t+1})$。智能体得到关于这些函数的信息的唯一途径就是在与环境的每一次交互中获取状态、动作和奖励的具体信息，即三元组(s_t, a_t, r_t)的信息。

为了完成对问题的表述，我们还需要对“目标”进行形式化，这也是智能体需要最大化的目标。首先，我们用一个事件的轨迹来定义回报[⊖]$R(\tau)$，其中 $\tau=(s_0, a_0, r_0), \cdots, (s_T, a_T, r_T)$：

$$R(\tau)=r_0+\gamma r_1+\gamma^2 r_2+\cdots+\gamma^T r_T=\sum_{t=0}^{T}\gamma^t r_t \tag{1.6}$$

式 1.6 将回报定义为轨迹中所有奖励的加权和，其中 $\gamma\in[0, 1]$是加权因子。

目标 $J(\tau)$只是许多轨迹上回报的期望值，如式 1.7 所示。

$$J(\tau)=\mathbb{E}_{\tau\sim\pi}[R(\tau)]=\mathbb{E}_{\tau}\left[\sum_{t=0}^{T}\gamma^t r_t\right] \tag{1.7}$$

回报 $R(\tau)$是所有时间步 $t=0, \cdots, T$ 上的加权奖励 $\gamma^t r_t$ 之和。目标 $J(\tau)$是许多事件的平均回报。期望值解释了动作和环境中的随机性，也就是说，在重复运行中，回报可能并不总是相同的。最大化目标和最大化回报是一样的。

加权因子 $\gamma[0, 1]$是一个重要的变量，它改变了后续奖励的估值方式。γ 越小，在后续的时间步中给予奖励的权重就越小，目标变得越“短视”。在 $\gamma=0$ 的极端情况下，目标只考虑初始奖励 r_0，如式 1.8 所示。

$$R(\tau)_{\gamma=0}=\sum_{t=0}^{T}\gamma^t r_t=r_0 \tag{1.8}$$

γ 越大，在后续时间步中给予奖励的权重就越大，目标变得越“有远见”。如果 $\gamma=1$，则每个时间步的奖励权重相等，如式 1.9 所示。

$$R(\tau)_{\gamma=1}=\sum_{t=0}^{T}\gamma^t r_t=\sum_{t=0}^{T} r_t \tag{1.9}$$

对于无限时间范围的问题，我们需要设置 $\gamma<1$ 以防止目标变得无界。对于有限时间范围的问题，γ 是一个重要的参数，因为根据加权因子的不同，一个问题可能会变得更难或更容易解决，我们将在第 2 章的末尾介绍一个例子。

将强化学习定义为 MDP 和目标后，我们现在可以将图 1-2 中的强化学习控制回路表示为算法 1-1 中的 MDP 控制循环。

算法 1-1　MDP 控制循环

```
给定环境和智能体：
for episode=0, …, MAX_EPISODE do
    state=env.reset()
    agent.reset()
    for t=0, …, T do
        action=agent.act(state)
```

⊖ 我们使用 R 来表示回报，用 $\mathcal{R}$ 来表示奖励函数。

```
7:   state,reward=env.step(action)
8:       agent.update(action,state,reward)
9:       if env.done() then
10:         break
11:      end if
12:    end for
13: end for
```

算法 1-1 表达了智能体和环境在许多事件和时间步上的交互。在每个事件的开始，环境和智能体被重置(第 3～4 行)。重置时，环境将生成初始状态。之后它们开始交互——智能体针对给定的状态产生一个动作(第 6 行)，接着环境产生下一个状态，并对给定的动作进行奖励(第 7 行)，然后进入下一个时间步。agent.act－env.step 循环将继续，直到达到最大时间步 T 或环境终止。这里我们还看到了一个新组件 agent.update(第 8 行)，它封装了智能体的学习算法。在多个时间步和事件中，此方法收集数据并在内部进行学习以最大化目标。

此算法是所有强化学习问题的通用算法，因为它定义了智能体和环境之间的一致接口。该接口是在统一框架下实现许多强化学习算法的基础，正如我们将在 SLM Lab(本书的配套库)中看到的。

1.3　强化学习中的学习函数

当强化学习被定义为 MDP 时，自然要问的问题是，智能体应该学习什么？

我们已经看到，智能体可以学习一个称为策略的动作生成函数。然而，环境的其他属性也可能对智能体有用。特别是，在强化学习中，有三个主要函数：

1. 策略 π，将状态映射到动作：$a\sim\pi(s)$。
2. 估计期望回报 $\mathbb{E}_\tau[R(\tau)]$的值函数 $V^\pi(s)$或者 $Q^\pi(s, a)$。
3. 环境模型⊖ $P(s'|s, a)$。

策略 π 是智能体在环境中产生动作以使目标最大化的规则。给定强化学习控制循环，智能体必须在观察到状态 s 后的每个时间步生成动作，策略是此控制循环的基础，因为它生成动作以使循环运行。

策略可以是随机的。也就是说，它可能会为同一状态输出不同的动作。我们可以把它写成 $\pi(a|s)$来表示给定状态 s 的动作 a 的概率。从策略中取样的动作可以写成 $a\sim\pi(s)$。

值函数提供关于目标的信息，它有助于智能体了解在预期的后续回报方面各个状态和动作的关联程度。值函数有两种形式：$V^\pi(s)$和 $Q^\pi(s, a)$函数。

$$V^\pi(s)=\mathbb{E}_{s_0=s,\tau\sim\pi}\left[\sum_{t=0}^{T}\gamma^t r_t\right] \tag{1.10}$$

$$Q^\pi(s, a)=\mathbb{E}_{s_0=s,a_0=a,\tau\sim\pi}\left[\sum_{t=0}^{T}\gamma^t r_t\right] \tag{1.11}$$

⊖ 为了使符号更简洁，通常将一对连续的元组(S_t, a_t, r_t)、$(s_{t+1}, a_{t+1}, r_{t+1})$写作$(s, a, r)$、$(s', a', r')$，其中符号′表示下一个时间步，我们将在全书中这样使用。

式 1.10 所示的值函数 V^π 评估状态的好坏。假设智能体继续按照当前策略 π 执行动作，值函数 V^π 评估处于状态 s 的预期回报。回报 $R(\tau)=\sum_{t=0}^{T}\gamma^t r_t$ 评估的是一个事件从当前状态 s 到结束的总的回报。这是一个前瞻性的评估，因为在状态 s 之前收到的所有奖励都被忽略。

为了从直观上了解值函数 V^π，让我们考虑一个简单的例子。图 1-4 描述了一个网格环境，在这个环境中，智能体可以垂直或水平地从一个单元移动到另一个单元。如图 1-4 的左图所示，每个单元都是具有关联奖励的状态。当智能体达到目标状态且奖励 $r=+1$ 时，环境终止。

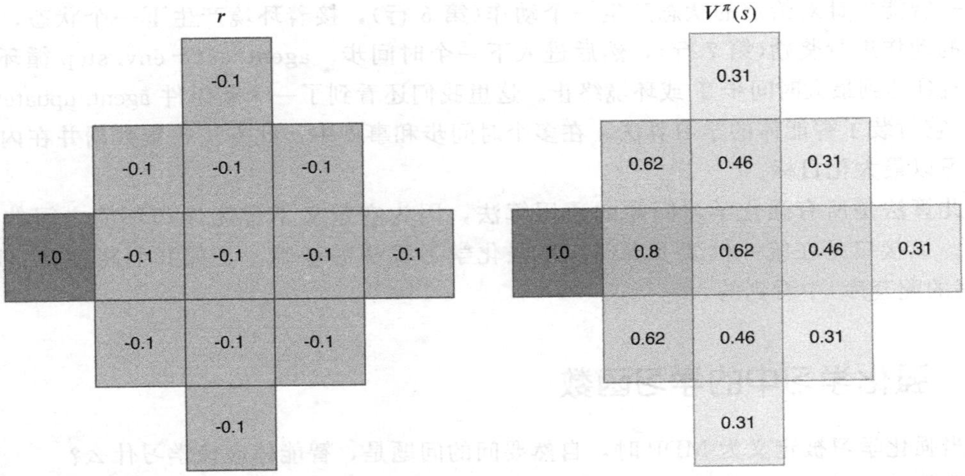

图 1-4　一个简单的网格环境中每个状态 s 的奖励 r 和值 $V^\pi(s)$。当使用策略 π 时，使用式 1.10($\gamma=0.9$)根据奖励计算状态值，该策略 π 始终采用到目标状态的最短路径($r=+1$)

在图 1-4 的右图中，我们用式 1.10 给出了每个状态的值 $V^\pi(s)$，其中 $\gamma=0.9$。值函数 V^π 总是依赖于特定的策略 π。在这个例子中，我们选择了一个策略 π，它总是选择走到目标状态的最短路径。如果选择另一个策略，例如一个总是向右移动的策略，那么这些值就不一样了。

在这里，我们可以看到值函数的前瞻性，以及它帮助智能体区分给予相同奖励的状态的能力。智能体离目标状态越近，值就越高。

式 1.11 中的 Q 值函数 Q^π 评估一个状态-动作对的效果。假设智能体继续按照其当前策略 π 执行动作，Q^π 评估在状态 s 下采取动作 a 的预期回报。同样以 V^π 的方式，回报是从当前状态 s 到事件结束的预期评估。这也是一个前瞻性的评估，因为在状态 s 之前收到的所有奖励都被忽略。

我们将在第 3 章详细讨论 V^π 函数和 Q^π 函数。就目前而言，你只需要知道存在这些函数，并且它们可以被智能体用来解决强化学习问题。

转换函数 $P(s'|s,a)$ 提供有关环境的信息。如果一个智能体学习了这个函数，它就能够预测在当前状态 s 中执行动作 a 之后环境将转换到的下一个状态 s'。通过应用学习到的转换函数，智能体可以“想象”其动作的后果，而不必实际接触环境。然后它可以利用这些信息来计划更好的动作。

1.4 深度强化学习算法

在强化学习中，智能体通过对函数的学习来帮助自己行动并使目标最大化。本书涉及深度强化学习(deep RL)，它意味着我们使用深度神经网络作为函数逼近方法。

在 1.3 节中，我们看到了强化学习中可学习的三个主要函数。相应地，深度强化学习有三大类算法，分别是基于策略的方法(学习策略)、基于值的方法(学习值函数)和基于模型的方法(学习模型)。还有一些组合方法，在这些方法中，智能体可以学习多个函数，例如同时学习策略和值函数，或者同时学习值函数和模型。图 1-5 给出了每类方法中主要的深度强化学习算法以及它们之间的关系。

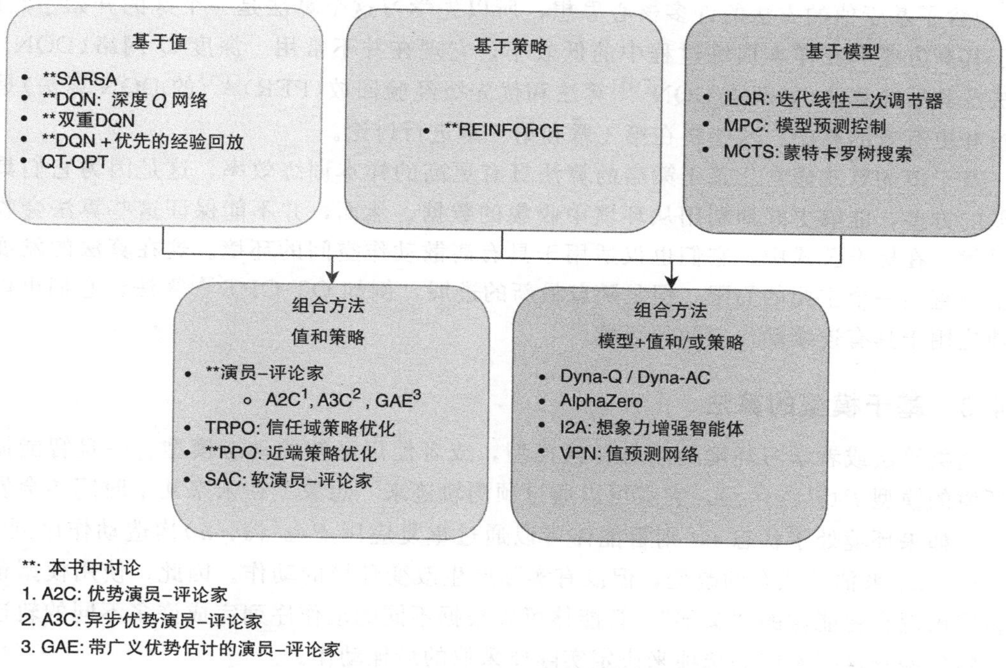

图 1-5　深度强化学习算法分类

1.4.1 基于策略的算法

基于策略的算法需要学习一个策略 π。好的策略应该可以产生使智能体目标最大化的轨迹 τ，即 $J(\tau)=\mathbb{E}_{\tau\sim\pi}\left[\sum_{t=0}^{T}\gamma^t r_t\right]$。这种方法非常直观——如果智能体需要在环境中行动，那么学习策略是有意义的。在给定时刻，如何构成一个好的动作取决于状态，所以策略函数 π 以状态 s 作为输入来产生一个动作 $a\sim\pi(s)$。这意味着智能体可以在不同的上下文中做出正确的决策。我们将在第 2 章中讨论 REINFORCE[148]，它是最著名的基于策略的算法，它构成了许多后续算法的基础。

基于策略的算法的一个主要优点在于它们是一类非常通用的优化方法，可以应用于任何动作类型(离散的、连续的或混合的(多动作))的问题。它们还直接优化智能体最关心的事情——目标 $J(\tau)$。此外，正如 Sutton 等人在策略梯度定理[133]中所证明的，这类方法保证了收敛到局部㊀的最优策略。这类方法的缺点是方差高，样本效率低。

1.4.2　基于值的算法

无论智能体学习值函数 $V^\pi(s)$ 或者 $Q^\pi(s, a)$，它都使用学习到的值函数来计算 (s, a) 对并生成策略。例如，一个智能体的策略可以是总是选择状态 s 中 $Q^\pi(s, a)$ 值最高的动作 a。对于纯粹基于值的方法，学习函数 $Q^\pi(s, a)$ 比学习函数 $V^\pi(s)$ 更常见，因为它更容易转换为策略。这是因为 $Q^\pi(s, a)$ 包含关于状态-动作对的信息，而 $V^\pi(s)$ 只包含关于状态的信息。

第 3 章将讨论的 SARSA[118]是一种传统的强化学习算法。尽管它很简单，但是 SARSA 包含了基于值的方法的许多核心思想，所以先学习这个算法是一个好的开始。然而，由于其高方差和在样本训练过程中的低效率，它现在并不常用。深度 Q 网络(DQN)[88]算法及其后续算法(如双重 DQN[141]算法和优先级经验回放(PER)[121]的 DQN 算法)是更流行和更有效的算法。这些将在第 4 章和第 5 章进行讨论。

基于值的算法通常比基于策略的算法具有更高的样本训练效率，这是因为它们具有较低的方差，能够更好地利用从环境中收集的数据。然而，并不能保证这些算法会收敛到最优。在标准公式中，它们也仅适用于具有离散动作空间的环境。这在算法的发展历史上一直是一个主要的局限，但是随着最新的进展，例如 QT-OPT[64]算法，它们可以有效地应用于具有连续动作空间的环境。

1.4.3　基于模型的算法

这类算法或者学习环境的动态转换模型，或者使用已知的动态模型。一旦智能体有了环境的模型 $P(s'|s, a)$，它就可以通过预测轨迹来“想象”在未来几个时间步会发生什么。如果环境处于状态 s，则智能体可以通过重复应用 $P(s'|s, a)$ 构造动作序列 $a_1, a_2, \cdots, a_n$ 来估计状态的改变，但没有实际产生改变环境的动作。因此，使用模型预测的轨迹出现在智能体的“头部”。智能体可以根据不同的动作序列完成许多不同的轨迹预测，然后检查这些不同的选项来决定实际要采取的最佳动作。

纯粹基于模型的方法最常用于具有目标状态(例如国际象棋比赛中的胜负)的游戏中，或具有目标状态 s^* 的导航任务中，这是因为它们的转换函数不对任何奖励建模。为了使用它来计划动作，需要在各个状态中对智能体目标信息进行编码。

蒙特卡罗树搜索(MCTS)是一种著名的基于模型的方法，可以应用于具有已知转移函数的确定离散状态空间问题。许多棋类游戏(如国际象棋和围棋)都属于这一类，直到最近，MCTS 还为许多计算机围棋程序提供了动力[125]。它不使用任何机器学习，而是随机抽取动作序列样本——称为蒙特卡罗 rollout，以探索游戏的状态并估计其值[125]。这个算法已经有了一些改进，但这是基本思想。

其他方法(如迭代线性二次调节器(iLQR)[79]或模型预测控制(MPC))包括学习动态

㊀ 全局收敛性保证仍是一个悬而未决的问题。最近，它被证明适用于一类线性控制问题。见 Fazel 等人的论文“线性控制问题的策略梯度方法的全局收敛性”(2018)[38]。

转换函数，通常在非常严格的假设下进行[⊖]。要了解动态特性，智能体需要在环境中收集实际转换(s，a，r，s')的示例。

基于模型的算法非常有吸引力，因为一个完美的模型赋予了智能体“远见”，它可以在智能体不需要在环境中实际动作的情况下，模拟各种场景并理解其动作的结果。在从环境中收集经验非常耗时或昂贵的情况下(例如在机器人技术中)，这可能是一个显著的优势。与基于策略或基于值的方法相比，这些算法往往需要较少的数据样本来学习好的策略，因为有了模型，智能体就可以用想象的经验来补充其实际经验。

然而，对于大多数问题来说，模型是很难得到的。许多环境是随机的，它们的动态转换是未知的。在这些情况下，模型必须是学习型的。这种方法仍处于早期发展阶段，面临许多挑战。首先，具有较大状态空间和动作空间的环境可能很难建模，特别是在转换非常复杂的情况下，这样做可能更难。其次，只有当模型能够准确地预测环境向未来的许多步的转变时，模型才是有用的。根据模型的精度，预测误差可能会在每一个时间步上加重并迅速增长，从而使模型变得不可靠。

缺乏好的模型是目前基于模型的方法的适用性的一个主要限制。然而，基于模型的方法可能非常强大。当它可以成功使用时，通常比无模型方法的采样效率高 1 或 2 个数量级。

基于模型和无模型的区别也被用来划分强化学习算法。基于模型的算法简单地说就是可以利用环境动态转换的任何算法，无论是学习得到的还是已知的。无模型算法是指那些没有明确使用环境的动态转换的算法。

1.4.4　组合方法

这些算法学习两个或多个主要的强化学习函数。鉴于目前为止所讨论的三种方法各自的优缺点，我们自然会尝试将它们结合起来，以充分利用每种方法的优势。一类广泛使用的算法需要学习一个策略和一个值函数，这类算法被命名为演员-评论家算法(Actor-Critic 算法)，因为用策略指导动作，而值函数会对动作进行评价，这是第 6 章的主题。这类算法的主要思想是，在训练过程中，已经经过学习的值函数可以向策略提供更多的反馈信息，这比从环境中获得的一系列奖励要好。策略使用经过学习的值函数提供的信息进行学习，然后使用策略生成动作，就像在基于策略的方法中那样。

演员-评论家算法是一个活跃的研究领域，近年来有许多有趣的进展：信任域策略优化(TRPO)算法[122]、近端策略优化(PPO)算法[124]、深度确定性策略梯度(DDPG)算法[81]和软演员-评论家(SAC)算法[47]等。其中 PPO 是目前应用最为广泛的一种，我们将在第 7 章对其进行讨论。

算法还可以结合一个值函数和一个策略使用环境动态转换模型。2016 年，DeepMind 的研究人员开发了 AlphaZero，它将 MCTS 与学习函数 V^{π} 和策略 π 结合起来，以掌握围棋游戏[127]。Dyna-Q[130] 是另一种著名的算法，它使用环境中的真实数据迭代学习模型，然后使用学到的模型所生成的想象数据来学习 Q 函数。

本小节给出的示例只是众多深度强化学习算法中的一部分。这绝不是一份详尽的清单；相反，我们的目的是概述深度强化学习的主要思想，以及策略、值函数与模型的使

⊖ 例如，在 iLQR 中，假设动态转换函数为状态和动作的线性函数，而奖励函数为二次函数。

用和组合方式。深度强化学习是一个非常活跃的研究领域，而且每隔几个月就会有令人兴奋的新进展。

1.4.5　本书中的算法

本书关注的算法是基于策略的、基于值的，以及两者的结合，包括 REINFORCE(第2章)、SARSA(第3章)、DQN(第4章)及其扩展(第5章)、演员-评论家算法(第6章)和 PPO(第7章)。第8章介绍了适用于所有这些算法的并行化方法。

本书旨在成为一本实用指南，因此我们不讨论基于模型的算法。由于无模型方法更适用于广泛的普遍性问题，其发展也更为成熟和实用。只要稍加改动，同样的算法(例如 PPO)就可以用于玩 Dota 2[104]等电子游戏或控制机械手[101]。本质上，我们可以选择一种基于策略或值的算法，将它放在环境中，让它在不需要任何额外上下文的情况下进行学习。

相比之下，基于模型的算法通常需要更多关于环境的知识，即动态转换模型，才能有效地工作。对于国际象棋或围棋这样的问题，模型只是游戏规则，很容易编程。即便如此，让一个模型与强化学习算法一起工作也并非易事，正如 DeepMind 的 AlphaZero[127]所示。通常，模型是未知的，需要学习，但这是一个艰巨的任务。

我们对基于策略和值的算法的覆盖范围也不是完全的，只包含了一些广为人知和应用广泛的算法，同时阐述了深度强化学习中的关键概念。我们的目标是帮助读者针对这个主题打下坚实的基础。我们希望读者在理解了本书中的算法之后，能够很好地理解当前深度强化学习领域的研究和应用。

1.4.6　同策略和异策略算法

深度强化学习算法之间的最后一个重要区别在于它们是*同策略的*(on-policy)还是*异策略的*(off-policy)，这会影响训练迭代如何使用数据。

如果一个算法能学习策略，那么它就是*同策略的*，也就是说，训练只能利用当前策略 π 生成的数据。这意味着，当训练遍历所有策略(π_1，π_2，π_3，…)时，每次训练迭代只使用当时的策略来生成训练数据。所以，所有数据必须在训练后丢弃，因为它变得不可使用。这使得同策略方法的样本使用效率低下——它们需要更多的训练数据。本书中讨论的同策略方法包括 REINFORCE(第2章)、SARSA(第3章)以及演员-评论家算法(第6章)和 PPO(第7章)的组合方法。

相反，如果一个算法没有这个要求，它就是*异策略的*。任何收集到的数据都可以在训练中重用。因此，异策略方法的样本使用效率更高，但这可能需要更多的内存来存储数据。我们将讨论的异策略方法包括 DQN(第4章)及其扩展(第5章)。

1.4.7　小结

我们介绍了深度强化学习算法的主要种类，并讨论了一些分类方法。每种研究深度强化学习算法的方法都有其不同的特点，并且没有一种最好的方法。它们的区别可以概括如下：

- 基于策略的算法、基于值的算法、基于模型的算法或者组合方法：算法学习三个主要的强化学习函数中的哪一个。

- 基于模型的算法、无模型算法：算法是否使用环境动态转换模型。
- 同策略算法、异策略算法：算法是否使用现行策略收集的数据进行学习。

1.5 强化学习中的深度学习

在这一节中，我们将对深度学习和神经网络中学习参数的训练流程进行非常简单的概述。

深度神经网络擅长复杂非线性函数逼近。它们被构造成参数和非线性激活函数的交替层，正是这种结构使它们具有强大的逼近能力。20 世纪 80 年代 LeCun 等人成功训练了一个卷积神经网络用于识别手写邮政编码[70]，自此，神经网络的现代形式出现了。自 2012 年以来，深度学习已成功应用于许多不同的问题，并在计算机视觉、机器翻译、自然语言理解和语音合成等多个领域取得了新的成果。在撰写本书时，深度学习是最强大的函数逼近技术。

1991 年，Gerald Tesauro 首次将神经网络与强化学习结合起来，使用强化学习训练一个神经网络来玩大师级的双陆棋[135]。然而，直到 2015 年，当 DeepMind 在许多 Atari 游戏中取得人类水平的表现时，它们才被广泛应用于这个领域，作为底层函数近似技术。从那时起，强化学习的所有重大突破都是使用神经网络来逼近函数。这就是为什么我们在本书中只关注深度强化学习。

神经网络学习的函数只是输入到输出的映射。它们对输入执行顺序计算以产生输出，这个过程称为*前向传递*。函数由网络参数 θ 的一组特定值表示，我们称之为“函数由 θ 参数化”，不同的参数值对应不同的函数。

为了学习一个函数，我们需要一种方法来获取或生成一个具有足够代表性的输入数据集，以及一种评估网络输出的方法。评估输出可能意味着要做以下两件事之一。第一，为每个输入生成“正确”的输出或目标值，并定义一个损失函数来度量目标和网络预测输出之间的误差。这种损失应该最小化。第二，以标量值的形式直接为每个输入提供反馈，例如奖励或回报。这个标量表示网络输出的好坏程度，为了达到最好，它应该最大化。当取反时，这个值也可以被认为是最小化的损失函数。

给定一个评估网络输出的损失函数，就可以改变网络参数的值，以最小化损失并提高性能。这被称为梯度下降，因为我们在损失面上沿最陡下降方向改变参数，以寻求全局最小值。

改变网络参数以使损失最小化也称为*训练*一个神经网络。举例来说，假设所学习的函数 $f(x)$ 以网络权值 θ 来进行参数化，即 $f(x;\theta)$，其中 x、y 作为输入和输出数据，并且令 $L(f(x;\theta), y)$ 作为预定义的损失函数。训练步骤如下：

1. 从数据集中随机抽取一组批量数据 (x, y)，其中批量大小明显小于数据集的大小。

2. 使用输入 x 计算网络的前向传递，以产生预测的输出 $\hat{y}=f(x;\theta)$。

3. 使用网络预测的 $\hat{y}$ 和批量抽样的 y 计算损失 $L(\hat{y}, y)$。

4. 计算损失 $\nabla_\theta L$ 相对于网络参数的梯度（偏导数）。现代神经网络库（如 PyTorch[114] 或 TensorFlow[1]）使用反向传播[117]算法（也称为“autograd”）自动处理这个问题。

5. 使用优化器来利用梯度更新网络参数。例如，*随机梯度下降*(SGD)优化器进行以下更新：$\theta \leftarrow \theta - \alpha \nabla_\theta L$，其中 α 是标量的学习率。然而，在神经网络库中还有许多其他的优化技术。

重复此训练步骤，直到网络的输出停止变化或损失已最小化并趋于平稳，即网络收敛。

在强化学习中，网络输入 x 和正确的输出 y 都不是预先给定的。相反，这些值是通过智能体与环境的交互而获得的——来自其观察到的状态和奖励。这是在强化学习中训练神经网络的一个特殊挑战，也是本书中大量讨论的主题。

数据生成和评估的困难在于我们试图学习的函数与MDP循环紧密耦合。智能体和环境之间的数据交换是交互式的，并且这个过程本身受到智能体动作和环境转换所需时间的限制。生成用于训练的数据没有捷径——智能体必须经历每一个时间步。数据收集和训练的周期重复运行，每个训练步骤(可能)都在等待收集的新数据。

此外，由于环境的当前状态和智能体所采取的动作会影响它要经历的未来状态，因此任何给定时间点的状态和奖励都不独立于以前时间步的状态和奖励。这违反了梯度下降的假设，即数据是独立同分布的(i. i. d.)。网络收敛的速度和最终结果的质量可能会受到不利影响，大量的研究工作已经投入到最小化这种影响上，本书后面将讨论其中一些技术。

尽管有这些挑战，深度学习仍是一种强大的函数逼近技术，值得坚持不懈地克服困难并将它应用于强化学习，因为它的收益远远大于成本。

1.6 强化学习与监督学习

深度强化学习的核心是函数逼近，这与监督学习(SL)㊀有一些共性，然而，强化学习在许多方面不同于监督学习。主要有三个区别：

- 缺乏先知㊁。
- 反馈稀疏性。
- 训练期间生成数据。

1.6.1 缺乏先知

强化学习和监督学习的一个主要区别是，对于强化学习问题，每个模型输入的“正确”答案不可用，而在监督学习中，我们可以获得每个样例的正确或最佳答案。在强化学习中，正确答案等价于访问一个“先知”，它告诉我们在每一个时间步中要采取的最佳动作，以便使目标最大化。

正确答案可以传达很多关于数据点的信息。例如，分类问题的正确答案包含许多信息，它不仅告诉我们每个训练样例的正确分类，而且还暗示样例不属于任何其他分类。如果一个特殊的分类问题有1000个类别(如ImageNet数据集[32])，那么每个样例的答案包含1000位信息(1个正数和999个负数)。此外，正确答案不一定是一个类别或一个实数。它可以是一个边界框，也可以是一个语义切分，每个切分都包含关于当前样例的许

㊀ 人工智能社区喜欢缩写，稍后我们将看到几乎所有的算法和组件名称都有缩写。
㊁ 在计算机科学中，先知(oracle)是一个假设的黑匣子，它提供对所问问题的正确答案。

多信息。

在强化学习中，当一个智能体在状态 s 中执行动作 a 后，它只能获得它所收到的奖励，没有人告诉智能体最好的动作是什么。相反，它只是通过奖励来表示动作 a 的好坏。这不仅使传递的信息比正确答案提供的信息要少，而且智能体只学习它所经历的状态的奖励。要了解 (s, a, r)，智能体必须经历转换 (s, a, r, s')。智能体可能不知道状态和动作空间的重要部分，因为它还没有经历过。

解决此问题的一种方法是初始化事件(episode)，使其在我们希望智能体了解的状态下开始。然而，不是总可以这样做，原因有二。首先，我们可能无法完全控制环境。其次，状态可能很容易描述，但很难指定。考虑一个仿人机器人学习后空翻的模拟场景。为了帮助智能体了解成功着陆的奖励，我们可以将环境初始化为与机器人的脚在成功翻转后与地板接触时一样。状态空间这一部分的奖励函数是需要学习的关键，因为这是机器人可能保持平衡并成功执行翻转，或者摔倒的地方。然而，要定义每个机器人关节角度的位置和速度的精确数值，或是施加的力，以在该位置初始化机器人，这其实并不容易。实际上，要达到这种状态，智能体需要执行一个很长的、非常特定的动作序列，首先翻转，然后几乎着陆。不能保证智能体能学会这样做，所以这部分状态空间可能永远不会被探索。

1.6.2 反馈稀疏性

在强化学习中，奖励函数可能是稀疏的，因此标量奖励通常为 0。这意味着在大多数时间里，智能体没有收到关于如何更改网络参数以提高性能的信息。再次考虑后空翻机器人，假设一个智能体只在成功执行后空翻之后获得 +1 的非零奖励，因此它所采取的几乎所有动作都将导致来自环境的相同奖励信号 0。在这种情况下，学习是非常具有挑战性的，因为智能体没有收到关于其中间动作是否有助于达到目标的指导。监督学习不存在这个问题，所有的输入样例都与一个期望的输出配对，这个输出能够传递一些关于网络应该如何运行的信息。

稀疏反馈且缺少先知意味着，与监督学习相比，强化学习中的训练样例从环境中接收到的每个时间步的信息要少得多[72]。因此，所有强化学习算法的样本效率都特别低。

1.6.3 数据生成

在监督学习中，数据的生成通常独立于算法训练。实际上，将监督学习应用于问题的第一步通常是发现或构造一个好的数据集。在强化学习中，数据必须由与环境交互的智能体生成。在许多情况下，这些数据是随着训练过程以迭代的方式生成的，数据收集和训练的阶段是交替的。数据和算法是耦合的。算法的质量会影响它所训练的数据，进而影响算法的性能。这种循环性和自举性的需求不会在监督学习中出现。

强化学习也是交互的——智能体所做的动作实际上改变了环境，环境改变了智能体的决策，决策改变了智能体看到的数据，等等。这种反馈回路是强化学习的标志。在监督学习问题中，不存在这样的循环，也不存在可以改变算法所训练数据的智能体的等价概念。

最后，强化学习和监督学习之间的一个更细微的区别是，在强化学习中，神经网络并不总是使用可识别的损失函数进行训练。强化学习不必最小化网络输出与期望目标之间的误差，而是利用来自环境的奖励来构造目标，然后对网络进行训练，使目标最大化。在监督学习的背景下，这在一开始看起来有点奇怪，但优化机制本质上是相同的。在这两种情况下，都需要调整网络的参数使函数最大化或最小化。

1.7 总结

本章将强化学习问题描述为一个由智能体和环境组成的系统，智能体和环境以状态、动作、奖励的形式进行交互和交换信息。智能体的目标就是学习如何在使用策略的环境中执行动作，以便最大化预期的奖励总额。利用这些概念，我们通过假设环境的转移函数具有马尔可夫性质，说明了强化学习是如何被表述为马尔可夫决策过程(MDP)的。

智能体在环境中的经验可以用来学习有助于最大化目标的函数。特别地，我们研究了强化学习中三个主要的可学习函数：策略 $\pi(s)$、值函数 $V^{\pi}(S)$ 和 $Q^{\pi}(s, a)$ 以及模型 $P(s'|s, a)$。深度强化学习算法可以分为基于策略的算法、基于值的算法、基于模型的算法或者它们的组合。也可以根据训练数据的生成方式进行分类，同策略算法只使用当前策略生成的数据，异策略算法可以使用任何策略生成的数据。

我们还简要介绍了深度学习的训练流程，并讨论了强化学习和监督学习之间的一些区别。

第一部分

Foundations of Deep Reinforcement Learning: Theory and Practice in Python

基于策略的算法和基于值的算法

REINFORCE

本章介绍本书的第一个算法——REINFORCE 算法。

REINFORCE 算法由 Ronald J. Williams 于 1992 年在他的论文“Simple Statistical Gradient-Following Algorithms for Connectionist Reinforcement Learning”[148] 中首次提出，它学习一种参数化的策略，该策略可根据状态产生动作概率，而智能体可直接使用此策略在环境中选择动作。

其关键思想是，在学习过程中，产生良好结果的动作的可能性应该逐渐增加，即强化这些动作。相反，导致不良结果的动作的可能性应逐渐降低。如果学习成功，则在多次迭代过程中，策略所产生的动作概率将转移到环境中具有良好性能的概率分布上。由于这种动作概率是通过策略梯度来迭代转换的，因此 REINFORCE 算法又被称为策略梯度算法。

该算法包括三个重要组成部分：

1. 一种参数化的策略。
2. 一个可被最大化的目标函数。
3. 一种更新策略参数的方法。

2.1 节介绍参数化策略。2.2 节讨论用于评估学习效果的目标函数。2.3 节包含 REINFORCE 算法的核心——策略梯度，它提供了一种利用策略参数评估目标梯度的方法；这是至关重要的一步，因为它使用策略梯度来修改策略参数以使目标最大化。

在介绍了 2.5 节的算法后，我们将讨论其局限性并提出一些性能改进策略。这方面的内容见 2.5.1 节。

本章最后介绍 REINFORCE 算法的两种具体实现，第一种是最小化和自包含的实现，第二种是 SLM Lab 中的实现。

2.1 策略

策略 π 是一种将状态映射为动作概率的函数，用于采样一个动作 $a\sim\pi(s)$。在 REINFORCE 算法中，智能体学习一种策略并依靠它在某种环境下选择动作。

好的策略能够使累积折扣奖励最大化。REINFORCE 算法的关键思想是通过学习好的策略进行函数逼近。神经网络是强大而灵活的函数逼近器，因此我们可以使用由可学习的参数 θ 构成的深度神经网络来表示策略，这通常被称为策略网络 π_θ。我们称该策略由 θ 参数化。

策略网络参数的每个特定值集代表一个特定策略。假设 $\theta_1\neq\theta_2$，对于任何给定的状态 s，不同的策略网络可能会输出不同的动作概率集，即 $\pi_{\theta_1}(s)\neq\pi_{\theta_2}(s)$。因为从状态到动作概率的映射是不同的，所以我们说 π_{θ_1} 和 π_{θ_2} 是不同的策略。而单个神经网络能够代表许多不同的策略。

在上述表述中，学习良好策略的过程对应于搜索一组较优的 θ 值，因此策略网络的可微性非常重要。除此之外，我们将在 2.3 节中看到，改进策略的机制主要依赖于参数空间中的梯度上升。

2.2 目标函数

在本节中，我们阐述 REINFORCE 算法中智能体如何最大化目标。目标可以理解为智能体的最终目的，例如赢得一场比赛或获得最高分。首先，我们介绍回报的概念，它是使用轨迹来计算的。然后，我们用它来定义目标。

回顾第 1 章，在环境中行动的智能体会产生一条轨迹，其中包含一系列奖励以及状态和动作。一条轨迹可以表示为 $\tau=s_0, a_0, r_0, \cdots, s_T, a_T, r_T$。

一条轨迹的回报 $R_t(\tau)$ 可被定义为从时间步 t 到轨迹结束的奖励的折扣总和，如式 2.1 所示。

$$R_t(\tau)=\sum_{t'=t}^{T}\gamma^{t'-t}r'_t \tag{2.1}$$

注意这里的总和从时间步 t 开始，但是折扣因子 γ 的求幂运算却是从时间步 0 开始计算的，因此我们需要使用 $t'-t$ 来对幂做偏移，使其从时间步 t 开始计算。

当 $t=0$ 时，显然回报是完整轨迹的回报。为简便起见，将其写为 $R_0(\tau)=R(\tau)$。而目标就是智能体生成的所有完整轨迹的预期回报，用式 2.2 定义。

$$J(\pi_\theta)=\mathbb{E}_{\tau\sim\pi_\theta}[R(\tau)]=\mathbb{E}_{\tau\sim\pi_\theta}\left[\sum_{t=0}^{T}\gamma^t r_t\right] \tag{2.2}$$

式 2.2 表示期望值是根据从策略(即 $\tau\sim\pi_\theta$)采样的许多轨迹计算得出的。收集的样本越多，该期望值越接近真实值，除此之外它还与所使用的特定策略 π_θ 有关。

2.3 策略梯度

现在，我们已经定义了策略 π_θ 和目标 $J(\pi_\theta)$，它们是推导策略梯度算法的两个关键要素。策略提供了智能体采取动作的方式，而目标则提供了能够最大化的靶向。

REINFORCE 算法的又一重要部分是策略梯度。形式上，我们说一种策略梯度算法可以解决以下问题：

$$\max_\theta J(\pi_\theta)=\mathbb{E}_{\tau\sim\pi_\theta}[R(\tau)] \tag{2.3}$$

为了最大化目标，我们对策略参数 θ 进行梯度上升操作，回顾微积分知识，即让梯度指向最陡的上升方向。为了达到目标[⊖]，需要不断地计算梯度并用它来更新参数，如式 2.4[⊜]所示。

$$\theta\leftarrow\theta+\alpha\nabla_\theta J(\pi_\theta) \tag{2.4}$$

⊖ 目标 $J(\pi_\theta)$可以看作一个抽象的超曲面，在该曲面上我们尝试用 θ 作为变量来找到最大点。超曲面是位于 3D 空间中的普通 2D 曲面在高维的推广。位于 N 维空间中的超曲面是具有$(N-1)$维的实体。

⊜ 注意，可以使用任何合适的优化器对以$\nabla_\theta J(\pi_\theta)$为输入的模型进行参数更新。

α 是一个标量，被称为学习率，用来控制参数更新的幅度。而$\nabla_\theta J(\pi_\theta)$被称为策略梯度，如式 2.5 的定义。

$$\nabla_\theta J(\pi_\theta) = \mathbb{E}_{\tau \sim \pi_\theta}\left[\sum_{t=0}^{T} R_t(\tau)\,\nabla_\theta \log \pi_\theta(a_t \mid s_t)\right] \tag{2.5}$$

$\pi_\theta(a_t \mid s_t)$是智能体在时间步 t 所采取动作的概率。该动作是从策略(即 $a_t \sim \pi_\theta(s_t)$)中采样得到的。式 2.5 的右侧表示，对于与 θ 相关的动作，将其对数概率的梯度乘以回报 $R_t(\tau)$。

式 2.5 指出，目标的梯度等于动作 a_t 的对数概率梯度的预期总和乘以相应的回报 $R_t(\tau)$。完整的推导见 2.3.1 节。

策略梯度是一种机制，通过该机制可以更新由策略产生的动作概率。如果回报 $R_t(\tau)>0$，则动作概率 $\pi_\theta(a_t \mid s_t)$增加；相反，如果回报 $R_t(\tau)<0$，则动作概率 $\pi_\theta(a_t \mid s_t)$降低。在多轮更新(式 2.4)之后，该策略将产生较高 $R_t(\tau)$的动作。

式 2.5 是所有策略梯度算法的基础。REINFORCE 算法是以最简单的形式使用它的算法之一。一些新的算法会在此基础上通过修改函数来提高性能，见第 6 章和第 7 章。这里，一个关键问题在于：如何实现和评估一个理想的策略梯度方程？

2.3.1 策略梯度推导

我们从式 2.6 所示的目标梯度中推导出策略梯度(式 2.5)。注意，在初次阅读时可以跳过此部分。

$$\nabla_\theta J(\pi_\theta) = \nabla_\theta \mathbb{E}_{\tau \sim \pi_\theta}[R(\tau)] \tag{2.6}$$

式 2.6 提出了一个问题，因为我们无法使得 $R(\tau)=\sum_{t=0}^{T}\gamma^t r_t$ 对于 θ 可微㊀。奖励 r_t 是由一个未知的不可微的奖励函数 $\mathcal{R}(s_t, a_t, s_{t+1})$生成的。策略变量 θ 影响 $R(\tau)$的唯一方法是更改状态和动作分布，进而更改智能体所得到的奖励。

因此，我们需要将式 2.6 转换为可以对 θ 求梯度的形式。为此，我们将使用一些更方便的定义。

给定一个函数 $f(x)$、一个参数化的概率分布 $p(x \mid \theta)$及其期望值 $\mathbb{E}_{x \sim p(x \mid \theta)}[f(x)]$，可以将期望值的梯度重写为：

$$\nabla_\theta \mathbb{E}_{x \sim p(x \mid \theta)}[f(x)]$$

$$= \nabla_\theta \int dx\, f(x) p(x \mid \theta) \quad \text{(期望的定义)} \tag{2.7}$$

$$= \int dx\, \nabla_\theta (p(x \mid \theta) f(x)) \quad \text{(移入} \nabla_\theta \text{)} \tag{2.8}$$

$$= \int dx (f(x) \nabla_\theta p(x \mid \theta) + p(x \mid \theta) \nabla_\theta f(x)) \quad \text{(链式法则)} \tag{2.9}$$

$$= \int dx\, f(x) \nabla_\theta p(x \mid \theta) \quad (\nabla_\theta f(x) = 0) \tag{2.10}$$

$$= \int dx\, f(x) p(x \mid \theta) \frac{\nabla_\theta p(x \mid \theta)}{p(x \mid \theta)} \quad \left(\text{乘以} \frac{p(x \mid \theta)}{p(x \mid \theta)}\right) \tag{2.11}$$

㊀ 但可以使用黑盒优化技术(例如增强随机搜索(augmented random search)[83])来估算梯度，这超出了本书的范围。

$$= \int dx\ f(x)p(x|\theta)\nabla_\theta \log p(x|\theta) \quad \text{(代入式 2.14)} \tag{2.12}$$

$$= \mathbb{E}_x[f(x)\nabla_\theta \log p(x|\theta)] \quad \text{(期望的定义)} \tag{2.13}$$

该恒等式表示期望的梯度等于对数概率梯度的期望乘以原始函数。其中第 1 行是期望的简单定义，它利用积分形式来表示一个连续函数 $f(x)$的普遍性，而这种积分形式同样适用于离散函数的求和。接下来的 3 行是一些基本演算。

值得注意的是，式 2.10 解决了我们的初始问题，它使得我们可以采用 $p(x \mid \theta)$的梯度，但是 $f(x)$又是一个无法积分的黑盒函数。为了解决这个问题，我们需要将方程式转换为期望以便可以通过采样进行估计。首先，在式 2.11 中乘以 $\frac{p(x|\theta)}{p(x|\theta)}$，所得分数 $\frac{\nabla_\theta p(x|\theta)}{p(x|\theta)}$可以用式 2.14 中的对数导数来重写。

$$\nabla_\theta \log p(x|\theta) = \frac{\nabla_\theta p(x|\theta)}{p(x|\theta)} \tag{2.14}$$

将式 2.14 代入式 2.11，从而得到式 2.12，而后可以写成式 2.13 中的期望形式。最终，我们实现了将该定义简单地表达为一种期望的目的。

现在，显然该公式可以用来表示我们的目标。通过代入 $x=\tau$、$f(x)=R(\tau)$、$p(x|\theta)=p(\tau|\theta)$，式 2.6 可被重写为：

$$\nabla_\theta J(\pi_\theta) = \mathbb{E}_{\tau\sim\pi_\theta}[R(\tau)\nabla_\theta \log p(\tau|\theta)] \tag{2.15}$$

然而式 2.15 中的 $p(\tau|\theta)$需要与我们可以控制的策略 π_θ 相关，因此它需要被进一步扩展。

可以看到，轨迹 τ 只是一个交错事件(如 a_t 和 s_{t+1})的序列，这些事件分别采样自智能体的动作概率 $\pi_\theta(a_t|s_t)$和环境的转换概率 $p(s_{t+1}|s_t, a_t)$。由于这些概率是条件独立的，因此整条轨迹的概率是各个概率的乘积，如式 2.16 所示。

$$p(\tau|\theta) = \prod_{t\geqslant 0} p(s_{t+1}|s_t, a_t)\pi_\theta(a_t|s_t) \tag{2.16}$$

将式 2.16 的两边取对数[⊖]，使得式 2.16 与式 2.15 相匹配。

$$\log p(\tau|\theta) = \log \prod_{t\geqslant 0} p(s_{t+1}|s_t, a_t)\pi_\theta(a_t|s_t) \tag{2.17}$$

$$\log p(\tau|\theta) = \sum_{t\geqslant 0} (\log p(s_{t+1}|s_t, a_t) + \log \pi_\theta(a_t|s_t)) \tag{2.18}$$

$$\nabla_\theta \log p(\tau|\theta) = \nabla_\theta \sum_{t\geqslant 0} (\log p(s_{t+1}|s_t, a_t) + \log \pi_\theta(a_t|s_t)) \tag{2.19}$$

$$\nabla_\theta \log p(\tau|\theta) = \nabla_\theta \sum_{t\geqslant 0} \log \pi_\theta(a_t|s_t) \tag{2.20}$$

式 2.18 基于这样的事实：乘积的对数等于各分量的对数之和。因此，我们可以将梯度∇_θ代入两边得到式 2.19。梯度可以在求和项内移动。由于 $\log p(s_{t+1}|s_t, a_t)$与 θ 无关，其梯度为零，可以将其丢弃，这便得到了式 2.20。该公式以 $\pi_\theta(a_t|s_t)$表示概率 $p(\tau|\theta)$。注意公式左侧的轨迹 τ 对应于右侧的各个时间步 t 的总和。

这样，我们最终得以用一种可微的形式重写式 2.6 的$\nabla_\theta J(\pi_\theta)$。通过将式 2.20 代入

⊖ 使用对数概率的好处在于，它在数值上比普通概率更稳定，某些操作的计算速度也更快。作为一项练习，请尝试说出对数概率具有这两种好处的原因。

2.15 并移入乘数 $R(\tau)$，我们得到：

$$\nabla_\theta J(\pi_\theta)=\mathbb{E}_{\tau\sim\pi_\theta}\left[\sum_{t=0}^{T}R_t(\tau)\nabla_\theta\log\pi_\theta(a_t|s_t)\right] \tag{2.21}$$

我们当初的难题是式 2.6 包含不可微的函数。经过一系列转换后，我们得出了式 2.20，它可以很容易地用策略网络 π_θ 进行估算，其中的梯度计算可以由神经网络库所提供的自动微分功能来处理。

2.4　蒙特卡罗采样

REINFORCE 算法使用蒙特卡罗(Monte Carlo)采样对策略梯度进行数值化估算。

蒙特卡罗采样是指使用随机采样生成用于逼近某个函数的数据。本质上，它只是“随机抽样的近似”。得益于 20 世纪 40 年代 Los Alamos 实验室的数学家 Stanislaw Ulam 的推广，这项技术变得非常流行。

为了了解蒙特卡罗采样的工作原理，我们用一个示例来说明如何使用它估计 π(数学常数)的值，即圆周长与直径的比值[⊖]。解决这个问题的蒙特卡罗方法是取一个以原点为圆心、半径 $r=1$ 的圆，并将其嵌在正方形中。它们的面积分别为 πr^2 和 $(2r)^2$。因此，它们的面积比例为：

$$\frac{\text{圆的面积}}{\text{正方形的面积}}=\frac{\pi r^2}{(2r)^2}=\frac{\pi}{4} \tag{2.22}$$

在数值上，正方形的面积为 4，但由于我们尚不知道 π，因此圆的面积未知。让我们考虑某个象限的情况。为了获得 π 的估计值，我们用均匀随机分布对正方形内的多个点进行采样。落在圆中的点 (x, y) 与原点的距离小于等于 1，即 $\sqrt{(x-0)^2+(y-0)^2}\leqslant 1$，如图 2-1 所示。使用此方法，如果我们计算圆中的点数，然后计算总计采样的点数，则它们的比率大致等于式 2.22。通过迭代采样更多点并更新比率，我们的估计将更接近精确值。将该比率乘以 4 用于我们的估计值，可得到 $\pi\approx 3.14159$。

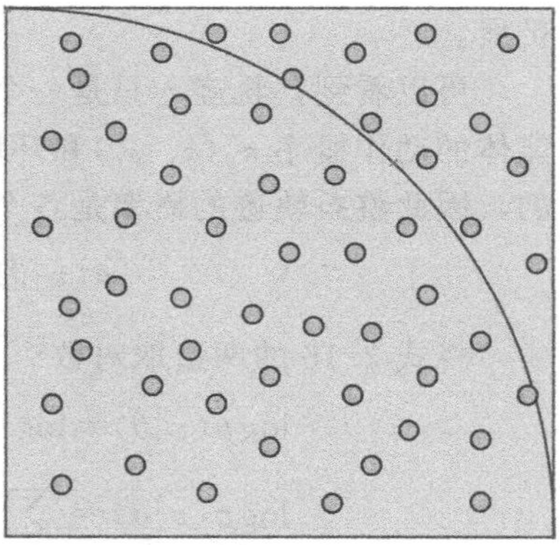

图 2-1　用蒙特卡罗采样估算 π

现在，让我们回到深度 RL，看看如何使用蒙特卡罗在式 2.5 中数值化地估算策略梯度。这其实很简单，期望 $\mathbb{E}_{\tau\sim\pi_\theta}$ 意味着当使用策略 π_θ 对更多的轨迹 τ 采样并将其取平均时，它将逼近实际的策略梯度 $\nabla_\theta J(\pi_\theta)$。这里我们只对每个策略采样一条轨迹，而不是许多轨迹，如式 2.23 所示。

$$\nabla_\theta J(\pi_\theta)\approx\sum_{t=0}^{T}R_t(\tau)\nabla_\theta\log\pi_\theta(a_t|s_t) \tag{2.23}$$

这就是实现策略梯度的方式——对采样轨迹的蒙特卡罗估计。

现在所有前期准备都已就绪，下面我们来看 REINFORCE 算法。

⊖ 仅在此示例中，我们不将 π 作为策略，但是此后我们仍会使用 π 表示策略。

2.5 REINFORCE 算法

本节讨论 REINFORCE 算法并介绍同策略算法的概念。之后，我们将分析它的一些局限性，并引入基准线来提高性能。

该算法内容见算法 2-1。算法本身非常简单，首先，初始化学习率 α，并使用随机初始化的权重构建策略网络 π_θ。

算法 2-1 REINFORCE 算法

1：初始化学习率 α
2：初始化策略网络 π_θ 的权重 θ
3：**for** $episode=0, \cdots, MAX\_EPISODE$ **do**
4：　采样一个轨迹 $\tau=s_0, a_0, r_0, \cdots, s_T, a_T, r_T$
5：　设置 $\nabla_\theta J(\pi_\theta)=0$
6：　**for** $t=0, \cdots, T$ **do**
7：　　$R_t(\tau)=\sum_{t'=t}^{T}\gamma^{t'-t}r'_t$
8：　　$\nabla_\theta J(\pi_\theta)=\nabla_\theta J(\pi_\theta)+R_t(\tau)\nabla_\theta \log\pi_\theta(a_t|s_t)$
9：　**end for**
10：　$\theta=\theta+\alpha\nabla_\theta J(\pi_\theta)$
11：**end for**

接下来对多个事件进行迭代，如下所示：对某个事件使用策略网络 π_θ 生成轨迹 $\tau=s_0, a_0, r_0, \cdots, s_T, a_T, r_T$。然后，对于轨迹中的每个时间步 t，计算回报 $R_t(\tau)$，并用 $R_t(\tau)$ 估算策略梯度。而后对所有时间步的策略梯度求和，并使用求和结果更新策略网络参数 θ。

这里重要的一点是，每次更新参数后都必须丢弃轨迹，因此轨迹无法被重复使用。这是因为 REINFORCE 是一种同策略的算法。回顾 1.4 节，如果一个算法的参数更新方程取决于当前策略，则该算法为同策略的。从算法 2-1 的第 8 行可以清楚地看到，策略梯度直接取决于当前策略 π_θ 而不是之前的策略 $\pi_{\theta'}$ 所生成的动作概率 $\pi_\theta(a_t|s_t)$。相应地，还必须从 π_θ 中生成 $\tau\sim\pi_\theta$ 的回报 $R_t(\tau)$，否则该策略将不产生回报，并据此来调整动作概率。

2.5.1 改进的 REINFORCE 算法

在对 REINFORCE 算法的形式化表述中，使用具有单条轨迹的蒙特卡罗采样来估计策略梯度。这是对策略梯度的无偏估计，但是这种方法的缺点是具有很大的方差。在本小节中，我们引入一种基准线方法来减少估算方差。在此之后，我们将讨论奖励归一化以解决奖励缩放的问题。

当使用蒙特卡罗采样时，策略梯度估计值可能会具有较高的方差，因为回报在轨迹之间会发生显著变化。这是由以下三个因素决定的。首先，因为动作是从概率分布中采样的，因此它们具有一定的随机性。其次，每个事件的开始状态可能会不同。最后，环境转换函数也可能是随机的。

一种减少估计值方差的方法是通过减去独立于动作的基准线来修改回报，如式 2.24 所示。

$$\nabla_\theta J(\pi_\theta) \approx \sum_{t=0}^{T} (R_t(\tau) - b(s_t)) \nabla_\theta \log \pi_\theta (a_t | s_t) \tag{2.24}$$

对于基准线，一种选择是值函数 V^π，这种选择激发了演员-评论家(actor-critic)算法。我们将其留在第 6 章讨论。

另一种替代的选择是使用轨迹上的回报均值，即 $b = \frac{1}{T}\sum_{t=0}^{T} R_t(\tau)$。这是每条轨迹的恒定基准线，不会随状态 s_t 的变化而变化。它有将每条轨迹的回报集中在 0 附近的效果。对于每条轨迹，平均而言，较好的 50%的动作将得到鼓励，而其他动作则不鼓励。

为了探究基准线方法的作用，可以考虑某个环境的所有奖励均为负的情况。如果没有基准线，即使智能体采取非常好的动作，也会因为回报始终为负而被抑制。但随着时间的流逝，这仍然可以产生良好的策略，因为糟糕的动作将受到更多的抑制，从而间接增加了好的动作的可能性。然而，这很可能会导致学习速度变慢，因为它只能在一个方向上进行概率调整。而在所有奖励都为正的环境中，学习速度会变快。因此当我们既可以增加也可以减少动作概率时，学习更加有效，而这要求既有正回报也有负回报。

2.6 实现 REINFORCE

本节介绍 REINFORCE 算法的两种具体实现。第一种是最小化和自包含的实现，第二种是使用 SLM Lab 的实现，SLM Lab 是集成在 lab 组件上的高级版本。

2.6.1 一种最小化 REINFORCE 的实现

最小化实现非常有用，因为它与算法 2-1 联系紧密，它是将理论转化为代码的良好实践。REINFORCE 是一个很好的选择，因为它是最简单的 RL 算法，可以轻松地用几行代码实现(参见代码 2-1)。

代码 2-1 一个针对 CartPole-v0 问题的 REINFORCE 独立实现

```
from torch.distributions import Categorical
import gym
import numpy as np
import torch
import torch.nn as nn
import torch.optim as optim

gamma = 0.99

class Pi(nn.Module):
    def __init__(self, in_dim, out_dim):
        super(Pi, self).__init__()
        layers = [
            nn.Linear(in_dim, 64),
            nn.ReLU(),
            nn.Linear(64, out_dim),
```

```
        ]
        self.model = nn.Sequential(*layers)
        self.onpolicy_reset()
        self.train()  # set training mode

    def onpolicy_reset(self):
        self.log_probs = []
        self.rewards = []

    def forward(self, x):
        pdparam = self.model(x)
        return pdparam

    def act(self, state):
        x = torch.from_numpy(state.astype(np.float32))  # to tensor
        pdparam = self.forward(x)  # forward pass
        pd = Categorical(logits=pdparam)  # probability distribution
        action = pd.sample()  # pi(a|s) in action via pd
        log_prob = pd.log_prob(action)  # log_prob of pi(a|s)
        self.log_probs.append(log_prob)  # store for training
        return action.item()

def train(pi, optimizer):
    # Inner gradient-ascent loop of REINFORCE algorithm
    T = len(pi.rewards)
    rets = np.empty(T, dtype=np.float32)  # the returns
    future_ret = 0.0
    # compute the returns efficiently
    for t in reversed(range(T)):
        future_ret = pi.rewards[t] + gamma * future_ret
        rets[t] = future_ret
    rets = torch.tensor(rets)
    log_probs = torch.stack(pi.log_probs)
    loss = - log_probs * rets  # gradient term; Negative for maximizing
    loss = torch.sum(loss)
    optimizer.zero_grad()
    loss.backward()  # backpropagate, compute gradients
    optimizer.step()  # gradient-ascent, update the weights
    return loss

def main():
    env = gym.make('CartPole-v0')
    in_dim = env.observation_space.shape[0]  # 4
    out_dim = env.action_space.n  # 2
    pi = Pi(in_dim, out_dim)  # policy pi_theta for REINFORCE
    optimizer = optim.Adam(pi.parameters(), lr=0.01)
    for epi in range(300):
        state = env.reset()
        for t in range(200):  # cartpole max timestep is 200
```

```
66                action = pi.act(state)
67                state, reward, done, _ = env.step(action)
68                pi.rewards.append(reward)
69                env.render()
70                if done:
71                    break
72            loss = train(pi, optimizer)  # train per episode
73            total_reward = sum(pi.rewards)
74            solved = total_reward > 195.0
75            pi.onpolicy_reset()  # onpolicy: clear memory after training
76            print(f'Episode {epi}, loss: {loss}, \
77            total_reward: {total_reward}, solved: {solved}')
78
79    if __name__ == '__main__':
80        main()
```

相较而言，其他 RL 算法更复杂，因此为了方便，它们可以在具有可重用模块化组件的通用框架内实现。为了与本书中其余算法保持一致，我们还在 SLM Lab 中提供了一个实现，引入了 lab 算法的 API。

让我们来分析一下最小化的实现。

1. Pi 构建的策略网络是一个简单的单层 MLP，具有 64 个隐藏单元(第 10～20 行)。

2. act 定义了产生动作的方法(第 30～37 行)。

3. train 实现了算法 2-1 中的更新步骤。注意，损失函数被表示为负对数概率的总和乘以回报(第 50～51 行)。负号是必需的，因为默认情况下，PyTorch 的优化程序会将损失降到最低，而我们却要最大化目标。此外，我们使用 PyTorch 的自动微分功能来表示损失。调用 loss. backward()时，将计算损失的梯度(第 53 行)，它等于策略梯度。最后，我们通过调用 optimizer. step()(第 54 行)来更新策略参数。

4. main 是主循环。它首先构建 CartPole 环境、策略网络 Pi 和优化器，然后为 300 个事件运行训练循环。随着训练的进行，每个事件的总奖励应该向着 200 逐渐增加，当总奖励高于 195 时，在该环境中的训练就完成了。

2.6.2　用 PyTorch 构建策略

策略 π_θ 的实现值得仔细研究。在本小节中，我们将展示如何将神经网络的输出转换为用于采样动作 $a\sim\pi_\theta(s)$的动作概率分布。

这里的关键思路是对概率分布进行参数化设置，方法是枚举离散分布的全部概率，或者指定连续分布(例如正态分布)的均值和标准差[⊖]。这些概率分布参数可以通过神经网络进行学习并输出。

为了输出一个动作，我们首先使用策略网络根据状态计算概率分布参数。然后，使用这些参数来构造动作概率分布。最后，使用动作概率分布对动作进行采样并计算动作对数概率。

接下来让我们看看上述思路如何在伪代码中实现。算法 2-2 构造了一个离散动作概

⊖　一些概率分布需要特殊的参数，但是该方法仍然适用。

率分布，并使用它来计算对数概率。它构建了一个类别(多项)分布，虽然这里也可以使用其他离散分布。由于不必对网络输出进行标准化，因此将分布参数视为对数而不是概率。算法 2-2 还与代码 2-1(第 31～35 行)中策略的 PyTorch 实现紧密相关。

算法 2-2 构建一个离散策略

1：给定一个策略网络 net、一个类别分布类 Categorical 和一个状态
2：计算输出 pdparams＝net(state)
3：构建一个动作概率分布的实例
 ↪ pd＝Categorical(logits＝pdparams)
4：利用 pd 采样一个动作，action＝pd.sample()
5：利用 pd 和 action 计算动作的对数概率，
 ↪ log_prob＝pd.log_prob(action)

代码 2-2 显示了使用 PyTorch 的算法 2-2 的简单实现，并提供了对应的步骤。为简单起见，我们使用一种虚拟的策略网络输出。在构造函数 Categorial 中，PyTorch 会在构造类别分布时将指定的 logits 转换为概率。

代码 2-2 一种使用类别分布实现的离散策略

```
from torch.distributions import Categorical
import torch

# suppose for 2 actions (CartPole: move left, move right)
# we obtain their logit probabilities from a policy network
policy_net_output = torch.tensor([-1.6094, -0.2231])
# the pdparams are logits, equivalent to probs = [0.2, 0.8]
pdparams = policy_net_output
pd = Categorical(logits=pdparams)

# sample an action
action = pd.sample()
# => tensor(1), or 'move right'

# compute the action log probability
pd.log_prob(action)
# => tensor(-0.2231), log probability of 'move right'
```

同样，以类似的方式可以构造连续动作策略。算法 2-3 展示了一个使用正态分布进行构造的例子。像许多其他连续分布一样，正态分布是由均值和标准差来参数化的。在很多科学计算代码库中，它们分别被称为 loc 和 scale，以暗示调整分布的位置和比例。除了动作概率分布的构造，其他用于计算动作对数概率的步骤与算法 2-2 相同。

算法 2-3 构建一个连续策略

1：给定一个策略网络 net、一个正则分布类 Normal 和一个状态
2：计算输出 pdparams＝net(state)

3：构建一个动作概率分布的实例
　↪ pd=Normal(loc=pdparams[0],scale=pdparams[1])
4：利用 pd 采样一个动作，action=pd.sample()
5：利用 pd 和 action 计算动作的对数概率，
　↪ log_prob=pd.log_prob(action)

为了一致起见，算法 2-3 仍然使用 PyTorch 实现，见代码 2-3。

代码 2-3　一种使用正态分布实现的连续策略

```
from torch.distributions import Normal
import torch

# suppose for 1 action (Pendulum: torque)
# we obtain its mean and std from a policy network
policy_net_output = torch.tensor([1.0, 0.2])
# the pdparams are (mean, std), or (loc, scale)
pdparams = policy_net_output
pd = Normal(loc=pdparams[0], scale=pdparams[1])

# sample an action
action = pd.sample()
# => tensor(1.0295), the amount of torque

# compute the action log probability
pd.log_prob(action)
# => tensor(0.6796), log probability of this torque
```

策略构建流程的通用性使得其可以轻松地应用于离散和连续的动作环境，同时其简单性也是基于策略的算法的优势之一。

SLM Lab 以模块化和可重用的方式实现了通用的算法 2-2 和算法 2-3，它们面向所有基于策略的算法。此外，这些实现也在效率方面进行了优化。例如，为了加快计算速度，在训练过程中仅计算一次动作对数概率。

了解了 REINFORCE 的简单实现之后，我们现在讨论 SLM Lab 中的 REINFORCE 组件及其实现。这可以帮助我们初步了解如何使用 SLM Lab 框架实现算法。该 REINFORCE 代码可以用作父类，它可以被扩展以实现更复杂的算法，我们将在本书后面介绍这部分内容。为了使用 SLM Lab 运行后续的实验，需要大家首先熟悉该框架。

接下来，我们仅讨论特定算法的实现方法，并且将其集成到 lab 框架中以进行手动的代码编写。完整的代码以及运行 RL 训练部分所需的所有组件都可以在配套的 SLM Lab 代码库中找到。

2.6.3　采样动作

现在来看一下代码 2-4 中的 Reinforce 类的动作采样方法。注意，在整本书中，为了说明清晰，省略了一些对于方法的功能解释不太重要的代码行，并替换为“…”。另外注意标有@lab_api 的方法是 SLM Lab 算法中的标准 API 方法。

代码中的 calc_pdparam 用来计算动作分布参数。calc_pdparam 由 self. action_policy (第 15 行)调用，self. action_policy 产生一个动作(在 2.6.2 节中有更详细的描述)。act 从算法的动作策略中采样一个动作，该策略可以是离散或连续的分布，例如 Categorical 和 Normal。

代码 2-4 REINFORCE 实现：从策略网络中采样动作

```
1  # slm_lab/agent/algorithm/reinforce.py
2
3  class Reinforce(Algorithm):
4      ...
5
6      @lab_api
7      def calc_pdparam(self, x, net=None):
8          net = self.net if net is None else net
9          pdparam = net(x)
10         return pdparam
11
12     @lab_api
13     def act(self, state):
14         body = self.body
15         action = self.action_policy(state, self, body)
16         return action.cpu().squeeze().numpy()  # squeeze to handle scalar
```

2.6.4 计算策略损失

代码 2-5 展示了计算策略损失的方法，它分为两个部分。首先，由方法 calc_ret_advs 来计算强化信号，该方法计算批次中每个元素的回报。然后我们可以从回报中减去基准线(可选)。在此示例中，基准线是一个批次的回报均值。

获得回报后就可以计算策略损失。在 calc_policy_loss 中，首先获得计算动作对数概率(第 18 行)所需的动作概率分布(第 15 行)。接下来，将回报(表示为 advs)与对数概率结合起来以形成策略损失(第 19 行)，它具有与代码 2-1(第 50～51 行)相同的形式，因此我们可以利用 PyTorch 的自动微分功能来实现。

可以用熵(第 20～23 行)来作为一个可选的损失增加项，用于鼓励策略探索。在 6.3 节将对此进行更详细的讨论。

代码 2-5 REINFORCE 实现：计算策略损失

```
1  # slm_lab/agent/algorithm/reinforce.py
2
3  class Reinforce(Algorithm):
4      ...
5
6      def calc_ret_advs(self, batch):
7          rets = math_util.calc_returns(batch['rewards'], batch['dones'],
           ↪   self.gamma)
```

```
        if self.center_return:
            rets = math_util.center_mean(rets)
        advs = rets
        ...
        return advs

    def calc_policy_loss(self, batch, pdparams, advs):
        action_pd = policy_util.init_action_pd(self.body.ActionPD, pdparams)
        actions = batch['actions']
        ...
        log_probs = action_pd.log_prob(actions)
        policy_loss = - self.policy_loss_coef * (log_probs * advs).mean()
        if self.entropy_coef_spec:
            entropy = action_pd.entropy().mean()
            self.body.mean_entropy = entropy  # update logging variable
            policy_loss += (-self.body.entropy_coef * entropy)
        return policy_loss
```

2.6.5　REINFORCE 训练循环

代码 2-6 展示了训练循环和相关联的内存采样方法。train 使用批量收集的轨迹对策略网络进行参数更新，当收集到足够的数据后就会触发训练，而轨迹是通过调用 sample（第 17 行）从智能体的内存中采样获得的。

代码 2-6　REINFORCE 实现：训练方法

```
1  # slm_lab/agent/algorithm/reinforce.py
2
3  class Reinforce(Algorithm):
4      ...
5
6      @lab_api
7      def sample(self):
8          batch = self.body.memory.sample()
9          batch = util.to_torch_batch(batch, self.net.device,
           ↪   self.body.memory.is_episodic)
10         return batch
11
12     @lab_api
13     def train(self):
14         ...
15         clock = self.body.env.clock
16         if self.to_train == 1:
17             batch = self.sample()
18             ...
19             pdparams = self.calc_pdparam_batch(batch)
20             advs = self.calc_ret_advs(batch)
21             loss = self.calc_policy_loss(batch, pdparams, advs)
```

```
22                self.net.train_step(loss, self.optim, self.lr_scheduler,
                  ↪  clock=clock, global_net=self.global_net)
23                # reset
24                self.to_train = 0
25                return loss.item()
26            else:
27                return np.nan
```

对一批数据进行采样后，我们计算出动作概率分布参数 pdparams 和用于计算策略损失的回报 advs(第 19～21 行)。然后，我们基于损失更新策略网络参数(第 22 行)。

2.6.6 同策略内存回放

本小节介绍能够实现同策略采样的内存类。我们可以在代码 2-6 的第 17 行中看到，可以通过调用一个内存对象来生成训练轨迹。而由于 REINFORCE 是一种同策略算法，因此应将算法采样的轨迹存储在 Memory 类中进行学习，然后在每个训练步骤之后对其刷新。对内存类的细节不感兴趣的读者可以跳过本小节，这不会削弱对 REINFORCE 算法的理解，只要知道哪些信息存储在内存中以及如何在训练循环中使用它们就足够了。

让我们看一下实现此逻辑的 OnPolicyReplay 类，它包含如下 API 方法：

1. reset 清除并重置内存类变量。
2. update 为内存增加一个经验。
3. sample 抽样一批数据进行训练。

内存初始化和重置

首先用__init__初始化类变量，包括第 15 行的存储键。然后调用 reset 来构造空的数据结构。

每个训练步骤后，使用代码 2-7 中的 reset 清除内存。这是特定于同策略内存的，因为轨迹无法再用于以后的训练。

内存类可以将多个事件的轨迹存储在自己的属性中(在第 21～22 行进行初始化)。通过将经验存储在当前事件的数据字典 self. cur_epi_data 中来构造各个事件，该字典在第 23 行进行重置。

代码 2-7　OnPolicyReplay：重置

```
1   # slm_lab/agent/memory/onpolicy.py
2
3   class OnPolicyReplay(Memory):
4       ...
5
6       def __init__(self, memory_spec, body):
7           super().__init__(memory_spec, body)
8           # NOTE for OnPolicy replay, frequency = episode; for other classes
            ↪  below frequency = frames
9           util.set_attr(self, self.body.agent.agent_spec['algorithm'],
            ↪  ['training_frequency'])
10          # Don't want total experiences reset when memory is
11          self.is_episodic = True
12          self.size = 0  # total experiences stored
```

```
        self.seen_size = 0 # total experiences seen cumulatively
        # declare what data keys to store
        self.data_keys = ['states', 'actions', 'rewards', 'next_states',
        ↪  'dones']
        self.reset()

    @lab_api
    def reset(self):
        '''Resets the memory. Also used to initialize memory vars'''
        for k in self.data_keys:
            setattr(self, k, [])
        self.cur_epi_data = {k: [] for k in self.data_keys}
        self.most_recent = (None,) * len(self.data_keys)
        self.size = 0
```

内存更新

update 函数作为内存类的 API 方法，用于在内存中添加经验。这里唯一棘手的问题在于如何对事件的边界保持跟踪，为了解决这个问题，可以将代码 2-8 中的步骤分解如下：

1. 将经验添加到当前事件中(第 14～15 行)。

2. 检查当前事件是否结束(第 17 行)。由 done 变量来指示，如果事件结束，将它置为 1，否则置为 0。

3. 如果事件结束，则将事件的整个经验集添加到内存类的主容器中(第 18～19 行)。

4. 如果事件结束，清除当前事件字典(第 20 行)，以便为内存类存储下一个事件做准备。

5. 如果已经收集了所需的事件数，在智能体中将 train 标志置为 1(第 23～24 行)。这标志着智能体可以训练此时间步了。

代码 2-8　OnPolicyReplay：增加经验

```
1  # slm_lab/agent/memory/onpolicy.py
2
3  class OnPolicyReplay(Memory):
4      ...
5
6      @lab_api
7      def update(self, state, action, reward, next_state, done):
8          '''Interface method to update memory'''
9          self.add_experience(state, action, reward, next_state, done)
10
11     def add_experience(self, state, action, reward, next_state, done):
12         '''Interface helper method for update() to add experience to memory'''
13         self.most_recent = (state, action, reward, next_state, done)
14         for idx, k in enumerate(self.data_keys):
15             self.cur_epi_data[k].append(self.most_recent[idx])
16         # If episode ended, add to memory and clear cur_epi_data
17         if util.epi_done(done):
18             for k in self.data_keys:
19                 getattr(self, k).append(self.cur_epi_data[k])
```

```
            self.cur_epi_data = {k: [] for k in self.data_keys}
            # If agent has collected the desired number of episodes, it is
            ↪ ready to train
            # length is num of epis due to nested structure
            if len(self.states) ==
            ↪ self.body.agent.algorithm.training_frequency:
                self.body.agent.algorithm.to_train = 1
        # Track memory size and num experiences
        self.size += 1
        self.seen_size += 1
```

内存采样

代码 2-9 中的 sample 返回所有已完成的、打包到批量词典中的事件(第 6 行)。然后，它会重置内存(第 7 行)，因为智能体一旦完成了训练步骤，被存储的经验将不再有效。

代码 2-9 OnPolicyReplay：采样

```
1 # slm_lab/agent/memory/onpolicy.py
2
3 class OnPolicyReplay(Memory):
4
5     def sample(self):
6         batch = {k: getattr(self, k) for k in self.data_keys}
7         self.reset()
8         return batch
```

2.7 训练 REINFORCE 智能体

深度 RL 算法通常具有许多超参数。例如，需要指定网络类型、架构、激活函数、优化器和学习率。更高级的神经网络功能可能涉及梯度裁剪和学习率衰减规划。而这只是“深度”部分！RL 算法还涉及其他超参数的选择，例如折扣率 γ 和训练智能体的频率。为了使其更易于管理，所有超参数均在 SLM Lab 中的一个 JSON 文件中指定，该文件名为 spec(即“规范”)；有关 spec 文件(即规范文件)的更多详细信息，请参见第 11 章。

代码 2-10 包含了一个用于 REINFORCE 的规范文件的例子。该文件可以在 SLM Lab 中获取：slm_lab/spec/benchmark/reinforce/reinforce_cartpole.json。

代码 2-10 一个简单的 REINFORCE CartPole 的规范文件

```
# slm_lab/spec/benchmark/reinforce/reinforce_cartpole.json

{
  "reinforce_cartpole": {
    "agent": [{
      "name": "Reinforce",
      "algorithm": {
        "name": "Reinforce",
        "action_pdtype": "default",
        "action_policy": "default",
```

```
11          "center_return": true,
12          "explore_var_spec": null,
13          "gamma": 0.99,
14          "entropy_coef_spec": {
15            "name": "linear_decay",
16            "start_val": 0.01,
17            "end_val": 0.001,
18            "start_step": 0,
19            "end_step": 20000,
20          },
21          "training_frequency": 1
22        },
23        "memory": {
24          "name": "OnPolicyReplay"
25        },
26        "net": {
27          "type": "MLPNet",
28          "hid_layers": [64],
29          "hid_layers_activation": "selu",
30          "clip_grad_val": null,
31          "loss_spec": {
32            "name": "MSELoss"
33          },
34          "optim_spec": {
35            "name": "Adam",
36            "lr": 0.002
37          },
38          "lr_scheduler_spec": null
39        }
40      }],
41      "env": [{
42        "name": "CartPole-v0",
43        "max_t": null,
44        "max_frame": 100000,
45      }],
46      "body": {
47        "product": "outer",
48        "num": 1
49      },
50      "meta": {
51        "distributed": false,
52        "eval_frequency": 2000,
53        "max_session": 4,
54        "max_trial": 1,
55      },
56      ...
57    }
58  }
```

该代码含有大量配置，下面介绍其中一些主要部分：

- **算法**：算法是 REINFORCE(第 8 行)，γ 的设置是在第 13 行，通过在第 11 行启用 center_return 将基准线用作强化信号。除此之外，还为损失增加了一个带有线性衰减的熵以鼓励探索(第 14～20 行)。

- **网络架构**：多层感知机，包含一个由 64 个单元组成的隐藏层和 SeLU 激活函数(第 27～29 行)。
- **优化器**：选择 Adam[68] 作为优化器，其中学习率设置为 0.002(第 34～37 行)。在整个训练过程中学习率不变，因为我们已经指定一个 null 学习率调度器(第 38 行)。
- **训练频率**：训练是事件相关的，因为我们选择了 OnPolicyReplay 内存(第 24 行)。除此之外，对智能体的训练发生在每个事件结束的时候。这是由 training_frequency 参数(第 21 行)控制的，因为它可以使每个事件都对网络训练一次。
- **环境**：环境是 OpenAI Gym 的 CartPole[18](第 42 行)。
- **训练长度**：训练包括 100 000 个时间步(第 44 行)。
- **评估**：每 2000 个时间步评估一次智能体(第 52 行)。每次评估运行 4 个事件，然后计算平均奖励并报告。

要使用 SLM Lab 训练 REINFORCE 智能体，需要在终端中运行代码 2-11 所示的命令。

代码 2-11 训练 REINFORCE 智能体

```
conda activate lab
python run_lab.py slm_lab/spec/benchmark/reinforce/reinforce_cartpole.json
↪   reinforce_cartpole train
```

上述命令将使用指定的规范文件运行由 4 个重复的 Session ⊖ 组成的训练 Trial 以获取一个平均结果，然后将其绘制为带有误差带的试验图。此外，还使用移动平均值在一个含有 100 个评估点的窗口上绘制试验图，以使得曲线更加平滑。如图 2-2 ⊜ 所示。

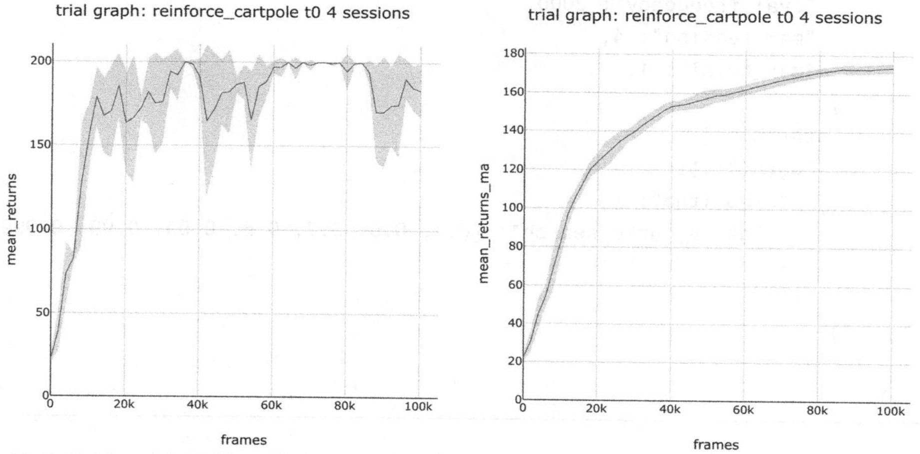

a）试验图　　b）带移动平均值的试验图

图 2-2 通过 SLM Lab 对 4 个重复的 Session 取平均值所得到的 REINFORCE 试验图。纵轴展示了检查点上 8 个事件的平均总奖励(mean_returns)，横轴显示了总训练帧。右图是平滑版本，它使用一个含有 100 个评估检查点的窗口绘制移动平均值。注意，这里 CartPole 的最高总奖励为 200

⊖ 一个 Trial 应该运行在具有相同规范和不同随机种子的多个 Session 下，而这个步骤会在 SLM Lab 中自动处理。

⊜ 总奖励在图中表示为 mean_returns。为了进行评估，对于 mean_returns 的计算是无折扣的。

2.8 实验结果

在本节中，我们将使用 SLM Lab 的实验来研究算法中一些组件的效果。第一个实验比较了不同折扣因子 γ 值的效果；第二个实验显示了在强化信号中使用基准线的提升效果。

2.8.1 实验：评估折扣因子 γ 的影响

当计算回报 $R(\tau)$ 以强化信号时，折扣系数 γ 用于控制未来奖励的权重。折扣系数越高，未来奖励的权重就越大。γ 的最佳值是与问题相关的，如果智能体需要考虑其动作在较长时间内对未来奖励的影响，γ 应该设置得更大。

为了研究折扣因子的影响，可以运行 REINFORCE 算法并搜索不同的 γ 值。为此，可以通过为 γ 添加一个 search 规范来修改代码 2-10 中的规范文件。如代码 2-12 所示，其中第 15 行指定了对 gamma 超参数的网格搜索。完整的规范文件已在 SLM Lab 的 slm_lab/spec/benchmark/reinforce/reinforce_cartpole.json 中提供。

代码 2-12　面向不同 gamma 值的带搜索规范的 REINFORCE 规范文件

```
1  # slm_lab/spec/benchmark/reinforce/reinforce_cartpole.json
2
3  {
4    "reinforce_cartpole": {
5      ...
6      "meta": {
7        "distributed": false,
8        "eval_frequency": 2000,
9        "max_session": 4,
10       "max_trial": 1,
11     },
12     "search": {
13       "agent": [{
14         "algorithm": {
15           "gamma__grid_search": [0.1, 0.5, 0.7, 0.8, 0.90, 0.99, 0.999]
16         }
17       }]
18     }
19   }
20 }
```

可以使用代码 2-13 所示的命令在 SLM Lab 中运行实验。这与训练智能体没有太大区别，我们只是重复使用相同的规范文件，然后将 train 模式替换为 search。

代码 2-13　运行实验以搜索规范文件中定义的不同 gamma 值

```
conda activate lab
python run_lab.py slm_lab/spec/benchmark/reinforce/reinforce_cartpole.json
↪  reinforce_cartpole search
```

上述命令将运行一个 Experiment，产生多个 Trial，其中每个具有不同 gamma 值的 Trial 都被替换为原始的 REINFORCE 规范。每个 Trial 运行 4 个重复的 Session，以获取平均值和误差带，用于绘制多重试验图。除此之外，为了便于比较，还提供了一个超过 100 个评估检查点的带移动平均值的平滑图。如图 2-3 所示。

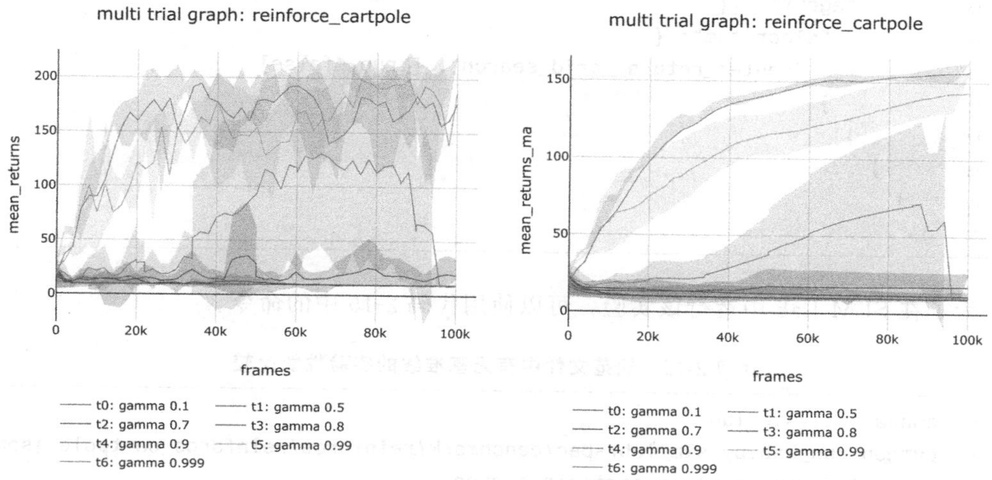

a）多重试验图　　b）带移动平均值的多重试验图

图 2-3　将折扣因子 γ 设置为不同值的效果图。对于 CartPole，较低的 γ 表现较差，而试验 6 中的 $\gamma=0.999$ 表现最佳。通常，对于 γ 来说不同的问题可能具有不同的最佳值(见彩插)

根据图 2-3 可知，高于 0.90 的 γ 值表现更好，其中试验 6 的 $\gamma=0.999$ 得到了最佳结果。当 γ 过低时，该算法无法学习到能够解决问题的策略，此时学习曲线保持平坦。

2.8.2　实验：评估基准线的影响

在本章前面已经提到，使用基准线可以帮助减少蒙特卡罗策略梯度估算的方差。现在我们利用一个实验来比较在有基准线和无基准线的情况下 REINFORCE 的性能。可以使用算法规范超参数 center_return 来打开或关闭基准线。

为了运行实验，我们复制了原始的 REINFORCE 规范并将其重命名为 reinforce_baseline_cartpole。该规范在代码 2-14 中进行了部分展示。而后，增加了一个 search 规范，通过将 center_return 打开或关闭来调节网格搜索(第 15 行)。该规范文件在 SLM Lab 中的位置为 slm_lab/spec/benchmark/reinforce/reinforce_cartpole.json。

代码 2-14　带基准线(center_return)开关切换和搜索规范的 REINFORCE 规范文件

```
1 # slm_lab/spec/benchmark/reinforce/reinforce_cartpole.json
2
3 {
4   "reinforce_baseline_cartpole": {
5     ...
6     "meta": {
7       "distributed": false,
```

```
      "eval_frequency": 2000,
      "max_session": 4,
      "max_trial": 1,
    },
    "search": {
      "agent": [{
        "algorithm": {
          "center_return__grid_search": [true, false]
        }
      }]
    }
  }
}
```

为了在 SLM Lab 中运行该实验，可以使用代码 2-15 中的命令。

代码 2-15　规范文件中有无基准线的实验性能比较

```
conda activate lab
python run_lab.py slm_lab/spec/benchmark/reinforce/reinforce_cartpole.json
↪   reinforce_baseline_cartpole search
```

这将运行一个带有两个 Trial 的试验，每个试验有 4 个 Session。多重试验图及其在 100 个评估检查点上的移动平均值如图 2-4 所示。

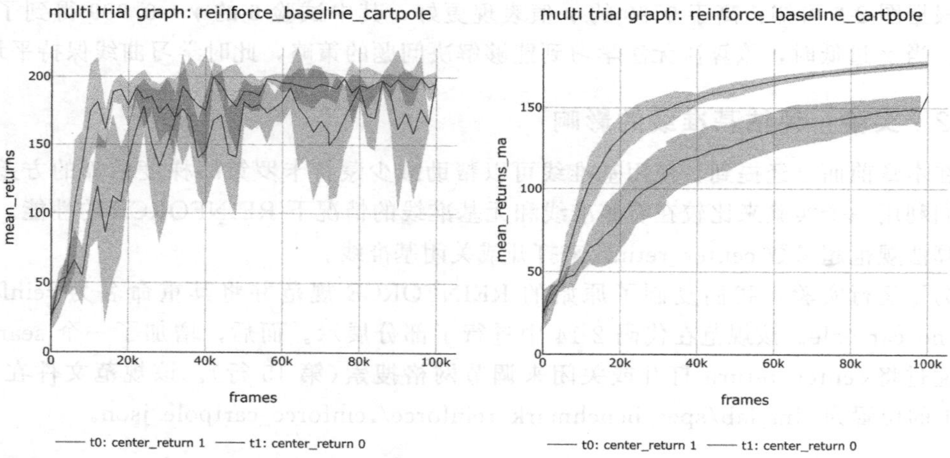

a）多重试验图　　b）带移动平均值的多重试验图

图 2-4　当使用基准线来减少策略梯度估计的方差时，性能会得到改善(见彩插)

结果和预期一样，具有基准线的 REINFORCE 通过减少策略梯度估计的方差而表现得优于没有基准线的变体。图 2-4 显示，试验 0 的基准线变体学习速度更快并且获得更高的总奖励。

本节简要说明了如何使用 SLM Lab 中的实验组件来运行特定的实验。第 11 章将更详细地介绍 SLM Lab 的实验设计。我们只需要知道这些实验组件可以用于很多更高级的用例，这跟理解本书的算法并没有直接关系。

2.9 总结

本章介绍了 REINFORCE——一种策略梯度算法。其关键思想是调整策略网络的参数以最大化目标，即智能体的预期回报 $J(\pi_\theta)=\mathbb{E}_{\tau\sim\pi_\theta}[R(\tau)]$。

我们介绍并推导了策略梯度。这是一种简洁的方法，可以让我们调整策略动作概率以鼓励好的动作而阻止不好的动作。在 REINFORCE 中，使用蒙特卡罗采样来估算策略梯度，但此估算值可能具有较高的方差，而降低方差的一种常用方法是引入基准线。

REINFORCE 算法非常容易实现，如代码 2-1 所示。除此之外我们还讨论了它在 SLM Lab 中的实现，这也是对本书中所使用的算法 API 的一种介绍。

2.10 扩展阅读

- "Sep 6: Policy gradients introduction, Lecture 4," *CS 294: Deep Reinforcement Learning, Fall 2017*, Levine [74].
- "Lecture 14: Reinforcement Learning," *CS231n: Convolutional Neural Networks for Visual Recognition, Spring 2017* [39].
- "The Beginning of the Monte Carlo Method," Metropolis, 1987. [85]

2.11 历史回顾

蒙特卡罗(Monte Carlo)于 20 世纪 40 年代被 Los Alamos 实验室的 Stanislaw Ulam 使用并推广。"蒙特卡罗"这个名字没有任何特殊含义；它只是"随机估计"的另一种让人难忘的叫法。尽管如此，它也确实有一个有趣的来历。当时物理学家兼计算机设计师 Nicholas Metropolis 提出了这个命名建议，他曾经负责 MANIAC 计算机的建造[5]。Metropolis 听说 Ulam 的叔叔是一个赌徒，他经常从亲戚那里借钱因为他"去了蒙特卡罗"，于是 Metropolis 便以此命名。在那之后，这个名字似乎就被传开了[85]。

在同一时期，ENIAC 计算机已经在费城的宾夕法尼亚大学被研发出来，它是一台庞大的机器，由 18 000 多个真空管组成，是最早的通用电子计算机之一。ENIAC 的计算能力和灵活性给 Ulam 留下了深刻的印象，并认为这将是一个在功能评估中进行统计分析的合适工具，用它可以统计分析所需的许多烦琐计算。而他在 Los Alamos 的同事、杰出的数学家 John von Neumann 却看到了蒙特卡罗方法的价值，并于 1947 年在一篇名为"Theoretical Division at Los Alamos[85]"的笔记中概述了该技术。有关蒙特卡罗方法的更多信息，请参阅"The Beginning of the Monte Carlo Method," N. Metropolis, *Los Alamos Science Special Issue*, 1987。

SARSA

在本章中，我们介绍首个基于值的算法 SARSA，它是由 Rummery 和 Niranjan 在其 1994 年的论文“On-Line Q-Learning Using Connectionist Systems”[118] 中提出的。这个命名来自“在执行更新之前需要了解状态-动作-奖励-状态-动作(State-Action-Reward-State-Action)”㊀的说法。

基于值的算法通过学习值函数($V^\pi(s)$或$Q^\pi(s, a)$)来评估状态-动作对(s, a)，并用这些评估结果选择动作。学习值函数与 REINFORCE(第 2 章)正好相反，在 REINFORCE 中，智能体直接学习将状态映射到动作的策略，而 SARSA 算法学习 $Q^\pi(s, a)$，其他算法(例如演员-评论家算法)则学习 $V^\pi(s)$。本章的 3.1 节讨论为什么学习 $Q^\pi(s, a)$也是一个不错的选择。

SARSA 算法包含两个核心思想。第一个核心思想是利用称为时序差分(TD)学习的 Q 函数学习技术，它是蒙特卡罗采样的替代方法，用于根据智能体在环境中收集的经验来估计状态或状态-动作值。TD 学习是 3.2 节的主要内容。

第二个核心思想是使用 Q 函数生成动作，这就涉及智能体如何发现良好动作的问题。RL 中的一个基本挑战就是如何在利用智能体已知的知识和探索环境中的新知识之间取得良好的平衡。这在 3.3 节中被称为*探索-利用权衡*。我们还将介绍一种解决该问题的简单方法——ε-贪心策略。

在了解了 SARSA 背后的主要思想之后，3.4 节介绍该算法的主要内容，而 3.5 节则介绍算法的一个实现。本章最后介绍如何训练一个 SARSA 智能体。

3.1 Q 函数和 V 函数

在本节中，我们阐明为什么 SARSA 学习 Q 函数而不是 V 函数。我们首先回顾它们的定义，并对每个函数的作用给出直观的解释，然后描述 Q 函数的优势。

回顾 1.3 节，我们介绍了两个值函数——$V^\pi(s)$和$Q^\pi(s, a)$。Q 函数用于评估特定策略π下的状态-动作对(s, a)的值，如式 3.1 所示。(s, a)的值是在状态 s 中采取动作 a 然后继续在策略π下采取动作的预期累积折扣奖励。

$$Q^\pi(s, a)=\mathbb{E}_{s_0=s,a_0=a,\tau\sim\pi}\left[\sum_{t=0}^{T}\gamma^t r_t\right] \tag{3.1}$$

值函数总是在特定策略π下被定义，这就是为什么要用π作为上标表示它们。为了深入了解，假设当前我们正在评估(s, a)，此时 $Q^\pi(s, a)$取决于智能体在状态 s 中采取

㊀ Rummery 和 Niranjan 在他们 1994 年的论文“On-Line Q-Learning Using Connectionist Systems”[118] 中实际上还没有将 SARSA 称为 SARSA。他们倾向于叫它“Modified Connectionist Q-Learning”。Richard Sutton 后来提出了这个命名建议，把它称为 SARSA。

动作 a 后所期望获得的奖励序列，而这些奖励又取决于状态和动作的未来顺序，并且和策略有关。对于给定的(s, a)，不同的策略可能会产生不同的未来动作序列，进而可能会导致不同的奖励。

$V^\pi(s)$在特定策略 π 下评估状态 s 的值，其定义见式 3.2。状态值 $V^\pi(s)$是在特定策略 π 下从状态 s 开始的预期累积折扣奖励。

$$V^\pi(s)=\mathbb{E}_{s_0=s,\tau\sim\pi}\left[\sum_{t=0}^{T}\gamma^t r_t\right] \tag{3.2}$$

$Q^\pi(s, a)$与 $V^\pi(s)$紧密相关。$V^\pi(s)$是在策略 π 和特定状态 s 下可用的所有动作 a 的 Q 值的期望。

$$V^\pi(s)=\mathbb{E}_{a\sim\pi(s)}[Q^\pi(s, a)] \tag{3.3}$$

$Q^\pi(s, a)$和 $V^\pi(s)$，哪种函数对智能体学习更有效呢?

首先，让我们从玩家的角度去考虑国际象棋游戏。该玩家可以被表示为策略 π。棋盘棋子的相应配置是状态 s。一个好的国际象棋棋手会直观地判断某些棋的位置的好坏。$V^\pi(s)$是用数字(例如，介于 0 和 1 之间)定量表示的这种直觉判断。游戏开始时，$V^\pi(s)$等于 0.5，因为双方开始时都是相等的。随着棋局的发展，玩家会获利或亏损，相应地，$V^\pi(s)$会随着每一步上升或下降。如果玩家有巨大的上升空间，则 $V^\pi(s)$接近 1。在这种情况下，$V^\pi(s)$可以近似模拟玩家在游戏的每个位置获胜的概率。但是，$V^\pi(s)$的范围取决于奖励信号 r 的定义，因此通常并不一定等于获胜概率。此外，对于单人游戏，也没有获胜概率的概念。

除了评估位置外，国际象棋棋手还会考虑许多其他举动以及做出这些举动的可能后果。$Q^\pi(s, a)$为每次移动提供一个定量值，该值可用于决定特定位置(状态)上的最佳移动(动作)。仅使用 $V^\pi(s)$评估象棋移动的另一种方法是考虑每个合法移动 a 的下一个状态 s'，对于这些下一个状态计算 $V^\pi(s')$，可以做出达到最佳 s'的动作。但是，这是非常耗时的，并且需要已知转换函数，这些条件在国际象棋中是具备的，但在许多其他环境中却无法满足。

$Q^\pi(s, a)$的好处是为智能体提供了直接的动作选择方法。智能体可以为特定状态 s 中可用的每个动作 $a\in A_s$ 计算 $Q^\pi(s, a)$，并选择具有最大值的动作。在最佳情况下，$Q^\pi(s, a)$表示在状态 s 下采取动作 a 的最佳期望值，用 $Q^*(s, a)$表示，它代表在所有后续状态都做出最优选择的情况下可以达到的最优概率。知道了 $Q^*(s, a)$之后便可以产生最优策略。

学习 $Q^\pi(s, a)$的缺点在于这种函数逼近在计算上很复杂，与 $V^\pi(s)$相比，需要更多的数据来学习。学习一个 $V^\pi(s)$的良好估计要求数据合理地分布于状态空间，而学习一个 $Q^\pi(s, a)$的良好估计要求数据覆盖所有的(s, a)对，而不仅仅是所有的状态 s[76,132]。这种组合的状态-动作空间通常比状态空间大得多，因此需要更多的数据来学习良好的 Q 函数估计。说得具体一点，假设状态 s 中有 100 个可能的动作，并且智能体对每个动作都尝试了一次，此时如果我们正在学习 $V^\pi(s)$，那么这 100 个数据点中的每一个都有助于学习 s 的值。但是，如果我们正在学习 $Q^\pi(s, a)$，则每个(s, a)对只有一个数据点，会造成数据覆盖不全。通常，我们拥有的数据越多，函数逼近就越好。对于相同数量的数据，V 函数估计值可能会好于 Q 函数估计值。

$V^\pi(s)$可能是一个更简单的逼近函数，但有一个明显的缺点。为了使用 $V^\pi(s)$来选择动作，智能体需要能够尝试状态 s 中可用的每个动作 $a\in A_s$，并观察环境转换的下一个状态 s'[⊖]，以及下一个奖励 r。然后，智能体通过选择动作达到最大的预期累积折扣奖励 $\mathbb{E}[r+V^\pi(s')]$。但是，如果状态转换是随机的(在状态 s 中执行动作 a 会导致不同的下一状态 s')，则智能体可能需要重复此过程很多次才能获得对特定动作预期值的良好估计，该过程的计算是非常昂贵的。

考虑以下示例。假设在状态 s 中采取动作 a 在一半的时间内会导致状态 s_1' 获得奖励 $r_1'=1$，在另一半时间内会导致状态 s_2' 获得奖励 $r_2'=2$。此外，假设状态 s_1' 和 s_2' 的值是已知的，分别为 $V^\pi(s_1')=10$ 和 $V^\pi(s_2')=-10$。我们得到：

$$r_1'+V^\pi(s_1')=1+10=11 \tag{3.4}$$

$$r_2'+V^\pi(s_2')=2-10=-8 \tag{3.5}$$

然后可得期望值 $\mathbb{E}[r+V^\pi(s')]=1.5$，见式 3.6。

$$\mathbb{E}[r+V^\pi(s')]=\frac{1}{2}(r_1'+V^\pi(s_1')+r_2'+V^\pi(s_2'))=\frac{1}{2}(11-8)=1.5 \tag{3.6}$$

但是，单个样本所得出的 $\mathbb{E}[r+V^\pi(s')]$估计值是 11 或 −8，两者均与 1.5 的预期值相差甚远。

$V^\pi(s)$的这种单步前瞻(one-step lookahead)的要求通常会成为一个问题。例如，可能出现在任何状态下都无法重启智能体或者重启过程很昂贵从而无法尝试每个可用的动作的情况。而 $Q^\pi(s, a)$避免这个问题，因为它直接学习(s, a)的值。可以将其视为在每个状态 s 中为每个动作 a 存储一个单步前瞻[132]。因此，那些通过学习值函数来选择动作的 RL 算法都趋于使用 $Q^\pi(s, a)$。

3.2 时序差分学习

在本节中，我们讨论如何使用时序差分(TD)学习来学习 Q 函数。其主要思想是使用神经网络来进行评估，该神经网络以给定(s, a)对为输入来生成 Q 值估计，这就是所谓的值网络。

学习值网络参数的工作流程如下。首先生成轨迹 τ 并预测每个(s, a)对的$\hat{Q}$值。然后，使用轨迹生成目标 Q 值 Q_{tar}。最后，使用标准回归损失(例如 MSE(均方误差))最小化$\hat{Q}$与 Q_{tar} 之间的距离。重复此过程很多次直至训练完成。这类似于监督学习的工作流程，其中每个预测都与目标值相关联。但在这里，我们需要一种为每条轨迹生成目标 Q 值的方法，而在监督学习中，目标值是预先给出的。

TD 学习就是在 SARSA 中产生目标值 Q_{tar} 的一种学习方法。为了实现这一目标，可以考虑使用我们在 2.4 节中讨论过的蒙特卡罗采样法。

假设智能体在状态 s 中采取动作 a，且给定从状态 s 开始的 N 条轨迹 τ_i，$i\in\{1, \cdots, N\}$，则对 $Q^\pi_{tar}(s, a)$的蒙特卡罗(MC)估计就是所有轨迹的回报平均值，如式 3.7 所示。注意，式 3.7 也可以应用于具有任意起始(s, a)对的任意一组轨迹。

⊖ 在这一点上，为简单起见，我们删除了时间步下标，并采用(s, a, r, s', a', r')的标准表示法表示当前时间步 t 的元组(s, a, r)和下一时间步 $t+1$ 的元组(s', a', r')。

$$Q^{\pi}_{\text{tar:MC}}(s, a) = \frac{1}{N}\sum_{i=1}^{N} = R(\tau_i) \tag{3.7}$$

如果我们可以访问整条轨迹 τ_i，则可以针对 τ_i 中的每对(s, a)计算在特定情况下智能体所获得的实际 Q 值。这是根据 Q 函数的定义(式 3.1)得出的，因为对单个样例的未来累积折扣奖励期望只是从当前时间步到该事件结束的累积折扣奖励。式 3.7 表明，这也是 $Q^{\pi}(s, a)$的蒙特卡罗估计，其中使用的轨迹数为 $N=1$。

现在，数据集中的每个(s, a)对都与目标 Q 值相关联。可以说该数据集是“标记的”，因为每个数据点(s, a)都有一个对应的目标值 $Q^{\pi}_{\text{tar}}(s, a)$。

蒙特卡罗采样的一个缺点是，智能体必须等到事件结束才能使用该事件中的数据进行学习，这一点在式 3.7 中尤为明显。为了计算 $Q^{\pi}_{\text{tar:MC}}(s, a)$，我们需要统计从$(s, a)$开始的剩余轨迹的奖励。一个事件可能有以 T 来度量的多个时间步，它们延长了训练时间。而这也激发了学习 Q 值的另一种方法——TD 学习。

TD 学习的关键内涵在于可以根据下一时间步的 Q 值定义当前时间步的 Q 值。也就是说，递归地定义 $Q^{\pi}(s, a)$，如式 3.8 所示。

$$Q^{\pi}(s, a) = \mathbb{E}_{s' \sim p(s' \mid s, a), r \sim \mathcal{R}(s, a, s')}[r + \gamma \mathbb{E}_{a' \sim \pi(s')}[Q^{\pi}(s', a')]] \tag{3.8}$$

式 3.8 被称为 Bellman 方程。可以看到，如果 Q 函数对于策略 π 是正确的，则式 3.8 一定是成立的，该式给出了学习 Q 值的方法。我们之前已经掌握了如何在给定多条经验轨迹的情况下使用蒙特卡罗采样来学习 $Q^{\pi}(s, a)$，而使用 TD 学习为每对(s, a)输出目标值 $Q^{\pi}_{\text{tar}}(s, a)$也使用了相同的思想。

假设我们用一个神经网络来表示 Q 函数 Q_{θ}，则在 TD 学习中，可以通过 Q_{θ} 估算得出 $Q^{\pi}_{\text{tar}}(s_t, a_t)$(式 3.8 的右边)。在每次训练迭代中，更新$\hat{Q}^{\pi}(s_t, a_t)$，使其更接近 $Q^{\pi}_{\text{tar}}(s_t, a_t)$。

如果使用产生$\hat{Q}^{\pi}(s_t, a_t)$的神经网络得出 $Q^{\pi}_{\text{tar}}(s_t, a_t)$，会有效吗？为什么需要经过很多步才能很好地逼近 Q 函数？我们在 3.2.1 节中将对此进行更详细的讨论，但简要来说，$Q^{\pi}_{\text{tar}}(s_t, a_t)$与$\hat{Q}^{\pi}(s_t, a_t)$相比，它使用的是未来时间步中的信息，因此可以从下一个状态 s'获得奖励 r，这样一来，$Q^{\pi}_{\text{tar}}(s_t, a_t)$与最终的轨迹更贴近。式 3.8 的基本假设是目标(即最大化累积奖励)的相关信息会随着轨迹的进展而慢慢被揭示，而在事件开始时这些信息是看不见的，这是 RL 问题的基本特征。

但是，如果要使用式 3.8 去构建 $Q^{\pi}_{\text{tar}}(s_t, a_t)$，则存在两个问题，涉及两个不同的期望。第一个问题是由后续状态及其奖励产生的外在期望 $\mathbb{E}_{s' \sim p(s' \mid s, a), r \sim \mathcal{R}(s, a, s')}[\cdots]$。假设我们有一系列轨迹$\{\tau_1, \tau_2, \cdots, \tau_M\}$，其中每条轨迹 τ_i 包含一个(s, a, r, s')元组。对于每个元组(s, a, r, s')，仅存在一个 s'的实例可用于选定动作。

如果环境是确定的，那么在计算下一状态的期望值时可以仅考虑实际的下一状态。但是，如果环境是随机的，该方法则会失效。虽然在状态 s 中采取动作 a 可以将环境转换为多个不同的下一状态，但实际上在每个步骤中仅会观察到一个下一状态。这样，如果我们仅考虑一个实例(实际发生的那个实例)即可解决此问题。这表明如果环境是随机的，则 Q 值估计可能具有较高的方差，但这可以使得估算本身更易于处理。当只使用一个实例来估计下一状态 s'和奖励 r 的分布时，我们便可以得到外部期望值，其 Bellman 方程可以重写为式 3.9。

$$Q^{\pi}(s,a)=r+\gamma\mathbb{E}_{a'\sim\pi(s')}[Q^{\pi}(s',a')] \tag{3.9}$$

第二个问题在于式 3.8 中对动作的内在期望 $\mathbb{E}_{a'\sim\pi(s')}[\cdots]$。由于我们使用 Q 函数的当前估计来计算值，因此可以获得下一状态 s' 中所有动作的 Q 值估计。这个问题是由于不知道计算期望值所需的动作概率分布而引起的。有两种解决方法，分别对应于两种不同的算法——SARSA 和 DQN(见第 4 章)。

SARSA 的解决方案是使用在下一个状态中实际执行的动作 a'(式 3.10)。当存在多个实例时，在给定状态下选择的动作比例应该近似逼近动作的概率分布。DQN 的解决方案是使用最大 Q 值(式 3.11)。这类似于一种隐式策略，即以概率 1 选择具有最大 Q 值的动作。正如我们将在第 4 章中看到的那样，Q 学习中的隐式策略相对于 Q 值是贪婪的，因此，式 3.11 是有效的[㊀]。

$$\text{SARSA}: Q^{\pi}(s,a)\approx r+\gamma Q^{\pi}(s',a')=Q^{\pi}_{\text{tar:SARSA}}(s,a) \tag{3.10}$$

$$\text{DQN}: Q^{\pi}(s,a)\approx r+\gamma \max_{a'_i} Q^{\pi}(s',a'_i)=Q^{\pi}_{\text{tar:DQN}}(s,a) \tag{3.11}$$

现在可以使用式 3.10 的右侧为每个元组 (s,a,r,s',a') 计算 $Q^{\pi}_{\text{tar}}(s,a)$[㊁]。正如在蒙特卡罗采样中一样，数据集中的每个 (s,a) 对都与一个 Q 值相关联，因此可以使用相同的监督学习技术来训练 $Q^{\pi}(s,a)$ 的神经网络函数逼近器。注意，只需要环境中下一步的信息即可计算目标 Q 值，而不是整条事件的轨迹。这使得 TD 学习可以不用等到整条轨迹完成，即可批量(在几个实例之后)或同策略(在一个实例之后)地更新 Q 函数。

由于 TD 学习在计算 $Q^{\pi}_{\text{tar}}(s,a)$ 时利用 (s,a) 对的现有 Q 值估计，因此它是一种自举学习方法。与蒙特卡罗采样相比，TD 学习具有降低估计方差的优点。该方法仅考虑来自下一状态 s' 的实际奖励 r 并将其与 Q 值估计相结合，以逼近其值的剩余部分。Q 函数代表不同轨迹上的期望，因此通常比使用整条轨迹的蒙特卡罗采样具有更低的方差。但是，由于 Q 函数逼近器并不完美，因此在其学习过程中也会引入偏差估计。

3.2.1　时间差分学习示例

为了了解 TD 学习的工作原理，我们来看一个例子。假设一个智能体正在学习如图 3-1 所示的玩具环境。该环境实质是一条走廊，智能体必须学会如何走到走廊的尽头，到达以星号表示的

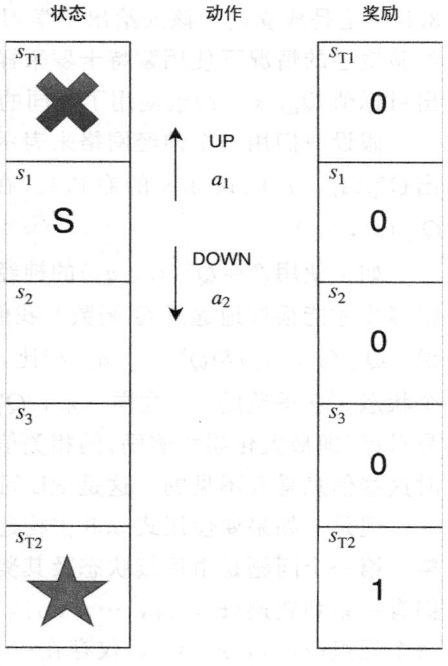

图 3-1　一种简单的环境：5 种状态，每种状态下可以有 2 种动作选择

㊀ 第三种选择是从策略中得出动作概率分布并计算期望值。该算法称为“预期 SARSA”。更多信息请参见 Sutton 和 Barto 的 *Reinforcement Learning, An Introduction* 的第 2 版第 6 章[132]。

㊁ SARSA Bellman 方程(式 3.10)需要知道智能体在下一状态 s' 中实际采取的动作，表示为 a'。因此，用于 SARSA 的每个经验元组都包含一个附加元素 a' 以构建 (s,a,r,s',a')。相比之下，由于 DQN 只需知道下一状态 s' 即可，因此经验元组可以表示为 (s,a,r,s')。

理想的终端状态 s_{T2}。例子中共有 5 个状态，分别是 s_1、s_2、s_3 和两个终端状态 s_{T1}、s_{T2}；但只有两个动作，a_{UP} 和 a_{DOWN}。选择 a_{UP} 可以将智能体沿走廊向上移动一个单元格；选择 a_{DOWN} 可以将智能体向下移动一个单元格。智能体始终从状态 s_1(表示为 **S**)开始游戏，如果它到达任一终端状态，则游戏结束。如果智能体到达目标状态 s_{T2}，则奖励为 1；而如果到达其他所有状态，奖励均为 0。智能体的折扣率 γ 为 0.9。该游戏可以通过在最少的步骤内到达 s_{T2} 的策略来获得最佳解决方案，因为对智能体而言，较早的奖励值要高于较晚的奖励值。在该例中，智能体在最佳解决方案中需要采取的最少步骤数是 3。

对于这种非常简单的环境，可以用表格 Q 函数(Q 表)来表示 Q 函数，其中每个单元格包含一对(s, a)。由于智能体一旦移动到终端状态就无法再采取动作，因此总共产生了 6 个(s, a)对。最优 Q 函数被定义为在状态 s 中采取动作 a 之后执行最佳策略的预期累积折扣奖励。对于示例环境，最佳策略是在所有状态下选择动作 a_{DOWN}，因为这是从其他任何状态到达 s_{T2} 的最快方法。图 3-2 以表格形式显示了该环境的最佳 Q 函数值。

$Q^*(s,a)$

	UP	DOWN
s_1	0	0.81
s_2	0.73	0.9
s_3	0.81	1.0

图 3-2 图 3-1 的简单环境下的最佳 Q 值，γ=0.9

最佳 Q 值是从 Q 函数的定义中得出的。让我们考虑以下实例。

- (s_0, a_{UP})：智能体走出走廊，获得奖励 0，且该事件终止，因此 $Q^*(s_0, a_{UP})=0$。
- (s_3, a_{DOWN})：智能体到达终端状态，获得奖励 1，且该事件终止，因此 $Q^*(s_3, a_{DOWN})=1$。
- (s_2, a_{DOWN})：智能体到达状态 s_3，获得奖励 0，因此 $Q^*(s_2, a_{DOWN})=r_2+0.9Q^*(s_3, a_{DOWN})=0+0.9*1.0=0.9$。
- (s_3, a_{UP})：智能体到达状态 s_2，获得奖励 0，因此 $Q^*(s_3, a_{UP})=r_3+0.9Q^*(s_2, a_{DOWN})=0+0.9(0+0.9*1.0)=0.81$。

我们如何使用 TD 学习方法来学习最佳 Q 函数呢？假设我们将每个单元格的 Q 值初始化为 0，而后随机采样一组轨迹，智能体每次会在轨迹中经历一个(s, a, r, s')元组，并使用 Bellman 方程更新 Q 值表，即设置：

$$Q^*(s, a)=r+\gamma Q^*(s', a') \tag{3.12}$$

$$=r+0.9Q^*(s', a_{DOWN}) \tag{3.13}$$

图 3-3 说明了使用环境中的 5 条轨迹并以表格形式学习最佳 Q 函数的过程。整个示意图从上到下分为 5 个模块。每个模块对应于环境中的单个带经验的事件。第 1 个模块对应于第 1 个事件，第 2 个模块对应于第 2 个事件，依此类推。每个模块包含许多列，它们从左到右的解释如下：

- **Q 函数(事件开始)**：事件开始时 Q 函数的值。在第 1 个事件开始时，所有值都被初始化为 0，因为我们没有有关该函数的信息。
- **事件**：事件序号。
- **时间步**：每个模块包含不同数量的经验。例如，第 2 个事件有 3 个经验，第 4 个事件有 7 个经验。模块中每个经验的时间序号由时间步来指示。
- **动作**：智能体在每个时间步上采取的行动。

- (s, a, r, s')：智能体在每个时间步的经验。这包括当前状态 s、智能体采取的动作 a、收到的奖励 r 以及环境转换的下一状态 s'。
- $r+\gamma Q^*(s', a)$：目标值（即式子的右边）。用于 Bellman 更新：$Q^*(s, a)=r+\gamma Q^*(s', a')$。
- **Q 函数（事件结束）**：事件结束时 Q 函数的值。Bellman 更新已按照时间步的顺序应用于事件中的每个经验。这意味着首先将 Bellman 更新应用于时间步 1，然后是时间步 2，依此类推。该表显示了将所有 Bellman 更新都应用于该事件之后的最终结果。

Q函数（事件开始）

	UP	DOWN
s_1	0	0
s_2	0	0
s_3	0	0

事件	时间步	动作	(s,a,r,s')	$r+\gamma Q^*(s',a)$
1	1	↓	$(s_1, D, 0, s_2)$	$0+0.9\times 0=0$
1	2	↑	$(s_2, U, 0, s_1)$	$0+0.9\times 0=0$
1	3	↓	$(s_1, D, 0, s_2)$	$0+0.9\times 0=0$
1	4	↓	$(s_2, D, 0, s_3)$	$0+0.9\times 0=0$
1	5	↓	$(s_3, D, 1, s_{T2})$	1

Q函数（事件结束）

	UP	DOWN
s_1	0	0
s_2	0	0
s_3	0	1

Q函数（事件开始）

	UP	DOWN
s_1	0	0
s_2	0	0
s_3	0	1

事件	时间步	动作	(s,a,r,s')	$r+\gamma Q^*(s',a)$
2	1	↓	$(s_1, D, 0, s_2)$	$0+0.9\times 0=0$
2	2	↓	$(s_2, D, 0, s_3)$	$0+0.9\times 1=0.9$
2	3	↓	$(s_3, D, 1, s_{T2})$	1

Q函数（事件结束）

	UP	DOWN
s_1	0	0
s_2	0	0.9
s_3	0	1

Q函数（事件开始）

	UP	DOWN
s_1	0	0
s_2	0	0.9
s_3	0	1

事件	时间步	动作	(s,a,r,s')	$r+\gamma Q^*(s',a)$
3	1	↓	$(s_1, D, 0, s_2)$	$0+0.9\times 0.9=0.81$
3	2	↓	$(s_2, D, 0, s_3)$	$0+0.9\times 1=0.9$
3	3	↑	$(s_3, U, 0, s_2)$	$0+0.9\times 0.9=0.81$
3	4	↓	$(s_2, D, 0, s_3)$	$0+0.9\times 1=0.9$
3	5	↓	$(s_3, D, 1, s_{T2})$	1

Q函数（事件结束）

	UP	DOWN
s_1	0	0.81
s_2	0	0.9
s_3	0.81	1

Q函数（事件开始）

	UP	DOWN
s_1	0	0.81
s_2	0	0.9
s_3	0.81	1

事件	时间步	动作	(s,a,r,s')	$r+\gamma Q^*(s',a)$
4	1	↓	$(s_1, D, 0, s_2)$	$0+0.9\times 0.9=0.81$
4	2	↑	$(s_2, U, 0, s_1)$	$0+0.9\times 0.81=0.73$
4	3	↓	$(s_1, D, 0, s_2)$	$0+0.9\times 0.9=0.81$
4	4	↑	$(s_2, U, 0, s_1)$	$0+0.9\times 0.81=0.73$
4	5	↓	$(s_1, D, 0, s_2)$	$0+0.9+0.9=0.81$
4	6	↓	$(s_2, D, 0, s_3)$	$0+0.9\times 1=0.9$
4	7	↓	$(s_3, D, 1, s_{T2})$	1

Q函数（事件结束）

	UP	DOWN
s_1	0	0.81
s_2	0.73	0.9
s_3	0.81	1

Q函数（事件开始）

	UP	DOWN
s_1	0	0.81
s_2	0.73	0.9
s_3	0.81	1

事件	时间步	动作	(s,a,r,s')	$r+\gamma Q^*(s',a)$
5	1	↑	$(s_1, U, 0, s_{T1})$	0

Q函数（事件结束）

	UP	DOWN
s_1	0	0.81
s_2	0.73	0.9
s_3	0.81	1

图 3-3　在图 3-1 的简单环境下学习 $Q^*(s, a)$

经过总共 21 个时间步的 5 条轨迹后，表格 Q 函数的值与图 3-2 中的最佳 Q 函数相同。也就是说，它已经收敛到最佳 Q 函数。

TD 更新使用了在后续状态下收到的实际奖励，它通过每次更新一个时间步，达到逐渐将奖励信号从未来时间步回传到较早时间步的效果。每当有 TD 回传时，Q 函数都会合并未来其他时间步的信息，这样，更多的未来信息会在时间 t 纳入 Q 函数的估计中。这种机制使得 Q 函数具有合并长期信息的能力。

Q 函数收敛所需的时间步数取决于环境和智能体采取的动作，因为它们都会影响 Q 函数学习过程中的经验。例如，如果智能体直到第 6 个事件才选择 UP 动作，那么 Q 函数将花费更长的时间(就事件而言)达到收敛，因为在第 6 个事件之前，我们一直缺少 Q 表左边的相关信息。

折扣因子 γ 的值也会影响最佳 Q 值。图 3-4 显示了在极端 γ 值(0 或 1)下的最佳 Q 值。如果 $\gamma=0$，则智能体将变得短视，仅关心其在当前状态下获得的奖励。在这种情况下，(s_3，DOWN)成为唯一带有非零 Q 值的(s，a)对，其用途有限，因为有关未来时间步的奖励信息并未包含在 Q 值中。相应地，智能体也不会从状态 s_1 和 s_2 的动作中得到任何线索。如果 $\gamma=1$，则除(s_1，UP)之外的所有(s，a)对(导致游戏无奖励结束)的 Q 值为 1，因为此时智能体更关心较晚到达 s_{T2} 所获得的奖励。

$Q^*(s,a)$

$\gamma=0$

	UP	DOWN
s_1	0	0
s_2	0	0
s_3	0	1.0

$Q^*(s,a)$

$\gamma=1$

	UP	DOWN
s_1	0	1.0
s_2	1.0	1.0
s_3	1.0	1.0

图 3-4　图 3-1 的简单环境下的最佳 Q 值，$\gamma=0$(左)，$\gamma=1$(右)

分析 γ 的另一个视角是考虑它如何影响 Q 函数的学习速度。较小的 γ 值表示智能体只具有较短的时间视野——它只关心未来的少数几个时间步，因此 Q 值仅需要回传几个时间步即可。在这种情况下，学习 Q 函数可能会更快。但是，关于未来奖励的一些重要信息可能会被 Q 函数遗漏，从而对智能体的表现产生负面影响。如果 γ 较大，则 Q 函数的学习时间可能会更长，因为要回传的信息可能来自多个时间步，但是其学习结果可能对智能体更有用。因此，γ 的最佳值取决于环境。我们将在本书中看到 γ 不同取值的示例。方框 3-1 详细讨论了 γ 的作用。

方框 3-1　问题视野

折扣因子 γ 控制智能体的问题视野，它是影响所有算法的非常关键的参数，因此在这里有必要分析不同 γ 值所隐含的时间范围。

γ 决定了智能体对未来的奖励相对于当前时间步的重视程度。因此，改变 γ 会改变智能体感知 RL 问题的能力。如果 γ 很小，那么智能体只关心当前时间步和未来少数几个时间步所获得的奖励。这可以有效地将 RL 问题的长度减少到有限的几个时间步，并且可以大大简化信用分配问题。在较小的 γ 下，学习可能变得更快，因为可以花费更少的时间来回传智能体所关心的时间范围内的 Q 值，或者减少策略梯度更新所需的轨迹长度。智能体将学会在不久的将来获得最大的奖励，这是否会取得良好的效果取决于问题本身。

表 3-1 显示了针对不同的 γ 值在未来 k 个时间步内获得的奖励所适用的折扣。它给出了在不同 γ 下智能体的问题视野。例如，如果 γ 为 0.8，则有效问题视野约为 10 步，而如果 γ 为 0.99，则有效问题视野为 200～500 步。

表 3-1　在 k 个时间步之后应用于奖励的折扣

	时间步						
γ	10	50	100	200	500	1000	2000
0.8	0.11	0.00	0.00	0.00	0.00	0.00	0.00
0.9	0.35	0.01	0.00	0.00	0.00	0.00	0.00
0.95	0.60	0.08	0.01	0.00	0.00	0.00	0.00
0.99	0.90	0.61	0.37	0.13	0.07	0.00	0.00
0.995	0.95	0.78	0.61	0.37	0.08	0.01	0.00
0.999	0.99	0.95	0.90	0.82	0.61	0.37	0.14
0.9997	0.997	0.985	0.970	0.942	0.861	0.741	0.549

一个较优的 γ 值依赖于环境中具有代表性的延迟奖励，这可能是数十、数百或数千个时间步。幸运的是，γ 往往需要较少的调整；0.99 是一个很好的默认值，可用于多种问题。例如，本书在 Atari 游戏的训练示例中便使用了 0.99。

一个简单而有用的衡量数据是事件的最大长度，即环境具有的最大时间步数。例如，默认情况下，CartPole 的最大长度为 200，如果环境只持续 200 步，那么使用较大的 γ 去关心未来数百步的奖励并没有多大意义。相反，当学习玩 Dota 2 游戏时，每次游戏大约有 80 000 个时间步，OpenAI 发现将训练过程中的 γ 从 0.998 逐渐增加到 0.9997 会很有帮助[104]。

深度 RL 中的大多数环境(以及相关的最佳 Q 函数)比我们在本节中讨论的要复杂得多。在复杂情况下，Q 函数无法以表格形式表示。相应地，我们可以用神经网络来表示它们，其结果是随着时间的流逝信息回传将变慢。由于神经网络使用梯度下降法进行学习，因此对于每个经验 $\hat{Q}^{\pi}(s,a)$ 不会完全更新为 $r+\gamma Q^{\pi}(s',a)$，而只是将部分 $\hat{Q}^{\pi}(s,a)$ 更新为 $r+\gamma Q^{\pi}(s',a)$。尽管我们研究的示例很简单，但它说明了一个基本概念——TD 学习是一种从较晚时间步到较早时间步回传奖励函数信息的机制。

3.3　SARSA 中的动作选择

现在，我们回到上节中的遗留问题，即如何将一个良好的 Q 函数逼近学习技术转化为策略学习算法。TD 学习为我们提供了一种学习如何评估动作的方法，现在缺少的是一种策略——动作选择机制。

假设现在我们已经学习了最优 Q 函数，则每个状态-动作对的值将代表采取该动作可能产生的最佳预期值，这为我们提供了一种对最佳动作进行逆向工程的方法。如果智能体始终选择每个状态下的最大 Q 值所对应的动作，即智能体根据 Q 值贪婪地行动——以此作为最佳选择。这也意味着 SARSA 算法仅限于离散动作空间，其解释如方框 3-2 所示。

方框 3-2 SARSA 仅限于离散动作空间

为了确定状态 s 的最大 Q 值，我们需要计算该状态下所有可能动作的 Q 值。当动作是离散的时，这很简单，因为我们可以列出所有可能的动作并计算它们的 Q 值。然而，当动作是连续的时，动作不能被完全列举，这是一个问题。因此，SARSA 和其他基于值的方法(例如 DQN(第 4 章和第 5 章))通常仅限于离散的动作空间。但是，有些方法(例如 QT-Opt[64])可以通过从连续动作空间中进行采样来逼近最大 Q 值。这些超出了本书的范围。

不幸的是，最优 Q 函数通常是未知的。但是，最优 Q 函数和最优动作之间的关系告诉我们，如果有一个好的 Q 函数，那么可以得出一个好的策略。这里，我们给出一种迭代的方法来提高 Q 值。

首先，使用参数 θ 随机初始化一个神经网络以表示 Q 函数，记为 $Q^\pi(s, a; \theta)$。然后，重复执行以下步骤，直到智能体停止更新为止(根据事件中获得的未打折的㊀累积奖励总数来评估)：

1. 使用 $Q^\pi(s, a; \theta)$ 的 Q 值在环境中贪婪地选择动作，并存储所有 (s, a, r, s') 经验。

2. 利用所存储的经验，通过 SARSA Bellman 方程(式 3.10)更新 $Q^\pi(s, a; \theta)$。这提升了 Q 函数的估算效果，进而改善了策略。

3.3.1 探索和利用

根据 Q 值贪婪地选择动作，其问题在于这种选择策略是确定性的，这意味着智能体无法充分探索整个状态-动作空间。如果智能体始终在状态 s 中选择相同的动作 a，那么会有很多 (s, a) 对从未被智能体选择。结果导致一些 (s, a) 对的 Q 函数估计不准确，因为它们是被随机初始化的，且没有 (s, a) 的真实经验。这种策略无法了解状态-动作空间的随机部分，因此智能体可能会执行次优动作并陷入局部最小值。

为了缓解此问题，智能体通常使用 ε-贪婪㊁策略，而不是纯粹的贪婪策略。在 ε-贪婪策略下，智能体以 $1-\varepsilon$ 为概率贪婪地选择动作，以剩下的概率 ε 随机选择动作。由于随机概率 $\varepsilon \times 100\%$ 有助于智能体探索状态-动作空间，因此它也被称为探索概率。不幸的是，这种探索是有代价的：这样的策略可能不如纯粹贪婪的策略好，因为智能体将以非零概

㊀ 奖励折扣仅被智能体在迭代更新时使用，而对于智能体表现的评估通常是通过未打折的累积奖励来完成的。

㊁ 英语读作“epsilon-greedy”。

率随机选择动作，而不是选择 Q 值最大的动作。

在训练时探索潜在值与根据智能体所获信息(Q 值)选择动作之间的拉锯关系被称为探索和利用的权衡。智能体应该利用其当前掌握的知识来尽其所能，还是通过随机选择进行探索？探索可能会在一段时间内出现性能表现降低的风险，但同时也为发现更好的状态和动作选择方式提供了可能性。对此问题的另一种表述是，如果智能体已经得到最佳 Q 函数，则它应该贪婪地选择动作；但当它正在学习 Q 函数时，贪婪地选择可能会阻止它变得更好。

处理这种权衡的一种常见方法是从较高的 ϵ(1.0 或接近此值)开始选择，以便智能体几乎随机地行动并迅速探索状态-动作空间。由于智能体在训练开始时并未学到任何东西，因此也没有已知的经验可利用。随着时间的流逝，ϵ 会逐渐衰减，可被利用的经验越来越多，经过很多步以后有望达到最佳策略。当智能体学习到更好的 Q 函数以及更好的策略时，探索的好处变得更少，此时智能体应该转向利用，即更加贪婪地选择动作。

在理想情况下，一段时间后智能体会找到最佳 Q 函数，因此可以将 ϵ 减小到 0。实际上，由于时间所限，连续的或高维离散的状态空间和非线性函数逼近器所学习到的 Q 函数并不能完全收敛于最优策略。因此，通常将 ϵ 减小至较小的值，例如 0.1～0.001，并固定下来以允许少量的探索。

对于线性函数逼近器而言，TD 学习已被证明可以收敛到最佳 Q 函数[131,137]。但是，强化学习的许多最新工作是由复杂的非线性函数逼近器(例如神经网络)所驱动的，因为它们可以表示更复杂的 Q 函数。不幸的是，转向非线性函数逼近意味着无法保证 TD 学习的收敛性。其完整解释超出了本书的范围，有兴趣的读者可以观看 Sergey Levine 关于值函数学习理论的精彩演讲，该演讲已纳入加州大学伯克利分校的 CS294 课程⊖。幸运的是，实践证明即使没有这种收敛性的保证，也可以取得良好的效果[88,135]。

3.4 SARSA 算法

现在，我们来具体描述 SARSA 算法并讨论为什么它是同策略的。

算法 3-1 给出了包含 ϵ-贪心策略的 SARSA 伪代码。由于 Q 函数的估计 $\hat{Q}^{\pi}(s, a)$ 是由一个带有参数 θ 的网络(记为 Q^{π_θ})进行参数化表示的，因此 $\hat{Q}^{\pi}(s, a)=Q^{\pi_\theta}(s, a)$。注意，$\epsilon$ 的起点和最小值以及 ϵ 衰减的速率都取决于环境。

算法 3-1 SARSA

初始化学习率 α
初始化 ϵ
随机初始化网络参数 θ
for $m=1, \cdots, MAX\_STEPS$ **do**
  利用当前 ϵ-贪婪策略收集 N 条经验 $(s_i, a_i, r_i, s_i', a_i')$
  for $i=1, \cdots, N$ **do**
    # 对每个样例计算目标 Q 值

⊖ 视频公布于 https://youtu.be/k1vNh4rNYec[76]。

```
8:        y_i = r_i + δ_{s'_i} γ Q^{π_θ}(s'_i, a'_i)，其中当 s'_i 终止时 δ_{s'_i} = 0，否则为 1
9:    end for
10:   # 计算损失，例如利用 MSE
11:   L(θ) = 1/N ∑_i (y_i − Q^{π_θ}(s_i, a_i))^2
12:   # 更新网络参数
13:   θ = θ − α ∇_θ J(θ)
14:   衰减 ε
15: end for
```

3.4.1 同策略算法

SARSA 的一个重要特征在于它是一种同策略算法。回顾第 2 章，如果用于改善当前策略的信息依赖于数据收集的策略，则该算法为同策略的。这种同策略算法可以用两种方式实现。

第一种方式是用于训练 Q 函数的目标值取决于产生经验的策略。SARSA 就是一个典型的例子，如算法 3-1(第 7 行)所示，目标值 y_i 取决于在下一状态 s'中采取的实际动作 a'，而实际上采取的动作又取决于产生经验的策略，即当前的 ε-贪婪策略。

第二种方式是直接学习策略。策略的学习涉及更新策略以便选择更好的动作，并摒弃不好的动作。为了进行这样的更新，有必要获取当前策略分配给所选动作的概率。REINFORCE(第 2 章)是直接学习策略的同策略算法的典型例子。

SARSA 的同策略特性对于训练 Q 函数逼近器的经验类型是有影响的。该特性使得在每次训练迭代中只能使用当前策略所获取的经验。一旦函数逼近器的参数被更新一次，就必须丢弃所有经验，并且重新开始获取经验。即使当参数变化很小时，也仍然要这么做，因为在训练神经网络时，对于单个参数的更新便是如此。算法 3-1 明确了这一点，对于每次训练迭代 m 都会获取新的经验。

为什么只使用当前策略所获取的经验来更新迭代中的 Q 函数呢？让我们回顾一下 SARSA TD 的更新(式 3.14)。

$$Q^{\pi_1}(s, a) \approx r + \gamma Q^{\pi_1}(s', a'_1) \tag{3.14}$$

更新公式的第二项 $\gamma Q^{\pi_1}(s', a'_1)$，假定使用策略 π_1 选择了 a'。这是由 Q 函数的定义得出的，即假设在智能体根据策略 π_1 选择动作的情况下，得出(s, a)的预期未来值。这里没有使用其他策略生成经验。

假设我们使用另一个策略 π_2(例如在训练的早期迭代中使用不同的 θ 值(Q 函数逼近器的参数))生成一个实例(s, a, r, s', a'_2)，其中 a'_2不必与 a'_1相同。π_2 在 s'中采取的动作可能与当前策略 π_1 所采取的动作不同。如果是这样，则 $Q^{\pi_1}(s, a)$将不会反映出 π_1 在状态 s 中采取动作 a 所获得的预期累积折扣奖励。

$$Q^{\pi_1}_{\text{tar}}(s, a) = r + \gamma Q^{\pi_1}(s', a'_1) \neq r + \gamma Q^{\pi_1}(s', a'_2) \tag{3.15}$$

式 3.15 表明，如果使用(s, a, r, s', a'_2)代替(s, a, r, s', a'_1)，则 $Q^{\pi_1}(s, a)$将被错误地更新，这是因为它使用了与当前策略下的动作不同的动作来估计 Q 值。

3.5 实现 SARSA

本节将介绍 SARSA 算法的实现。首先，我们来认识 epsilon_greedy 代码，它可以确定 SARSA 智能体在环境中的动作。接下来，我们回顾计算目标 Q 值的方法。最后，我们介绍网络训练循环，并讨论 SARSA 的 Memory 类。

3.5.1 动作函数：ε-贪婪

动作函数返回智能体在状态 s 中应执行的动作 a。每个动作函数都具有一个 state、可以从中访问神经网络函数逼近器的 algorithm 以及存储有关探索变量(例如 ε)和动作空间信息的智能体 body。动作函数返回由智能体选择的动作以及从中采样的动作概率分布。对于 SARSA，该动作概率分布是退化的，即将所有概率质量分配给 Q 值最大的动作。

代码 3-1 中的 epsilon_greedy 包含三个主要部分：

- 智能体决定是随机选择动作还是贪婪选择(第 5 行)，这取决于 ε 的当前值(第 4 行)。
- 如果是随机选择，则调用 random 动作函数(第 6 行)。通过对动作进行随机均匀分布的采样来返回动作空间中的一个动作。
- 如果是贪婪选择，则需要估计 state 中每个动作的 Q 值，通过调用 default 动作函数来选择最大 Q 值的动作(第 11～14 行)。

Q 函数逼近器的一个重要实现细节是，它同时输出一个特定状态的所有 Q 值。与以状态和动作作为输入并输出单个值的其他方案相比，用这种方式构建神经网络以逼近 Q 函数的效率更高，它只需要通过网络进行一次前向传递，而不需要 action_dim 的前向传递。有关构建和初始化不同类型网络的更多详细信息，请参见第 12 章。

代码 3-1　SARSA 的实现：ε-贪婪动作函数

```
1  # slm_lab/agent/algorithm/policy_util.py
2
3  def epsilon_greedy(state, algorithm, body):
4      epsilon = body.explore_var
5      if epsilon > np.random.rand():
6          return random(state, algorithm, body)
7      else:
8          # Returns the action with the maximum Q-value
9          return default(state, algorithm, body)
10
11 def default(state, algorithm, body):
12     pdparam = calc_pdparam(state, algorithm, body)
13     action = sample_action(body.ActionPD, pdparam)
14     return action
```

3.5.2 计算 Q 损失

SARSA 算法的下一步是计算 Q 损失，用于更新 Q 函数逼近器的参数。

在代码 3-2 中，首先针对批次中的每个经验，对智能体在当前状态 s 下采取的动作 a 计算 $\hat{Q}^{\pi}(s, a)$。这涉及值网络的前向传递，以获得所有 (s, a) 对的 Q 值估计(第 11 行)。回想一下，在 Bellman 方程的 SARSA 版本中，我们使用智能体在下一状态中实际采取的动作来计算 $Q^{\pi}_{\text{tar}}(s, a)$。

$$\hat{Q}^{\pi}(s, a)=r+\gamma\hat{Q}^{\pi}(s', a')=Q^{\pi}_{\text{tar}}(s, a) \tag{3.16}$$

我们用下一个状态而不是当前状态重复相同的步骤(第 12～13 行)。注意，由于我们将目标 Q 值视为固定值，因此不为此步骤计算梯度。由此，我们在 torch.no_grad()的上下文中执行前向传递，以防止 PyTorch 跟踪梯度。

接下来，我们提取两种状态下实际采取动作的 Q 值估计(第 15～16 行)。而后，可以使用 act_next_q_preds 来估计 $Q^{\pi}_{\text{tar}}(s, a)$(第 17 行)。由于 $Q^{\pi}_{\text{tar}}(s, a)$ 只是所获得的奖励，因此需要特别注意处理终端状态。这是通过将 $\hat{Q}^{\pi}(s', a')$(act_next_q_preds)与一个独热向量 1－batch['dones']相乘来实现的，如果状态为结束，则结果为 0，否则为 1。一旦同时有了当前和目标的 Q 值估计(分别为 q_preds 和 act_q_targets)，计算损失就变得很简单了(第 18 行)。

需要注意的是，对于每个经验，智能体仅接收实际采取的动作信息。因此，它只能了解有关此动作的信息，而不能了解其他可用的动作。这就是为什么使用当前状态和下一状态中所采取动作的对应值来计算损失。

代码 3-2　SARSA 实现：计算 Q 目标和相应损失

```
1   # slm_lab/agent/algorithms/sarsa.py
2
3   class SARSA(Algorithm):
4       ...
5
6       def calc_q_loss(self, batch):
7           '''Compute the Q value loss using predicted and target Q values from
            ↪  the appropriate networks'''
8           states = batch['states']
9           next_states = batch['next_states']
10          ...
11          q_preds = self.net(states)
12          with torch.no_grad():
13              next_q_preds = self.net(next_states)
14          ...
15          act_q_preds = q_preds.gather(-1,
            ↪  batch['actions'].long().unsqueeze(-1)).squeeze(-1)
16          act_next_q_preds = next_q_preds.gather(-1,
            ↪  batch['next_actions'].long().unsqueeze(-1)).squeeze(-1)
17          act_q_targets = batch['rewards'] + self.gamma * (1 - batch['dones']) *
            ↪  act_next_q_preds
18          q_loss = self.net.loss_fn(act_q_preds, act_q_targets)
19          return q_loss
```

3.5.3 SARSA 训练循环

代码 3-3 中的训练循环如下：

1. 在每个时间步中调用 train，智能体检查是否准备好训练(第 10 行)。用内存类(下一小节讨论)设置 self.to_train 标志。

2. 如果准备好训练，那么智能体将通过调用 self.sample()(第 11 行)对内存中的数据进行采样。对于 SARSA 算法，批次是指自上次训练智能体以来所收集的所有经验。

3. 计算 batch 的 Q 损失(第 13 行)。

4. 使用 Q 损失对值网络参数进行单个更新(第 14 行)。在定义了损失后，PyTorch 便可以使用自动微分功能方便地处理参数更新。

5. 将 self.to_train 重置为 0，以确保做好充足准备之后才对智能体进行训练(第 16 行)——也就是让它收集足够的新经验。

6. 使用选定的策略(例如线性衰减)更新 ε(explore_var)(第 23 行)。

代码 3-3 SARSA 实现：训练循环

```
1  # slm_lab/agent/algorithm/sarsa.py
2
3  class SARSA(Algorithm):
4      ...
5
6      @lab_api
7      def train(self):
8          ...
9          clock = self.body.env.clock
10         if self.to_train == 1:
11             batch = self.sample()
12             ...
13             loss = self.calc_q_loss(batch)
14             self.net.train_step(loss, self.optim, self.lr_scheduler,
               ↪  clock=clock, global_net=self.global_net)
15             # reset
16             self.to_train = 0
17             return loss.item()
18         else:
19             return np.nan
20
21     @lab_api
22     def update(self):
23         self.body.explore_var = self.explore_var_scheduler.update(self,
           ↪  self.body.env.clock)
24         return self.body.explore_var
```

小结

从较高层面来看，SARSA 的实现包含三个主要部分。

1. epsilon_greedy：定义一种使用当前策略在环境中执行动作的方法。

2. calc_q_loss：使用收集到的经验来计算 Q 目标和相应的损失。
3. train：使用 Q 损失更新值网络参数，并更新所有相关变量，例如 explorer_var(ε)。

3.5.4 同策略批处理内存回放

上一小节的代码 3-3 中，在对智能体进行训练时，使用了一组包含相关经验的实例。可以通过 SARSA 算法类的 train()函数中的 self.sample()观察到这一点。本小节将介绍如何存储经验，并在需要训练的时候向智能体提供它们。

存储并检索经验((s，a，r，s'，a')元组)的机制被纳入第 2 章介绍的 Memory 类中，它可用于训练同策略算法的函数逼近器。这里的经验指的是当前策略所收集的经验。回想一下，每个内存类都必须实现一个 update 函数(用于将智能体的经验添加到内存中)、一个 sample 函数(用于返回一批数据进行训练)以及一个 reset 函数(用于清除内存)。

SARSA 是一种时序差分学习算法，因此只需等到下一个时间步，即可使用单个(s，a，r，s'，a')元组更新一次算法的参数。这使得 SARSA 成为同策略算法。但是，每次更新仅使用一个实例可能会非常麻烦，因此通常需要等待多个时间步，并使用由多个经验计算得出的平均损失来更新算法参数，这称为批量训练。一种替代的策略是收集一个或多个事件的完整经验，并一次使用所有这些数据来更新算法的参数，这称为事件训练。

对批量训练和事件训练的不同选择反映了速度和方差之间的权衡。来自多个事件的数据通常具有较小的方差，但由于参数很少更新，因此该算法的学习速度会更慢。使用单一经验进行更新的方差较大，但能够快速学习。每次更新中使用多少经验取决于环境和算法。某些环境可能会导致极高的数据方差，在这种情况下，可能需要很多经验才能有效减少方差以使智能体能够顺利学习；其他一些环境可能会导致数据方差很低，在此情况下，每次更新的实例数可能会非常少，从而提升了潜在的学习速度。

两个 Memory 类提供了从同策略学习到批量学习再到事件学习的功能。OnPolicyReplay 实现了事件训练，而从 OnPolicyReplay 继承的 OnPolicyBatchReplay 实现了批量训练。当批处理大小设置为 1 时，该类中也包含同策略训练。注意，对于 SARSA，同策略训练至少需要在环境中执行两个时间步，以便知道下一个状态和动作，对应于大小为 2 的批处理。

第 2 章已经介绍了 OnPolicyReplay，因此在这里我们只关注 OnPolicyBatchReplay。

批处理内存更新

通过使用类继承并覆盖 add_experience 函数，可以很容易地使事件内存适应批处理，如代码 3-4 所示。

批处理内存不需要事件内存的嵌套结构，因此在代码 3-4 中将当前经验直接添加到主内存容器中(第 8～9 行)。如果已收集到足够的实例，则智能体的训练标志将被设置为 1(第 14～15 行)。

代码 3-4 OnPolicyBatchReplay：增加经验

```
1  # slm_lab/agent/memory/onpolicy.py
2
3  class OnPolicyBatchReplay(OnPolicyReplay):
```

```
    ...

    def add_experience(self, state, action, reward, next_state, done):
        self.most_recent = [state, action, reward, next_state, done]
        for idx, k in enumerate(self.data_keys):
            getattr(self, k).append(self.most_recent[idx])
        # Track memory size and num experiences
        self.size += 1
        self.seen_size += 1
        # Decide if agent is to train
        if len(self.states) == self.body.agent.algorithm.training_frequency:
            self.body.agent.algorithm.to_train = 1
```

3.6 训练 SARSA 智能体

我们用一个 spec 文件配置一个 SARSA 智能体，如代码 3-5 所示。该文件公布在 SLM Lab 中：slm_lab/spec/benchmark/sarsa/sarsa_cartpole.json。

代码 3-5　一个简单的 SARSA CartPole 规范文件

```
# slm_lab/spec/benchmark/sarsa/sarsa_cartpole.json

{
  "sarsa_epsilon_greedy_cartpole": {
    "agent": [{
      "name": "SARSA",
      "algorithm": {
        "name": "SARSA",
        "action_pdtype": "Argmax",
        "action_policy": "epsilon_greedy",
        "explore_var_spec": {
          "name": "linear_decay",
          "start_val": 1.0,
          "end_val": 0.05,
          "start_step": 0,
          "end_step": 10000
        },
        "gamma": 0.99,
        "training_frequency": 32
      },
      "memory": {
        "name": "OnPolicyBatchReplay"
      },
      "net": {
        "type": "MLPNet",
        "hid_layers": [64],
        "hid_layers_activation": "selu",
```

```
28            "clip_grad_val": 0.5,
29            "loss_spec": {
30              "name": "MSELoss"
31            },
32            "optim_spec": {
33              "name": "RMSprop",
34              "lr": 0.01
35            },
36            "lr_scheduler_spec": null
37          }
38        }],
39        "env": [{
40          "name": "CartPole-v0",
41          "max_t": null,
42          "max_frame": 100000
43        }],
44        "body": {
45          "product": "outer",
46          "num": 1
47        },
48        "meta": {
49          "distributed": false,
50          "eval_frequency": 2000,
51          "max_trial": 1,
52          "max_session": 4
53        },
54        ...
55      }
56    }
```

让我们来分析其中的一些主要组成部分。

- **算法**：算法为 SARSA(第 6 行)，动作策略为 ε-贪心(第 10 行)，探索变量 ε 呈线性衰减(第 11～17 行)，并且设置了 γ(第 18 行)。
- **网络架构**：由一个具有 64 个单元的隐藏层和 SeLU 激活函数组成的多层感知机(第 25～27 行)。
- **优化器**：优化器为 RMSprop[50]，学习率为 0.01(第 32～35 行)。
- **训练频率**：训练是分批进行的，因为我们选择了 OnPolicyBatchReplay 内存(第 22 行)，批处理大小为 32(第 19 行)。这是由 training_frequency 参数(第 19 行)控制的，意味着每 32 步对网络进行一次训练。
- **环境**：环境是 OpenAI Gym 的 CartPole[18](第 40 行)。
- **训练时间**：训练包括 100 000 个时间步(第 42 行)。
- **评估**：每 2000 个时间步评估一次智能体(第 50 行)。在评估期间，将 ε 设置为其最终值(第 14 行)。运行 4 个事件，然后计算并报告平均总奖励。

要使用 SLM Lab 训练此 SARSA 智能体，请在终端中运行如代码 3-6 所示的命令。

代码 3-6 训练一个 SARSA 智能体

```
conda activate lab
python run_lab.py slm_lab/spec/benchmark/sarsa/sarsa_cartpole.json
↪   sarsa_epsilon_greedy_cartpole train
```

首先使用规范文件运行带有 4 个 Session 的训练 Trial，以获取平均结果。然后将结果绘制在误差带上。除此之外，还将生成一个带有 100 个评估检查点窗口的移动平均值版本。这两个图如图 3-5 所示。

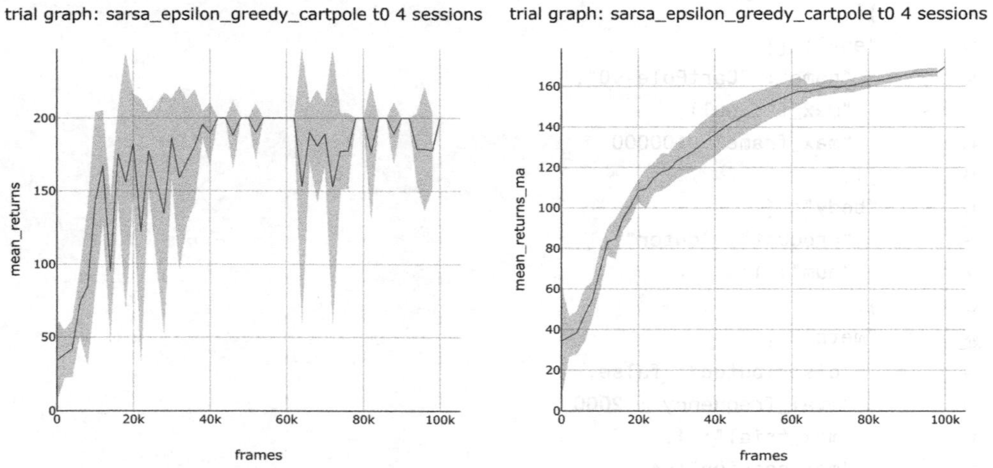

a）试验图　　b）带移动平均值的试验图

图 3-5　通过 SLM Lab 对 4 个 Session 取平均值所得到的 SARSA 试验图。纵轴展示了在检查点上 8 个事件的平均总奖励(mean_return 用于无折扣评估)，横轴展示了总训练帧。右图是对一个带有 100 个评估检查点窗口绘制的移动平均值

3.7 实验结果

本节将研究学习率对 CartPole 环境中的 SARSA 性能的影响。我们使用 SLM Lab 的实验功能对学习率进行网格搜索，然后进行绘制和比较。

3.7.1 实验：评估学习率的影响

学习率控制网络参数更新的幅度。较高的学习率可以使学习速度更快，但是如果参数更新太大，可能在参数空间中过冲(overshoot)。相反，较低的学习率不太可能出现过冲，但可能需要更长的时间才能收敛。为了找到最佳的学习率，我们经常会使用超参数调整。

在本实验中，我们通过对多个学习率执行网格搜索试验来分析不同学习率对 SARSA 的影响。为此，可以使用代码 3-5 中的规范文件添加搜索规范，如代码 3-7 所示。其中第 10 行在学习率 lr 值的列表上指定了网格搜索。完整的规范文件已在 SLM Lab 中提供，路径为：slm_lab/spec/benchmark/sarsa/sarsa_cartpole.json。

代码 3-7　面向不同学习率的带搜索规范的 SARSA 规范文件

```
# slm_lab/spec/benchmark/sarsa/sarsa_cartpole.json

{
  "sarsa_epsilon_greedy_cartpole": {
    ...
    "search": {
      "agent": [{
        "net": {
          "optim_spec": {
            "lr__grid_search": [0.0005, 0.001, 0.001, 0.005, 0.01, 0.05, 0.1]
          }
        }
      }]
    }
  }
}
```

要在 SLM Lab 中运行实验，请使用代码 3-8 中展示的命令。

代码 3-8　运行实验以在规范文件中定义的不同学习率上进行搜索

```
conda activate lab
python run_lab.py slm_lab/spec/benchmark/sarsa/sarsa_cartpole.json
  ↪  sarsa_epsilon_greedy_cartpole search
```

上述命令运行一个 Experiment，产生多个 Trial，每个 Trial 都用原始的 SARSA 规范中的 lr 值进行替换。每个 Trial 运行 4 个 Session 以获取平均值。图 3-6 显示了一个带有 100 个评估检查点窗口上的多重试验图及其移动平均值。

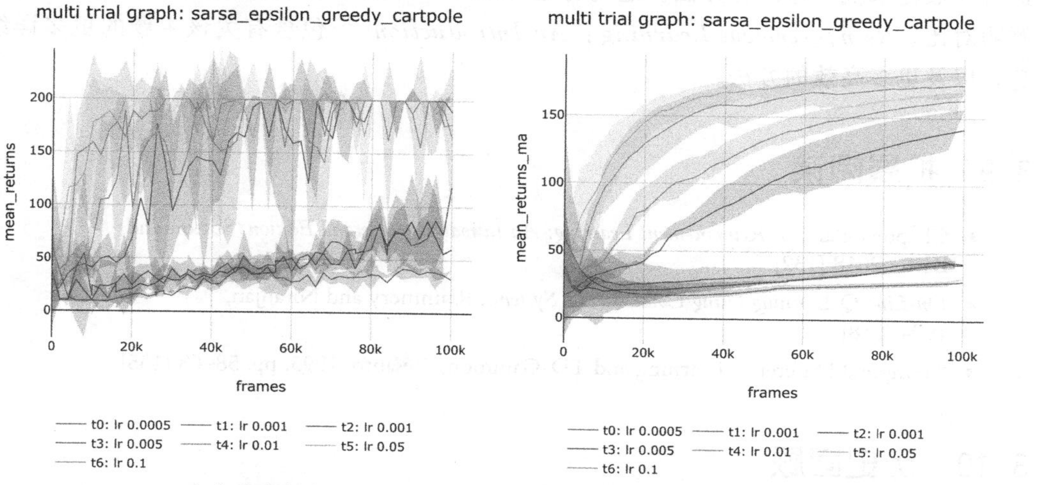

a）多重试验图　　　　b）带移动平均值的多重试验图

图 3-6　较高的学习率对 SARSA 性能的影响。和预期一样，当学习率更高时智能体的学习速度更快(见彩插)

图 3-6 显示了当学习率不太高时提高学习率对 SARSA 学习曲线具有明显效果。在试验 5 和试验 6 中，SARSA 迅速获得 CartPole 的最高总奖励 200。相反，当学习率较低时，智能体的学习速度就会很慢，如试验 0、试验 1、试验 2 所示。

3.8 总结

SARSA 算法具有两个主要因素：通过 TD 学习算法来学习 Q 函数，以及通过 ε-贪婪策略对 Q 值进行动作选择。

首先，我们讨论了为什么 Q 函数是学习 SARSA 值函数的理想选择。通过 TD 学习来逼近 Q 函数，旨在根据 Bellman 方程来最小化 Q 函数两个公式之间的差异。TD 学习背后的一个关键思想是，随着时间的流逝，总会在 RL 问题中收集到奖励。利用此思想，可以将信息从将来的时间步回传到早期的时间步上。

在学习了 Q 函数之后，我们发现可以通过对 Q 值进行 ε-贪婪动作来形成良好的策略。这意味着智能体将以概率 ε 随机行动，否则它将选择最大 Q 值的动作。ε-贪心策略是解决 RL 中的探索-利用权衡问题的简单方法。智能体需要在利用已知知识和探索环境之间取得平衡，以挖掘更好的解决方案。

在实施 SARSA 算法时，最重要的部分是动作函数(用于计算 Q 值和相关损失的函数)和训练循环。它们是通过 epsilon_greedy、calc_q_loss 和 train 等方法实现的。SARSA 智能体所收集的经验存储在智能体的 Memory 中。每次训练时，Memory 会将这些经验提供给智能体。我们认识到 SARSA 是一种同策略的算法，因为用于训练值网络的 $Q^{\pi}_{tar}(s, a)$取决于经验获取策略。未使用当前策略来获取经验会导致错误的 Q 值。因此，每次智能体训练时都会清除 Memory。

蒙特卡罗采样和 TD 学习可以解释为在偏差和方差之间进行权衡的两个极端方法。可以扩展 SARSA 算法，在用值网络估算剩余价值之前，通过对智能体的实际奖励步数进行参数化来统一这两种方法。这与标准 SARSA 算法中使用实际奖励的单个步骤形成鲜明对比。*Reinforcement Learning*：*An Introduction*[132]包含有关该主题的更多详细信息，以及更多高效的方法。

3.9 扩展阅读

- Chapters 4 and 5, *Reinforcement Learning: An Introduction, Second Edition*, Sutton and Barto, 2018 [132].
- *On-Line Q-Learning Using Connectionist Systems*, Rummery and Niranjan, 1994 [118].
- "Temporal Difference Learning and TD-Gammon," Tesauro, 1995, pp. 58–68 [135].

3.10 历史回顾

时序差分(TD)技术最早是在 60 年前由 Arthur Samuel 在其 checkers-playing 算法中介绍和使用的[119-120]。30 年后，Richard Sutton 提供了第一个正式结论[131]，证明了线性

TD 算法子集的收敛性。1997 年，Tsitsiklis 和 Van Roy[137] 对此进行了扩展，用线性函数逼近器证明了 TD 算法的一般收敛性。后来，TD 学习被扩展为早期的深度强化学习算法——TD-Gammon[135]。1991 年，Gerald Tesauro 的算法将多层感知机与 TD 学习和自我对局结合在一起，达到了大师级的表现。这项评估是由双陆棋大师、前世界冠军 Bill Robertie 进行的[135]。更多相关信息，请参见 Gerald Tesauro 的 "Temporal Difference Learning and TD-Gammon," 最初发表于 *Communications of the ACM* 1995 年 3 月刊上。

Bellman 方程以动态编程的发明者、著名的数学家 Richard Bellman 的名字命名[34]。Bellman 方程包含 "最优性原理"[16]，该原理指出："最优策略具有以下性质：无论初始状态和初始决策是什么，剩余的决策都必须构成关于第一个决策状态的最优策略。" 这可以总结如下：假设已知除了当前状态未来所有状态的完美动作，则当前状态下的最佳动作可以转换为当前状态下所有可能动作的比较结果，结合对未来所有状态的动作价值的了解来选择最佳动作。即，可以根据未来状态的值来递归定义当前状态的值。请参阅 Stuart Dreyfus 撰写的 "Richard Bellman on the Birth of Dynamic Programming"[34]，以 Bellman 自己的话来说，这是一段有关动态编程的简短而迷人的历史。

深度 Q 网络

本章介绍由 Mnih 等人[88]在 2013 年提出的深度 Q 网络(Deep Q-Networks，DQN)算法。与 SARSA 类似，DQN 是一种基于值的时序差分(TD)算法，其与 Q 函数近似。学习到的 Q 函数被智能体用来进行动作选择。DQN 仅适用于具有离散动作空间的环境。然而，与 SARSA 相比，DQN 学习的是不一样的 Q 函数——最优 Q 函数，而非当前策略的 Q 函数。这个小而关键的改变提高了学习稳定性和学习速度。

在 4.1 节中，我们首先讨论为什么 DQN 通过使用其 Bellman 方程来学习最优 Q 函数。一个重要的原因是，这使得 DQN 成为一个异策略算法。这个最优 Q 函数不依赖于数据收集策略，这意味着 DQN 可以通过任何智能体收集的经验进行学习。

理论上，任何策略都可以用于为 DQN 生成训练数据。然而，在实践中，有些策略比其他策略更合适。4.2 节介绍了一个较好的数据收集策略所具有的特征，并引入 Boltzmann 策略，以替代 3.4 节讨论的 ε-贪婪策略。

在 4.3 节中，我们考虑如何利用 DQN 是异策略算法这一事实来提高采样效率，使其优于 SARSA 的采样效率。在训练期间，较老的策略所收集的经验存储在经验回放[82]内存中，并被复用。

我们在 4.4 节介绍 DQN 算法本身，并在 4.5 节讨论一个示例的实现。本章最后在 OpenAI Gym 框架的 CartPole 环境下，对 DQN 智能体在不同网络架构下的性能进行对比。

在本章中，我们将看到只需对 Q 函数的更新进行微小的修改，就可以将 SARSA 转换为 DQN，从而得到一个突破了 SARSA 的许多局限的算法。DQN 通过从一个较大的经验回放内存中进行随机的批采样，使经验的去关联和重用成为可能，并且允许使用同一批采样进行多个参数的更新。这些思想使得 DQN 的效率相较于 SARSA 得到了显著的提高，它们是本章的主题。

4.1 学习 DQN 中的 Q 函数

和 SARSA 一样，DQN 通过 TD(时序差分)学习过程来学习 Q 函数。这两种算法的不同之处在于 $Q^{\pi}_{\text{tar}}(s, a)$是如何构造的。

式 4.1 和式 4.2 分别给出了 DQN 和 SARSA 的 Bellman 方程。

$$Q^{\pi}_{\text{DQN}}(s, a) \approx r + \gamma \max_{a'} Q^{\pi}(s', a') \tag{4.1}$$

$$Q^{\pi}_{\text{SARSA}}(s, a) \approx r + \gamma Q^{\pi}(s', a') \tag{4.2}$$

相应地，式 4.3 和式 4.4 分别展示了在两个算法中 $Q^{\pi}_{\text{tar}}(s, a)$是如何构造的。

$$Q^{\pi}_{\text{tar:DQN}}(s, a) = r + \gamma \max_{a'} Q^{\pi}(s', a') \tag{4.3}$$

$$Q^{\pi}_{\text{tar:SARSA}}(s, a) = r + \gamma Q^{\pi}(s', a') \tag{4.4}$$

在估计 $Q^{\pi}_{\text{tar}}(s, a)$时，DQN 没有使用下一个状态 s'中实际采取的动作 a'，而是使用该状态中所有可用的潜在动作的最大 Q 值。

在 DQN 中，用于下一个状态 s'的 Q 值不依赖于收集经验的策略。当给定当前状态 s 和动作 a 时，由于奖励 r 和下一个状态 s'是由环境产生的，因此这意味着 $Q^{\pi}_{\text{tar:DQN}}(s, a)$预估值完全与数据收集策略无关。这就使 DQN 成为异策略算法，因为学习的函数不依赖在环境中采取动作和收集经验的策略[132]。与此相反，SARSA 是同策略算法，因为它在为下一个状态计算 Q 值时使用的是状态 s'中当前策略所采取的动作 a'。这就直接取决于收集经验的策略。

假设我们有两个策略 π^1 和 π^2，并使$\hat{Q}^{\pi^1(s,a)}$和$\hat{Q}^{\pi^2(s,a)}$为与这些策略相对应的 Q 函数。再设(s, a, r, s', a_1')为使用 π^1 生成的数据序列，并且(s, a, r, s', a_2')为由 π^2 生成的数据序列。如果 π^1 是当前策略，π^2 是训练过程中早先的某一点上的旧策略，那么 3.4.1 节就展示了为何使用(s, a, r, s', a_2')来更新$\hat{Q}^{\pi^1}(s, a)$的参数是不正确的。

然而，如果使用 DQN，那么在计算 $Q^{\pi}_{\text{tar:DQN}}(s, a)$时，就不需使用 a_1'或 a_2'了。因为两种情况下的下一状态 s'是相同的，而每一个经验都会针对 $Q^{\pi}_{\text{tar:DQN}}(s, a) = r + \gamma \max_{a'} Q^{\pi}(s', a')$得出相同的值，所以两种情况都是有效的。即使在收集每个数据序列时使用的是不同的策略，但 $Q^{\pi}_{\text{tar:DQN}}(s, a)$的值是相同的。

如果转换和奖励函数是随机的，那么多次在状态 s 中选择动作 a 可能得出不同的 r 和不同的 s'。Q^{π} 是造成这一现象的原因，因为它被定义为在状态 s 中使用动作 a 的预期未来回报，所以使用(s, a, r, s', a_2')来更新$\hat{Q}^{\pi_1}(s, a)$仍然是有效的。从另一种角度看，环境要为奖励 r 和向下一个状态 s'的转换负责。这对智能体和智能体策略来说是外部的，所以 $Q^{\pi}_{\text{tar:DQN}}(s, a)$仍然独立于收集经验的策略。

如果 $Q^{\pi}_{\text{tar:DQN}}(s, a)$不取决于收集数据的策略，那么它对应的是哪一个策略呢？它对应的是 Sutton 和 Barto[132]定义的最优策略：

在满足以下条件时，策略 π'被定义为优于或等于策略 π：其预期回报大于或等于所有状态下策略 π 的预期回报。换句话说，当且仅当对于所有 $s \in S$，有 $\nabla^{\pi'}(s) \geqslant V^{\pi}(s)$，则 $\pi' \geqslant \pi$。至少总是有一个策略优于或等于其他所有策略。这就是最优策略——π^*。

最优 Q 函数被定义为在状态 s 下采取动作 a 并遵从最优策略 π^*。如式 4.5 所示。

$$Q^*(s, a) = \max_{\pi} Q^{\pi}(s, a) = Q^{\pi^*}(s, a) \tag{4.5}$$

根据式 4.5 重新考虑 $Q^{\pi}_{\text{tar:DQN}}(s, a)$。如果 Q^{π} 的估计值是正确的，那么选择使 $Q^{\pi}(s, a)$最大化的动作将是最优的。这是一个智能体能做出的最优选择。这意味着策略 $Q^{\pi}_{\text{tar:DQN}}(s, a)$对应的是最优策略 π^*。

值得注意的是，DQN 的目标是学习最优的 Q 函数并不意味着它可以做到这一点。这可能有很多原因。例如，由神经网络表示的假设空间实际上可能并不包含最优的 Q 函数；非凸优化方法并不完善，可能找不到全局最小值；计算和时间局限限制了训练智能体的时间。然而，可以说，与在 ε-贪婪策略下学习 Q 函数以得到潜在次优上限的 SARSA 相比，DQN 性能的上限是最优的。

4.2 DQN 中的动作选择

尽管深度 Q 网络(DQN)是一种异策略算法，但是其智能体收集经验的策略仍然很重要。有两个重要的因素需要考虑。

首先，智能体仍然面临第 3 章所讨论的探索和利用的权衡问题。在训练开始时，智能体应该快速地探索状态-动作空间，以增加发现在环境中进行动作的好方法的机会。随着训练的进展和智能体学习量的增多，应该逐渐降低探索率，花更多的时间去利用已学到的东西。因为智能体将重点放在更好的动作上，所以这将提高训练的效率。

其次，如果状态-动作空间非常大(因为它是由连续的值组成的，或者是高维[㊀]离散的)，那么它将很难经历所有(s, a)对，即便只有一次。在这种情况下，未访问的(s, a)对的 Q 值可能并不比随机猜测更好。

幸运的是，神经网络的函数逼近缓解了这个问题，因为它们可以从已访问的(s, a)对归纳出类似的[㊁]状态和动作，如方框 4-1 所讨论的。然而，这并不能完全解决问题。状态-动作空间的某些部分可能仍然很遥远，与智能体所经历的状态和动作非常不同。在这些情况下，神经网络不太可能进行很好的归纳，而且估计的 Q 值也可能不准确。

方框 4-1　一般化与神经网络

函数逼近方法的一个重要性质是它们对不可见的输入的一般化程度。例如，未访问的(s, a)对的 Q 函数估计值有多好？线性(如线性回归)和非线性(如神经网络)函数逼近方法都具有一定的一般化能力，而列表方法则不具备这种能力。

让我们考虑$\hat{Q}^{\pi}(s, a)$的表格表示法。假设状态-动作空间是非常大的，有数百万的(s, a)对，并且在训练初期每个代表特定$\hat{Q}^{\pi}(s, a)$的单元都被初始化为 0。在训练期间，智能体访问(s, a)对并更新表格，但未被访问的(s, a)对仍有$\hat{Q}^{\pi}(s, a)=0$。由于状态-动作空间很大，许多(s, a)对都不会被访问到，它们的 Q 值的估计值将一直为 0，即使这些(s, a)对是可取的，且$\hat{Q}^{\pi}(s, a)\gg 0$。主要问题是表函数表示法无法了解不同的状态和动作之间是如何相互关联的。

相反，神经网络可以从已知的(s, a)的 Q 值推导出未知的(s', a')，因为它们知道不同的状态和动作是如何相互关联的。当(s, a)很大或有无穷多个元素时，这是非常有用的，因为它意味着智能体不必访问所有(s, a)来得到 Q 函数的良好估值。智能体只需要访问状态-动作空间的一个代表性子集即可。

网络的一般化能力是有限制的，一般有两种经常失败的情况。首先，如果一个网络接收到的输入与它训练时的输入有很大不同，它就不太可能产生好的输出。一般来

㊀ 例如，状态空间可以通过图像的数字表示来描述。像素值通常是离散的，例如在 0 到 255 之间的灰度图像，但是单个图像可以有数十亿个这样的像素。

㊁ 定义相似的状态或动作的含义有很多种方法；这本身就是一个很大的主题。衡量相似度的一个简单方法是 L2 距离。距离越小，两种状态或动作越相似。然而，对于图像这样的高维状态，像素空间中的 L2 距离可能无法捕捉到重要的相似性——例如，类似的游戏状态可能在视觉上看起来不同。还有其他尝试处理这个问题的方法，例如，首先学习状态的低维表示，然后测量状态表示之间的 L2 距离。

说，在训练数据周围的输入空间的较小邻域里，一般化效果更好。其次，如果神经网络所逼近的函数明显不连续，很可能一般化效果较差。这是因为神经网络隐式地假设输入空间是局部平滑的。如果输入 x 和 x' 相似，那么相应的输出 y 和 y' 也应该相似。

考虑图 4-1 中的示例。它代表智能体可以把峰顶当作可以行走的平地一样的一维环境。此时状态为智能体在 x 轴上的位置，动作是 x 在每个时间步的变化 δ_x，而奖励则显示在 y 轴上。在这个环境中有一个悬崖——当智能体到达状态 $s=x=1$ 时，奖励将直线下降。当从 $s=x=0.99$ 移动到 $s'=x'=1.0$ 时，会导致所获得的奖励急剧下降，即从悬崖上"坠落"，即使 s 和 s' 彼此很接近。在状态空间的其他部分移动相同的距离并不会产生如此显著的奖励变化。

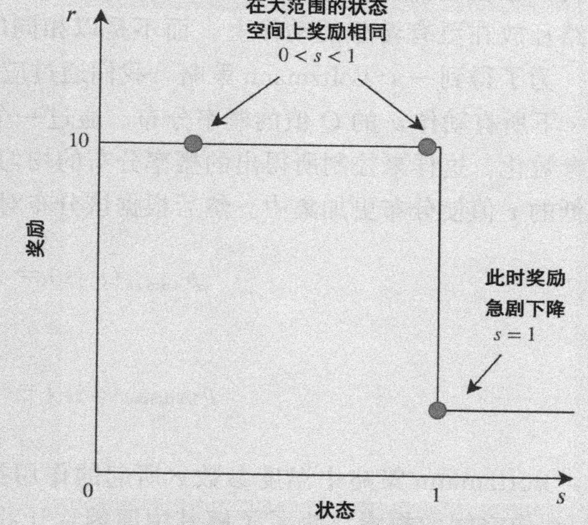

图 4-1　具有不连续奖励函数的悬崖环境

如果环境有一个很大的状态-动作空间，那么智能体就不太可能达到对这个空间的所有部分都进行良好 Q 值预估的水平。如果智能体将注意力集中在学习一个好的策略会经常访问的状态和动作上，那么仍然有可能在这样的环境中获得良好的性能。当该策略与神经网络相结合时，在状态-动作空间中经常被访问的区域周围的局部区域内，Q 函数逼近可能效果很好。

因此，深度 Q 网络(DQN)算法的智能体使用的策略所访问的状态和所选择的动作应该与那些对于智能体当前的 Q 函数预估值(即最优策略的当前估计值)来说被贪婪地访问的状态和选择的动作相当近似。我们说，这两种策略应该生成类似的数据分布。

在实践中，这可以通过使用第 3 章中讨论的 ε-贪婪策略或下一小节中介绍的 Boltzmann 策略来得以实现。使用这两种策略中的任何一种，都有助于使智能体重点学习那些在使用其最优策略[⊖]的预估值时可能经历的数据。

4.2.1 Boltzmann 策略

贪婪或 ε-贪婪策略并不是 DQN 或 SARSA 智能体的唯一选择。在本小节中，我们将讨论第三种选择——Boltzmann 策略，该策略以玻尔兹曼(Boltzmann)概率分布命名。

优秀的策略应该在探索状态-行为空间和利用智能体已学到的知识之间取得平衡。

ε-贪婪策略通过减少在训练过程中采用随机动作的概率 ε 来取得探索与利用之间的平衡。这种策略在训练起始阶段会进行更多的探索，并随着时间的推移更多地对已学到的知识加以利用。这样做的一个问题是探索策略是不成熟的。智能体随机探索，不使用

⊖ 学习一个较大的状态-动作空间的 Q 函数的挑战也存在于 SARSA 中。然而，由于 SARSA 是同策略算法，学习会自动集中于该策略经常访问的状态-动作空间中的区域。

任何以前学过的关于环境的知识。

Boltzmann 策略试图通过使用相对 Q 值来选择动作从而改进随机探索。在状态 s 中 Q 值最大的动作 a 被选择的次数最多，而 Q 值相对较高的其他动作被选择的概率也较大。相反，Q 值很低的动作几乎不会被采取。这样做的效果是把探索的重点沿着 Q 值最大化的路径放在更有希望的动作上，而不是以相同的概率选择所有的动作。

为了得到一个 Boltzmann 策略，我们通过应用 softmax 函数(式 4.6)，构造了一个在状态 s 下所有动作 a 的 Q 值的概率分布。通过一个温度参数 $\tau \in (0, \infty)$，我们将 softmax 函数参数化，这样来控制所得出的概率分布的均匀性和集中性。较高的 τ 值使分布更加均匀，较低的 τ 值使分布更加集中。然后根据该分布对动作进行采样，如式 4.7 所示。

$$p_{\text{softmax}}(a \mid s) = \frac{e^{Q^{\pi}(s, a)}}{\sum_{a'} e^{Q^{\pi}(s, a')}} \tag{4.6}$$

$$p_{\text{boltzmann}}(a \mid s) = \frac{e^{Q^{\pi}(s, a)/\tau}}{\sum_{a'} e^{Q^{\pi}(s, a')/\tau}} \tag{4.7}$$

Boltzmann 策略中温度参数 τ 所起的作用类似于 ε-贪婪策略中 ε 的作用。它鼓励对状态-动作空间的探索。为了了解其中原因，让我们看看式 4.8 中的例子。

$$\begin{aligned}
\text{Softmax:}\quad & x: [1, 2] \rightarrow p(x): [0.27, 0.73] \\
\text{Boltzmann}, \tau=5:\quad & x: [1, 2] \rightarrow p(x): [0.45, 0.55] \\
\text{Boltzmann}, \tau=2:\quad & x: [1, 2] \rightarrow p(x): [0.38, 0.62] \\
\text{Boltzmann}, \tau=0.5:\quad & x: [1, 2] \rightarrow p(x): [0.12, 0.88] \\
\text{Boltzmann}, \tau=0.1:\quad & x: [1, 2] \rightarrow p(x): [0.00, 1.00]
\end{aligned} \tag{4.8}$$

较高的 τ 值(例如 $\tau=5$)使概率分布接近于均匀分布。这会使智能体的动作变得非常随机。较低的 τ 值(例如 0.1)会增加与最大 Q 值相对应的动作出现的概率，使智能体的动作变得更加贪婪。$\tau=1$ 退化为 softmax 函数。训练时调整 τ 值可以平衡探索与利用：训练初期较高的 τ 值会鼓励探索；τ 值随着时间的推移而下降时，所使用的策略将会接近贪婪策略。

Boltzmann 策略与 ε-贪婪策略相比，其主要优势是它降低了探索环境时的随机性。每次智能体选择一个动作时，它都会从 Boltzmann 策略生成的动作概率分布中抽取样本 a。这样智能体会选择一个概率为 $p_{\text{boltzmann}}(s \mid a)$的动作 a，而不是采用概率为 ε 的随机动作，因此高 Q 值的动作更有可能被选中。即使智能体不选择 Q 值最大化的动作，也更有可能选择用$\hat{Q}^{\pi}(s, a)$衡量的第二好的动作，而不是第三或第四好的动作。

与 ε-贪婪策略相比，Boltzmann 策略还可以使 Q 值评估与动作概率之间的关系更加平滑。考虑一下表 4-1 中的示例。在状态 s 中有两个可采用的动作——a_1 和 a_2。表 4-1 比较了我们改变 $Q^{\pi}(s, a_1)$和 $Q^{\pi}(s, a_2)$的值时使用 ε-贪婪策略和 Boltzmann 策略选择状态 s 下动作 a_1 和 a_2 的概率。在这个例子中，$\tau=1$，$\varepsilon=0.1$。

表 4-1　动作概率：比较随着 $Q^{\pi}(s, a)$值的变化使用 ε-贪婪策略和 Boltzmann 策略选择动作 a_1 和 a_2 的概率，其中 $\tau=1$，$\varepsilon=0.1$

$Q^{\pi}(s, a_1)$	$Q^{\pi}(s, a_2)$	$p_{\varepsilon}(a_1 \mid s)$	$p_{\varepsilon}(a_2 \mid s)$	$p_B(a_1 \mid s)$	$p_B(a_2 \mid s)$
1.00	9.00	0.05	0.95	0.00	1.00
4.00	6.00	0.05	0.95	0.12	0.88

（续）

$Q^\pi(s, a_1)$	$Q^\pi(s, a_2)$	$p_\varepsilon(a_1 \mid s)$	$p_\varepsilon(a_2 \mid s)$	$p_B(a_1 \mid s)$	$p_B(a_2 \mid s)$
4.90	5.10	0.05	0.95	0.45	0.55
5.05	4.95	0.95	0.05	0.53	0.48
7.00	3.00	0.95	0.05	0.98	0.02
8.00	2.00	0.95	0.05	1.00	0.00

最左边两列显示了 a_1 和 a_2 的 Q 值。当这些值差距较大时——例如，当 $Q^\pi(s, a_1)=1$ 而 $Q^\pi(s, a_2)=9$ 时——这两种策略都会给 a_1 赋较低的概率值。然而，当这些值是相似的——例如，当 $Q^\pi(s, a_1)=5.05$ 且 $Q^\pi(s, a_2)=4.95$ 时——ε-贪婪策略会将大部分概率分配给 a_2，因为它与最大 Q 值相对应。相反，Boltzmann 策略为这两个动作分配了几乎相等的概率，$p(a_1)=0.53$，$p(a_2)=0.48$。

直观地说，这似乎比 ε-贪婪策略要好。在状态 s 中使用动作 a_1 和 a_2 基本等效，因为它们有相似的 Q 值，所以这两个动作应该有大体相同的选择概率。这就是 Boltzmann 策略的作用。ε-贪婪策略会导致更多的极端行为。如果其中一个 Q 值只比另一个略高，ε-贪婪策略将把所有的非随机概率(1-ε)赋给前面那个动作。如果在下一次迭代中，另一个 Q 值变得稍微高一些，ε-贪婪策略会立即转换，并将所有的非随机概率分配给另一个动作。因此 ε-贪婪策略会比 Boltzmann 策略更不稳定，智能体学习起来也更困难。

如果对状态空间的某些部分的 Q 函数预估不准确，Boltzmann 策略可能会导致智能体陷入局部最小值。再来考虑状态 s 中的两个动作 a_1 和 a_2，设 $Q^*(s, a_1)=2$，$Q^*(s, a_2)=10$，并且当前的预估为$\hat{Q}^\pi(s, a_1)=2.5$ 和$\hat{Q}^\pi(s, a_2)=-3$，那么最优动作是 a_2，但是 Boltzmann 策略选择动作 a_2 的概率极低(如果 $\tau=1$ 则概率小于 0.5%)。这使得智能体很难去尝试使用动作 a_2，并发现它更好。智能体很可能会一直选择状态 s 中的 a_1。相比之下，ε-贪婪策略选择动作 a_2 的概率为 $p=\varepsilon/2$，无论 Q 值的预估值为何。这使得 Q 值的预估值更有可能随着时间的推移而被修正。

Boltzmann 策略解决这一问题的一种方法是在训练开始时使用一个较大的 τ 值，这样动作概率分布更均匀。随着训练的进展，智能体会学习到更多，可以使 τ 值衰减，允许智能体利用已经学到的知识。不过，必须注意不应使 τ 太早衰减，否则策略可能会陷入局部最小值。

4.3 经验回放

在本节中，我们将讨论 DQN 如何通过使用经验回放内存来改善 SARSA 的采样效率[82]。让我们首先来看一下使得同策略算法的采样效率低下的两个问题。

首先，我们看到同策略算法只能使用当前策略收集的数据来更新策略参数。每个经验只使用一次。这在与使用梯度下降法学习的函数逼近方法(如神经网络)相结合时是有问题的。每个参数的更新必须很小，因为梯度只传递当前参数值周围小区域内关于下降方向的有意义的信息。然而，某些经验的最佳参数更新可能会很大——例如，当网络预测的 Q 值($\hat{Q}^\pi(s, a_1)$和 $Q^\pi(s, a_1)$)之间有很大的差异时。在这种情况下，可能需要使用经验对网络的参数进行多次更新，才可以利用传达的所有信息。同策略算法无法做到这一点。

其次，用于训练同策略算法的经验之间是高度关联的。这是因为用于计算单个参数更新的数据通常来自单个场景，而未来的状态和奖励取决于以前的状态和动作⊖。这可能导致参数更新时存在较高方差。

像 DQN 这样的异策略算法在使用经验后不必丢弃那些已经使用过的经验。Long-Ji Lin[82] 在 1992 年首次观察到了这一点，并提出了一种对 Q 学习的增强，称为**经验回放**。他观察到，TD 学习可能是缓慢的，这源于收集 RL 中固有数据的试错机制，以及需要随着时间的推移反向传播信息。加快 TD 学习的速度意味着要么加快信用分配的过程，要么缩短试错的过程[82]。经验回放通过促进经验的重用来专注于后一种方法。

经验回放内存存储智能体最近收集到的 k 个经验。如果内存是满的，那么最旧的经验就会被丢弃，为最新的经验腾出空间。智能体每次进行训练时，都会从经验回放内存中随机、均匀地抽取一批次或多批次的数据。每个批次的数据又将依次用于更新 Q 函数网络的参数。k 通常非常大，在 10 000 到 1 000 000 之间，而每一批次中的元素数量要小得多，通常在 32 到 2048 之间。

内存的大小应该足够大，以容纳很多事件的经验。每一批次的数据通常包含来自不同事件和不同策略的经验，这些经验与用于训练智能体的经验并不相互关联。反过来，这又减少了参数更新的方差，有助于稳定训练。然而，内存也应该足够小，这会使每条经验在被丢弃前都有可能被多次采样，这会使得学习更有效率。

丢弃最旧的经验也很重要。随着智能体的学习，智能体所经历的(s, a)对的分布会发生变化。较旧的经验变得不那么有用，因为智能体不太可能访问较旧的状态。在有限的时间和计算资源下，对于智能体来说，更好的做法是从最近收集的经验中学习，因为这些经验往往更相关。在内存中最多只存储 k 个最近的经验使这一思想得以实现。

4.4　DQN 算法

在介绍了 DQN 的所有组件之后，我们现在来描述算法本身。使用 Boltzmann 策略的 DQN 伪代码在算法 4-1 中给出。Q 函数的预估$\hat{Q}^{\pi}(s, a)$被一个带有参数 θ 的网络参数化了，该网络用 Q^{π_θ} 来表示，所以我们有$\hat{Q}^{\pi}(s, a)=Q^{\pi_\theta}(s, a)$。

算法 4-1　DQN

```
初始化学习率 α
初始化 τ
初始化每个训练步骤的训练批次数 B
初始化每个训练批次的更新数 U
初始化每个批次的大小 N
通过最大批大小 K 对经验回放内存进行初始化
随机初始化网络参数 θ
for m=1, …, MAX_STEPS do
    利用当前策略收集并存储 h 条经验(s_i, a_i, r_i, s'_i)
```

⊖ 收集多个事件的数据是可能的。然而，这会延迟学习，而且每个事件中的经验仍然高度相关。

10: **for** $b=1, \cdots, B$ **do**
11: 从经验回放内存中抽取批次 b 的经验
12: **for** $u=1, \cdots, U$ **do**
13: **for** $i=1, \cdots, N$ **do**
14: # 计算每个样本的目标 Q 值
15: $y_i=r_i+\delta_{s_i'}\gamma \max_{a_i'} Q^{\pi_\theta}(s_i', a_i')$，其中当 s_i' 终止时 $\delta_{s_i'}=0$，否则为 1
16: **end for**
17: # 计算损失，例如利用 MSE
18: $L(\theta)=\frac{1}{N}\sum_i (y_i-Q^{\pi_\theta}(s_i, a_i))^2$
19: # 更新网络参数
20: $\theta=\theta-\alpha \nabla_\theta J(\theta)$
21: **end for**
22: **end for**
23: 衰减 τ
24: **end for**

开始时我们通过用带有 Q 值(使用当前 Q^{π_θ} 值生成的)的 Boltzmann 策略收集和存储一些数据(第 9 行)。请注意，我们也可以使用 ε-贪婪策略。为了训练智能体，从经验回放内存中取样 B 批次的经验(第 10～11 行)。对于每批数据，使用以下方法完成 U 参数的更新。首先，计算批次中每个元素的目标 Q 值(第 15 行)。请注意，这种计算包括在下一状态 s' 下选择 Q 值最大化的动作。这就是 DQN 只适用于具有离散动作空间的环境的原因之一。当动作空间离散的时候，这种计算很直接——只需要计算所有动作的 Q 值并选择最大值。然而，当动作空间连续的时候，有无限多个可能的动作——我们无法计算每个动作的 Q 值。另一个原因和我们看到的 SARSA 的问题是一样的：Q 值最大化的动作对于 ε-贪婪策略是必需的。

然后，我们计算损失(第 18 行)。最后，计算损失的梯度并更新网络参数 θ(第 20 行)。在一个完整的训练步骤完成后(第 10～22 行)，更新 τ(第 23 行)。

算法 4-1 展示了 DQN 作为异策略算法的两个实际结果。第一，在每次训练迭代中，我们可以使用多个批次的经验来更新 Q 函数评估。第二，智能体不限于每批次更新一个参数。如果需要，可以训练 Q 函数逼近器来为每个批次做收敛处理。与 SARSA 相比，这些步骤增加了每次训练迭代的计算负担，但是它们可以显著提高学习速度。在从智能体当前收集的经验中进行更多学习和使用改进的 Q 函数收集更好的经验来进行学习之间存在权衡问题。每个批次的参数更新数量 U 和每个训练步骤的批次数量 B 反映了这种权衡。这些参数的值是否优良取决于问题本身和可用的计算资源；然而，1 到 5 个批次和按批次进行参数更新较常见。

4.5 实现 DQN

DQN 可以理解为对 SARSA 算法的修改。在本节中，我们将看到如何在 SLM Lab 中将 DQN 实现为 SARSA 类的扩展。

VanillaDQN 扩展了 SARSA 并重用了它的大部分方法。由于 DQN 中的 Q 函数估计值不同，我们需要覆盖 calc_q_loss。还需要修改 train，以反映批次数量的额外选择和每个批次的参数更新。最后，我们需要实现经验回放。这是通过一个新的 Memory 类和 Replay 来实现的。

4.5.1 计算 Q 损失

DQN 的 calc_q_loss 方法如代码 4-1 所示。它的形式与 SARSA 的非常相似。

首先，要计算批次中每个状态 s 的所有动作的 $\hat{Q}^{\pi}(s, a)$（第 9 行）。我们在下一状态 s' 中重复相同的步骤，但是没有跟踪梯度（第 10～11 行）。

然后，我们为智能体采取的动作 a 选取 Q 值（第 12 行），这一动作 a 是智能体在当前状态 s 中为批次中的每个经验采用的。第 13 行为以后的每一个状态选择最大的 Q 预估值，并以此来计算 $Q^{\pi}_{\mathrm{tar:DQN}}(s, a)$（第 14 行）。最后，我们使用 $\hat{Q}^{\pi}(s, a)$ 和 $Q^{\pi}_{\mathrm{tar:DQN}}(s, a)$（分别为 act_q_preds 和 max_q_targets）来计算损失。

代码 4-1 DQN 实现：计算 Q 目标值和相应的损失

```
1   # slm_lab/agent/algorithms/dqn.py
2
3   class VanillaDQN(SARSA):
4       ...
5
6       def calc_q_loss(self, batch):
7           states = batch['states']
8           next_states = batch['next_states']
9           q_preds = self.net(states)
10          with torch.no_grad():
11              next_q_preds = self.net(next_states)
12          act_q_preds = q_preds.gather(-1,
            ↪   batch['actions'].long().unsqueeze(-1)).squeeze(-1)
13          max_next_q_preds, _ = next_q_preds.max(dim=-1, keepdim=False)
14          max_q_targets = batch['rewards'] + self.gamma * (1 - batch['dones']) *
            ↪   max_next_q_preds
15          q_loss = self.net.loss_fn(act_q_preds, max_q_targets)
16          ...
17          return q_loss
```

4.5.2 DQN 训练循环

代码 4-2 中的循环训练过程如下：

1. 在每个时间步，都会调用 train，并且智能体会检查它是否准备好进行训练（第 10 行）。self.to_train 的标记是由内存类设置的。

2. 如果准备好训练，智能体会通过调用 self.sample()（第 13 行）从内存中采样 self.training_iter 批次（第 12 行）。

3. 每一批次都被用来对 self.training_batch_iter 进行参数更新（第 15～18 行）。每个

参数的更新过程如下。

4. 计算 batch 的 Q 损失(第 16 行)。

5. 使用 Q 损失对值网络参数进行一次更新(第 17 行)。损失被定义后，PyTorch 可以使用自动微分功能方便地处理参数更新。

6. 计算累积损失(第 18 行)。

7. 完成所有参数的更新之后，计算日志记录的平均损失(第 19 行)。

8. 重置 self.to_train 为 0，以确保在再次准备就绪之前不会对智能体进行训练(第 20 行)。

代码 4-2 DQN 实现：训练方法

```
1  # slm_lab/agent/algorithms/dqn.py
2
3  class VanillaDQN(SARSA):
4      ...
5
6      @lab_api
7      def train(self):
8          ...
9          clock = self.body.env.clock
10         if self.to_train == 1:
11             total_loss = torch.tensor(0.0)
12             for _ in range(self.training_iter):
13                 batch = self.sample()
14                 ...
15                 for _ in range(self.training_batch_iter):
16                     loss = self.calc_q_loss(batch)
17                     self.net.train_step(loss, self.optim, self.lr_scheduler,
                       ↪  clock=clock, global_net=self.global_net)
18                     total_loss += loss
19             loss = total_loss / (self.training_iter *
               ↪  self.training_batch_iter)
20             self.to_train = 0
21             return loss.item()
22         else:
23             return np.nan
```

4.5.3 内存回放

本小节讨论实现经验回放的 Replay 内存类。在第一遍阅读本书时可以跳过本小节，这并不会影响你对 DQN 的理解。理解 4.3 节中讨论的经验回放背后的主要思想就足够了。

Replay 内存类符合 SLM Lab 中的 Memory API，它有三个核心方法：内存重置，添加经验和对某一批次进行采样。

回放内存的初始化和重置

代码 4-3 中的__init__会初始化类变量，包括第 20 行中的存储键。在 Replay 内存中，我们需要一直跟踪内存的当前大小(self.size)和最近一次经验的位置(self.head)。然后调用

reset 来构造空的数据结构。

reset 被用于创建数据结构。在 Replay 内存中，所有的经验数据都存储在列表中。与 2.6.6 节中的 OnPolicyReplay 不同，这只在内存初始化时调用一次。这些内存被保留在不同的训练步骤中，这样就可以重复使用经验。

代码 4-3　Replay：init 和reset

```
# slm_lab/agent/memory/replay.py

class Replay(Memory):
    ...

    def __init__(self, memory_spec, body):
        super().__init__(memory_spec, body)
        util.set_attr(self, self.memory_spec, [
            'batch_size',
            'max_size',
            'use_cer',
        ])
        self.is_episodic = False
        self.batch_idxs = None
        self.size = 0  # total experiences stored
        self.seen_size = 0 # total experiences seen cumulatively
        self.head = -1  # index of most recent experience
        self.ns_idx_offset = self.body.env.num_envs if body.env.is_venv else 1
        self.ns_buffer = deque(maxlen=self.ns_idx_offset)
        self.data_keys = ['states', 'actions', 'rewards', 'next_states',
        ↪ 'dones']
        self.reset()

    def reset(self):
        for k in self.data_keys:
            if k != 'next_states': # reuse self.states
                setattr(self, k, [None] * self.max_size)
        self.size = 0
        self.head = -1
        self.ns_buffer.clear()
```

回放内存更新

Replay 内存中的 add_experience(见代码 4-4)与同策略内存类的行为不同。

要增加经验，就要增加 self.head(即最近的经验的索引)，如果索引超出界限(第 13 行)，则此值就要回到 0。如果内存不是满的，它将指向内存中的一个空白槽。如果内存是满的，它将指向最旧的经验，该经验将被取代。这样，Replay 就存储了 self.max_size 最近的经验。接下来，将 self.head 索引的存储列表中的元素的值赋值给当前经验的元素，这样经验就被添加到内存中了(第 14～18 行)。第 20～22 行跟踪内存的实际大小和智能体收集的经验总数，第 23～24 行设置训练标记 algorithm.to_train。

代码 4-4 Replay：添加经验

```
# slm_lab/agent/memory/replay.py

class Replay(Memory):
    ...

    @lab_api
    def update(self, state, action, reward, next_state, done):
        ...
        self.add_experience(state, action, reward, next_state, done)

    def add_experience(self, state, action, reward, next_state, done):
        # Move head pointer. Wrap around if necessary
        self.head = (self.head + 1) % self.max_size
        self.states[self.head] = state.astype(np.float16)
        self.actions[self.head] = action
        self.rewards[self.head] = reward
        self.ns_buffer.append(next_state.astype(np.float16))
        self.dones[self.head] = done
        # Actually occupied size of memory
        if self.size < self.max_size:
            self.size += 1
        self.seen_size += 1
        algorithm = self.body.agent.algorithm
        algorithm.to_train = algorithm.to_train or (self.seen_size >
        ↪  algorithm.training_start_step and self.head %
        ↪  algorithm.training_frequency == 0)
```

回放内存采样

对一个批次采样包括对一组有效的索引进行采样，并使用这些索引从每个内存存储列表中提取相关的样例来构建一个批次(参见代码 4-5)。首先，通过调用 sample_idxs 函数(第 8 行)来选择 batch_size 索引。索引是随机均匀采样的，替代物来自一个索引列表{0，…，self. size}(第 18 行)。如果 self. size = = self. max_size，则内存已满，这与整个内存存储的采样索引相对应。然后使用这些索引来构建该批次(第 9～14 行)。

关于采样的另一个细节值得一提。为了节省内存(RAM)中的空间，不会显式地存储后续的几个状态。它们已经存在于状态缓冲区中，最新的下一个状态除外。因此，构建后续状态的批次稍微复杂一些，这是由第 12 行中调用的 sample_next_states 函数来处理的。感兴趣的读者可以在 slm_lab/agent/memory/replay. py 查看 SLM Lab 中的实现情况。

代码 4-5 Replay：采样

```
1  # slm_lab/agent/memory/replay.py
2
3  class Replay(Memory):
4      ...
5
```

```
    @lab_api
    def sample(self):
        self.batch_idxs = self.sample_idxs(self.batch_size)
        batch = {}
        for k in self.data_keys:
            if k == 'next_states':
                batch[k] = sample_next_states(self.head, self.max_size,
                ↪  self.ns_idx_offset, self.batch_idxs, self.states,
                ↪  self.ns_buffer)
            else:
                batch[k] = util.batch_get(getattr(self, k), self.batch_idxs)
        return batch

    def sample_idxs(self, batch_size):
        batch_idxs = np.random.randint(self.size, size=batch_size)
        ...
        return batch_idxs
```

4.6　训练 DQN 智能体

代码 4-6 是一个规范文件的示例。该文件可以在 SLM Lab 的 slm_lab/spec/benchmark/dqn/dqn_cartpole.json 中找到。

代码 4-6　一个 DQN 规范文件

```
# slm_lab/spec/benchmark/dqn/dqn_cartpole.json

{
  "vanilla_dqn_boltzmann_cartpole": {
    "agent": [{
      "name": "VanillaDQN",
      "algorithm": {
        "name": "VanillaDQN",
        "action_pdtype": "Categorical",
        "action_policy": "boltzmann",
        "explore_var_spec": {
          "name": "linear_decay",
          "start_val": 5.0,
          "end_val": 0.5,
          "start_step": 0,
          "end_step": 4000,
        },
        "gamma": 0.99,
        "training_batch_iter": 8,
        "training_iter": 4,
        "training_frequency": 4,
        "training_start_step": 32
      },
      "memory": {
        "name": "Replay",
        "batch_size": 32,
```

```
27            "max_size": 10000,
28            "use_cer": false
29          },
30          "net": {
31            "type": "MLPNet",
32            "hid_layers": [64],
33            "hid_layers_activation": "selu",
34            "clip_grad_val": 0.5,
35            "loss_spec": {
36              "name": "MSELoss"
37            },
38            "optim_spec": {
39              "name": "Adam"
40              "lr": 0.01
41            },
42            "lr_scheduler_spec": {
43              "name": "LinearToZero",
44              "frame": 10000
45            },
46            "gpu": false
47          }
48        }],
49        "env": [{
50          "name": "CartPole-v0",
51          "max_t": null,
52          "max_frame": 10000
53        }],
54        "body": {
55          "product": "outer",
56          "num": 1
57        },
58        "meta": {
59          "distributed": false,
60          "eval_frequency": 500,
61          "max_session": 4,
62          "max_trial": 1
63        },
64        ...
65      }
66    }
```

与 SARSA 一样，这里也有几个组成部分。所有行号都来自代码 4-6。

- **算法**：本算法为“VanillaDQN”(第 8 行)，与第 5 章的带有目标网络的“DQN”区分开来。动作策略为 Boltzmann 策略(第 9～10 行)，带有温度参数 τ 的线性衰减(第 11～17 行)，τ 称为探索变量 explore_var(第 11 行)。γ 在第 18 行设置。
- **网络架构**：带有一个含有 64 个单元的隐藏层(第 32 行)和 SeLU 激活函数(第 33 行)的多层感知机。
- **优化器**：优化器是 Adam[68]，学习率为 0.01(第 38～41 行)。在训练过程中，学习率被规定为线性衰减到 0(第 42～45 行)。

- **训练频率**：智能体在环境中执行了 32 步之后(第 22 行)训练开始，之后每执行 4 步就进行一次训练(第 21 行)。在每个训练步骤中，从 Replay 内存中采样 4 个批次(第 20 行)，用于进行 8 个参数的更新(第 19 行)。每个批次有 32 个元素(第 26 行)。
- **内存**：最多 10 000 个最近的经验存储在 Replay 内存中(第 27 行)。
- **环境**：环境是 OpenAI Gym 的 CartPole[18](第 50 行)。
- **训练时间**：训练包含 10 000 个时间步(第 52 行)。
- **检查点**：每 500 个时间步对智能体进行一次评估(第 60 行)。

在使用 Boltzmann 策略进行训练时，将 action_pdtype 设置为 Categorical 非常重要，这样智能体就可以从 Boltzmann 动作策略生成的类别概率分布中对动作进行采样。这不同于带有 argmax 分布的 ε-贪婪策略。也就是说，智能体将选择概率为 1.0 的最大 Q 值的动作。

同时要注意到 Boltzmann 策略中 τ 的最大值(第 14 行)不限制为 1，这与 ε-贪婪策略相同。在这种情况下探索变量 τ 代表的不是概率而是温度，所以它可以取任何正值。但是，它永远不应该为 0，因为这将导致出现除以 0 的数值错误。

要使用 SLM Lab 训练这个 DQN 智能体，请在终端中运行代码 4-7 中的命令。

代码 4-7　训练一个 DQN 智能体来操作 CartPole

```
conda activate lab
python run_lab.py slm_lab/spec/benchmark/dqn/dqn_cartpole.json
    ↪ vanilla_dqn_boltzmann_cartpole train
```

上述命令使用规范文件运行一个包含 4 个 Session 的训练 Trial，以获得平均结果并绘制试验图，如图 4-2 所示。

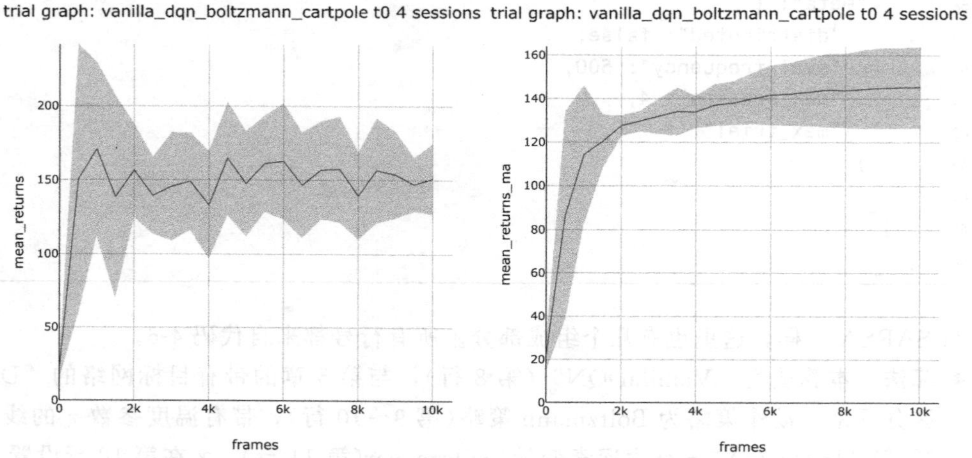

a）试验图　　　　b）带移动平均值的试验图

图 4-2　通过 SLM Lab 对 4 个 Session 取平均所得到的 DQN 试验图。纵轴表示检查点上 8 个事件的平均总奖励(用于评估的 mean_return 是无折扣计算的)，横轴表示总训练帧数。右图是对一个带有 100 个评估检查点的窗口绘制的移动平均值

4.7 实验结果

本节将讨论改变神经网络架构将如何影响 DQN 在操作 CartPole 时的性能。我们将使用 SLM Lab 的实验特性对网络架构参数进行网格搜索。

4.7.1 实验：评估网络架构的影响

神经网络架构会影响其函数逼近的能力。在这个实验中，我们将对一些隐藏层配置进行简单的网格搜索，然后绘制图表并比较它们的性能。从代码 4-6 扩展而来的实验规范文件如代码 4-8 所示。第 8～15 行指定 Q 网络隐藏层 net. hid_layers 的架构之上的网格搜索。完整的规范文件可以在 SLM Lab 的 slm_lab/spec/benchmark/dqn/dqn_cartpole.json 中找到。

代码 4-8 DQN 规范文件，带有不同网络架构的搜索规范

```
1  # slm_lab/spec/benchmark/dqn/dqn_cartpole.json
2
3  {
4    "vanilla_dqn_boltzmann_cartpole": {
5      ...
6      "search": {
7        "agent": [{
8          "net": {
9            "hid_layers__grid_search": [
10             [32],
11             [64],
12             [32, 16],
13             [64, 32]
14           ]
15         }
16       }]
17     }
18   }
19 }
```

代码 4-9 显示了运行这个实验的命令。注意，我们使用的规范文件与训练时使用的相同，但是现在我们用 search 模式代替了 train 模式。

代码 4-9 运行一个实验来搜索规范文件中定义的不同网络架构

```
conda activate lab
python run_lab.py slm_lab/spec/benchmark/dqn/dqn_cartpole.json
↪ vanilla_dqn_boltzmann_cartpole search
```

这将运行一个实验(Experiment)，通过在 Boltzmann 策略的原始 DQN 规范中替换不同的 net. hid_layers 值生成 4 个试验(Trial)。每个试验运行 4 次重复的会话(Session)以获得一个平均值。图 4-3 为本实验绘制的多重试验曲线图。

图 4-3 显示，由于增强了学习能力，具有两个隐藏层(试验 2 和试验 3)的网络比只有单层(试验 0 和试验 1)的网络表现更好。当层数相同时，单元较少的网络(试验 0 和试验 2)如果有足够的学习能力，学习速度会稍微快一些，因为需要调整的参数较少。神经网络架构设计是第 12 章的主题。

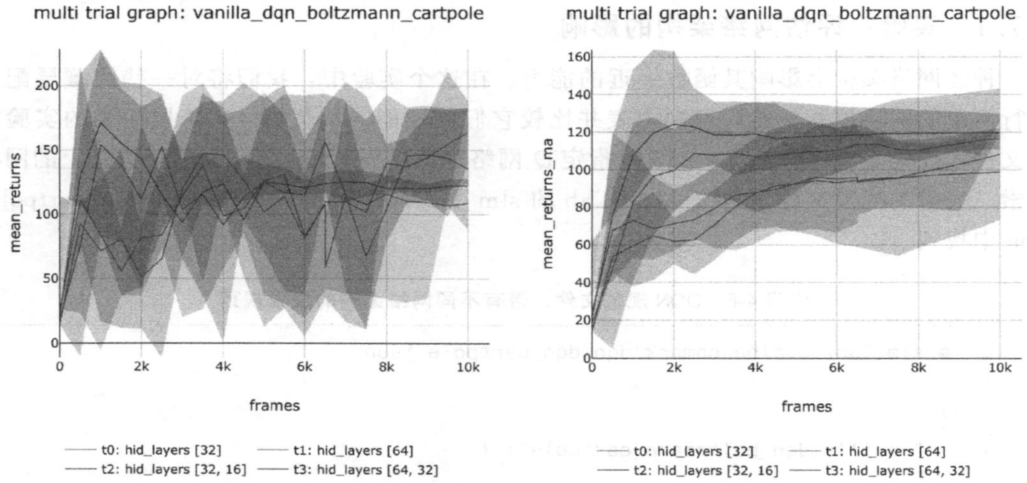

a）多重试验图　　b）带移动平均值的多重试验图

图 4-3　不同网络架构的影响。具有两个隐藏层的网络具有更强的学习能力，其性能略好于只有单个隐藏层的网络(见彩插)

从训练试验(trial)和实验(experiment)中可以看出，简单的 DQN 算法可能不稳定，性能也不太好，从学习曲线中的大误差包络范围和 CartPole 的总奖励不到 200 就可以看出这一点。在下一章中，我们将着眼于改进 DQN 的方法，并使其强大到足以解决 Atari 问题。

4.8　总结

本章介绍了 DQN 算法。我们发现 DQN 与 SARSA 非常相似，只有一个关键的区别。DQN 使用下一状态的最大 Q 值来计算 Q 目标值。因此，DQN 学习的是最优的 Q 函数，而不是与当前策略对应的 Q 函数。这使得 DQN 成为一种异策略算法，其中学习的 Q 函数独立于经验收集策略。

因此，DQN 智能体可以重用以前收集的经验，这些经验存储在经验回放内存中。在每次训练迭代中，随机抽取一个或多个批次来学习 Q 函数。此外，这也有助于将训练中使用的每个经验分离开来。与 SARSA 相比，数据重用和去关联的结合显著提高了 DQN 的采样效率。

我们认为 DQN 的经验收集策略应该具有两个特点：一是应便于对状态空间的探索，二是应随着时间的推移趋近于最优策略。ε-贪婪策略就是这样一种策略，本章还介绍了另一种可以选择的策略，称为 Boltzmann 策略。这一策略的两个主要优势是：它在探索状态-动作空间时的随机性要低于 ε-贪婪策略；它会从 Q 值变化平缓的概率分布中进行动作采样。

4.9 扩展阅读

- *Playing Atari with Deep Reinforcement Learning*, Mnih et al., 2013 [88].
- "Self-Improving Reactive Agents Based on Reinforcement Learning, Planning and Teaching," Lin, 1992 [82].
- Chapters 6 and 7, *Reinforcement Learning: An Introduction, Second Edition*, Sutton and Barto, 2018 [132].
- "Sep 13: Value functions introduction, Lecture 6," *CS 294: Deep Reinforcement Learning, Fall 2017*, Levine [76].
- "Sep 18: Advanced Q-learning algorithms, Lecture 7," *CS 294: Deep Reinforcement Learning, Fall 2017*, Levine [77].

4.10 历史回顾

DQN 的 Q 学习组件是由 Christopher Watkins 于 1989 年在其博士论文“Learning from Delayed Rewards”[145] 中发明的。经验回放紧随其后，由 Long-Ji Lin 于 1992 年发明[82]。这对提高 Q 学习的效率起到了主要作用。然而，在随后的几年里，并没有出现深度 Q 学习的重大成功案例。考虑到 20 世纪 90 年代和 21 世纪初有限的计算能力、深度学习架构对大量数据的迫切需要以及 RL 中出现的稀疏、嘈杂和被延迟反馈的信号，这也许并不奇怪。这种情况直到通用 GPU 编程的出现才取得了一定进展，例如 2006 年 CUDA 的启动[96]，以及自 21 世纪头十年的中期开始并在 2012 年之后迅速加速的机器学习社区对深度学习的兴趣重新点燃。

2013 年，DeepMind 的论文“Playing Atari with Deep Reinforcement Learning”[88] 取得了重大突破。作者创造了术语 DQN 或“深度 Q 网络”(Deep Q-Networks)，并演示了使用 RL 直接从高维图像数据中学习控制策略的第一个示例。随后又很快得到改进；双重 DQN[141] 和优先级经验回放(Prioritized Experience Replay，PER)[121] 都是在 2015 年开发的。然而，最根本的突破是本章提出的结合简单卷积神经网络、状态处理和 GPU 训练的算法。关于“Playing Atari with Deep Reinforcement Learning”论文[88] 的详细讨论，请见第 5 章。

改进的深度 Q 网络

在本章中，我们将研究对深度 Q 网络(DQN)算法的三种改进方式——目标网络、双重深度 Q 网络(Double DQN)[141]和优先级经验回放[121]。每种改进都针对一个单独的 DQN 问题，因此可以将它们组合起来以产生显著的性能改进。

在 5.1 节中我们讨论目标网络，即$\hat{Q}^{\pi}(s, a)$的滞后副本。在这里目标网络被用于在计算 Q^{π}_{tar} 时生成下一个状态 s' 的最大 Q 值，与此不同的是，第 4 章中的 DQN 算法在计算 Q^{π}_{tar} 时使用的是$\hat{Q}^{\pi}(s, a)$。这里的目标网络有助于通过降低 Q^{π}_{tar} 的变化速度来稳定训练过程。

接下来，我们将在 5.2 节中讨论双重 DQN 算法。双重 DQN 使用两个 Q 网络来计算 Q^{π}_{tar}。第一个网络选择与其最大 Q 值的估计值相对应的动作。第二个网络为第一个网络选择的动作生成 Q 值。第二个网络产生的值会用在 Q^{π}_{tar} 的计算中。这一修改是为了处理 DQN 系统性高估真实 Q 值的问题，这个问题可能会导致较慢的训练和较弱的策略。

通过改变从经验回放中批次采样的方式，可以进一步改进 DQN。与随机均匀抽样不同的是，经验可以根据它们当前对智能体提供的信息量来进行优先级排序。我们将其称为优先级经验回放，即智能体可以从中学到更多的某些经验比智能体可以从中学到很少的那些经验被更频繁地采样。这将在 5.3 节中讨论。

在介绍了每种改进背后的主要思想之后，我们将在 4.5 节中介绍包含这些更改的一个实现情况。

本章的结尾将第 4 章和第 5 章中讨论的所有不同元素放在一起，并训练一个 DQN 智能体去玩 Atari 的游戏 Pong 和 Breakout。其实现、网络架构和超参数均基于以下三篇论文中描述的算法："Human-Level Control through Deep Reinforcement Learning"[89] "Deep Reinforcement Learning with Double Q-Learning"[141] 和 "Prioritized Experience Replay"[121]。

5.1 目标网络

DQN 算法的第一个调整内容是使用目标网络来计算 Q^{π}_{tar}。Mnih 等人在 "Human-Level Control through Deep Reinforcement Learning"[89] 中介绍了该方法，该方法有助于稳定训练。做出这一改变的动机是，在原始的 DQN 算法中 Q^{π}_{tar} 是不断变化的，因为它取决于$\hat{Q}^{\pi}(s, a)$。在训练中，调整 Q 网络的参数 θ 是为了使$\hat{Q}^{\pi}(s, a)=Q^{\pi_{\theta}}(s, a)$和 Q^{π}_{tar} 之间的区别最小化，但当 Q^{π}_{tar} 在训练的每一步都变化时这将会很困难。

为了减少 Q^{π}_{tar} 在训练步骤之间的变化，我们使用一个目标网络。目标网络是带有参数 φ 的第二个网络，也是 Q 网络 $Q^{\pi_{\theta}}(s, a)$的滞后副本。目标网络 $Q^{\pi_{\varphi}}(s, a)$是用来计算 Q^{π}_{tar} 的，如式 5.2 中修改的 Bellman 更新所示。原始的 DQN 更新见式 5.1，以便于比较。

$$Q_{\text{tar}}^{\pi_\theta}(s, a)=r+\gamma\max_{a'}Q^{\pi_\theta}(s, a') \tag{5.1}$$

$$Q_{\text{tar}}^{\pi_\varphi}(s, a)=r+\gamma\max_{a'}Q^{\pi_\varphi}(s', a') \tag{5.2}$$

φ 会周期性地更新为 θ 的当前值。这就是所谓的替换更新。φ 的更新频率是由具体问题决定的。例如，在 Atari 游戏中，φ 每 1000～10 000 个环境步骤更新一次。对于较简单的问题，可能没有必要等这么久：每 100～1000 步更新一次 φ 就足够了。

为什么这有助于稳定训练呢？每次计算 $Q_{\text{tar}}^{\pi_\theta}(s, a)$时，由参数 θ 表示的 Q 函数都略有不同，所以对于相同的(s, a)，$Q_{\text{tar}}^{\pi_\theta}(s, a)$可能不同。有可能在两个训练步骤之间，$Q_{\text{tar}}^{\pi_\theta}(s, a)$与之前的预估值完全不同。这种“移动目标”会破坏训练的稳定性，因为它使网络应该尝试逼近的值变得很不清晰。引入目标网络实际上是为了阻止目标的移动。在更新 φ 为 θ 时，φ 是固定的，所以由 φ 表示的 Q 函数不会改变。这将问题转换为标准的监督回归[77]。虽然这并没有从根本上改变潜在的优化问题，但目标网络有助于稳定训练，使策略分化或摇摆的可能性更小[77,89,141]。

带有目标网络的 DQN 算法在算法 5-1 中给出。与原始的 DQN 算法(算法 4-1)相比，有以下不同之处：

- 目标更新频率 F 是一个额外的超参数，需要进行选择(第 7 行)。
- 在第 8 行中，我们初始化了一个附加网络作为目标网络，并设置它的参数 φ 为 θ。
- 在第 17 行中，y_i 是使用目标网络 $Q_{\text{tar}}^{\pi_\varphi}$ 计算的。
- 目标网络被周期性地更新(第 26～29 行)。

注意，用来计算 $Q^{\pi_\theta}(s, a)$(第 20 行)的是网络参数 θ，此参数在训练期间被更新(第 22 行)。这与原始的 DQN 算法相同。

算法 5-1　带目标网络的 DQN

1：初始化学习率 α
2：初始化 τ
3：初始化每个训练步骤的训练批次数 B
4：初始化每个训练批次的更新数 U
5：初始化每个批次的大小 N
6：通过最大批大小 K 对经验回放内存进行初始化
7：初始化目标网络更新频率 F
8：随机初始化网络参数 θ
9：初始化目标网络参数 $\varphi=\theta$
10：**for** $m=1, \cdots, MAX\_STEPS$ **do**
11：　利用当前策略收集并存储 h 条经验(s_i, a_i, r_i, s_i')
12：　**for** $b=1, \cdots, B$ **do**
13：　　从经验回放内存中抽取批次 b 的经验
14：　　**for** $u=1, \cdots, U$ **do**
15：　　　**for** $i=1, \cdots, N$ **do**
16：　　　　# 计算每个样本的目标 Q 值
17：　　　　$y_i=r_i+\delta_{s_i'}\gamma\max_{a_i'}Q^{\pi_\varphi}(s_i', a_i')$，其中当 s_i'终止时 $\delta_{s_i'}=0$，否则为 1

```
        end for
        #计算损失，例如利用 MSE
        L(θ) = 1/N Σ_i (y_i − Q^{π_θ}(s_i, a_i))^2
        #更新网络参数
        θ = θ − α ∇_θ L(θ)
      end for
    end for
    衰减 τ
    if(m mod F) == 0 then
      #更新目标网络
      φ = θ
    end if
end for
```

周期性地使用网络参数 θ 的副本替换目标网络参数 φ 是一种常见的更新方式。另外，在每个时间步，可以设置 φ 为 φ 和 θ 的加权平均值，如式 5.4 所示。这就是所谓的 Polyak 更新，可以认为是一种“软更新”：在每一步，将参数 φ 和 θ 混合起来产生一个新的目标网络。与替换更新(式 5.3)相比，φ 在每个时间步都变化，但比训练网络 θ 更慢。超参数 β 通过指定旧目标网络 φ 在每次更新中保留多少，来控制 φ 的变化速度。β 越大，φ 的变化越慢。

$$\text{替换更新：}\quad \varphi \leftarrow \theta \tag{5.3}$$

$$\text{Polyak 更新：}\quad \varphi \leftarrow \beta\varphi + (1-\beta)\theta \tag{5.4}$$

每种方法都有其优点，但没有一种明显优于另一种。替换更新的主要优势是，φ 对于一定数量的步骤是固定的，这暂时消除了“移动的目标”。相比之下，当使用 Polyak 更新时，φ 在每次训练迭代中仍然变化，但比 θ 的变化更缓慢。然而，替换更新在 φ 和 θ 之间有一个动态滞后，其取决于 φ 上次更新之后时间步的数量；Polyak 更新没有这个奇怪的特性，因为 φ 和 θ 之间的混合保持不变。

目标网络的一个缺点是它们会减慢训练速度，因为 $Q^{\pi}_{\text{tar}}(s, a)$ 是由较旧的目标网络生成的。如果 φ 和 θ 太接近，训练可能会不稳定，但如果 φ 变化太慢，那么训练可能会变得过分缓慢。需要调整控制 φ 变化速度(更新频率或 β)的超参数来找到训练稳定性和训练速度间的平衡。在 5.6 节中，我们展示了改变更新频率对于一个被训练玩 Atari Pong 的 DQN 智能体的影响。

5.2 双重 DQN 算法

DQN 的第二个调整内容是使用双估计来计算 $Q^{\pi}_{\text{tar}}(s, a)$，该算法被称为双重 DQN (Double DQN)算法[140-141]，它解决了 Q 值高估的问题。让我们首先看看为什么原始的 DQN 算法会高估 Q 值，以及为什么这是一个问题，然后描述如何使用双重 DQN 来解决这个问题。

在 DQN 中，我们通过选择状态 s' 下的最大 Q 值的预估值来构造 $Q^{\pi}_{\text{tar}}(s, a)$，如

式 5.5 所示。

$$
\begin{aligned}
Q_{\mathrm{tar}}^{\pi_\theta}(s, a) &= r + \gamma \max_{a'} Q^{\pi_\theta}(s', a') \\
&= r + \max(Q^{\pi_\theta}(s', a_1'), Q^{\pi_\theta}(s', a_2'), \cdots, Q^{\pi_\theta}(s', a_n'))
\end{aligned}
\tag{5.5}
$$

Q 值是在状态 s 下采取动作 a 的预期未来回报，所以计算 $\max_{a'} Q^{\pi_\theta}(s', a')$ 包括从如下期望值中选择最大值：$(Q^{\pi_\theta}(s', a_1'), Q^{\pi_\theta}(s', a_2'), \cdots, Q^{\pi_\theta}(s', a_n'))$。

van Hasselt 等人的论文 "Deep Reinforcement Learning with Double Q-Learning"[141] 表明，如果 $Q^{\pi_\theta}(s', a')$ 包含任何错误，那么 $\max_{a'} Q^{\pi_\theta}(s', a')$ 将会正偏置，并导致 Q 值被高估。不幸的是，有很多原因使 $Q^{\pi_\theta}(s', a')$ 不完全正确。利用神经网络进行函数逼近并不完美，智能体可能不能完全探索环境，而且环境本身可能有噪声。因此我们应该期待 $Q^{\pi_\theta}(s', a')$ 包含一些错误，所以 Q 值会被高估。此外，在状态 s' 中可以选择的动作越多，高估的可能性就越大。我们在方框 5-1 中给出了一个具体的例子。

方框 5-1　最大期望值的预估

Q 值高估是如下更为普遍且众所周知的问题的一个具体实例：当预估值包含一些噪声时，一组估计值的期望最大值是正偏置的[128]。在 DQN 中，最大的期望值是 $\mathbb{E}[\max_a Q^{\pi}(s, a)]$ 和根据 Q^{π_θ} 生成的有噪声的估计值。

有一种方法可以从直觉上理解这个问题是如何出现的：考虑一个状态 s，其中 $Q^{\pi}(s, a)$ 对于所有可用的动作 a 都是 0，并假设 Q 值的预估值有噪声，但没有偏置。通过假设 Q 值由均值为 0、标准差为 1 的标准正态分布得到，就可以模拟这种情况。

$\max_{a'} Q^{\pi}(s', a')$ 会被高估到什么程度，可以通过以下方法看出：从标准正态分布中抽取 k 个值，然后选择最大值。在本例中，k 表示状态 s' 中动作 a' 的数量。我们多次重复这个过程，并计算所有最大值的平均值来估计每个 k 的期望最大值。

表 5-1 显示了 $k=1, \cdots, 10$ 时的期望最大值，每个 k 值有 10 000 个样本。$\max_{a'} Q^{\pi}(s', a')$ 的正确值为 0，当 $k=1$ 时，这个预估值在预期中是正确的。然而，随着 k 的增加，预估值变得更加正偏置。例如，当 $k=2$ 时，$\mathbb{E}[\max_a Q^{\pi}(s, a)]=0.56$，当 $k=10$ 时，$\mathbb{E}[\max_a Q^{\pi}(s, a)]=1.53$。

表 5-1　当 $Q^{\pi}(s, a)$ 的预估值无偏置但有噪声，且 $Q^{\pi}(s, a)$ 对于所有 a 都等于 0 时，$\max_a Q^{\pi}(s, a)$ 的期望值。这是 "The Optimizer's Curse"[128] 中 Smith 和 Winkler 的实验的重现

动作数量	$\mathbb{E}[\max_a Q^{\pi}(s, a)]$	动作数量	$\mathbb{E}[\max_a Q^{\pi}(s, a)]$
1	0.00	6	1.27
2	0.56	7	1.34
3	0.86	8	1.43
4	1.03	9	1.48
5	1.16	10	1.53

Q 值高估在多大程度上是一个问题还不是很明显。例如，如果所有的 Q 值都被一致高估，那么智能体仍然会在状态 s 中选择正确的动作 a，就不会出现性能下降。此外，面对不确定的情况时的高估也是有用的[61]。例如，在训练开始时，对未被访问或很少被访问的 (s, a) 对高估 $Q^{\pi}(s, a)$ 是有帮助的，因为这增加了这些状态被访问的可能性，允许智能体获得关于它们的好的或坏的经验。

然而，对于经常被访问的 (s, a) 对，DQN 高估了 $Q^{\pi}(s, a)$。如果智能体没有均匀地探索 (s, a)，这就成为一个问题。那么对 $Q^{\pi}(s, a)$ 的过高估计也将是不均匀的，这可能会错误地改变由 $Q^{\pi}(s, a)$ 度量的动作等级。在这种情况下，智能体所认为的 s 中最好的 a 实际上并不是最好的动作。当过高估计 $Q^{\pi}(s, a)$ 与自举学习(如在 DQN 中)相结合时，不正确的相对 Q 值将向后传播到更早的 (s, a) 对，并将错误添加到这些估计中。因此，减少对 Q 值的高估是有益的。

双重深度 Q 网络(Double DQN)算法通过使用不同的经验学习两个 Q 函数预估值来减少 Q 值的高估。使用第一次预估来选择 Q 值最大化的动作 a'，用于计算 $Q^{\pi}_{\text{tar}}(s, a)$ 的 Q 值是由动作 a 所做的第二次预估生成的，而动作 a 是由第一次预估选择的。使用经过不同经验训练得出的第二个 Q 函数消除了估计中的正偏差。

将 DQN 修改为双重 DQN 并不困难。将 $Q^{\pi}_{\text{tar}}(s, a)$ 写成式 5.6 所示的形式可以使所需的变化变得更加明显。

$$
\begin{aligned}
Q^{\pi}_{\text{tar:DQN}}(s, a) &= r + \gamma \max_{a'} Q^{\pi_{\theta}}(s', a') \\
&= r + \gamma Q^{\pi_{\theta}}(s', \max_{a'} Q^{\pi_{\theta}}(s', a'))
\end{aligned}
\tag{5.6}
$$

DQN 算法使用相同的网络 θ 选择动作 a' 并评估该动作的 Q 函数。双重 DQN 使用了两个不同的网络——θ 和 φ。θ 用来选择 a'，φ 用来计算 (s', a') 的 Q 值，如式 5.7 所示。

$$
Q^{\pi}_{\text{tar:DoubleDQN}}(s, a) r + \gamma Q^{\pi_{\varphi}}(s', \max_{a'} Q^{\pi_{\theta}}(s', a'))
\tag{5.7}
$$

在 5.1 节介绍目标网络之后，我们已经有了两个网络：训练网络 θ 和目标网络 φ。这两个网络是由重叠的经验所训练的，但是如果时间步的数量在设置 $\varphi=\theta$ 之间足够大，那么在实践中它们的不同之处就足够大，可以作为双重 DQN 的两个不同的网络来工作。

训练网络 θ 是用于选择动作的。在引入双重 DQN 的修改[141]后，确保我们仍然在学习最优策略是很重要的。目标网络 φ 是用来评估该动作的。注意，如果 φ 和 θ 之间没有滞后，也就是说，如果 $\varphi=\theta$，那么式 5.7 会还原为原始 DQN。

带有目标网络的双重 DQN 如算法 5-2 所示。在第 17 行中，y_t 是使用网络 θ 和 φ 计算的。这是与算法 5-1 相比唯一的区别。

算法 5-2　具有目标网络的双重 DQN

1：初始化学习率 α

2：初始化 τ

3：初始化每个训练步骤的训练批次数 B

4：初始化每个训练批次的更新数 U

5：初始化每个批次的大小 N

6：通过最大批大小 K 对经验回放内存进行初始化

7：初始化目标网络更新频率 F

随机初始化网络参数 θ
初始化目标网络参数 $\varphi=\theta$
for $m=1, \cdots, MAX\_STEPS$ **do**
　利用当前策略收集并存储 h 条经验 (s_i, a_i, r_i, s_i')
　for $b=1, \cdots, B$ **do**
　　从经验回放内存中抽取批次 b 的经验
　　for $u=1, \cdots, U$ **do**
　　　for $i=1, \cdots, N$ **do**
　　　　# 计算每个样本的目标 Q 值
　　　　$y_i=r_i+\delta_{s_i'}\gamma Q^{\pi_\varphi}(s_i', \max_{a_i'} Q^{\pi_\theta}(s_i', a_i'))$，其中当 s_i' 终止时 $\delta_{s_i'}=0$，否则为 1
　　　end for
　　　# 计算损失，例如利用 MSE
　　　$L(\theta)=\frac{1}{N}\sum_i (y_i-Q^{\pi_\theta}(s_i, a_i))^2$
　　　# 更新网络参数
　　　$\theta=\theta-\alpha\nabla_\theta L(\theta)$
　　end for
　end for
　衰减 τ
　if(m mod F)==0 **then**
　　# 更新目标网络
　　$\varphi=\theta$
　end if
end for

5.3 优先级经验回放

DQN 的最后一个修改是使用 Schaul 等人在 2015 年引入的优先级经验回放内存[121]。其主要思想是，回放内存中的一些经验比其他经验信息量更大。如果我们训练智能体时更频繁地使用信息量更大的经验，那么这个智能体可能会学得更快。

直觉上，当学习一个新任务时，我们可以想象一些经验比其他经验信息量更大。例如，考虑一个试图学习如何站立的人形智能体。在每个事件开始的时候，智能体总是被初始化为坐在地板上。一开始，大多数的动作都会导致智能体在地面上四肢乱晃，只有少数的经验会传达出有意义的信息，指导如何结合关节动作来保持平衡并站立起来。对于学习如何站立来说，这些经验比那些使智能体被困在地面上的经验更重要。它们帮助智能体学习如何做对的事情，而不是做许多错的事情。另一种方法是考虑某些导致 $Q^{\pi_\theta}(s, a)$ 与 $Q^{\pi}_{\text{tar}}(s, a)$ 偏离最大的经验。这些是最令智能体“惊讶”的经验，它们可能被认为是需要最多学习的经验。相对那些智能体可以准确预估 $Q^{\pi}_{\text{tar}}(s, a)$ 的经验，智能体使用上述经验来训练可能会学得更快。根据这些考虑，我们可以找到比从回放内存中均匀地对经验进行采样更好的方法——如果我们能使智能体优先学习某些经验的话。

优先级经验回放就是基于这一简单而直观的想法，但它也带来了两个实现中的挑战。

第一，如何自动地为每个经验分配优先级？第二，如何使用这些优先级有效地从回放内存中采样？

克服第一个挑战的一个自然的方法是根据 $Q^{\pi_\theta}(s, a)$和 $Q^{\pi}_{tar}(s, a)$之间的绝对差(也被称为 TD 误差)得到优先级。这两个值之间的差别越大，智能体的期望与在下一步实际出现的情况的差距就越大，智能体也更应该修正 $Q^{\pi_\theta}(s, a)$。此外，作为 DQN 或双重 DQN 算法的一部分，每个经验都可能出现 TD 误差，无须进行太多计算或实现。剩下的唯一问题是，在没有 TD 误差的起始情况下，如何给不同的经验分配优先级。通常，我们将得分设置为一个较大的常量，以鼓励对每个经验至少进行一次采样，以此来解决这一问题。

Schaul 等人对使用得分进行采样提出了两种不同的选择：基于排名或按比例安排优先级。这两种方法都基于贪婪优先排序(总是选择得分最高的 n 个经验)和均匀随机抽样之间的插值。这确保了更高得分的经验会更频繁地被采样，但是每个经验被采样的概率是非零的。这里我们只考虑比例优先级方法；关于基于排名的优先级法的详细信息，请参考论文 “Prioritized Experienced Replay”[121]。如果 ω_i 是经验 i 的 TD 误差，ε 是一个小的正数[⊖]，$\eta\in[0, \infty)$，则经验的优先级可由式 5.8 得到。

$$P(i)=\frac{(|\omega_i|+\varepsilon)^\eta}{\sum_j(|\omega_j|+\varepsilon)^\eta} \tag{5.8}$$

如果 $\omega_i=0$，ε 可以避免经验不会被抽样的情况。η 决定了如何安排优先级。$\eta=0$ 对应于均匀抽样，因为这时所有经验的优先级都为 1。η 值越大，优先级越高，如式 5.9 所示。

$$\begin{aligned}
\eta=0.0:(\omega_1=2.0, \omega_2=3.5)&\to(P(1)=0.50, P(2)=0.50)\\
\eta=0.5:(\omega_1=2.0, \omega_2=3.5)&\to(P(1)=0.43, P(2)=0.57)\\
\eta=1.0:(\omega_1=2.0, \omega_2=3.5)&\to(P(1)=0.36, P(2)=0.64)\\
\eta=1.5:(\omega_1=2.0, \omega_2=3.5)&\to(P(1)=0.30, P(2)=0.70)\\
\eta=2.0:(\omega_1=2.0, \omega_2=3.5)&\to(P(1)=0.25, P(2)=0.75)
\end{aligned} \tag{5.9}$$

5.3.1 重要性抽样

对某些样例进行优先级排序会改变整个数据分布的期望，从而给训练过程带来偏差。这可以通过将每个样例的 TD 误差乘以一组权重来纠正——这被称为*重要性抽样*。如果偏差很小，就不清楚重要性抽样的有效性，因为还存在其他因素，比如动作噪声或高度非平稳的数据分布，它们可能会主导小偏差的影响，特别是在学习的早期阶段。Schaul 等人[121]假设纠正偏差只可能对训练的结束阶段有影响，并表明纠正偏差的效果是混合的。在某些情况下，增加重要性抽样可以提高性能；而在另一些情况下，这几乎没有什么区别，甚至会导致性能恶化。为简单起见，本章讨论的实现中省略了重要性抽样；我们建议读者参考论文 “Prioritized Experience Replay”[121]和 Sergey Levine 的深度强化学习课程[74]中的第 4 讲(https://youtu.be/tWNpiNzWuO8)。

将带有目标网络算法的双重 DQN 扩展至包含 PER，这在概念上很直接，如算法 5-3

⊖ 这个 ε 与 ε-贪婪策略无关——这是一个不同的常数。

所示。需要修改四处：

1. 回放内存需要为每个经验存储一个额外的元素——该经验的优先级(第 14 行)。
2. 当从内存中批量采样时，按优先级的比例对经验进行采样(第 16 行)。
3. 需要计算和存储每个训练经验的 TD 误差(第 22 行)。
4. 最后，使用 TD 误差来更新内存中相应样例的优先级(第 29～30 行)。

算法 5-3　具有目标网络和优先级经验回放的双重 DQN

1：初始化学习率 α
2：初始化 τ
3：初始化每个阶段步骤的训练批次数 B
4：初始化每个训练批次的更新数 U
5：初始化每个批次的大小 N
6：通过最大批大小 K 对经验回放内存进行初始化
7：初始化目标网络更新频率 F
8：初始化最大优先级 P
9：初始化 ϵ
10：初始化目标网络参数 η
11：随机初始化网络参数 θ
12：初始化目标网络参数 $\varphi=\theta$
13：**for** $m=1, \cdots, MAX\_STEPS$ **do**
14：　收集并存储 h 条经验 $(s_i, a_i, r_i, s'_i, p_i)$，其中 $p_i=P$
15：　**for** $b=1, \cdots, B$ **do**
16：　　从经验回放内存中抽取优先的批次 b 的经验
17：　　**for** $u=1, \cdots, U$ **do**
18：　　　**for** $i=1, \cdots, N$ **do**
19：　　　　# 计算每个样本的目标 Q 值
20：　　　　$y_i=r_i+\delta_{s'_i}\gamma Q^{\pi_\varphi}(s'_i, \max\limits_{a'_i} Q^{\pi_\theta}(s'_i, a'_i))$，其中当 s'_i 终止时 $\delta_{s'_i}=0$，否则为 1
21：　　　　# 计算每个样本的绝对 TD 误差
22：　　　　$\omega_i=|y_i-Q^{\pi_\theta}(s_i, a_i)|$
23：　　　**end for**
24：　　　# 计算损失，例如利用 MSE
25：　　　$L(\theta)=\frac{1}{N}\sum_i (y_i-Q^{\pi_\theta}(s_i, a_i))^2$
26：　　　# 更新网络参数
27：　　　$\theta=\theta-\alpha\nabla_\theta L(\theta)$
28：　　　# 计算每个样本的优先级
29：　　　$p_i=\frac{(|\omega_i|+\varepsilon)^\eta}{\sum_j (|\omega_j|+\varepsilon)^\eta}$
30：　　　基于新的优先级更新经验回放内存
31：　　**end for**
32：　**end for**
33：　衰减 τ

```
    if(m mod F)==0 then
      #更新目标网络
        φ=θ
    end if
end for
```

5.4 实现改进的 DQN

在本节中，我们将介绍一种灵活结合目标网络和双重 DQN 算法的 DQN 实现。优先级经验回放是通过一个新的 Memory 类实现的，即 PrioritizedReplay，只需向 calc_q_loss 添加几行代码。

对 DQN 算法的改进是在继承自 VanillaDQN 的 DQNBase 类中实现的。大部分代码可以重用，但是需要修改 init_nets、calc_q_loss 和 update。

为了使不同的 DQN 变体和它们之间的关系尽可能清晰，每个变体都与一个单独的类相关联，即使不需要额外的代码。具有目标网络的 DQN 是在扩展了 DQNBase 的 DQN 类中实现的。双重 DQN 是在扩展了 DQN 的 Double DQN 中实现的。

5.4.1 网络初始化

简单地看一下 DQNBase(代码 5-1)中的 init_nets 方法是有意义的，因为它展示了如何处理两个网络。

在第 12～13 行，网络被初始化。self. net 是带有参数 θ 的训练网络而 self. target_net 是带有参数 φ 的目标网络。另外，还有两个类属性——self. online_net 和 self. eval_net(第 16～17 行)。根据正在运行的 DQN 的变体，self. online_net 和 self. eval_net 指向 self. net 或 self. target_net。它们也可能分别指向不同的网络，一个指向 self. net，另一个指向 self. target_net。该方法通过改变分配给 self. online_net 和 self. eval_net 的网络，使 DQN 和双重 DQN 与目标网络之间的切换变得容易。在 DQNBase 中，它们都指向目标网络。

代码 5-1　修改的 DQN 实现：初始化网络

```
1  # slm_lab/agent/algorithm/dqn.py
2
3  class DQNBase(VanillaDQN):
4      ...
5
6      @lab_api
7      def init_nets(self, global_nets=None):
8          ...
9          in_dim = self.body.state_dim
10         out_dim = net_util.get_out_dim(self.body)
11         NetClass = getattr(net, self.net_spec['type'])
12         self.net = NetClass(self.net_spec, in_dim, out_dim)
13         self.target_net = NetClass(self.net_spec, in_dim, out_dim)
```

```
        self.net_names = ['net', 'target_net']
        ...
        self.online_net = self.target_net
        self.eval_net = self.target_net
```

5.4.2　计算 Q 损失

代码 5-2 中展示了 calc_q_loss。与最初的 DQN 实现相比，有两个不同之处——预估值 $Q^{\pi}(s', a')$和批次优先级的更新。

我们首先为批次中每个状态下的所有动作 a 计算$\hat{Q}^{\pi}(s, a)$(第 9 行)，并选择每个状态 s 下 Q 值最大化的动作(第 15 行)。

然后计算批次中每一个后续状态 s'下所有动作 a'的$\hat{Q}^{\pi}(s', a')$。这是通过两次使用 self. online_net 和 self. eval_net(第 11～14 行)完成的。接下来，使用 self. online_net 为每个 s'选择 Q 值最大化的动作，并将它们存储在 online_actions 中(第 16 行)。然后，使用 self. eval_net 选择与这些动作对应的 Q 值(第 17 行)。max_next_q_preds 是$\hat{Q}^{\pi}(s', a')$的预估值。

$Q^{\pi}_{\text{tar}}(s, a)$在第 18 行计算。此计算和 q_loss(第 20 行)的计算与原始 DQN 实现是相同的。

为了合并优先级经验回放，我们可以有选择地计算批次中每个经验的 TD 误差(第 23 行)，并使用这些值更新优先级(第 24 行)。

代码 5-2　修改的 DQN 实现：计算 Q 损失

```
1   # slm_lab/agent/algorithm/dqn.py
2
3   class DQNBase(VanillaDQN):
4       ...
5
6       def calc_q_loss(self, batch):
7           states = batch['states']
8           next_states = batch['next_states']
9           q_preds = self.net(states)
10          with torch.no_grad():
11              # Use online_net to select actions in next state
12              online_next_q_preds = self.online_net(next_states)
13              # Use eval_net to calculate next_q_preds for actions chosen by
                ↪  online_net
14              next_q_preds = self.eval_net(next_states)
15          act_q_preds = q_preds.gather(-1,
            ↪  batch['actions'].long().unsqueeze(-1)).squeeze(-1)
16          online_actions = online_next_q_preds.argmax(dim=-1, keepdim=True)
17          max_next_q_preds = next_q_preds.gather(-1, online_actions).squeeze(-1)
18          max_q_targets = batch['rewards'] + self.gamma * (1 - batch['dones']) *
            ↪  max_next_q_preds
19          ...
20          q_loss = self.net.loss_fn(act_q_preds, max_q_targets)
```

```
        if 'Prioritized' in util.get_class_name(self.body.memory):  # PER
            errors = (max_q_targets -
            ↪ act_q_preds.detach()).abs().cpu().numpy()
            self.body.memory.update_priorities(errors)
        return q_loss
```

5.4.3 更新目标网络

在每个训练步骤之后，算法的 update 方法会被调用。将其修改为包含目标网络更新，如代码 5-3 所示。

具体实现相对比较简单。如果使用替换更新，那么可以直接将 self.net 复制到 self.target_net（第 13～14 行，第 21～22 行）。如果使用 Polyak 更新，那么可以计算 self.net 和当前 self.target_net 中每个参数的加权平均值。然后用该结果更新 self.target_net（第 15～16 行，第 24～26 行）。

代码 5-3 修改的 DQN 实现：更新目标网络

```
1  # slm_lab/agent/algorithm/dqn.py
2  
3  class DQNBase(VanillaDQN):
4      ...
5  
6      @lab_api
7      def update(self):
8          self.update_nets()
9          return super().update()
10 
11     def update_nets(self):
12         if util.frame_mod(self.body.env.clock.frame,
           ↪ self.net.update_frequency, self.body.env.num_envs):
13             if self.net.update_type == 'replace':
14                 net_util.copy(self.net, self.target_net)
15             elif self.net.update_type == 'polyak':
16                 net_util.polyak_update(self.net, self.target_net,
                   ↪ self.net.polyak_coef)
17             ...
18 
19 # slm_lab/agent/net/net_util.py
20 
21 def copy(src_net, tar_net):
22     tar_net.load_state_dict(src_net.state_dict())
23 
24 def polyak_update(src_net, tar_net, old_ratio=0.5):
25     for src_param, tar_param in zip(src_net.parameters(),
       ↪ tar_net.parameters()):
26         tar_param.data.copy_(old_ratio * src_param.data + (1.0 - old_ratio) *
           ↪ tar_param.data)
```

5.4.4 包含目标网络的 DQN

我们不需要任何额外的代码来实现包含目标网络的 DQN，如代码 5-4 所示。

DQN 继承自 DQNBase(正如在代码 5-1 中看到的)，self. target_net 被初始化并分配给 self. online_net 和 self. eval_net。因此，在 calc_q_loss 中，self. target_net 是唯一用于计算 $Q^{\pi}_{\mathrm{tar}}(s, a)$的网络。

代码 5-4 DQN 类

```
# slm_lab/agent/algorithm/dqn.py

class DQN(DQNBase):

    @lab_api
    def init_nets(self, global_nets=None):
        super().init_nets(global_nets)
```

5.4.5 双重 DQN

双重深度 Q 网络(DoubleDQN)继承自深度 Q 网络(DQN)，如代码 5-5 所示。当网络在 init_nets 中被初始化时，self. net 被分配给 self. online_net，self. target_net 被分配给 self. eval_net(第 8～9 行)。

现在，当我们计算 $Q^{\pi}_{\mathrm{tar}}(s, a)$时，self. net 被用来选择动作 a'，因为 self. online_net 指向它，而 self. target_net 会为(s', a')评估 Q 值，因为 self. eval_net 指向它。

代码 5-5 DoubleDQN 类

```
1 # slm_lab/agent/algorithm/dqn.py
2
3 class DoubleDQN(DQN):
4
5     @lab_api
6     def init_nets(self, global_nets=None):
7         super().init_nets(global_nets)
8         self.online_net = self.net
9         self.eval_net = self.target_net
```

5.4.6 优先级经验回放

优先级经验回放(PER)改变了从内存中对经验进行采样的方式，从而提高了 DQN 的采样效率。与前面有关内存类的章节一样，在第一次阅读时可以跳过这一小节，这不影响对 DQN 的改进的理解。理解 5.3 节中讨论的优先级经验回放背后的主要思想就足够了。

为了实现 PER，我们需要一个新的 Memory 类，即 PrioritizedReplay。实现的大部分是与 Replay 内存类共享的，Replay 类是 PrioritizedReplay 扩展的。但是，我们需要添加三个特性——存储优先级、更新优先级和按比例抽样。

- **存储优先级**：经验应该包含它的优先级，所以我们需要添加一个回放内存中的额外缓存来追踪优先级。这可以通过重写 Replay 内存类中的__init__、reset 和 add_experience 函数进行处理。

- **更新优先级：**每次训练智能体时，批次中每个经验的优先级都可能改变。我们添加一个新函数 update_priorities 来修改存储在内存中的经验的优先级，并跟踪最近采样的批次的索引，以便知道要更新哪些经验。
- **按比例抽样：**这是实现 PER 最棘手的部分。经验需要按照优先级的比例进行抽样——但是这种抽样仍然要快，即使是在内存非常大的时候，这样训练才不会慢下来。因此，需要覆盖 sample_idxs，而我们需要一个新的数据结构(SumTree)来存储优先级并实现高效采样，即使在内存大小增加的情况下也是如此。请注意，Replay 内存类没有这个问题，因为每个索引都是随机采样的。

在接下来的部分中，我们首先讨论新的数据结构——SumTree，以及为什么它对于实现 PER 是有用的。然后，我们回顾 PrioritizedReplay 内存类，并讨论它如何实现 PER 所需的每个特性。

算法 5-3 证明为批次中每个经验提取绝对 TD 误差 $Q^{\pi_\theta}(s, a)$和 $Q^{\pi}_{\text{tar}}(s, a)$很简单。式 5.8 展示了如何将这个误差度量(称为$|\omega|$)转换为每个元素的优先级。

为计算单个经验的优先级，我们需要跟踪未规范化的优先级的总和 $\sum_j (|\omega_j|+\varepsilon)^\eta$(即式 5.8 的分母)，这个值是使用内存中所有经验计算出的。一旦有了所有优先级 $P(i)$，我们就可以使用它们从内存中采样了。

请考虑以下对一批经验进行采样的方法：

1. 修改算法 5-3，使其也跟踪 $\sum_j (|\omega_j|+\varepsilon)^\eta$。当更新优先级时，首先计算 $\sum_j (|\omega_j|+\varepsilon)^\eta$ 中的变化，这样它可以被正确地更新。
2. 随机抽取一个数字 x，从 0 到 $\sum_j (|\omega_j|+\varepsilon)^\eta$ 的范围中均匀抽样。
3. 在内存中所有经验上进行迭代，将目前为止得到的所有$|\omega_i|+\varepsilon$ 加在一起。
4. 当 $\sum_i^k (|\omega_i|+\varepsilon)\geqslant x$ 时停止。当前$|\omega_k|+\varepsilon$ 的索引 k 是从内存中抽取的经验的索引。
5. 重复步骤 3～4，直到有一批完整的索引。
6. 用步骤 5 中确定的索引构建一批经验。

这个方法将按照优先级的比例从内存中对经验进行抽样，因为 x 是从 0 到 $\sum_j (|\omega_j|+\varepsilon)^\eta$ 均匀分布的，$|\omega_i|+\varepsilon$ 越大，经验 j 所占 x 范围的比例就越高，它就越有可能是将 $\sum_i (|\omega_i|+\varepsilon)\leqslant x$ 变为 $\sum_i (|\omega_i|+\varepsilon)\geqslant x$ 的经验。

这种方法的问题是它运行得较慢，因为识别将被采样的经验的索引 k 需要在整个内存中顺序迭代。它的计算复杂度为 $O(n)$，其中 n 是内存的当前大小。当对一个批次进行采样时，这个过程需要重复 N(批次的大小)次。

回放内存可以很大，包含 100 万个或更多的元素，并且在智能体进行训练时，会经常对多个批次进行采样。对内存中每个经验进行迭代的抽样方法会显著降低训练的速度。以前需要数小时或数天的训练现在可能需要数周。

作为一种替代方法，我们可以使用一种称为求和树的二叉树来存储优先级。这种数据结构使得使用复杂度为 $\mathcal{O}(\log_2 n)$ 而不是 $\mathcal{O}(n)$ 的计算来对经验进行采样成为可能，如方框 5-2 中所述。如果内存很大，这是一个显著的改进。例如，如果内存包含 100 万个经验，那么对索引进行抽样只需 20 个步骤，因为 $\log_2(1\,000\,000)\approx 20$，而不是在最坏的情况下迭代整个内存所需的 1 000 000 个步骤。

方框 5-2 求和树

求和树是一种二叉树，其叶子用来存储经验的优先级，每个内部节点存储该节点的子节点所存储的值的和。因此，根节点将存储 $(|\omega_j|+\varepsilon)^\eta$ 的总和。这就是式 5.8 的分母。

求和树的结构使得根据优先级比例来抽取经验变得简单直接。首先，在 0 和 $\sum_j(|\omega_j|+\varepsilon)^\eta$ 之间随机均匀抽取一个数字 x；后一个值可以立刻得到(只需查询存储在根节点中的值)。然后，遍历这棵树，直到遇到一个叶节点。选择节点的左子节点或右子节点的决定是根据以下方法做出的。如果 x<=node.left_child，选择左子节点并将其设置为当前节点；否则，令 x=x−node.left_child 并将右子节点设置为当前节点。重复此操作，直到到达一个叶节点，然后返回该叶子的索引。

为了从直觉上理解为什么这会导致按比例抽样，处理一个只有几个元素的例子是有一定帮助的。图 5-1 显示了一个有 6 个元素的例子，它们对应 6 个经验。树底部的

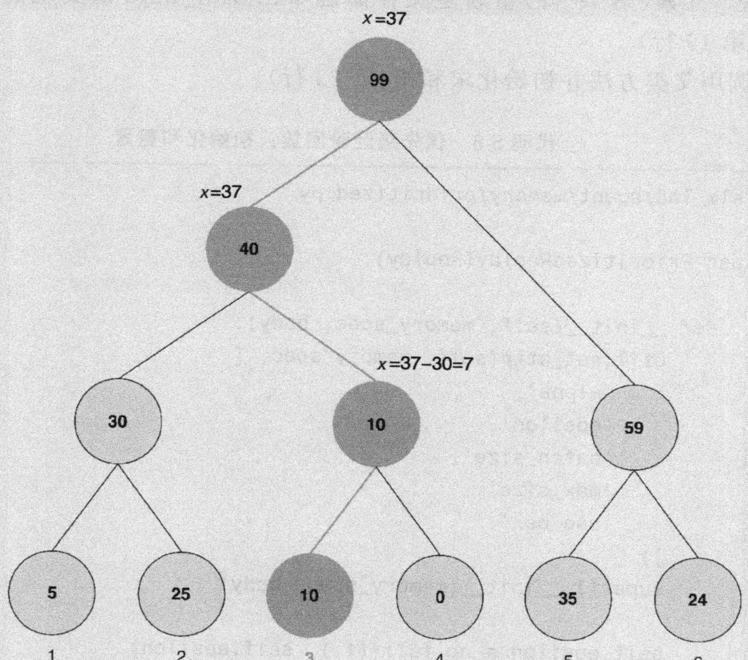

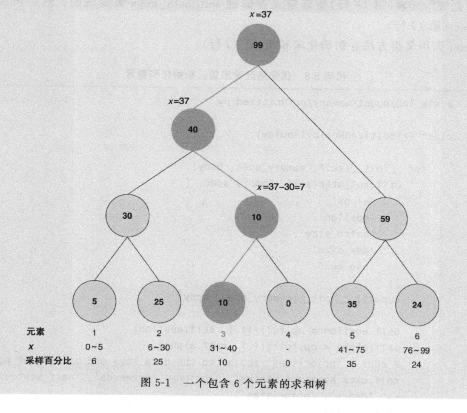

元素	1	2	3	4	5	6
x	0~5	6~30	31~40	-	41~75	76~99
采样百分比	6	25	10	0	35	24

图 5-1 一个包含 6 个元素的求和树

叶节点中显示的每个元素的$(|\omega_j|+\varepsilon)^\eta$值是(5，25，10，0，35，24)。在树顶的根节点中，我们可以看到$\sum_j(|\omega_j|+\varepsilon)^\eta=99$。

如果x是在0和99之间随机均匀采样的，则x的值(对应于x的每个元素都将被选中)以及每个元素将被采样次数的相应百分比都显示在每个叶节点下面。$(|\omega_j|+\varepsilon)^\eta$越大，元素$i$就被选择得越频繁。例如，当$(|\omega_j|+\varepsilon)^\eta=35$时，元素5被采样的时间将占35%，而当$(|\omega_j|+\varepsilon)^\eta=10$时元素3只有10%的时间被采样。

图5-1还显示了当$x=37$时遍历树的情况。在根节点，因为左子节点的值$x\leqslant 40$，所以移动到左子节点。接下来，$x>30$，所以移动到值为10的右子节点，并将x设为$x-30=7$。最后，比较7和10，由于$7\leqslant 10$，我们选择左分支，并到达一个叶节点。这个叶节点的索引是3，这就是我们所做的选择。

对经验的索引进行抽样并将其并入批次中所需的步骤数现在正好是二叉树的高度，即$\log_2 n$。例如，如果内存中有100 000个经验，那么对一个索引进行抽样只需要17步，因为$\log_2(100\ 000)\approx 17$。

内存初始化和重置

代码5-6中的__init__调用父类init(第13行)来初始化类变量，包括存储键。在PrioritizedReplay内存中，我们还需要存储优先级并初始化求和树。这是通过使用一个附加的“优先级”元素(第18行)重新定义存储键self.data_keys来实现的。然后再次调用self.reset(第19行)。

reset调用父类方法并初始化求和树(第23行)。

代码5-6 优先级经验回放：初始化和重置

```
1  # slm_lab/agent/memory/prioritized.py
2
3  class PrioritizedReplay(Replay):
4
5      def __init__(self, memory_spec, body):
6          util.set_attr(self, memory_spec, [
7              'alpha',
8              'epsilon',
9              'batch_size',
10             'max_size',
11             'use_cer',
12         ])
13         super().__init__(memory_spec, body)
14
15         self.epsilon = np.full((1,), self.epsilon)
16         self.alpha = np.full((1,), self.alpha)
17         # adds a 'priorities' scalar to the data_keys and call reset again
18         self.data_keys = ['states', 'actions', 'rewards', 'next_states',
           ↪  'dones', 'priorities']
19         self.reset()
```

```

    def reset(self):
        super().reset()
        self.tree = SumTree(self.max_size)
```

存储优先级

在代码 5-7 中，add_experience 首先调用父类方法来将(state，action，reward，next_state，done)添加到内存中(第 7 行)。

接下来，对于给定绝对 TD 误差 error(第 8 行)的经验，我们需要获得该经验的优先级。我们使用的一种启发式方法是，新经验对于智能体可能很有信息性，因此新经验应该有较高的概率被采样。这是通过给它们分配一个 100 000 的大误差来实现的。

最后，我们将优先级添加到内存和求和树中(第 9～10 行)。

代码 5-7　优先级经验回放：存储优先级

```
1  # slm_lab/agent/memory/prioritized.py
2
3  class PrioritizedReplay(Replay):
4      ...
5
6      def add_experience(self, state, action, reward, next_state, done,
   ↪   error=100000):
7          super().add_experience(state, action, reward, next_state, done)
8          priority = self.get_priority(error)
9          self.priorities[self.head] = priority
10         self.tree.add(priority, self.head)
11
12     def get_priority(self, error):
13         return np.power(error + self.epsilon, self.alpha).squeeze()
```

更新优先级

代码 5-8 展示了如何更新优先级。一旦实现了求和树 SumTree，这就很简单了。首先，将绝对 TD 误差转换为优先级(第 7 行)，然后，使用批次中经验的索引更新主内存结构中的优先级(第 9～10 行)。注意 self. batch_idxs 总是存储最后一次被采样的批次的索引。最后，在求和树 SumTree 中更新优先级(第 11～12 行)。

代码 5-8　优先级经验回放：更新优先级

```
1  # slm_lab/agent/memory/prioritized.py
2
3  class PrioritizedReplay(Replay):
4      ...
5
6      def update_priorities(self, errors):
7          priorities = self.get_priority(errors)
8          assert len(priorities) == self.batch_idxs.size
9          for idx, p in zip(self.batch_idxs, priorities):
```

```
            self.priorities[idx] = p
        for p, i in zip(priorities, self.tree_idxs):
            self.tree.update(i, p)
```

按比例抽样

sample_idxs(代码 5-9)负责识别应构成一个批次的经验的索引。要选择一个索引，我们首先在 0 和 $\sum_{j}(|\omega_j|+\varepsilon)^{\eta}$ 之间抽取一个数字(第 11 行)。这个数字用于从树中选择一个元素，选择这个元素时要使用方框 5-2 中描述的过程(第 12 行)，这个元素与 PrioritizedReplay 内存中的一个索引相关联。一旦所有索引都被选择过，它们就被存储在 self. batch_idxs(在构建一批次训练数据(第 13 行)时使用)和 self. tree_idxs(在更新优先级(第 14 行)时使用)中。

请注意，按比例抽样的实现方法改编自 Jaromar Janisch 的博客：https://jaromiru. com/2016/09/27/lets-make-a-dqn-theory/。有关求和树的实现，请参见 slm_lab/agent/memory/prioritized. py。

代码 5-9　优先级经验回放：按比例抽样

```
1  # slm_lab/agent/memory/prioritized.py
2
3  class PrioritizedReplay(Replay):
4      ...
5
6      def sample_idxs(self, batch_size):
7          batch_idxs = np.zeros(batch_size)
8          tree_idxs = np.zeros(batch_size, dtype=np.int)
9
10         for i in range(batch_size):
11             s = random.uniform(0, self.tree.total())
12             (tree_idx, p, idx) = self.tree.get(s)
13             batch_idxs[i] = idx
14             tree_idxs[i] = tree_idx
15
16         batch_idxs = np.asarray(batch_idxs).astype(int)
17         self.tree_idxs = tree_idxs
18         ...
19         return batch_idxs
```

5.5　训练 DQN 智能体玩 Atari 游戏

到目前为止，我们有了所有所需的元素来训练 DQN 智能体用图像状态玩 Atari 游戏。然而，为了获得良好的表现，我们需要修改环境状态和奖励。这些修改最初是在著名的论文 “Human-Level Control through Deep Reinforcement Learning”[89] 中提出的，并从此成为适用于 Atari 环境的标准实践方法。

在本节中，我们首先介绍一些关于 Atari 游戏的简要背景，以及它的状态和奖励的修改。然后，我们为带有 PER 的双重 DQN 智能体配置一个 spec 文件来玩 Atari Pong。

Atari 2600 是 1977 年发布的一款很受欢迎的手柄游戏机。除了最初的几款游戏，大量的(现在很经典的)街机游戏被移植到了该手柄游戏机。Atari 2600 上提供的游戏通常是复杂和具有挑战性的；然而，这些游戏要求的计算量却很低，很容易在现代计算机上对其进行模拟。手柄游戏机的 RAM 只有 128 字节，游戏屏幕只有 160 像素宽、210 像素高。在 2012 年，Bellemare 等人认识到这些条件使得 Atari 游戏成为强化学习算法的理想测试环境，并创造了模拟超过 50 个游戏的 Arcade Learning Environment(ALE)[14]。

SLM Lab 使用由 OpenAI Gym[18] 提供的 Atari 游戏。每个 Atari 游戏的状态都是游戏窗口的低分辨率 RGB 图像(见图 5-2)，编码成大小为(210，160，3)的 3D 数组。动作空间是离散的，维度很少。根据游戏的不同，智能体在每个时间步可以执行 4～18 个不同的动作。例如，OpenAI Gym 中的 Pong 动作是：0(无动作)、1(开火)、2(向上)和 3(向下)。

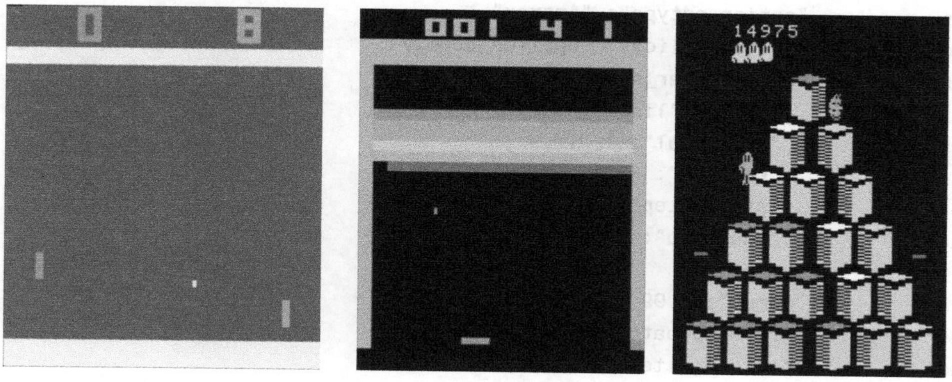

a) Pong　　b) Breakout　　c) Qbert

图 5-2 由 OpenAI Gym[18] 提供的三款 Atari 游戏的示例状态(见彩插)

Atari 状态空间的维度比我们目前所见过的任何游戏都要高得多。每个状态有 210×160×3＝100 800 个维度，相比之下，CartPole 只有 4 个维度。Atari 游戏也比 CartPole 复杂得多。事件持续数千个时间步，且良好的表现需要复杂的动作序列。这两个因素的结合使得智能体的学习问题明显变得更加困难。为了帮助智能体在这些条件下进行学习，[88，141]的作者对标准 DQN 或双重 DQN 算法进行了如下调整：

- **专门用于图像处理的网络设计**：Q 函数逼近器是一个带有 3 个隐藏卷积层和 1 个隐藏致密层的卷积神经网络。
- **状态预处理**：包括图像缩小、灰度变换、帧串联和带有最大像素值的帧跳转。
- **奖励预处理**：在每个时间步，都根据原始奖励的符号将奖励转换成－1、0、＋1。
- **环境重置**：取决于游戏，一旦在游戏中失去生命，则会重置环境，启动状态随机化，重置时可按“FIRE”。

网络设计是利用 SLM Lab 的 ConvNet 类实现的。状态、奖励和环境的修改在 10.3 节中有更详细的讨论。这些修改是使用 OpenAI Gym 环境的封装器来处理的。该封装器只是简单地封装一个环境，而不改变它的接口，因此它具有在幕后执行所有所需转换的优势。这使得我们能够通过这些修改来训练 DQN 或双重 DQN 智能体，而不必更改我们目前讨论的实现中的任何代码。

使用优先级经验回放来训练一个双重 DQN 智能体玩 Atari Pong 的配置如代码 5-10 所示。该文件也可在 SLM Lab 的 slm_lab/spec/benchmark/dqn/ddqn_per_pong_spec.json 获取。

代码 5-10 配置带有 PER 规范文件的双重 DQN 来玩 Atari Pong

```
# slm_lab/spec/benchmark/dqn/ddqn_per_pong.json

{
  "ddqn_per_pong": {
    "agent": [{
      "name": "DoubleDQN",
      "algorithm": {
        "name": "DoubleDQN",
        "action_pdtype": "Argmax",
        "action_policy": "epsilon_greedy",
        "explore_var_spec": {
          "name": "linear_decay",
          "start_val": 1.0,
          "end_val": 0.01,
          "start_step": 10000,
          "end_step": 1000000
        },
        "gamma": 0.99,
        "training_batch_iter": 1,
        "training_iter": 4,
        "training_frequency": 4,
        "training_start_step": 10000
      },
      "memory": {
        "name": "PrioritizedReplay",
        "alpha": 0.6,
        "epsilon": 0.0001,
        "batch_size": 32,
        "max_size": 200000,
        "use_cer": false,
      },
      "net": {
        "type": "ConvNet",
        "conv_hid_layers": [
          [32, 8, 4, 0, 1],
          [64, 4, 2, 0, 1],
          [64, 3, 1, 0, 1]
        ],
        "fc_hid_layers": [256],
        "hid_layers_activation": "relu",
        "init_fn": null,
        "batch_norm": false,
```

```
43             "clip_grad_val": 10.0,
44             "loss_spec": {
45               "name": "SmoothL1Loss"
46             },
47             "optim_spec": {
48               "name": "Adam",
49               "lr": 2.5e-5,
50             },
51             "lr_scheduler_spec": null,
52             "update_type": "replace",
53             "update_frequency": 1000,
54             "gpu": true
55           }
56         }],
57         "env": [{
58           "name": "PongNoFrameskip-v4",
59           "frame_op": "concat",
60           "frame_op_len": 4,
61           "reward_scale": "sign",
62           "num_envs": 16,
63           "max_t": null,
64           "max_frame": 4e6
65         }],
66         "body": {
67           "product": "outer",
68           "num": 1
69         },
70         "meta": {
71           "distributed": false,
72           "eval_frequency": 10000,
73           "log_frequency": 10000,
74           "max_session": 4,
75           "max_trial": 1
76         }
77       }
78     }
```

让我们回顾一下主要的组成部分。

- **算法**：算法是双重 DQN(第 8 行)。若要使用 DQN，请将第 8 行的"name":"DoubleDQN"改为"name":"DQN"。动作策略是 ε-贪婪(第 10 行)，带有线性衰减。ε 被初始化为 1.0，并在时间步 10 000 和 1 000 000 之间减少到 0.01(第 12～16 行)。
- **网络架构**：网络是一个卷积神经网络(第 33 行)，带有 ReLU 激活(第 40 行)。该网络有 3 个卷积层(第 34～38 行)，然后是 1 个完全连接层(第 39 行)。训练是在 GPU 上进行的(第 54 行)。
- **优化器和损失函数**：优化器是 Adam[68](第 47～50 行)，损失是 Huber 损失，在 PyTorch 中称为 SmoothL1Loss(第 44～46 行)。它对于绝对值小于 1 的值是二次方的，对于其他值是处处线性的，这使得它对异常值不那么敏感。

- **训练频率：** 智能体在环境中执行了 10 000 步之后开始训练(第 22 行)，此后每 4 步进行一次训练(第 21 行)。在每个训练步骤，从内存中采样 4 个批次(第 20 行)。每个批次有 32 个元素(第 28 行)，用于对网络进行单个参数的更新(第 19 行)。
- **内存：** 内存类型是 PrioritizedReplay(第 25 行)，它的最大容量为 200 000 个经验(第 29 行)。优先级参数 η 是用变量 alpha 设置的(第 26 行)，而小常量 ε 是用变量 epsilon 设置的(第 27 行)。
- **环境：** 环境是 Atari 游戏 Pong(第 58 行)。4 个帧连接起来形成单个状态(第 59～60 行)；在训练期间，每个时间步的奖励都被转换为它们的符号——－1、0 或＋1(第 61 行)。为了加快训练速度，我们使用了 16 个并行环境(第 62 行)——这个简单的技术是第 8 章的主题。
- **训练时间：** 训练持续 4 000 000 个时间步(第 64 行)。
- **检查点：** 每 10 000 个时间步对智能体进行一次评估(第 72 行)。网络的参数在每次评估后也会被检查。

要使用 SLM Lab 训练此 DQN 智能体，可以在终端上运行代码 5-11 中的命令。

代码 5-11 使用 PER 训练一个双重 DQN 智能体来玩 Atari Pong

```
conda activate lab
python run_lab.py slm_lab/spec/benchmark/dqn/ddqn_per_pong.json ddqn_per_pong
↪  train
```

这将使用规范文件运行一个包含 4 个会话(Session)的训练试验(Trial)，以获得平均结果。然后用误差带绘制此结果。还会生成一个具有 100 个评估检查点的窗口的移动平均值版本。两个图如图 5-3 所示。在训练开始的时候，智能体的平均得分是－21 分。在 200 万帧的情况下，表现稳步提高，在此之后，智能体的平均得分接近 21 分的最大值。

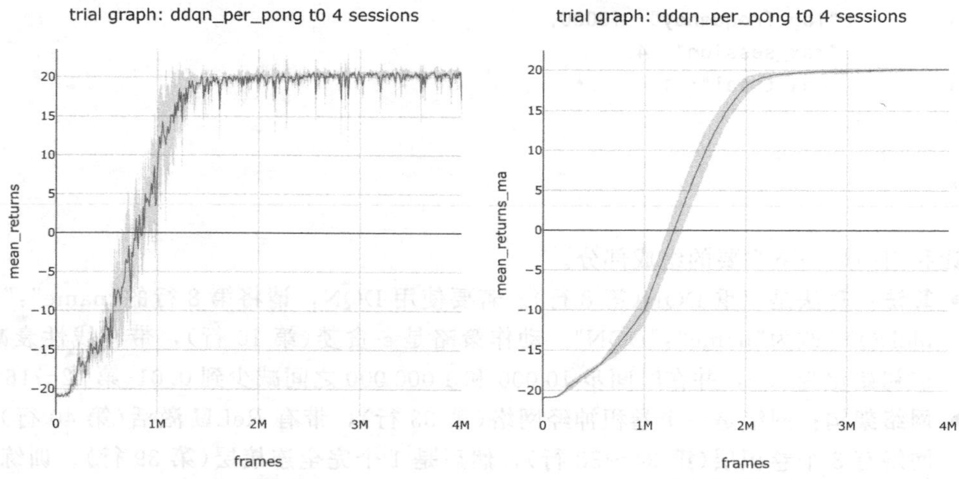

a）试验图　　b）带移动平均值的试验图

图 5-3 通过 SLM Lab 对 4 个会话取平均得出的双重 DQN＋PER 试验图，纵轴表示在检查点上 8 个事件的平均总奖励(用于评估的 mean_return 是无折扣计算的)，横轴表示总训练帧数。右图是对一个带有 100 个评估检查点的窗口绘制的移动平均值

请注意，与本书中到目前为止描述的其他智能体相比，训练这个智能体需要更多的计算资源。当在 GPU 上运行时，试验将花费大约一天的时间来完成。

5.6 实验结果

在本节中，我们研究 DQN 改进(即目标网络、双重 DQN 和 PER)的影响。从带有目标网络的 DQN 开始(我们将其简称为 DQN)，我们将运行一个试验网格来研究改进的效果。试验包括 4 种组合：DQN、DQN+PER、双重 DQN、双重 DQN+PER。试验将在 Atari Pong 环境中运行以生成试验图，然后将这些图组合起来进行比较。

5.6.1 实验：评估双重 DQN 与 PER 的影响

首先，我们有代码 5-12 所示的 DQN 规范文件。除了使用 DQN(第 4～8 行)、通过使用普通的回放内存类来禁用 PER(第 11～16 行)和增加学习率(第 21 行)之外代码 5-12 类似于代码 5-10。这个文件可以在 SLM Lab 的 slm_lab/spec/benchmark/dqn/dqn_pong_spec.json 找到。

代码 5-12 为玩 Atari Pong 配置的一个 DQN 规范文件

```
1  # slm_lab/spec/benchmark/dqn/dqn_pong.json
2  
3  {
4    "dqn_pong": {
5      "agent": [{
6        "name": "DQN",
7        "algorithm": {
8          "name": "DQN",
9          ...
10       },
11       "memory": {
12         "name": "Replay",
13         "batch_size": 32,
14         "max_size": 200000,
15         "use_cer": false
16       },
17       "net": {
18         ...
19         "optim_spec": {
20           "name": "Adam",
21           "lr": 1e-4,
22         },
23     ...
24   }
25 }
```

其次，我们有代码 5-13 所示的 DQN+PER 规范文件，它也类似于代码 5-10，但经过了修改以使用 DQN(第 4～8 行)。这个文件可以在 SLM Lab 的 slm_lab/spec/benchmark/

dqn/dqn_per_pong_spec.json 找到。

代码 5-13　为玩 Atari Pong 配置的一个 DQN＋PER 规范文件

```
# slm_lab/spec/benchmark/dqn/dqn_per_pong.json

{
  "dqn_per_pong": {
    "agent": [{
      "name": "DQN",
      "algorithm": {
        "name": "DQN",
        ...
  }
}
```

再次，我们有代码 5-14 所示的双重 DQN 规范文件，它对代码 5-10 进行了修改以禁用 PER(第 11～16 行)，并使用更高的学习率(第 21 行)。这个文件可以在 SLM Lab 的 slm_lab/spec/benchmark/dqn/ddqn_pong_spec.json 找到。

代码 5-14　为玩 Atari Pong 配置的一个双重 DQN 规范文件

```
1  # slm_lab/spec/benchmark/dqn/ddqn_pong.json
2
3  {
4    "ddqn_pong": {
5      "agent": [{
6        "name": "DoubleDQN",
7        "algorithm": {
8          "name": "DoubleDQN",
9          ...
10       },
11       "memory": {
12         "name": "Replay",
13         "batch_size": 32,
14         "max_size": 200000,
15         "use_cer": false,
16       },
17       "net": {
18         ...
19         "optim_spec": {
20           "name": "Adam",
21           "lr": 1e-4,
22         },
23     ...
24   }
25 }
```

最后，我们在前面的代码 5-10 中提供了双重 DQN＋PER 规范文件，见 SLM Lab 中的 slm_lab/spec/benchmark/DQN/ddqn_per_pong_spec.json。注意，在使用 PER 时，

我们倾向于使用较低的学习率。这是因为 PER 会更频繁地选择高误差转换，平均来说会导致更大的梯度。为了补偿较大的梯度，Schaul 等人[121]发现将学习率降低到原来的 1/4 是有帮助的。

使用 SLM Lab 训练这 4 个 DQN 变体的 4 个命令如代码 5-15 所示。在 GPU 上运行时，所有这些试验每个都需要将近一天的时间才能完成，但如果有足够的计算资源，它们可以并行运行。

代码 5-15　训练 DQN、DQN+PER、双重 DQN、双重 DQN+PER 这 4 种变体来玩 Atari Pong

```
# run DQN
conda activate lab
python run_lab.py slm_lab/spec/benchmark/dqn/dqn_pong.json dqn_pong train

# run DQN + PER
conda activate lab
python run_lab.py slm_lab/spec/benchmark/dqn/dqn_per_pong.json dqn_per_pong
↪  train

# run Double DQN
conda activate lab
python run_lab.py slm_lab/spec/benchmark/dqn/ddqn_pong.json ddqn_pong train

# run Double DQN + PER
conda activate lab
python run_lab.py slm_lab/spec/benchmark/dqn/ddqn_per_pong.json ddqn_per_pong
↪  train
```

4 个 Trial 中的每一个都将使用 4 个 Session 的平均值生成自己的图表。为了进行比较，使用 SLM Lab 中的实用程序方法 viz.plot_multi_trial 将它们绘制在一起，如图 5-4 所示。

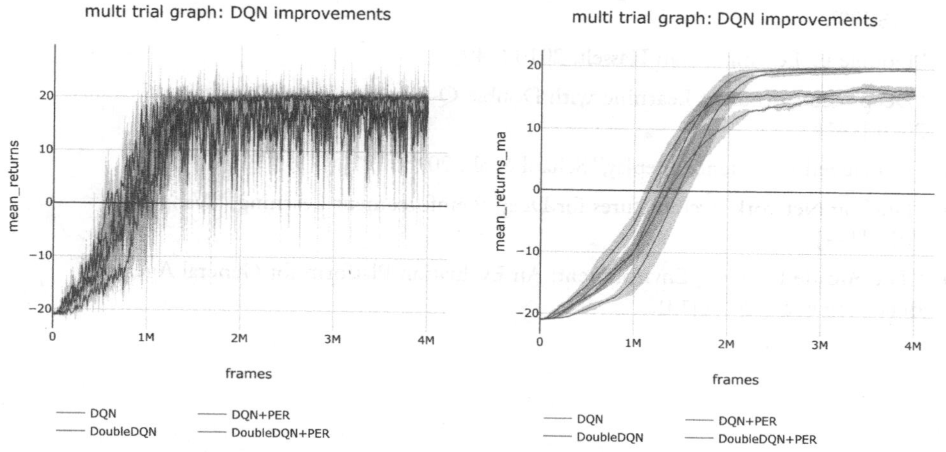

a）多重试验图　　b）带移动平均值的多重试验图

图 5-4　使用 Atari Pong 比较 4 种 DQN 改进变体的性能。与预期一样，双重 DQN+PER 的性能最好，其次是 DQN+PER，最后是双重 DQN 和 DQN(见彩插)

图 5-4 使用 Atari Pong 比较了 4 种 DQN 改进变体的性能。正如所料，当使用所有改进时，双重 DQN＋PER 的性能最好，紧随其后的是 DQN＋PER，然后是双重 DQN 和 DQN。总的来说，使用 PER 会带来显著的改进，并有助于稳定学习，正如在更高、更平滑的学习回报曲线中看到的。相比之下，使用双重 DQN 只提供较小的改进。

5.7 总结

本章讨论了改进 DQN 算法的三种技术，每种技术都解决了其某一方面的局限性。

- **目标网络：** 使用原网络的滞后副本计算 $Q^{\pi}_{\text{tar}}(s, a)$ 使得优化问题更容易，也有助于稳定训练。
- **双重 DQN：** 在计算 $Q^{\pi}_{\text{tar}}(s, a)$ 时，使用两个不同的网络来预估下一状态的 Q 值，从而减少了 DQN 高估 Q 值的倾向。在实践中，训练网络 θ 和目标网络 φ 是作为两个网络来使用的。
- **优先级经验回放：** 并不是所有经验都能为智能体提供同等有效的信息。根据 $\hat{Q}^{\pi}(s, a)$ 和 $Q^{\pi}_{\text{tar}}(s, a)$ 之间的绝对 TD 误差，给智能体可以学到更多的经验更高优先级，这可以提高 DQN 的采样效率。

我们还讨论了一个特定的 DQN 实现，此 DQN 带有目标网络和 PER，且是为玩 Atari 游戏设计的。Atari 游戏是迄今为止我们所见过的最复杂的环境；为了获得良好的性能，我们需要修改状态和奖励。这些修改包括以下方面：通过缩减规模来减少状态空间维度，裁剪并将图像转换为灰度图，叠加最近的 4 个状态使智能体在选择动作时可以看到最近的过去，通过每 4 帧才给智能体提供一帧来增加连续帧之间的时间长度，以及设计一个专门用于图像处理的 Q 函数网络。

5.8 扩展阅读

- “Human-Level Control through Deep Reinforcement Learning,” Mnih et al., 2015 [89].
- “Double Q-Learning,” van Hasselt, 2010 [140].
- “Deep Reinforcement Learning with Double Q-Learning,” van Hasselt et al., 2015 [141].
- “Prioritized Experience Replay,” Schaul et al., 2015 [121].
- “Dueling Network Architectures for Deep Reinforcement Learning,” Wang et al., 2016 [144].
- “The Arcade Learning Environment: An Evaluation Platform for General Agents,” Bellemare et al., 2013 [14].

第二部分

Foundations of Deep Reinforcement Learning: Theory and Practice in Python

组合方法

优势演员-评论家算法

本章我们将研究演员-评论家(Actor-Critic)算法，该算法巧妙地结合了我们迄今为止在本书中看到的思想，即策略梯度和学习值函数。这些算法通过使用由学习值函数生成的学习强化信号来强化策略。这与 REINFORCE 相反，REINFORCE 使用回报的高方差蒙特卡罗估计来强化策略。

所有演员-评论家算法都具有两个可联合学习的组成部分：一个是“演员”，它学习参数化的策略；另一个是“评论家”，它学习值函数来评估状态-动作对。评论家向演员提供强化信号。

这些算法背后的主要动机是，与从环境中获得的奖励相比，学习到的强化信号对策略可能更具信息。例如，它可以将智能体仅在成功时接收＋1 的稀疏奖励转换为密集的强化信号。此外，学习值函数通常比回报的蒙特卡罗估计具有更低的方差，这样就减少了策略学习的不确定性[11]，使学习过程变得更容易，但是，训练却变得更加复杂。现在策略的学习取决于同时学习的值函数估计值的质量。在值函数为策略产生合理的信号之前，学习如何选择好的动作将是具有挑战性的一件事。

在这些方法中，通常学习优势函数 $A^{\pi}(s, a)=Q^{\pi}(s, a)-V^{\pi}(s)$作为强化信号。其关键思想是，在选择一个动作时，最好是根据该动作相对于特定状态下可用的其他动作的执行情况来选择，而不是根据该动作的绝对值(由 Q 函数估计)。优势量化了一个动作比平均可用动作好多少或差多少。学习优势函数的演员-评论家算法被称为优势演员-评论家(Advantage Actor-Critic，A2C)算法。

首先，我们在 6.1 节讨论演员，这很简单，因为它类似于 REINFORCE；然后，在 6.2 节中，我们介绍评论家和估计优势函数的两种不同方法——n 步回报法和广义优势估计法[123]；6.3 节介绍演员-评论家算法；6.4 节介绍实施该算法的一个例子。本章最后给出训练演员-评论家智能体的指令。

6.1 演员

演员使用策略梯度来学习参数化的策略 π_θ，如式 6.1 所示。这与 REINFORCE(第 2 章)非常相似，不同之处在于，我们现在将优势 A_t^{π} 而不是回报 $R_t(\tau)$的蒙特卡罗估计(式 2.1)作为强化信号。

$$\text{演员-评论家：} \nabla_\theta J(\pi_\theta)=\mathbb{E}_t[A_t^{\pi} \nabla_\theta \log\pi_\theta(a_t|s_t)] \tag{6.1}$$

$$\text{REINFORCE：} \nabla_\theta J(\pi_\theta)=\mathbb{E}_t[R_t(T) \nabla_\theta \log\pi_\theta(a_t|s_t)] \tag{6.2}$$

接下来，我们看一下如何学习优势函数。

6.2 评论家

评论家负责学习如何评估(s, a)对，并用它来生成A^{π}。

在下文中，我们首先描述优势函数以及它为什么是强化信号的理想选择。然后，我们提出两种估计优势函数的方法：n 步回报法和广义优势估计法[123]。最后，我们讨论如何在实践中学习它们。

6.2.1 优势函数

直观地讲，优势函数$A^{\pi}(s_t, a_t)$是用来衡量某个动作在特定状态下相比于策略的平均动作的优劣程度。优势定义如式 6.3 所示。

$$A^{\pi}(s_t, a_t)=Q^{\pi}(s_t, a_t)-V^{\pi}(s_t) \tag{6.3}$$

它具有许多比较好的属性。首先是$\mathbb{E}_{a\in\mathcal{A}}[A^{\pi}(s_t, a_t)]=0$。这意味着，如果所有动作本质上都是等效的，则对于所有动作，A^{π} 将为 0，并且当使用 A^{π} 训练策略时采取这些动作的概率将保持不变。将其与基于绝对状态或状态-动作值的强化信号相比，在相同情况下，该信号将具有恒定值，但可能不会为 0。因此，它将主动地鼓励(如果为正)或阻止(如果为负)所采取的动作。由于所有动作都是等效的，因此尽管不直观，但可能也没什么问题。

另一个会产生问题的例子是，如果采取的动作比平均动作差，但预期回报仍然为正，也就是说，$Q^{\pi}(s_t, a_t)>0$，而 $A^{\pi}(s_t, a_t)<0$。理想情况下，由于有更好的选择，所采取的动作应该不太可能出现。在这种情况下，使用 A^{π} 会产生更符合我们直觉的行为，因为它会阻止所采取的动作。而使用 Q^{π} 或将 Q^{π} 作为基准线都可能会鼓励该动作。

优势也是一种相对度量。对于特定的状态 s 和动作 a，它考虑状态-动作对的值 $Q^{\pi}(s, a)$，并评估相对于 $V^{\pi}(s)$，a 是将策略变得更好还是更坏。优势避免了因策略目前处于特别糟糕的状态而对动作进行惩罚，相反，对于处于良好状态的策略，优势不对动作进行奖励。这样做是有益的，因为 a 仅会影响将来的轨迹，而不影响策略是如何到达当前状态的，因此我们应该根据动作在未来如何改变值来对其进行评估。

让我们看一个例子。在式 6.4 中，策略处于 $V^{\pi}(s)=100$ 的良好状态，而在式 6.5 中，策略处于 $V^{\pi}(s)=-100$ 的糟糕状态。在这两种情况下，动作 a 都会相应地提升 10 个点，也就是每个例子都具有相同的优势。但是，如果仅通过 $Q^{\pi}(s, a)$就无法看出来这一点。

$$Q^{\pi}(s, a)=110, V^{\pi}(s)=100, A^{\pi}(s, a)=10 \tag{6.4}$$

$$Q^{\pi}(s, a)=-90, V^{\pi}(s)=-100, A^{\pi}(s, a)=10 \tag{6.5}$$

这种方式可以理解为，优势函数能够捕获动作的长期影响，因为它会考虑所有将来的时间步⊖，而忽略迄今为止所有动作的影响。Schulman 等人在他们的论文 “Generalized Advantage Estimation”[123] 中提出了类似的解释。

⊖ 在由 γ 隐式给出的时间范围内。

了解了为什么优势函数是演员-评论家算法中使用的强化信号的很好选择之后，让我们看一下两种估计方法。

6.2.1.1　估计优势：n 步回报法

要计算优势 A^π，我们需要估计 Q^π 和 V^π。一种想法是可以使用不同的神经网络分别学习 Q^π 和 V^π。但是，这有两个缺点。首先，需要确保两个估计值是一致的。其次，学习效率较低。我们通常只学习 V^π 并将其与轨迹的奖励结合起来以估计 Q^π。

出于这两个原因，学习 V^π 比学习 Q^π 更可取。首先，Q^π 是一个更复杂的函数，可能需要更多样本才能获得良好的估计。在演员和评论家被联合训练的环境中，这是一个很重要的问题。其次，从 Q^π 估计 V^π 可能在计算上更加昂贵。从 $Q^\pi(s, a)$估计 $V^\pi(s)$需要计算状态 s 中所有可能动作的值，然后取动作概率加权平均值以获得 $V^\pi(s)$。另外，这对于具有连续动作的环境是困难的，因为估计 V^π 需要来自连续空间的动作的代表性样本。

让我们看一下如何从 V^π 估计 Q^π。

如果暂时假设我们对 $V^\pi(s)$有一个完美的估计，那么可以将 Q 函数重写为 n 个时间步的预期奖励的混合，然后紧接着是 $V^\pi(s_{n+1})$，如式 6.6 所示。为了使这一估计变得易于处理，我们使用奖励$(r_1, \cdots, r_n)$的单一轨迹代替期望，并代入评论家所学习的 $\hat{V}^\pi(s)$。如式 6.7 所示，这称为 n 步前向回报。

$$Q^\pi(s_t, a_t)=\mathbb{E}_{\tau\sim\pi}[r_t+\gamma r_{t+1}+\gamma^2 r_{t+2}+\cdots+\gamma^n r_{t+n}]+\gamma^{n+1}V^\pi(s_{t+n+1}) \tag{6.6}$$

$$\approx r_t+\gamma r_{t+1}+\gamma^2 r_{t+2}+\cdots+\gamma^n r_{t+n}+\gamma^{n+1}\hat{V}^\pi(s_{t+n+1}) \tag{6.7}$$

式 6.7 明确了估计量的偏差和方差之间的权衡。实际奖励的 n 步是无偏的，但方差很大，因为它们仅来自单条轨迹。$\hat{V}^\pi(s)$具有较小的方差，因为它反映了到目前为止所看到的所有轨迹的期望值，但由于它是使用函数逼近器计算得出的，因此存在偏差。将这两种类型的估计值混合使用给人的直觉是，实际奖励的方差通常会随着 t 的步数的增加而增加。接近 t 时，使用无偏估计的好处可能会超过所引入的方差。随着 n 的增加，估计中的方差可能会开始成为问题，而变成方差较小但有偏差的估计更好。实际奖励的步数 n 控制着两者之间的权衡。

结合 Q^π 的 n 步估计和$\hat{V}^\pi(s_t)$，我们得到了一个估计优势函数的公式，如式 6.8 所示。

$$\begin{aligned}A^\pi_{\text{NSTEP}}(s_t, a_t)&=Q^\pi(s_t, a_t)-V^\pi(s_t)\\&\approx r_t+\gamma r_{t+1}+\gamma^2 r_{t+2}+\cdots+\gamma^n r_{t+n}+\\&\quad\gamma^{n+1}\hat{V}^\pi(s_{t+n+1})-\hat{V}^\pi(s_t)\end{aligned} \tag{6.8}$$

实际奖励的步数 n 控制着优势估计器中的方差量，并且它是一个需要调整的超参数。较小的 n 会导致估计值具有较小的方差但其偏差较大，而较大的 n 会导致估计值具有较大的方差但其偏差较小。

6.2.1.2　估计优势：广义优势估计

广义优势估计(Generalized Advantage Estimation，GAE)[123]由 Schulman 等人提出，是对 n 步回报估计的优势函数的一种改进，它解决了必须明确选择回报步数 n 的问题。GAE 的主要思想是，不选择 n 的单个值，而是混合 n 的多个值。也就是说，用 $n=1$，

2，3，…，k 时计算得出的各个优势的加权平均值来计算优势。GAE 的目的是显著地减小估计量的方差，同时使引入的偏差尽可能小。

GAE 被定义为所有 n 阶前向回报优势的指数加权平均值，如式 6.9 所示。方框 6-1 给出了 GAE 的全部推导。

$$A^{\pi}_{\mathrm{GAE}}(s_t, a_t)=\sum_{\ell=0}^{\infty}(\gamma\lambda)^{\ell}\delta_{t+1}，\text{其中 } \delta_t=r_t+\gamma V^{\pi}(s_{t+1})-V^{\pi}(s_t) \tag{6.9}$$

直观上，GAE 对具有不同偏差和方差的许多优势估计量进行加权平均。GAE 最重视高偏差、低方差的 1 步优势，但使用 2，3，…，n 步的低偏差、高方差估计量也会产生贡献。随着步数的增加，贡献以指数速率衰减。衰减率由系数 λ 控制。因此，λ 越大，方差越大。

方框 6-1　广义优势估计推导

GAE 的推导有一点复杂，但值得深入研究，以了解 GAE 是如何估计优势函数的。幸运的是，最后我们将为 GAE 提供一个简单的表达式，该表达式相当容易实现。

$A^{\pi}_t(n)$ 用于表示使用 n 步前向回报计算的优势估计量。例如，式 6.10 为 $A^{\pi}_t(1)$、$A^{\pi}_t(2)$ 和 $A^{\pi}_t(3)$ 的公式。

$$\begin{aligned}
A^{\pi}_t(1)&=r_t+\gamma V^{\pi}(s_{t+1})-V^{\pi}(s_t)\\
A^{\pi}_t(2)&=r_t+\gamma r_{t+1}+\gamma^2 V^{\pi}(s_{t+2})-V^{\pi}(s_t)\\
A^{\pi}_t(3)&=r_t+\gamma r_{t+1}+\gamma^2 r_{t+2}+\gamma^3 V^{\pi}(s_{t+3})-V^{\pi}(s_t)
\end{aligned} \tag{6.10}$$

GAE 被定义为所有 n 步前向回报优势估计量的指数加权平均值。

$$A^{\pi}_{\mathrm{GAE}}(s_t, a_t)=(1-\lambda)(A^{\pi}_t(1)+\lambda A^{\pi}_t(2)+\lambda^2 A^{\pi}_t(3)+\cdots)，\text{其中 } \lambda\in[0, 1] \tag{6.11}$$

式 6.11 不太容易处理。幸运的是，Schulman 等人[123]引入变量 δ_t 来简化 GAE。

$$\delta_t=r_t+\gamma V^{\pi}(s_{t+1})-V^{\pi}(s_t) \tag{6.12}$$

请注意，$r_t+\gamma V^{\pi}(s_{t+1})$ 是 $Q^{\pi}(s_t, a_t)$ 的 1 步估计量，因此 δ_t 表示使用 1 步前向回报计算的时间步 t 的优势函数。让我们考虑如何使用 δ 表示 n 步优势函数。首先，式 6.10 可以扩展并重写为式 6.13。请注意，在式 6.13 中，到最后一个时间步，所有中间项（$V^{\pi}(s_{t+1})$ 至 $V^{\pi}(s_{t+n-1})$）都被抵消了，仅剩下 $V^{\pi}(s_t)$ 和包含 $V^{\pi}(s_{t+n})$ 的一项，如式 6.10 所示。

$$\begin{aligned}
A^{\pi}_t(1)&=r_t+\gamma V^{\pi}(s_{t+1})-V^{\pi}(s_t)\\
A^{\pi}_t(2)&=r_t+\gamma V^{\pi}(s_{t+1})-V^{\pi}(s_t)+\\
&\quad\ \gamma(r_{t+1}+\gamma V^{\pi}(s_{t+2})-V^{\pi}(s_{t+1}))\\
A^{\pi}_t(3)&=r_t+\gamma V^{\pi}(s_{t+1})-V^{\pi}(s_t)+\\
&\quad\ \gamma(r_{t+1}+\gamma V^{\pi}(s_{t+2})-V^{\pi}(s_{t+1}))+\\
&\quad\ \gamma^2(r_{t+2}+\gamma V^{\pi}(s_{t+3})-V^{\pi}(s_{t+2}))
\end{aligned} \tag{6.13}$$

以这种形式编写优势函数很有用，因为这表明随着时间步的增加，它由多个 1 步优势经 γ 指数加权组成。用 δ 简化式 6.13 中的项可以得到式 6.14。这表明 n 步优势

$A^{\pi}(n)$是指数加权的δ_s（即1阶优势）的总和。

$$\begin{aligned}A_t^{\pi}(1)&=\delta_t\\A_t^{\pi}(2)&=\delta_t+\gamma\delta_{t+1}\\A_t^{\pi}(3)&=\delta_t+\gamma\delta_{t+1}+\gamma^2\delta_{t+2}\end{aligned}\tag{6.14}$$

用δ表示$A^{\pi}(i)$后，我们可以将其代入式6.11并进行简化来得到式6.15所示的GAE的简单表达式。

$$A_{\text{GAE}}^{\pi}(s_t, a_t)=\sum_{\ell=0}^{\infty}(\gamma\lambda)^{\ell}\delta_{t+l}\tag{6.15}$$

GAE和n步优势函数估计都包含折扣系数γ，折扣系数γ控制着与当前奖励相比算法有多“关心”未来的奖励。此外，它们都具有控制偏差-方差权衡的参数：在优势函数中是n，在GAE中是λ。那么我们通过GAE获得了什么？

即便n和λ都控制着偏差和方差的权衡，它们也以不同的方式来控制。n代表一个硬选择，因为它精确地确定了为V函数估计切换高方差奖励的时间点。相反，λ代表一个软选择：λ值越小，V函数估计值的权重就越大，而λ值越大，实际奖励的权重就越大。但是，除非使用$\lambda=0$[㊀]或$\lambda=1$[㊁]，否则仍允许较高或较低的方差估计值做出贡献，因此是软选择。

6.2.2　学习优势函数

我们已经看到了两种估计优势函数的方法。这两种方法均假设可以访问V^{π}的估计值，如下所示。

$$A_{\text{NSTEP}}^{\pi}(s_t, a_t)\approx r_t+\gamma r_{t+1}+\cdots+\gamma^n r_{t+n}+\gamma^{n+1}\hat{V}^{\pi}(s_{t+n+1})-\hat{V}^{\pi}(s_t)\tag{6.16}$$

$$A_{\text{GAE}}^{\pi}(s_t, a_t)\approx\sum_{\ell=0}^{\infty}(\gamma\lambda)^{\ell}\delta_{t+l},\quad \text{其中 } \delta_t=r_t+\gamma\hat{V}^{\pi}(s_{t+1})-\hat{V}^{\pi}(s_t)\tag{6.17}$$

我们使用TD学习来学习V^{π}，就像使用它来学习DQN中的Q^{π}一样。简而言之，学习过程如下：使用θ对V^{π}进行参数化，为智能体收集的每个经验生成V_{tar}^{π}，并使用MSE等回归损失来最小化$\hat{V}^{\pi}(s;\theta)$和V_{tar}^{π}之间的差异。重复此过程很多步。

V_{tar}^{π}可以使用任何合适的估计来生成。最简单的方法是设置$V_{\text{tar}}^{\pi}(s)=r+\hat{V}^{\pi}(s';\theta)$。如式6.18所示，这可以自然地推广到$n$步估计。

$$V_{\text{tar}}^{\pi}(s_t)=r_t+\gamma r_{t+1}+\cdots+\gamma^n r_{t+n}+\gamma^{n+1}\hat{V}^{\pi}(s_{t+n+1})\tag{6.18}$$

或者，我们可以对式6.19所示的V_{tar}^{π}使用蒙特卡罗估计。

$$V_{\text{tar}}^{\pi}(s_t)=\sum_{t'=t}^{T}\gamma^{t'-t}r_{t'}\tag{6.19}$$

又或者，我们可以设置：

$$V_{\text{tar}}^{\pi}(s_t)=A_{\text{GAE}}^{\pi}(s_t, a_t)+\hat{V}^{\pi}(s_t)\tag{6.20}$$

㊀ 这将GAE缩减为1步优势函数估计——这是回报的时序差分估计。

㊁ 在这种情况下，估计中仅使用实际的奖励——这是回报的蒙特卡罗估计。

实际上，为了避免额外的计算，V^{π}_{tar} 的选择通常与用于估计优势的方法有关。例如，当使用 n 步回报估计优势时，可以使用式 6.18；而使用 GAE 估计优势时，可以使用式 6.20。

在学习 $\hat{V}^{\pi}$ 时，也可以使用更高级的优化过程。例如，在 GAE 论文[123]中，使用了信任域法学习 $\hat{V}^{\pi}$。

6.3 A2C 算法

这里，我们将演员和评论家组合在一起，形成优势演员-评论家(A2C)算法，如算法 6-1 所示。

算法 6-1　A2C 算法

```
设置熵正则化权重 β≥0
设置演员学习率 α_A≥0
设置评论家学习率 α_C≥0
随机初始化演员和评论家两个网络的参数 θ_A、θ_C ⊖
for episode = 0, …, MAX_EPISODE do
  使用当前策略，通过在环境中动作收集并存储数据(s_t, a_t, r_t, s'_t)
  for t=0, …, T do
    使用评论家网络 θ_C 计算 V 值 V̂^π(s_t)
    使用评论家网络 θ_C 计算优势 Â^π(s_t, a_t)
    使用评论家网络 θ_C 和/或轨迹数据计算 V̂^π_tar(s_t)
    可选的，使用演员网络 θ_A 来计算当前策略分布的熵 H_t，否则，设置 β=0
  end for
  计算值损失，例如使用 MSE：
  L_val(θ_C) = (1/T) Σ_{t=0}^{T} (V̂^π(s_t) − V^π_tar(s_t))²
  计算策略损失：
  L_pol(θ_A) = (1/T) Σ_{t=0}^{T} (−Â^π(s_t, a_t) log π_θA(a_t|s_t) − βH_t)
  更新评论家参数，例如使用 SGD ⊜：
  θ_C = θ_C + α_C ∇_θC L_val(θ_C)
  更新演员参数，例如使用 SGD：
  θ_A = θ_A + α_A ∇_θA L_pol(θ_A)
end for
```

到目前为止，我们研究的每个算法都注重学习以下两件事中的一件：如何动作(策略)或如何评估动作(评论家)。演员-评论家算法将两者结合起来学习。除此之外，训练循环的每个元素看起来都似曾相识，因为它们是本书前面介绍的算法的一部分。让我们

⊖ 请注意，演员和评论家可以是单独的网络，也可以是共享的网络。更多细节见 6.5 节。

⊜ 随机梯度下降。

一步一步地学习算法 6-1。

- 第 1～3 行：设置重要的超参数的值：β、α_A、α_C。β 确定要使用多少熵正则化(更多信息请参见下文)。α_A 和 α_C 是优化每个网络时使用的学习率。它们可以相同也可以不同。这些值取决于我们要解决的 RL 问题，因此需要凭经验确定。
- 第 4 行：随机初始化两个网络的参数。
- 第 6 行：使用当前策略网络 θ_A 收集一些数据。该算法显示的是事件训练，但该方法也适用于批量训练。
- 第 8～10 行：对于事件中的每一个(s_t, a_t, r_t, s_t')经验，使用评论家网络计算$\hat{V}^\pi(s_t)$、$V_{\text{tar}}^\pi(s_t)$和$\hat{A}^\pi(s_t, a_t)$。
- 第 11 行：对于事件中的每一个(s_t, a_t, r_t, s_t')经验，可以选择使用演员网络来计算当前策略分布 π_{θ_A} 的熵。方框 6-2 中详细讨论了熵的作用。
- 第 13～14 行：计算值损失。与 DQN 算法一样，我们选择 MSE[㊀] 作为$\hat{V}^\pi(s_t)$和$V_{\text{tar}}^\pi(s_t)$之间距离的度量。当然，也可以使用任何其他适当的损失函数，例如 Huber 损失。
- 第 15～16 行：计算策略损失。它具有与 REINFORCE 算法相同的形式，并增加了可选的熵正则化项。注意，我们正在使损失最小化，但是想最大化策略梯度，因此和 REINFORCE 中的一样在$\hat{A}^\pi(s_t, a_t)\log\pi_{\theta_A}(a_t|s_t)$前面加负号。
- 第 17～18 行：使用值损失的梯度更新评论家参数。
- 第 19～20 行：使用策略的梯度更新演员参数。

方框 6-2　熵正则化

熵正则化的作用是鼓励通过各种动作进行探索。这个想法由 Williams 和 Peng 于 1991 年首次提出[149]，此后它成为涉及策略梯度的强化学习算法的主流修改。

为了理解为什么它鼓励探索，我们首先要注意的是，更均匀的分布具有更高的熵。策略的动作分布越均匀，它产生的动作就越多样化。相反，不太均匀且产生类似动作的策略的熵值较低。

让我们看看为什么式 6.21 所示的对策略梯度的熵修改会鼓励更均匀的策略。

$$L_{\text{pol}}(\theta_A) = \frac{1}{T}\sum_{i=0}^{T}(-\hat{A}^\pi(s_t, a_t)\log\pi_{\theta_A}(a_t|s_t) - \beta H_t) \tag{6.21}$$

熵 H 和 β 始终非负，因此 $-\beta H$ 始终为负。当策略特别不均匀时，熵会降低，$-\beta H$ 会增加并且对损失的贡献更大，因此会鼓励策略变得更加均匀。相反，当策略更均匀时，熵会增加，$-\beta H$ 会减小并且对损失的贡献更小，因此该策略几乎没有动机通过熵发生变化。

以这种方式修改损失表示对更多种动作的偏爱，但前提是它不会使$\hat{A}^\pi(s_t, a_t)\log\pi_{\theta_A}(a_t|s_t)$这一项下降太多。目标的这两项之间的平衡是通过 β 参数控制的。

㊀ 均方误差。

6.4 实现 A2C

我们现在拥有了实现演员-评论家算法所需的所有元素。主要部分有：

- 优势估计，例如，n 步回报或 GAE。
- 值损失和策略损失。
- 训练循环。

在下面的内容中，我们将讨论上述主要部分的实现，最后介绍将它们组合在一起的训练循环。由于演员-评论家在概念上扩展了 REINFORCE，因此它是通过从 Reinforce 类继承来实现的。

演员-评论家也是一种同策略算法，因为演员的部分使用策略梯度学习策略。因此，我们使用同策略的 Memory 来训练演员-评论家算法，例如以事件方式训练的 onPolicyReplay，或者使用批量数据训练的 OnPolicyBatchReplay。下面的代码适用于这两种方法。

6.4.1 优势估计

6.4.1.1 n 步回报的优势估计

实现 n 步 Q^{π} 估计的主要技巧是我们可以按顺序访问在一个事件中收到的奖励。我们可以利用向量运算并行计算批次中每个元素的 n 个奖励的折扣和，如代码 6-1 所示。方法如下：

1. 初始化向量 rets 以填充 Q 值的估计值，即 n 步回报(第 4 行)。

2. 为了提高效率，计算是从最后一项到第一项进行的。future_ret 是一个占位符，用于在我们向后工作时累积总的奖励(第 5 行)。而由于 n 步 Q 值估计中的最后一项是 $\hat{V}^{\pi}(s_{t+n+1})$，因此 future_ret 被初始化为 next_v_pred。

3. not_dones 是一个二进制变量，用于处理事件边界并阻止总和在不同事件之间的传播。

4. 请注意，如第 8 行所示，n 步 Q 值估计是递归定义的，即 $Q_{\text{current}}=r_{\text{current}}+\gamma Q_{\text{next}}$。

代码 6-1 实现演员-评论家算法：计算 n 步 $\hat{Q}^{\pi}(s, a)$

```
1  # slm_lab/lib/math_util.py
2
3  def calc_nstep_returns(rewards, dones, next_v_pred, gamma, n):
4      rets = torch.zeros_like(rewards)
5      future_ret = next_v_pred
6      not_dones = 1 - dones
7      for t in reversed(range(n)):
8          rets[t] = future_ret = rewards[t] + gamma * future_ret * not_dones[t]
9      return rets
```

现在，ActorCritic 类需要一个方法来计算优势估计值和目标 V 值，来分别计算策略损失和值损失。如代码 6-2 所示，这相对来说比较简单。

重要的是要强调有关 advs 和 v_targets 的细节，从第 9～11 行中的 torch.no_grad() 和.detach()操作可以看出，它们没有梯度。在策略损失(式 6.1)中，优势仅充当策略对数概率的梯度的标量乘数。至于算法 6-1(第 13～14 行)中的值损失，我们假设目标 V 值是固定的，而目标是训练评论家来预测与其紧密匹配的 V 值。

代码 6-2　实现演员-评论家算法：计算 n 步优势和目标 V 值

```
1  # slm_lab/agent/algorithm/actor_critic.py
2
3  class ActorCritic(Reinforce):
4      ...
5
6      def calc_nstep_advs_v_targets(self, batch, v_preds):
7          next_states = batch['next_states'][-1]
8          ...
9          with torch.no_grad():
10             next_v_pred = self.calc_v(next_states, use_cache=False)
11         v_preds = v_preds.detach()  # adv does not accumulate grad
12         ...
13         nstep_rets = math_util.calc_nstep_returns(batch['rewards'],
           ↪  batch['dones'], next_v_pred, self.gamma, self.num_step_returns)
14         advs = nstep_rets - v_preds
15         v_targets = nstep_rets
16         ...
17         return advs, v_targets
```

6.4.1.2 基于 GAE 的优势估计

代码 6-3 所示的 GAE 的实现与 n 步的实现非常相似。它使用相同的反向计算，只是我们需要在每个时间步上额外增加一步来计算 δ 项(第 11 行)。

代码 6-3　实现演员-评论家算法：计算 GAE

```
1  # slm_lab/lib/math_util.py
2
3  def calc_gaes(rewards, dones, v_preds, gamma, lam):
4      T = len(rewards)
5      assert T + 1 == len(v_preds)  # v_preds includes states and 1 last
       ↪  next_state
6      gaes = torch.zeros_like(rewards)
7      future_gae = torch.tensor(0.0, dtype=rewards.dtype)
8      # to multiply with not_dones to handle episode boundary (last state has no
       ↪  V(s'))
9      not_dones = 1 - dones
10     for t in reversed(range(T)):
11         delta = rewards[t] + gamma * v_preds[t + 1] * not_dones[t] -
           ↪  v_preds[t]
12         gaes[t] = future_gae = delta + gamma * lam * not_dones[t] * future_gae
13     return gaes
```

同样，在代码 6-4 中，用于计算优势和目标 V 值的 Actor Critic 类方法与 n 步非常相似，但有两个重要区别。首先，calc_gaes(第 14 行)返回全部优势估计，而在 n 步的情况下 calc_nstep_returns 返回 Q 值估计。为了恢复目标 V 值，我们需要添加预测的 V 值(第 15 行)。其次，一个比较好的做法是标准化 GAE 优势估计(第 16 行)。

代码 6-4 实现演员-评论家算法：计算 GAE 优势和目标 V 值

```
1  # slm_lab/agent/algorithm/actor_critic.py
2
3  class ActorCritic(Reinforce):
4      ...
5
6      def calc_gae_advs_v_targets(self, batch, v_preds):
7          next_states = batch['next_states'][-1]
8          ...
9          with torch.no_grad():
10             next_v_pred = self.calc_v(next_states, use_cache=False)
11         v_preds = v_preds.detach()  # adv does not accumulate grad
12         ...
13         v_preds_all = torch.cat((v_preds, next_v_pred), dim=0)
14         advs = math_util.calc_gaes(batch['rewards'], batch['dones'],
           ↪  v_preds_all, self.gamma, self.lam)
15         v_targets = advs + v_preds
16         advs = math_util.standardize(advs)  # standardize only for advs, not
           ↪  v_targets
17         ...
18         return advs, v_targets
```

6.4.2 计算值损失和策略损失

在代码 6-5 中，策略损失的形式与 REINFORCE 实现中的形式相同。唯一的区别是，它利用优势而不是回报作为强化信号，因此我们可以继承和重用 REINFORCE 中的方法(第 7 行)。

值损失只是$\hat{V}^{\pi}$(v_preds)和 V^{π}_{tar}(v_targets)之间误差的度量。通过在 spec 文件中设置 net. loss_spec 参数，我们可以选择任何合适的度量标准，例如 MSE。这将初始化第 11 行中使用的损失函数 self. net_loss_fn。

代码 6-5 实现演员-评论家算法：两种损失函数

```
1  # slm_lab/agent/algorithm/actor_critic.py
2
3  class ActorCritic(Reinforce):
4      ...
5
6      def calc_policy_loss(self, batch, pdparams, advs):
7          return super().calc_policy_loss(batch, pdparams, advs)
8
```

```
    def calc_val_loss(self, v_preds, v_targets):
        assert v_preds.shape == v_targets.shape, f'{v_preds.shape} !=
        ↪  {v_targets.shape}'
        val_loss = self.val_loss_coef * self.net.loss_fn(v_preds, v_targets)
        return val_loss
```

6.4.3 演员-评论家训练循环

我们可以使用分开的网络或单个共享网络来实现演员和评论家，这反映在代码 6-6 的 train 方法中。第 10～15 行计算用于训练的策略损失和值损失。如果实际实施中使用共享网络(第 16 行)，则将两种损失合并用于训练网络(第 17～18 行)。如果演员和评论家是分开的网络，则将两种损失分别用于训练相关的网络(第 20～21 行)。6.5 节将详细介绍网络架构。

代码 6-6　实现演员-评论家算法：训练方法

```
1  # slm_lab/agent/algorithm/actor_critic.py
2
3  class ActorCritic(Reinforce):
4      ...
5
6      def train(self):
7          ...
8          clock = self.body.env.clock
9          if self.to_train == 1:
10             batch = self.sample()
11             clock.set_batch_size(len(batch))
12             pdparams, v_preds = self.calc_pdparam_v(batch)
13             advs, v_targets = self.calc_advs_v_targets(batch, v_preds)
14             policy_loss = self.calc_policy_loss(batch, pdparams, advs) # from
               ↪  actor
15             val_loss = self.calc_val_loss(v_preds, v_targets)  # from critic
16             if self.shared:  # shared network
17                 loss = policy_loss + val_loss
18                 self.net.train_step(loss, self.optim, self.lr_scheduler,
                   ↪  clock=clock, global_net=self.global_net)
19             else:
20                 self.net.train_step(policy_loss, self.optim,
                   ↪  self.lr_scheduler, clock=clock,
                   ↪  global_net=self.global_net)
21                 self.critic_net.train_step(val_loss, self.critic_optim,
                   ↪  self.critic_lr_scheduler, clock=clock,
                   ↪  global_net=self.global_critic_net)
22                 loss = policy_loss + val_loss
23             # reset
24             self.to_train = 0
25             return loss.item()
26         else:
27             return np.nan
```

6.5 网络架构

在演员-评论家算法中，我们学习两个参数化函数：π（演员）和 $V^{\pi}(s)$（评论家）。这使该算法与我们迄今为止看到的所有其他仅学习一个函数的算法有所不同。自然，在设计神经网络时也需要考虑更多因素。它们应该共享参数吗？如果是这样，共享多少呢？

共享一些参数有其优点和缺点。从概念上讲，它更具吸引力，因为针对同一任务，学习 π 和学习 $V^{\pi}(s)$是相关的。学习 $V^{\pi}(s)$与有效评估状态有关，而学习 π 与了解如何在状态中采取好的动作有关，它们共享相同的输入。在这两种情况下，好的函数逼近都涉及学习如何表示状态空间，以便将相似的状态聚集在一起。因此，共享状态空间的较低级别的学习有可能对这两种逼近有好处。此外，共享参数有助于减少可学习参数的总数，因此可以提高算法的采样效率。这对于演员-评论家算法尤其重要，因为策略可由所学的评论家来加强。如果演员和评论家的网络是分开的，则在评论家变得合理之前，演员可能不会学到任何有用的东西，这可能需要很多次训练。但是，如果它们共享参数，则演员可以从评论家正在学习的状态表示中受益。

图 6-1 右侧所示的高级共享网络架构显示了参数共享通常是怎样在演员-评论家算法中起作用的。演员和评论家共享低层网络，这可以解释为学习状态空间的公共表示。它们在网络顶部分别有一个或多个独立的层，这是由于每个网络的输出空间是不同的：对于演员，输出空间是动作的概率分布；对于评论家，输出空间是表示 $V^{\pi}(s)$的单个标量值。然而，由于这两个网络承担着不同的任务，因此我们也应该清楚它们的确需要一些专门的参数才能很好地起作用。这可以是共享网络部分上连接的单个层或多个层。此外，演员特有的层和评论家特有的层在数量或类型上不必相同。

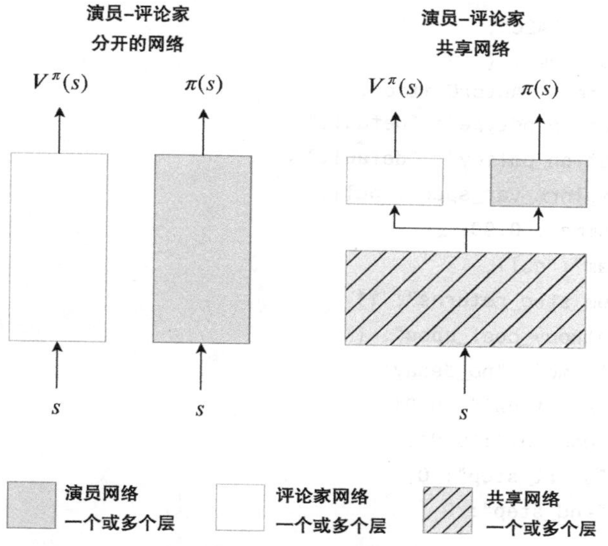

图 6-1 演员-评论家网络架构：共享网络和分开的网络（见彩插）

共享参数的一个严重缺点是它会使学习更加不稳定。这是因为有两部分的梯度（演员的策略梯度和评论家的值函数梯度）同时通过网络反向传播。这两个梯度可能有不同的尺度，因此需要平衡这些尺度才能使智能体学得更好[75]。例如，策略损失的对数概率部分的范围是(−∞，0]，并且优势函数的绝对值可能非常小，特别是在动作分辨率⊖很小的情况下。这两个因素的结合会导致策略损失的绝对值很小。另一方面，值损失的尺度与值正处于的状态有关，且关系可能很大。

平衡两个可能有不同尺度的梯度通常是通过在其中一个损失上添加标量权重来实现的，即将其放大或缩小。例如，代码 6-5 中的值损失用 self. val_loss_coef 进行缩放(第 11 行)。但是，这也将成为训练时要调整的另一个超参数。

6.6 训练 A2C 智能体

在本节中，我们展示如何使用不同的优势估计来训练演员-评论家智能体来玩 Atari Pong——首先是 n 步回报，然后是 GAE。接着，我们将带有 GAE 的 A2C 应用于连续控制环境 BipedalWalker。

6.6.1 在 Pong 上使用 n 步回报的 A2C 算法

代码 6-7 中显示了一个 spec 文件，该文件将演员-评论家智能体配置为 n 步回报优势估计。该文件位于 SLM Lab 中的 slm_lab/spec/benchmark/a2c/a2c_nstep_pong. json。

代码 6-7　使用 n 步回报的 A2C：spec 文件

```
# slm_lab/spec/benchmark/a2c/a2c_nstep_pong.json

{
  "a2c_nstep_pong": {
    "agent": [{
      "name": "A2C",
      "algorithm": {
        "name": "ActorCritic",
        "action_pdtype": "default",
        "action_policy": "default",
        "explore_var_spec": null,
        "gamma": 0.99,
        "lam": null,
        "num_step_returns": 11,
        "entropy_coef_spec": {
          "name": "no_decay",
          "start_val": 0.01,
          "end_val": 0.01,
          "start_step": 0,
          "end_step": 0
```

⊖ 分辨率可以解释为时间步之间经过的模拟时间。高分辨率环境以细粒度方式模拟时间。这意味着从一个状态到下一个状态的变化很小，因为只经过了少量的“时间”。低分辨率环境更粗略地模拟时间，导致从一个状态到下一个状态的变化更大。

```
        },
        "val_loss_coef": 0.5,
        "training_frequency": 5
      },
      "memory": {
        "name": "OnPolicyBatchReplay"
      },
      "net": {
        "type": "ConvNet",
        "shared": true,
        "conv_hid_layers": [
          [32, 8, 4, 0, 1],
          [64, 4, 2, 0, 1],
          [32, 3, 1, 0, 1]
        ],
        "fc_hid_layers": [512],
        "hid_layers_activation": "relu",
        "init_fn": "orthogonal_",
        "normalize": true,
        "batch_norm": false,
        "clip_grad_val": 0.5,
        "use_same_optim": false,
        "loss_spec": {
          "name": "MSELoss"
        },
        "actor_optim_spec": {
          "name": "RMSprop",
          "lr": 7e-4,
          "alpha": 0.99,
          "eps": 1e-5
        },
        "critic_optim_spec": {
          "name": "RMSprop",
          "lr": 7e-4,
          "alpha": 0.99,
          "eps": 1e-5
        },
        "lr_scheduler_spec": null,
        "gpu": true
      }
    }],
    "env": [{
      "name": "PongNoFrameskip-v4",
      "frame_op": "concat",
      "frame_op_len": 4,
      "reward_scale": "sign",
      "num_envs": 16,
      "max_t": null,
      "max_frame": 1e7
```

```
70        }],
71        "body": {
72          "product": "outer",
73          "num": 1,
74        },
75        "meta": {
76          "distributed": false,
77          "log_frequency": 10000,
78          "eval_frequency": 10000,
79          "max_session": 4,
80          "max_trial": 1
81        }
82      }
83    }
```

让我们逐步了解其主要组成部分：

- **算法**：算法为演员-评论家(第 8 行)，动作策略是离散动作空间(类别分布)的默认策略(第 10 行)。γ 在第 12 行设置。如果为 λ 指定 lam(不为空)，则使用 GAE 来估计优势，如果指定 num_step_returns，则使用 n 步回报(第 13～14 行)。熵系数及其在训练过程中的衰减在第 15～21 行中指定。值损失系数在第 22 行中指定
- **网络架构**：具有 3 个卷积层和 1 个带有 ReLU 激活函数的全连接层的卷积神经网络(第 29～37 行)。演员和评论家使用第 30 行中指定的共享网络。如果 GPU 可用，则在 GPU 上训练该网络(第 59 行)。
- **优化器**：优化器是 RMSprop[50]，学习率为 0.0007(第 46～51 行)。如果要改为使用单独的网络，则可以通过将 use_same_optim 设置为 false(第 42 行)来为评论家网络指定不同的优化器设置(第 52～57 行)。由于现在网络是共享的，因此该设置不起作用。不使用学习率衰减(第 58 行)。
- **训练频率**：训练是分批进行的，因为我们选择了 OnPolicyBatchReplay 内存(第 26 行)，并且批大小为 5×16。这由 training_frequency(第 23 行)和并行环境的数量(第 67 行)控制。并行环境将在第 8 章讨论。
- **环境**：环境是 Atari Pong[14,18](第 63 行)。
- **训练时间**：训练包括 1000 万个时间步(第 69 行)。
- **评测**：每 1 万个时间步评测一次智能体(第 78 行)。

使用 SLM Lab 训练该演员-评论家智能体，在终端运行的命令如代码 6-8 所示。智能体应以 −21 的分数开始，并且平均在 200 万帧后接近最高分数 21。

代码 6-8 使用 n 步回报的 A2C：训练智能体

```
conda activate lab
python run_lab.py slm_lab/spec/benchmark/a2c/a2c_nstep_pong.json
↪ a2c_nstep_pong train
```

我们运行一个训练 Trial 4 个 Session 来求得平均结果。在 GPU 上运行时，整个试验大约需要半天才能完成。试验图及其移动平均值如图 6-2 所示。

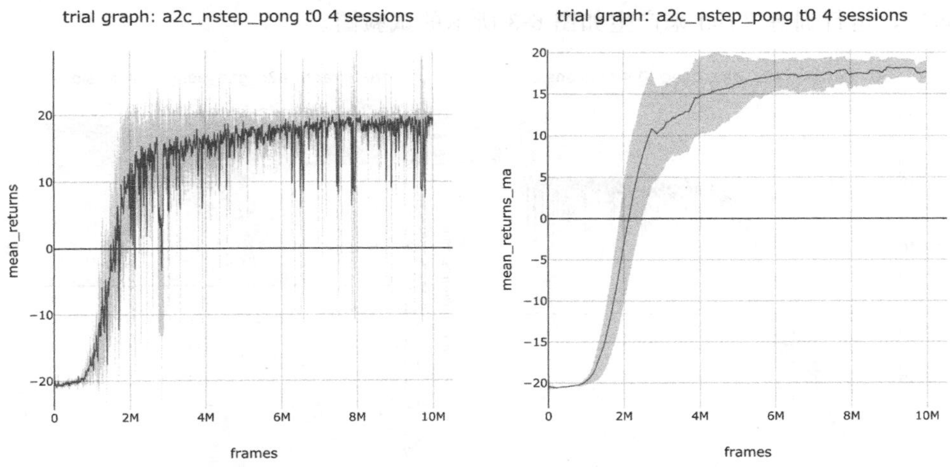

a）试验图　　b）带移动平均值的试验图

图 6-2　通过 SLM Lab 对 4 个 Session 取平均后的演员-评论家（使用 n 步回报）的试验图。纵轴显示在检查点上 8 个事件的平均总奖励，横轴显示总训练帧。带有 100 个评测检查点的窗口的移动平均值版本显示在右侧

6.6.2　在 Pong 上使用 GAE 的 A2C 算法

接下来，要从 n 步回报切换到 GAE，只需修改代码 6-7 中的 spec 文件来为 lam 指定一个值，并将 num_step_returns 设置为 null，如代码 6-9 所示。该文件可从 SLM Lab 中的 slm_lab/spec/benchmark/a2c/a2c_gae_pong.json 获得。

代码 6-9　使用 GAE 的 A2C 算法：spec 文件

```
# slm_lab/spec/benchmark/a2c/a2c_gae_pong.json

{
  "a2c_gae_pong": {
    "agent": [{
      "name": "A2C",
      "algorithm": {
        ...
        "lam": 0.95,
        "num_step_returns": null,
        ...
  }
}
```

然后，在终端中运行代码 6-10 中显示的命令以训练智能体。

代码 6-10　使用 GAE 的 A2C 算法：训练智能体

```
conda activate lab
python run_lab.py slm_lab/spec/benchmark/a2c/a2c_gae_pong.json a2c_gae_pong
↪  train
```

同样，运行训练 Trial 来产生如图 6-3 所示的试验图。

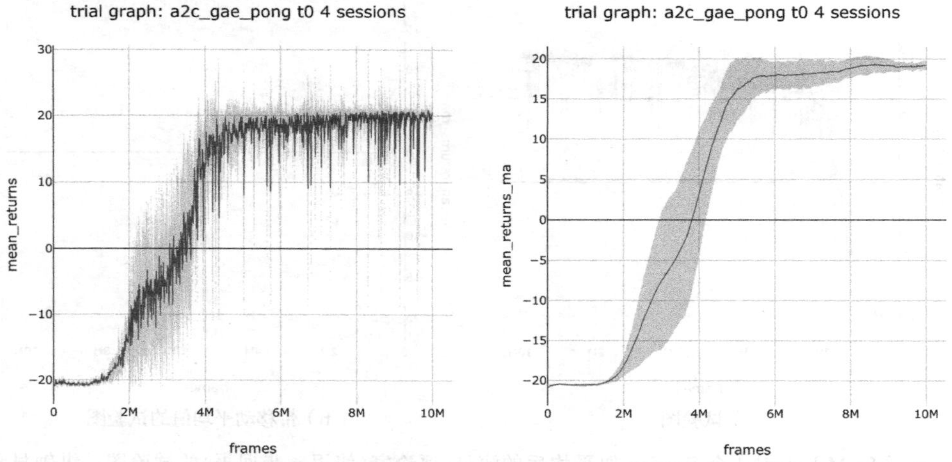

a）试验图　　b）带移动平均值的试验图

图 6-3　通过 SLM Lab 对 4 个 Session 取平均后的演员-评论家（使用 GAE）的试验图

6.6.3　在 BipedalWalker 上使用 n 步回报的 A2C 算法

到目前为止，我们一直在离散环境上进行训练。回想一下，基于策略的方法也可以直接应用于连续控制问题。现在，我们来看一下 1.1 节中介绍 BipedalWalker 环境。

代码 6-11 显示了一个 spec 文件，该文件为 BipedalWalker 环境配置了具有 n 步回报智能体的 A2C。该文件位于 SLM Lab 中的 slm_lab/spec/benchmark/a2c/a2c_nstep_cont.json。特别要注意网络架构（第 29～31 行）和环境（第 54～57 行）的变化。

代码 6-11　在 BipedalWalker 上使用 n 步回报的 A2C：spec 文件

```
1  # slm_lab/spec/benchmark/a2c/a2c_nstep_cont.json
2
3  {
4    "a2c_nstep_bipedalwalker": {
5      "agent": [{
6        "name": "A2C",
7        "algorithm": {
8          "name": "ActorCritic",
9          "action_pdtype": "default",
10         "action_policy": "default",
11         "explore_var_spec": null,
12         "gamma": 0.99,
13         "lam": null,
14         "num_step_returns": 5,
15         "entropy_coef_spec": {
16           "name": "no_decay",
17           "start_val": 0.01,
18           "end_val": 0.01,
19           "start_step": 0,
```

```
          "end_step": 0
        },
        "val_loss_coef": 0.5,
        "training_frequency": 256
      },
      "memory": {
        "name": "OnPolicyBatchReplay",
      },
      "net": {
        "type": "MLPNet",
        "shared": false,
        "hid_layers": [256, 128],
        "hid_layers_activation": "relu",
        "init_fn": "orthogonal_",
        "normalize": true,
        "batch_norm": false,
        "clip_grad_val": 0.5,
        "use_same_optim": false,
        "loss_spec": {
          "name": "MSELoss"
        },
        "actor_optim_spec": {
          "name": "Adam",
          "lr": 3e-4,
        },
        "critic_optim_spec": {
          "name": "Adam",
          "lr": 3e-4,
        },
        "lr_scheduler_spec": null,
        "gpu": false
      }
    }],
    "env": [{
      "name": "BipedalWalker-v2",
      "num_envs": 32,
      "max_t": null,
      "max_frame": 4e6
    }],
    "body": {
      "product": "outer",
      "num": 1
    },
    "meta": {
      "distributed": false,
      "log_frequency": 10000,
      "eval_frequency": 10000,
      "max_session": 4,
      "max_trial": 1
```

```
        }
    }
}
```

在终端中运行代码 6-12 中显示的命令来训练智能体。

代码 6-12 在 BipedalWalker 上使用 *n* 步回报的 A2C：训练智能体

```
conda activate lab
python run_lab.py slm_lab/spec/benchmark/a2c/a2c_nstep_cont.json
↪  a2c_nstep_bipedalwalker train
```

运行训练 Trial，以产生如图 6-4 所示的试验图。

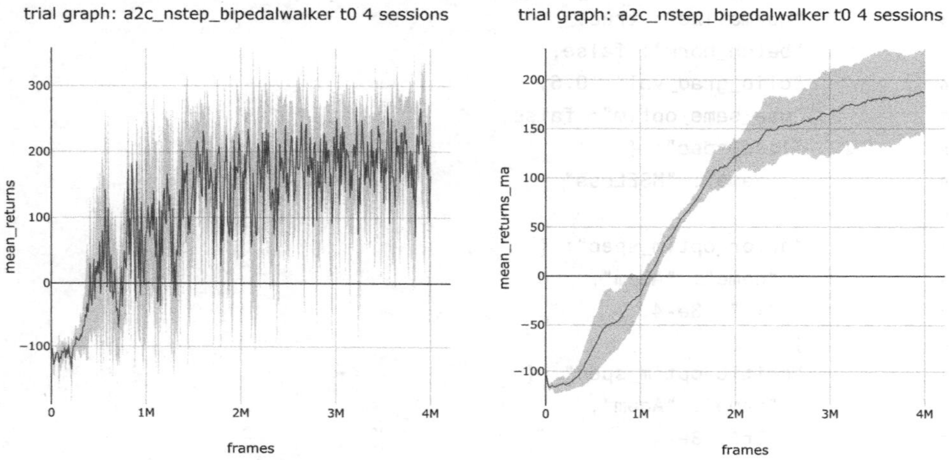

a）试验图　　b）带移动平均值的试验图

图 6-4 通过 SLM Lab 对 4 个 Session 取平均后的在 BipedalWalker 环境上使用 n 步回报的 A2C 的试验图

BipedalWalker 是一个充满挑战的连续环境，当总奖励的移动平均值高于 300 时，可以认为该环境已解决。在图 6-4 中，我们的智能体未在 400 万帧内实现这个目标。我们将在第 7 章中重新讨论这个问题，并做更好的尝试。

6.7 实验结果

在本节中，我们使用 SLM Lab 进行两个演员-评论家实验。第一个实验研究当使用 n 步回报优势估计时时间步的影响。第二个实验研究当使用 GAE 时 λ 的影响。我们使用 Atari Breakout 游戏作为一个更具挑战性的环境。

6.7.1 实验：评估 *n* 步回报的影响

步长 n 控制 n 步回报优势估计中偏差和方差的权衡：n 越大，方差越大。步长 n 是一个可调的超参数。

在这个实验中，我们通过执行网格搜索来研究在演员-评论家中使用不同的 n 值对 n

步回报的影响。该实验的 spec 文件是通过为 num_step_returns 添加一个搜索规范而从代码 6-7 扩展而来的，如代码 6-13 所示。

请注意，我们现在使用的是一个不同的环境，即 Breakout，它比 Pong 更具挑战性。第 4 和第 7 行指定环境的变化。第 19 行为有 n 个值的列表 num_step_returns 指定网格搜索。完整的 spec 文件位于 SLMLab 中的 slm_lab/spec/experimental/a2c/a2c_nstep_n_search.json。

代码 6-13 使用 n 步回报spec 文件和为不同的 n 值(num_step_returns)指定的搜索规范的 A2C 算法

```
1  # slm_lab/spec/experimental/a2c/a2c_nstep_n_search.json
2
3  {
4    "a2c_nstep_breakout": {
5      ...
6      "env": [{
7        "name": "BreakoutNoFrameskip-v4",
8        "frame_op": "concat",
9        "frame_op_len": 4,
10       "reward_scale": "sign",
11       "num_envs": 16,
12       "max_t": null,
13       "max_frame": 1e7
14     }],
15     ...
16     "search": {
17       "agent": [{
18         "algorithm": {
19           "num_step_returns__grid_search": [1, 3, 5, 7, 9, 11]
20         }
21       }]
22     }
23   }
24 }
```

要在 SLM Lab 中运行实验，请使用代码 6-14 中显示的命令。

代码 6-14 如spec 文件中定义的，运行实验来在 n 步回报中搜索不同的步长 n

```
conda activate lab
python run_lab.py slm_lab/spec/experimental/a2c/a2c_nstep_n_search.json
↪  a2c_nstep_breakout search
```

这将运行一个实验，产生 6 个试验，每个试验有不同的 num_step_returns 值，并代替了原来的演员-评论家规范。每个试验运行 4 个会话，以获得平均值。多试验图如图 6-5 所示。

图 6-5 显示了在 Breakout 环境中不同的 n 步回报步长对演员-评论家的影响。越大的步长 n 表现得越好，我们还可以看到 n 不是一个非常敏感的超参数。当 $n=1$ 时，n 步回

报减少到回报的时序差分估计，这在本实验中会产生最差的性能。

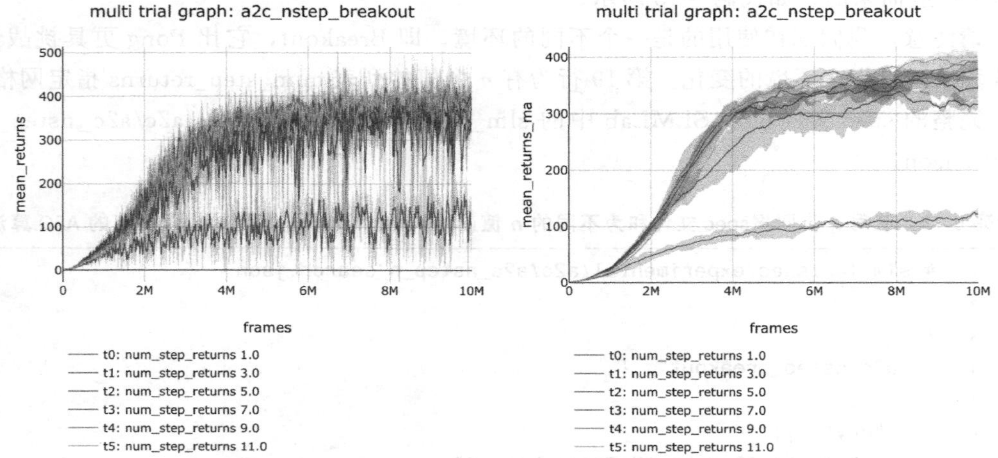

a）多试验图　　　　b）带移动平均值的多试验图

图 6-5　演员-评论家不同 n 步回报步长对 Breakout 环境的影响。步长 n 越大，性能越好(见彩插)

6.7.2　实验：评估 GAE 中 λ 的影响

回想一下，GAE 是指对所有 n 步回报优势的指数加权平均，衰减因子 λ 越高，估计方差越大。λ 是一个针对特定问题进行调整的超参数。

在这个实验中，我们通过执行网格搜索来观察在演员-评论家中使用不同的 λ 值对 GAE 的影响。实验的 spec 文件通过为 lam 添加搜索规范而从代码 6-9 扩展而来，如代码 6-15 所示。

我们也将使用 Breakout 环境。第 4 和第 7 行指定环境中的变化。第 19 行指定对 λ 值列表的网格搜索 lam。完整的 spec 文件位于 SLM Lab 中的 slm_lab/spec/experimental/a2c/a2c_gae_lam_search.json。

代码 6-15　为不同的 GAE λ 值指定搜索规范lam 的演员-评论家*spec* 文件

```
1  # slm_lab/spec/experimental/a2c/a2c_gae_lam_search.json
2
3  {
4    "a2c_gae_breakout": {
5      ...
6      "env": [{
7        "name": "BreakoutNoFrameskip-v4",
8        "frame_op": "concat",
9        "frame_op_len": 4,
10       "reward_scale": "sign",
11       "num_envs": 16,
12       "max_t": null,
13       "max_frame": 1e7
14     }],
```

```
    ...
    "search": {
      "agent": [{
        "algorithm": {
          "lam__grid_search": [0.50, 0.70, 0.90, 0.95, 0.97, 0.99]
        }
      }]
    }
  }
}
```

要在 SLM Lab 中运行实验，请使用代码 6-16 中显示的命令。

代码 6-16 运行一个实验来搜索spec 文件中定义的 GAE λ 的不同值

```
conda activate lab
python run_lab.py slm_lab/spec/experimental/a2c/a2c_gae_lam_search.json
↪  a2c_gae_breakout search
```

上述命令将运行一个实验，产生 6 个试验，每个试验都有不同的 lam 值，代替了原来的演员-评论家规范。每个试验运行 4 个 Session 以获得平均值。多试验图如图 6-6 所示。

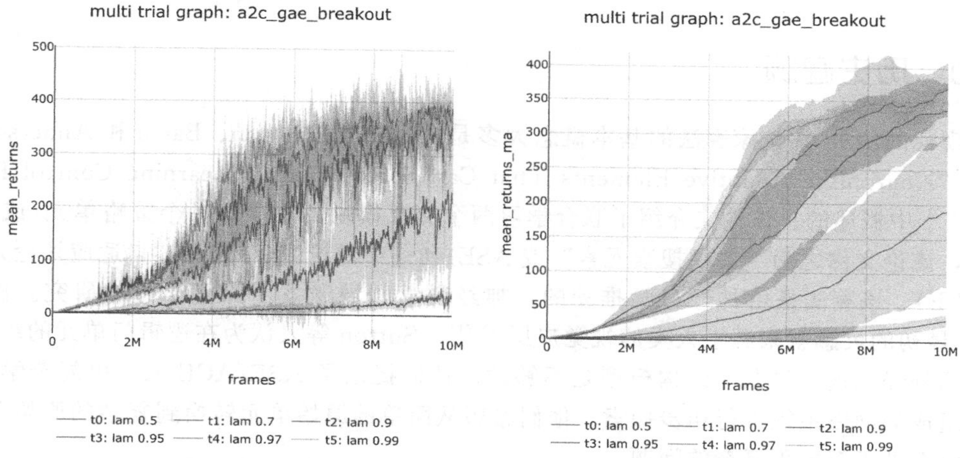

a）多重试验图　　b）带移动平均值的多重试验图

图 6-6 在 Breakout 环境中，不同的 GAE λ 的值对演员-评论家的影响。$\lambda=0.97$ 表现最好，然后是 $\lambda=0.90$ 和 0.99(见彩插)

如图 6-6 所示，$\lambda=0.97$ 表现最好，分数接近 400，然后是 $\lambda=0.90$ 和 0.99。该实验还证明了 λ 不是一个非常敏感的超参数。当 λ 偏离最优值时，性能仅受到轻微影响。例如，$\lambda=0.70$ 仍然会产生良好的结果，但 $\lambda=0.50$ 会产生较差的性能。

6.8 总结

本章介绍了演员-评论家算法。我们看到这些算法有两个组成部分：一个演员和一个评论家。演员学习策略 π，评论家学习值函数 $\hat{V}^{\pi}$。所学习的 $\hat{V}^{\pi}$ 用于与实际奖励相结合，为策略生成强化信号。强化信号往往是优势函数。

演员-评论家算法结合了前面几章介绍的基于策略和基于值的方法的思想。优化演员类似于 REINFORCE，但使用的是学习到的强化信号，而不是根据当前奖励轨迹生成的蒙特卡罗估计。优化评论家类似于 DQN，它使用自举时序差分学习技术。

本章讨论了两种估计优势函数的方法：n 步回报和 GAE。每种方法都允许用户通过选择奖励的实际轨迹相对于值函数估计 $\hat{V}^{\pi}$ 的权重来控制优势中的偏差和方差。n 步优势估计有一个由 n 控制的硬性界限，而 *GAE* 有一个由参数 λ 控制的软性界限。

本章最后讨论了为演员-评论家算法设计神经网络架构的两种方法：共享参数，或保持演员网络和评论家网络完全分离。

6.9 扩展阅读

- "Neuronlike Adaptive Elements That Can Solve Difficult Learning Control Problems," Barto et al., 1983 [11].
- "High Dimensional Continuous Control with Generalized Advantage Estimation," Schulman et al., 2015 [123].
- "Trust Region Policy Optimization," Schulman et al., 2015 [122].

6.10 历史回顾

现代的演员-评论家算法的基本概念大多是在 1983 年 Sutton、Barto 和 Anderson 的论文"Neuronlike Adaptive Elements That Can Solve Difficult Learning Control Problems"[11] 中概述的。该论文介绍了联合学习两个交互模块的思想：一个策略单元(或叫作演员，该论文称之为"关联搜索元素"或 ASE)和一个评论家(称之为"自适应评论元素"或 ACE)。该算法是由神经科学推动的，神经科学领域激发了深度学习的研究。例如，CNN 最初的灵感就来源于人类的视觉皮层[43,71]。Sutton 等人认为在逻辑门单元的级别上建立像神经元这样复杂的结构模型是不够的。他们提出了 ASE/ACE 来对由复杂学习子单元组成的网络系统进行初步探索。他们希望从简单的原始单元转换到复杂的原始单元，而这将有助于解决更复杂的问题。

ACE 这个名字很可能是受 Widrow 等人[146] 的启发。在 1973 年，Widrow 等人使用"与评论家一起学习"来将 RL 与可称为"与老师一起学习"的监督学习(SL)区分开[11]㊀。然而，使用学习的评论家来增强系统另一部分的强化信号是新颖的。Sutton 等人非常清楚地解释了 ACE 的目的：

> 它(ACE)自适应地开发了一个评价函数，比直接从学习系统的环境中获得的评价函数更具信息性。这减少了 ASE 学习的不确定性[11]㊁。

㊀ 在 SL 中，"老师"会为你提供每个数据点的正确答案，而在 RL 中，智能体仅通过奖励函数得到"评价"。"评价"类似于告知你所做的是好的、坏的或一般的事情。你不会被告知"你应该做什么。"

㊁ 如果你想了解更多相关知识，那么原始论文确实值得一读，上面写得很清楚，并且很好地解释了 RL 中的信用分配问题以及强化学习和监督学习之间的区别。

信用分配和稀疏奖励信号是 RL 中最重要的两个挑战。ACE 通过使用评论家将一个潜在的稀疏奖励转换为一个信息量更大、更密集的强化信号来解决 RL 中的信用分配问题。自该论文发表以来，大量的研究都集中在训练更好的评论家上。

优势函数在 1983 年由 Baird[9] 首次提出。然而，直到 1999 年，Sutton 等人[133] 才将它定义为 $A^{\pi}(s, a)=Q^{\pi}(s, a)-V^{\pi}(s)$。

当 Mnih 等人在 2016 年发表了异步优势演员-评论家(A3C)[87] 算法之后，演员-评论家算法就引起了人们的极大兴趣。Mnih 等人的论文介绍了一种简单的可扩展方法，该方法利用异步梯度上升来并行化强化学习算法的训练。我们将在第 8 章中讨论这个问题。

近端策略优化算法

当使用策略梯度算法训练智能体时，面临的一个挑战是这种算法容易受到性能突然下降(performance collapse)的影响，此时，智能体突然开始表现不佳。这种情况可能很难恢复，因为智能体将开始生成表现差的轨迹，然后将其用于进一步训练策略。我们还观察到同策略算法由于无法重用数据而导致样本利用不充分。

Schulman 等人[124]提出的近端策略优化算法(Proximal Policy Optimization，PPO)是解决以上两个问题的一类优化算法。近端策略优化背后的主要思想是引入一个替代目标函数(surrogate objective)，该目标函数通过确保单调改进策略来避免性能突然下降，此外它还具有在训练过程中重用异策略数据的优点。

通过将原始目标函数 $J(\pi_\theta)$ 替换为修改后的近端策略优化目标函数，近端策略优化可用于扩展 REINFORCE 算法或演员-评论家算法。这种修改可以实现更稳定、样本利用更充分的训练。

在本章中，7.1.1 节主要讨论性能突然下降的问题。然后，7.1.2 节介绍如何用单调改进理论来解决该问题。我们应用该理论将策略梯度目标函数修改为替代目标函数。

在介绍了理论基础之后，我们将在 7.2 节中讨论近端策略优化。然后，在 7.4 节中，我们将展示如何在 SLM Lab 中将近端策略优化实现为演员-评论家算法的扩展。

7.1 替代目标函数

本节介绍近端策略优化算法的替代目标函数。首先，我们通过讨论性能突然下降的问题来引出该内容。然后，我们将介绍如何修改原始策略梯度目标函数来避免此问题。

7.1.1 性能突然下降

在关于策略梯度算法的讨论中，我们观察到可以使用策略梯度 $\nabla_\theta J(\pi_\theta)$ 来更改策略参数 θ，从而优化策略 π_θ。这是一种间接方法，因为我们在一个无法直接控制的策略空间中搜索最佳策略。要理解原因，首先需要了解策略空间和参数空间之间的区别。

在优化过程中，我们在所有策略的集合中搜索一系列策略 $\pi_1, \pi_2, \pi_3, \cdots, \pi_n$。这些策略的集合被称为策略空间[⊖] Π。

$$\Pi = \{\pi_i\} \tag{7.1}$$

通过将策略参数化为 π_θ，可以方便地表示 θ 的参数空间。将每个 θ 作为参数表示策略的一个实例。参数空间为 Θ。

$$\Theta = \{\theta \in \mathbb{R}^m，其中\ m\ 是参数的数量\} \tag{7.2}$$

⊖ 请注意，策略空间中可以有无限多个策略。

尽管目标函数 $J(\pi_\theta)$ 是使用策略空间中的策略 $\pi_\theta \in \Pi$ 产生的轨迹来计算的，但实际上，通过找到正确的参数 $\theta \in \Theta$ 来寻找最佳策略是在参数空间中进行的。也就是说，施加的控制在参数空间 Θ 中，但是产生的结果在策略空间 Π 中。在实践中，我们使用学习率 α 控制参数更新的步长，如式 7.3 所示。

$$\Delta\theta = \alpha \nabla_\theta J(\pi_\theta) \tag{7.3}$$

不幸的是，策略空间和参数空间并不总是一致地映射，并且两个空间中的距离也不一定一致。取两对参数，例如 (θ_1, θ_2) 和 (θ_2, θ_3)，并假设它们在参数空间中具有相同的距离，即 $d_\theta(\theta_1, \theta_2) = d_\theta(\theta_2, \theta_3)$。但是，它们映射的策略 $(\pi_{\theta_1}, \pi_{\theta_2})$ 和 $(\pi_{\theta_2}, \pi_{\theta_3})$ 不一定具有相同的距离。也就是说，

$$d_\theta(\theta_1, \theta_2) = d_\theta(\theta_2, \theta_3) \not\Leftrightarrow d_\pi(\pi_{\theta_1}, \pi_{\theta_2}) = d_\pi(\pi_{\theta_2}, \pi_{\theta_3}) \tag{7.4}$$

这里有一个潜在的问题，那就是难以确定参数更新的理想步长 α。我们还不清楚要映射到的策略空间中的步长大小。如果 α 太小，训练将需要迭代很多次，花费很长时间，该策略也有可能陷入某些局部最大值。如果 α 太大，则策略空间中的相应步将跳过良好策略的邻域，并导致性能突然下降。发生这种情况时，更差的新策略将被用于为下一次更新生成差的轨迹数据，并破坏之后的策略迭代。因此，性能突然下降很难恢复。图 7-1 显示了一个简短的性能突然下降的示例。

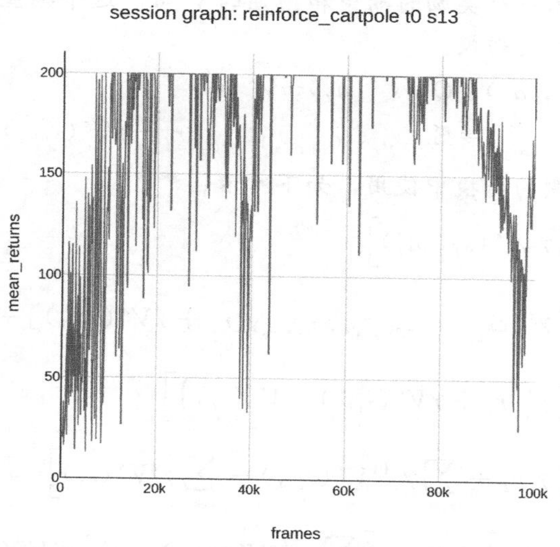

图 7-1　表现了 CartPole REINFORCE 中性能突然下降的 SLM Lab 示例图。注意，回报（没有折扣，即总的事件奖励）达到最大值 200，然后在 80k 帧后突然下降

通常，恒定的步长无法避免这些问题。在梯度上升 $\theta \leftarrow \theta + \alpha \nabla_\theta J(\pi_\theta)$ 中，学习率 α 通常保持固定或不断减小，仅在方向 $\nabla_\theta J(\pi_\theta)$ 上有所变化。但是，由于映射是非等距的，因此恒定的步长仍可能映射成 Π 中变化的距离。

α 的最佳选择将随着以下两个要素的变化而改变：当前策略 π_θ 在策略空间 Π 中的位置以及当前参数 θ 从 Θ 中的邻域映射到 Π 中 π_θ 的邻域的方法。理想情况下，算法应基于这些要素自适应地更改参数步长。

为了基于参数空间中的特定更新对策略空间的影响来得到自适应步长，我们首先需要一个方法来度量两个策略之间的性能差异。

7.1.2　修改目标函数

本节中介绍相关策略性能标识(relative policy performance identity)，该标识用于度量两个策略之间的性能差异。然后，我们说明如何将其用于修改策略梯度目标函数，以确保优化过程中的单调性能改进。

直观上，由于问题在于步长，因此我们尝试引入一个约束，将其限制在安全的大小以防止性能突然下降。通过施加正确的约束，我们可以得出所谓的单调改进理论[⊖]。

首先，给定一个策略π，然后让它的下一个迭代(在参数更新之后)为π'。我们可以定义一个相关策略性能标识，作为它们之间目标函数的差异，如式7.5所示。请注意，优势函数$A^{\pi}(s_t, a_t)$始终是根据旧的策略π计算得出的。

$$J(\pi') - J(\pi) = \mathbb{E}_{\tau \sim \pi'}\left[\sum_{t=0}^{T} \gamma^t A^{\pi}(s_t, a_t)\right] \tag{7.5}$$

方框7-1　相关策略性能标识推导

这里我们推导出式7.5所示的相关策略性能标识。

首先，为了便于推导，我们重新表述优势函数，如式7.6所示。Q项被扩展为所有可能的下一状态的第一个奖励的期望和预期的V值。这个期望需要考虑到不依赖于任何特定策略的随机环境转换。

$$\begin{aligned} A^{\pi}(s_t, a_t) &= Q^{\pi}(s_t, a_t) - V^{\pi}(s_t) \\ &= \mathbb{E}_{s_{t+1}, r_t \sim p(s_{t+1}, r_t \mid s_t, a_t)}[r_t + \gamma V^{\pi}(s_{t+1})] - V^{\pi}(s_t) \end{aligned} \tag{7.6}$$

它将在式7.5右侧的转换中使用，如下所示。

$$\mathbb{E}_{\tau \sim \pi'}\left[\sum_{t \geqslant 0} \gamma^t A^{\pi}(s_t, a_t)\right] \tag{7.7}$$

$$= \mathbb{E}_{\tau \sim \pi'}\left[\sum_{t \geqslant 0} \gamma^t (\mathbb{E}_{s_{t+1}, r_t \sim p(s_{t+1}, r_t \mid s_t, a_t)}[r_t + \gamma V^{\pi}(s_{t+1})] - V^{\pi}(s_t))\right] \tag{7.8}$$

$$= \mathbb{E}_{\tau \sim \pi'}\left[\sum_{t \geqslant 0} \gamma^t \Big(r_t + \gamma V^{\pi}(s_{t+1}) - V^{\pi}(s_t)\Big)\right] \tag{7.9}$$

$$= \mathbb{E}_{\tau \sim \pi'}\left[\sum_{t \geqslant 0} \gamma^t r_t + \sum_{t \geqslant 0} \gamma^{t+1} V^{\pi}(s_{t+1}) - \sum_{t \geqslant 0} \gamma^t V^{\pi}(s_t)\right] \tag{7.10}$$

$$= \mathbb{E}_{\tau \sim \pi'}\left[\sum_{t \geqslant 0} \gamma^t r_t\right] + \mathbb{E}_{\tau \sim \pi'}\left[\sum_{t \geqslant 0} \gamma^{t+1} V^{\pi}(s_{t+1}) - \sum_{t \geqslant 0} \gamma^t V^{\pi}(s_t)\right] \tag{7.11}$$

$$= J(\pi') + \mathbb{E}_{\tau \sim \pi'}\left[\sum_{t \geqslant 1} \gamma^t V^{\pi}(s_t) - \sum_{t \geqslant 0} \gamma^t V^{\pi}(s_t)\right] \tag{7.12}$$

⊖ 本节中的衍生内容改编和扩展了由Sergey Levine讲授的精彩伯克利课程CS 294：“Deep Reinforcement Learning，Fall 2017”。一些更高级的证明过程将被省略，因为它们超出了本书的范围，但有兴趣的读者可以在Joshua Achiam的原始课程笔记“Lecture 13：Advanced Policy Gradient Methods”[78]中找到这些证明过程。本书和该笔记大多使用相似的符号，因此易于阅读和比较。此外，YouTube上还提供了标题为“CS294-112 10/11/17”的录制课程，其中涵盖了更详细的说明，网址为https://youtu.be/yc-Ctmp4hcUs。

$$=J(\pi')-\mathbb{E}_{\tau\sim\pi'}[V^{\pi}(s_0)] \quad (7.13)$$

$$=J(\pi')-\mathbb{E}_{\tau\sim\pi'}[J(\pi)] \quad (7.14)$$

$$=J(\pi')-J(\pi) \quad (7.15)$$

首先，重新表述式 7.5，然后代入式 7.6 中的优势函数定义以获得式 7.8。对于下一步，请注意，外部期望 $\mathbb{E}_{\tau\sim\pi'}$ 实际上包含来自策略 $\mathbb{E}_{a_t\sim\pi'}$ 的预期动作以及来自转换函数($\mathbb{E}_{s_{t+1},r_t\sim p(s_{t+1},r_t\mid s_t,a_t)}$)的预期状态和奖励。之后，由于存在重叠项，我们可以将内部期望归并到外部期望中，得出式 7.9。

接下来，在式 7.10 中分配求和符号。根据期望的线性关系，提取出式 7.11 中的第一项，它就是新的目标函数 $J(\pi')$。据此得出式 7.12。然后，通过将式 7.11 中的下标 $t+1$ 替换为从 1 开始的下标 t，对期望值内的第一个求和项进行下标变换。现在，除了下标之外，两个求和项是相等的，因此它们相抵消，只剩下 $t=0$，即式 7.13 中的 $V^{\pi}(s_0)$。初始状态下的值函数就是目标函数 $J(\pi)$，因为 $V^{\pi}(s_0)=\mathbb{E}_{\tau\sim\pi}\left[\sum_{t\geqslant 0}\gamma^t r_t\right]=J(\pi)$。据此得出式 7.14。最后，策略 π 的目标函数与新策略 π' 无相关性，因此我们丢弃期望符号从而获得 $J(\pi')-J(\pi)$。

相关策略性能标识 $J(\pi')-J(\pi)$ 被用作衡量策略改进的指标。如果差值为正，则较新的策略 π' 优于 π。在策略迭代期间，应该理想地选择一个新的策略 π'，以使该差值最大化。因此，最大化目标函数 $J(\pi')$ 等同于最大化该标识，并且它们都可以通过梯度上升来完成。

$$\max_{\pi'} J(\pi') \Leftrightarrow \max_{\pi'}(J(\pi')-J(\pi)) \quad (7.16)$$

以这种方式构建目标函数还意味着，每次策略迭代都应确保非负(单调)改进，即 $J(\pi')-J(\pi)\geqslant 0$，因为在最坏的情况下，可以简单地让 $\pi'=\pi$ 从而让策略得不到改进。这样，在整个训练过程中就不会出现性能突然下降的情况，而这正是我们所追求的目标。

但是，有一个限制使我们不能将此标识用作目标函数。请注意，在表达式 $\mathbb{E}_{\tau\sim\pi'}\left[\sum_{t\geqslant 0}A^{\pi}(s_t, a_t)\right]$ 中，期望值需要从基于新策略 π' 中采样的轨迹来进行更新，但 π' 在更新之后才能获得。为了解决这一矛盾，需要找到一种方法来修改它，以使用可获得的旧策略 π。

为此，我们可以假设连续的策略 π、π' 相对接近(可以通过较低的 KL 散度来衡量)，从而使它们的状态分布比较相似。

然后，可以使用旧策略的轨迹 $\tau\sim\pi$ 来逼近式 7.5，并通过重要性抽样权重[⊖] $\frac{\pi'(a_t\mid s_t)}{\pi(a_t\mid s_t)}$ 进行调整。重要性抽样权重将根据连续两个策略 π、π' 之间的动作概率之比来调整使用 π 生成的回报。在新策略 π' 下更有可能采取的动作相关的奖励将被增加权重，而在 π' 下相对不太可能采取的动作相关的奖励将被降低权重。式 7.17 给出了该近似值。

⊖ 重要性抽样是一种使用从已知分布中采样的数据来估计未知分布的方法。式 7.5 的完整推导超出了本书的范围，但可以在“Lecture 13：Advanced Policy Gradient Methods”[78] 中找到。

$$J(\pi')-J(\pi)=\mathbb{E}_{\tau\sim\pi'}\left[\sum_{t\geqslant 0}A^{\pi}(s_t,a_t)\right]$$
$$\approx\mathbb{E}_{\tau\sim\pi}\left[\sum_{t\geqslant 0}A^{\pi}(s_t,a_t)\frac{\pi'(a_t|s_t)}{\pi(a_t|s_t)}\right]=J_{\pi}^{\mathrm{CPI}}(\pi') \tag{7.17}$$

式 7.17 右侧的新目标函数 $J_{\pi}^{\mathrm{CPI}}(\pi')$ 称为替代目标函数(surrogate objective)，因为它包含新旧策略 π'、π 的比率。上标 CPI 表示“保守的策略迭代”。

现在我们有了一个新的目标函数，要将其用于策略梯度算法，需要检查此目标函数下的优化是否仍在执行策略梯度上升。幸运的是，可以证明替代目标函数的梯度等于策略梯度，如式 7.18 所示。推导过程见方框 7-2。

$$\nabla_{\theta}J_{\theta_{\mathrm{old}}}^{\mathrm{CPI}}(\theta)|\theta_{\mathrm{old}}=\nabla_{\theta}J(\pi_{\theta})|\theta_{\mathrm{old}} \tag{7.18}$$

方框 7-2　替代策略梯度推导

这里我们将说明替代目标函数的梯度等于策略梯度，如式 7.18 所示。

我们以 $J_{\pi}^{\mathrm{CPI}}(\pi')$ 的梯度开始。为此，显式表示变量 θ。特别是，将新策略 π' 写为变量 π_θ，将旧策略 π 写为常量 $\pi_{\theta_{\mathrm{old}}}$，在该常量处我们评估标记为 $|\theta_{\mathrm{old}}$ 的梯度(这是必要的，因为 $J_{\pi}^{\mathrm{CPI}}(\pi')$ 对 π 的明确依赖性，不能将其省略)。

$$\nabla_{\theta}J_{\theta_{\mathrm{old}}}^{\mathrm{CPI}}(\theta)|\theta_{\mathrm{old}}=\nabla_{\theta}\mathbb{E}_{\tau\sim\pi_{\theta_{\mathrm{old}}}}\left[\sum_{t\geqslant 0}A^{\pi_{\theta_{\mathrm{old}}}}(s_t,a_t)\frac{\pi_{\theta}(a_t|s_t)}{\pi_{\theta_{\mathrm{old}}}(a_t|s_t)}\right]|\theta_{\mathrm{old}} \tag{7.19}$$

$$=\mathbb{E}_{\tau\sim\pi_{\theta_{\mathrm{old}}}}\left[\sum_{t\geqslant 0}A^{\pi_{\theta_{\mathrm{old}}}}(s_t,a_t)\frac{\nabla_{\theta}\pi_{\theta}(a_t|s_t)|\theta_{\mathrm{old}}}{\pi_{\theta_{\mathrm{old}}}(a_t|s_t)}\right] \tag{7.20}$$

$$=\mathbb{E}_{\tau\sim\pi_{\theta_{\mathrm{old}}}}\left[\sum_{t\geqslant 0}A^{\pi_{\theta_{\mathrm{old}}}}(s_t,a_t)\frac{\nabla_{\theta}\pi_{\theta}(a_t|s_t)|\theta_{\mathrm{old}}}{\pi_{\theta}(a_t|s_t)|\theta_{\mathrm{old}}}\right] \tag{7.21}$$

$$=\mathbb{E}_{\tau\sim\pi_{\theta_{\mathrm{old}}}}\left[\sum_{t\geqslant 0}A^{\pi_{\theta_{\mathrm{old}}}}(s_t,a_t)\nabla_{\theta}\log\pi_{\theta}(a_t|s_t)|\theta_{\mathrm{old}}\right] \tag{7.22}$$

$$=\nabla_{\theta}J(\pi_{\theta})|\theta_{\mathrm{old}} \tag{7.23}$$

首先，根据式 7.17 评估替代目标函数上旧策略的梯度。由于分子仅包含变量 θ，因此可以引入梯度和评估项以得出式 7.20。现在，请注意，分母 $\pi_{\theta_{\mathrm{old}}}(a_t|s_t)$ 相当于在 $\theta=\theta_{\mathrm{old}}$ 处求 π_θ 的值，从而得到式 7.21。最后，回顾式 2.14 中的对数求导技巧 $\nabla_{\theta}\log p(x|\theta)=\frac{\nabla_{\theta}p(x|\theta)}{p(x|\theta)}$，我们曾用它得出策略梯度。这样，我们就可以重新表示分式并获得式 7.22。这只是策略梯度 $\nabla_{\theta}J(\pi_\theta)$。因此，我们得到式 7.24。

$$\nabla_{\theta}J_{\theta_{\mathrm{old}}}^{\mathrm{CPI}}(\theta)|\theta_{\mathrm{old}}=\nabla_{\theta}J(\pi_{\theta})|\theta_{\mathrm{old}} \tag{7.24}$$

式 7.24 表示替代目标函数的梯度等于策略梯度。这可以确保替代目标函数下的优化仍在执行策略梯度上升。这也是有用的，因为现在可以直接度量策略改进，而最大化它的值意味着最大化策略改进。另外，现在我们已经说明了在式 7.17 中 $J_{\pi}^{\mathrm{CPI}}(\pi')$ 是 $J(\pi')-J(\pi)$ 的线性逼近，因为它们的一阶导数(梯度)相等。

在 $J_{\pi}^{\mathrm{CPI}}(\pi')$ 能够成为策略梯度算法的新目标函数之前，要满足一个最终要求。

$J_{\pi}^{\text{CPI}}(\pi')$仅是$J(\pi')-J(\pi)$的近似值，因此它将包含一些误差。但是，我们想保证当使用$J_{\pi}^{\text{CPI}}(\pi')\approx J(\pi')-J(\pi)$时，$J(\pi')-J(\pi)\geqslant 0$成立。因此，我们需要了解近似值引入的误差。

衡量策略的 KL 散度，如果连续的策略π、π'足够接近，则可以写出一个**相关策略性能界限**⊖(relative policy performance bound)。为此，通过取新目标函数$J(\pi')$及其估计的改进$J(\pi)+J_{\pi}^{\text{CPI}}(\pi')$之差来表示绝对误差。然后，可以根据$\pi$和$\pi'$之间的 KL 散度来限制误差。

$$|(J(\pi')-J(\pi))-J_{\pi}^{\text{CPI}}(\pi')|\leqslant C\sqrt{\mathbb{E}_t[KL(\pi'(a_t|s_t)\|\pi(a_t|s_t))]} \tag{7.25}$$

C是需要选择的常数，而KL是 KL 散度⊜。式 7.25 显示，如果连续策略π、π'的分布很接近，则右侧的 KL 散度较小，因此左侧的误差项较小⊜。在低误差的情况下，$J_{\pi}^{\text{CPI}}(\pi')$是$J(\pi')-J(\pi)$的良好近似。

使用此方法就可以很容易地得出要得到的结果，即$J(\pi')-J(\pi)\geqslant 0$。这被称为**单调改进理论**(monotonic improvement theory)[78]，因为它可以确保每次策略迭代至少有一些改进或没有改进，但绝不会变差。为此，首先展开式 7.25，并在式 7.26 中考虑其下界。

$$J(\pi')-J(\pi)\geqslant J_{\pi}^{\text{CPI}}(\pi')-C\sqrt{\mathbb{E}_t[KL(\pi'(a_t|s_t)\|\pi(a_t|s_t))]} \tag{7.26}$$

现在，我们考虑策略迭代步骤中最坏的情况。考虑新策略π'的所有选择，其中还包括旧策略π(参数更新大小为 0)。如果没有表现更好的候选对象，只需设置$\pi'=\pi$即可，并且在此迭代过程中不执行更新。在这种情况下，式 7.17 说明$J_{\pi}^{\text{CPI}}(\pi)=\mathbb{E}_{\tau\sim\pi}\left[\sum_{t\geqslant 0}A^{\pi}(s_t,a_t)\frac{\pi(a_t|s_t)}{\pi(a_t|s_t)}\right]=0$，因为策略没有好于自身的预期优势函数。每个策略自身的 KL 散度被设置为 0，即$KL(\pi\|\pi)=0$。

为了接受策略的变化，式 7.26 表明估算的策略改进$J_{\pi}^{\text{CPI}}(\pi')$必须大于最大误差$C\sqrt{\mathbb{E}_t[KL(\pi'(a_t|s_t)\|\pi(a_t|s_t))]}$。

如果在优化问题中添加误差界限作为惩罚，则可以保证单调策略改进。现在，我们的优化问题变成如下公式：

$$\begin{aligned}&\underset{\pi'}{\text{argmax}}\left(J_{\pi}^{\text{CPI}}(\pi')-C\sqrt{\mathbb{E}_t[KL(\pi'(a_t|s_t)\|\pi(a_t|s_t))]}\right)\\&\Rightarrow J(\pi')-J(\pi)\geqslant 0\end{aligned} \tag{7.27}$$

这个结果满足我们的最终要求。它能够避免在使用原始目标函数$J(\pi)$时可能发生的性能突然下降。要注意的一个主要区别是，单调改进不能保证收敛到最佳策略π^*。例如，策略优化仍然会陷于某个局部最大值，其中每个策略迭代都不会产生任何改进，即$J(\pi')-J(\pi)=0$。保证收敛仍然是一个困难的开放问题。

最后一步是在实践中考虑如何实现式 7.27 中的优化问题。一种想法是直接约束 KL

⊖ 2017 年 Achiam 等人所写的论文“Constrained Policy Optimization”对此进行了介绍。

⊜ 随机变量$x\in X$的两个分布$p(x)$、$q(x)$之间的 KL 散度被定义为$KL(p(x)\|q(x))=\sum_{x\in X}p(x)\log\frac{p(x)}{q(x)}$(对于离散分布)或$KL(p(x)\|q(x))=\int_{-\infty}^{\infty}p(x)\log\frac{p(x)}{q(x)}dx$(对于连续分布)。

⊜ 完整的推导过程可以在“Lecture 13: Advanced Policy Gradient Methods”[78]中找到。

的期望，如式 7.28 所示。

$$\mathbb{E}_t[KL(\pi'(a_t|s_t)\|\pi(a_t|s_t))]\leqslant\delta \tag{7.28}$$

δ 限制了 KL 散度的大小，因此它有效地限制了新策略 π' 与旧策略 π 的差异。仅考虑策略空间中 π 邻域中的候选对象。将该邻域称为信任域(trust region)，将式 7.28 称为信任域约束(trust region constraint)。请注意，δ 是需要调整的超参数。

约束项 $\mathbb{E}_t[KL(\pi'(a_t|s_t)\|\pi(a_t|s_t))]$ 被写为单个时间步 t 上的期望值，因此以这种方式写目标函数 $J_\pi^{\mathrm{CPI}}(\pi')$ 也很有帮助，如式 7.29 所示。此外，由于我们将针对 θ 最大化目标函数，因此也要按照 θ 表示策略，如式 7.30 所示。新策略写为 $\pi'=\pi_\theta$，而参数固定的旧策略写为 $\pi=\pi_{\theta_{\mathrm{old}}}$。根据旧策略计算的优势函数也简写为 $A^\pi(s_t, a_t)=A_t^{\pi_{\theta_{\mathrm{old}}}}$。

$$J_\pi^{\mathrm{CPI}}(\pi')=\mathbb{E}_t\left[\frac{\pi'(a_t|s_t)}{\pi(a_t|s_t)}A^\pi(s_t, a_t)\right] \tag{7.29}$$

$$J^{\mathrm{CPI}}(\theta)=\mathbb{E}_t\left[\frac{\pi_\theta(a_t|s_t)}{\pi_{\theta_{\mathrm{old}}}(a_t|s_t)}A_t^{\pi_{\theta_{\mathrm{old}}}}\right] \tag{7.30}$$

将约束和替代目标函数放在一起，信任域策略优化问题如式 7.31 所示。

$$\max_\theta \mathbb{E}_t\left[\frac{\pi_\theta(a_t|s_t)}{\pi_{\theta_{\mathrm{old}}}(a_t|s_t)}A_t^{\pi_{\theta_{\mathrm{old}}}}\right] \tag{7.31}$$

$$\textit{subject to } \mathbb{E}_t[KL(\pi_\theta(a_t|s_t)\|\pi_{\theta_{\mathrm{old}}}(a_t|s_t))]\leqslant\delta$$

总之，$J_\pi^{\mathrm{CPI}}(\pi')$ 是 $J(\pi')-J(\pi)$ 的线性逼近，因为它的梯度等于策略梯度。它还保证在误差范围内进行单调改进。为了确保在解决此潜在错误的同时进行改进，我们施加了信任域约束以限制新策略和旧策略之间的差异。只要策略的更改停留在信任域内，就可以避免性能突然下降。

很多研究提出了许多算法来解决该信任域优化问题。其中一些包括自然策略梯度(Natural Policy Gradient，NPG)[63,112-113]、信任域策略优化(Trust Region Policy Optimization，TRPO)[122]和约束策略优化(Constrained Policy Optimization，CPO)[2]。它们背后的理论非常复杂，算法难以实现。它们的梯度计算代价较高，并且很难为 δ 选择合适的值。这些算法不在本书的讨论范围之内，但是它们的缺点会引出我们的下一个算法：近端策略优化。

7.2 近端策略优化

Schulman 等人在 2017 年发表了"Proximal Policy Optimization Algorithms"的论文[124]。近端策略优化(PPO)算法易于实现，计算代价低廉。此外，该算法不必为 δ 选择值。由于这些原因，它已成为最受欢迎的策略梯度算法之一。

近端策略优化算法包含一系列算法，可通过简单有效的启发式方法解决信任域约束的策略优化问题。该算法存在两个变体，第一个基于自适应的 KL 惩罚，第二个基于裁剪的目标函数。本节将介绍这两个变体。

在介绍之前，我们先通过声明 $r_t(\theta)=\dfrac{\pi_\theta(a_t|s_t)}{\pi_{\theta_{\mathrm{old}}}(a_t|s_t)}$ 来简化替代目标函数 $J^{\mathrm{CPI}}(\theta)$，如式 7.32 所示。为了简洁起见，优势函数 $A_t^{\pi_{\theta\,\mathrm{old}}}$ 也写为 A_t，因为我们已经说明了优势函数

总是使用较旧的策略 $\pi_{\theta_{old}}$ 计算得出的。

$$J^{CPI}(\theta)=\mathbb{E}_t\left[\frac{\pi_\theta(a_t|s_t)}{\pi_{\theta_{old}}(a_t|s_t)}A_t^{\pi_{\theta_{old}}}\right]=\mathbb{E}_t[r_t(\theta)A_t] \tag{7.32}$$

近端策略优化算法的第一个变体称为具有自适应 KL 惩罚的近端策略优化算法，其目标函数如式 7.33 所示。它将 KL 约束 $\mathbb{E}_t[KL(\pi_\theta(a_t|s_t)\|\pi_{\theta_{old}}(a_t|s_t))]\leqslant\delta$ 转换为自适应的 KL 惩罚，从重要性加权优势函数中减去该惩罚。结果的期望是最大化的新目标函数。

$$J^{KLPEN}(\theta)=\max_\theta\mathbb{E}_t[r_t(\theta)A_t-\beta KL(\pi_\theta(a_t|s_t)\|\pi_{\theta_{old}}(a_t|s_t))] \tag{7.33}$$

式 7.33 被称为 KL 修正的替代目标函数。β 是控制 KL 惩罚的大小的自适应系数。在控制优化的信任域时，它具有与式 7.31 相同的目的。β 越大，π_θ 和 $\pi_{\theta_{old}}$ 之间的差异越大。β 越小，两个策略之间的容忍度越高。

使用常量系数的一个挑战是不同的问题具有不同的特征，因此很难找到一个可以在任何地方使用的值。即使在单个问题上，损失情况也会随着策略的迭代而发生变化，因此，早先起作用的 β 可能在之后不再起作用，而该系数需要适应这些变化。

为了解决这个问题，"Proximal Policy Optimization Algorithms" 论文提出了一种针对 β 的基于启发式的更新规则，该规则可以使其随着时间的变化而自适应。每次策略更新后都会更新 β，并且新值将在下一次迭代中使用。算法 7-1 中显示了 β 的更新规则。它可以用作近端策略优化算法中的子程序，这将在本节后面介绍。

算法 7-1 自适应的 KL 惩罚系数

为 KL 的期望设定目标值 δ_{tar}
将 β 初始化为随机值
使用多轮(epoch)的小批量 SGD，优化(最大化)KL 惩罚的替代目标函数：
　$\hookrightarrow$ $J^{KLPEN}(\theta)=\mathbb{E}_t[r_t(\theta)A_t-\beta KL(\pi_\theta(a_t|s_t)\|\pi_{\theta_{old}}(a_t|s_t))]$
计算 $\delta=\mathbb{E}_t[KL(\pi_\theta(a_t|s_t)\|\pi_{\theta_{old}}(a_t|s_t))]$：
if $\delta<\delta_{tar}/1.5$ **then**
　$\beta\leftarrow\beta/2$
else if $\delta>\delta_{tar}\times1.5$ **then**
　$\beta\leftarrow\beta\times2$
else
　pass
end if

在每次迭代结束时，估计 δ 并将其与所需的目标 δ_{tar} 进行比较。如果 δ 稍小于 δ_{tar}，则可以通过降低 β 来降低 KL 惩罚。如果 δ 稍大于 δ_{tar}，则可以通过增加 β 来增加 KL 惩罚。根据经验选择用于确定 β 的间隔和更新规则的特定值。论文作者分别选择了 1.5 和 2，但发现该算法对这些值不是很敏感。

还观察到，KL 散度偶尔会偏离其目标值 δ_{tar}，但 β 会迅速调整回来。δ_{tar} 的较好的取值也需要凭经验确定。

这种方法的优点是易于实现。但是，它不能解决选择目标 β 的问题。此外，由于需要计算 KL，因此计算代价可能很高。

具有裁剪的替代目标函数的近端策略优化通过消除 KL 约束并使用式 7.30 对替代目标函数进行更简单的修改来解决这个问题，如式 7.34 所示。

$$J^{\mathrm{CLIP}}(\theta)=\mathbb{E}_t[\min(r_t(\theta)A_t,\ \mathrm{clip}(r_t(\theta),\ 1-\varepsilon,\ 1+\varepsilon)A_t)] \tag{7.34}$$

式 7.34 被称为裁剪的替代目标函数。ε 是定义裁剪邻域 $|r_t(\theta)-1|\leqslant\varepsilon$ 的值。它是要调整的超参数，在训练过程中会逐渐减小。$\min(\cdot)$中的第一项是替代目标函数 J^{CPI}。第二项 $\mathrm{clip}(r_t(\theta),\ 1-\varepsilon,\ 1+\varepsilon)A_t$ 将 J^{CPI} 的值限制在$(1-\varepsilon)A_t$ 和$(1+\varepsilon)A_t$ 之间。当 $r_t(\theta)$在区间$[1-\varepsilon,\ 1+\varepsilon]$内时，$\min(\cdot)$中的两项相等。

裁剪的替代目标函数可阻止某种参数更新，这种更新可能导致策略 π_θ 发生较大梯度且有风险的变化。为了量化大梯度的策略变化，我们使用概率比 $r_t(\theta)$。当新策略等于旧策略时，$r_t(\theta)=r_t(\theta_{\mathrm{old}})=\dfrac{\pi_{\theta_{\mathrm{old}}}(a_t|s_t)}{\pi_{\theta_{\mathrm{old}}}(a_t|s_t)}=1$。如果新策略偏离了旧策略，则 $r_t(\theta)$会远离 1。

这个想法是将 $r_t(\theta)$限制在 ε 的邻域$[1-\varepsilon,\ 1+\varepsilon]$。通常，在没有约束的情况下最大化替代目标函数 J^{CPI} 可能会导致大梯度的策略更新。这是因为可以通过大梯度地更改 $r_t(\theta)$来提高目标函数的性能。通过裁剪目标函数，去除了可能导致 $r_t(\theta)$远离邻域的大梯度策略更新的激励。要了解为什么会这样，请考虑何时 $r_t(\theta)A_t$ 取较大的正值，即 $A_t>0$，$r_t(\theta)>0$，或 $A_t<0$，$r_t(\theta)<0$。

当 $A_t>0$，$r_t(\theta)>0$ 时，如果 $r_t(\theta)$变得远大于 1，则上裁剪项 $1-\varepsilon$ 适用于上界 $r_t(\theta)\leqslant1+\varepsilon$，因此适用于 $J^{\mathrm{CLIP}}\leqslant(1+\varepsilon)A_t$。另一方面，当 $A_t<0$，$r_t(\theta)<0$ 时，如果 $r_t(\theta)$变得远小于 1，则下裁剪项 $1-\varepsilon$ 再次适用于上界 $J^{\mathrm{CLIP}}\leqslant(1-\varepsilon)A_t$。当 J^{CLIP} 在式 7.34 中取最小值时，其始终以两种方式中的任何一种方式处于上界。此外，J^{CLIP} 取最小值也意味着 J^{CLIP} 是原始替代目标函数 J^{CPI} 的最小下确界。这样，当 $r_t(\theta)$试图使目标函数比 εA_t 更好时，$r_t(\theta)$的作用就被忽略了，但是当 $r_t(\theta)$使目标函数变得更差时，它总是需要被考虑。

由于目标函数 J^{CLIP} 是上界，因此没有激励去导致大梯度策略更新从而使 $r_t(\theta)$偏离邻域$[1-\varepsilon,\ 1+\varepsilon]$。因此，策略更新是安全的。

此外，由于该目标函数假设样本是从 $\pi_{\theta_{\mathrm{old}}}$ 生成的，也就是说，该目标函数除了重要性权重之外，不依赖于当前策略 π_θ，因此我们也有理由多次重复使用采样的轨迹来执行参数更新。这增加了算法的采样效率。注意，目标函数取决于 $\pi_{\theta_{\mathrm{old}}}$，而 $\pi_{\theta_{\mathrm{old}}}$ 在每个训练步骤之后都会被更新。这意味着近端策略优化是一种同策略算法，因此必须在训练步骤之后丢弃旧轨迹。

裁剪后的目标函数 J^{CLIP} 计算代价低，非常易于理解，并且其实现只需对原始替代目标函数 J^{CPI} 进行少量改动即可。

代价最大的计算是概率比 $r_t(\theta)$和优势函数 A_t。但是，这些是优化替代目标函数的所有算法所需的最少计算。其他计算是裁剪和最小化，这基本上是恒定时间。

在“Proximal Policy Optimization Algorithms”论文中，裁剪的替代目标函数变体胜过 KL 修正的替代目标函数变体。由于它既简单性能又好，因此首选近端策略优化的裁剪变体。

最后我们总结本章有关策略梯度限制的讨论。我们从 REINFORCE 和演员-评论家

算法中使用的策略梯度目标函数 $J(\theta)=\mathbb{E}_t[A_t\log\pi_\theta(a_t|s_t)]$开始。然后，引入了保证单调改进的替代目标函数 $J^{\text{CPI}}(\theta)$，如果限制连续策略之间的差异，则该目标可实现。近端策略优化算法提出了两种限制替代目标函数的方法——使用 KL 惩罚或裁剪启发式，它们分别提供了 J^{KLPEN} 和 J^{CLIP}。让我们将所有这些策略梯度目标函数汇总在一起，然后进行比较。

$$J(\theta)=\mathbb{E}_t[A_t^{\pi_\theta}\log\pi_\theta(a_t|s_t)] \quad \text{原始目标函数} \tag{7.35}$$

$$J^{\text{CPI}}(\theta)=\mathbb{E}_t[r_t(\theta)A_t^{\pi_{\theta_{\text{old}}}}] \quad \text{替代目标函数} \tag{7.36}$$

$$J^{\text{CPI}}(\theta)\ subject\ to\ \mathbb{E}_t[KL(\pi_\theta\|\pi_{\theta_{\text{old}}})]\leqslant\delta \quad \text{限制的替代目标函数} \tag{7.37}$$

$$J^{\text{KLPEN}}(\theta)=\mathbb{E}_t[r_t(\theta)A_t^{\pi_{\theta_{\text{old}}}}-\beta KL(\pi_\theta\|\pi_{\theta_{\text{old}}})] \quad \text{具有 KL 惩罚的近端策略优化} \tag{7.38}$$

$$J^{\text{CLIP}}(\theta)=\mathbb{E}_t[\min(r_t(\theta)A_t^{\pi_{\theta_{\text{old}}}},\ \text{clip}(r_t(\theta),\ 1-\varepsilon,\ 1+\varepsilon)A_t^{\pi_{\theta_{\text{old}}}})] \quad \text{具有裁剪的近端策略优化} \tag{7.39}$$

为了直观起见，我们全部用 θ 表示方程式，以表明哪些策略是可变的，以及哪些策略被用于计算优势函数。请注意，只有原始目标函数使用当前策略 π_θ 来计算优势函数 $A_t^{\pi_\theta}$，而其余目标函数则使用较旧的策略来计算优势函数 $A_t^{\pi_{\theta_{\text{old}}}}$。

7.3 PPO 算法

由于近端策略优化算法是一种使用修改的目标函数的策略梯度方法，因此它与我们所学习的两种策略梯度算法(REINFORCE 和演员-评论家)都兼容。算法 7-2 显示了具有裁剪的目标函数的近端策略优化算法，实现了第 6 章中演员-评论家的扩展。

算法 7-2 具有裁剪的近端策略优化算法，扩展了演员-评论家

设置 $\beta\geqslant 0$，熵正则权重
设置 $\varepsilon\geqslant 0$，裁剪变量
设置 K，轮数
设置 N，演员的个数
设置 T，时间范围
设置 $M\leqslant NT$，小批量大小
设置 $\alpha_A\geqslant 0$，演员学习率
设置 $\alpha_C\geqslant 0$，评论家学习率
随机初始化演员和评论家参数 θ_A，θ_C
初始化旧演员网络 $\theta_{A_{\text{old}}}$
for $i=1, 2, \cdots,$ **do**
    Set $\theta_{A_{\text{old}}}=\theta_A$
    for $actor=1, 2, \cdots, N$ **do**
        在环境中运行策略 $\theta_{A_{\text{old}}}$ T 个时间步并收集轨迹
        用 $\theta_{A_{\text{old}}}$ 计算优势函数 $A_1, \cdots, A_T$
        用评论家网络 θ_C 和/或轨迹数据计算 $V_{\text{tar}}^\pi, 1, \cdots, V_{\text{tar}}^\pi, T$
    end for

18: 让 *batch* 的大小为 NT，其中包括收集的轨迹、优势函数和目标 V 值
19: **for** $epoch=1, 2, \cdots, K$ **do**
20: **for** 小批量 m in *batch* **do**
21: 以下公式均基于整个小批量 m 来计算
22: 计算 $r_m(\theta_A)$
23: 使用小批量的优势函数 A_m 和 $r_m(\theta_A)$ 计算 $J_m^{\text{CLIP}}(\theta_A)$
24: 使用演员网络 θ_A 计算熵 H_m
25: 计算策略损失：
26: $L_{\text{pol}}(\theta_A)=J_m^{\text{CLIP}}(\theta_A)-\beta H_m$
27:
28: 使用评论家网络 θ_C 计算预测的 V 值 $\hat{V}^{\pi}(s_m)$
29: 使用小批量的 V 目标计算值损失
30: $L_{\text{val}}(\theta_C)=MSE(\hat{V}^{\pi}(s_m), V_{\text{tar}}^{\pi}(s_m))$
31:
32: 更新演员参数，例如使用 SGD：
33: $\theta_A=\theta_A+\alpha_A \nabla_{\theta_A} L_{\text{pol}}(\theta_A)$
34: 更新评论家参数，例如使用 SGD：
35: $\theta_C=\theta_C+\alpha_C \nabla_{\theta_C} L_{\text{val}}(\theta_C)$
36: **end for**
37: **end for**
38: **end for**

下面逐行介绍算法。

- 第 1～8 行：设置所有的超参数值。
- 第 9 行：初始化演员和评论家网络。
- 第 10 行：初始化一个旧的演员网络来充当 $\pi_{\theta_{\text{old}}}$ 以计算概率比 $r_t(\theta)$。
- 第 12～18 行：将旧的演员网络更新为主演员网络。使用旧的演员网络收集轨迹数据，并计算优势函数和目标 V 值。然后将轨迹、优势函数和目标 V 值存储在一个批量中，以便之后进行采样。请注意，此版本的演员-评论家使用多个并行的演员。这将在第 8 章中作为并行化方法进行讨论。
- 第 19 行：将全部的批量循环 K 轮。
- 第 20～21 行：从批量中抽取大小为 M 的小批量。该块中的计算利用了小批量中的每个元素。
- 第 22～23 行：计算裁剪的替代目标函数。
- 第 24 行：计算小批量动作中的策略熵。
- 第 25～26 行：计算策略损失。
- 第 28～30 行：计算值损失。请注意，目标 V 值在批量中计算一次，然后重复使用。
- 第 32～33 行：使用策略损失的梯度更新演员网络。
- 第 34～35 行：使用值损失的梯度更新评论家网络。

7.4　实现 PPO

我们已经说明了如何使用近端策略优化算法扩展演员-评论家算法。本节介绍如何在 SLM Lab 中实现该算法。

通常来说，近端策略优化可以扩展 ActorCritic 类并重用其大多数方法。近端策略优化的修改仅涉及更改目标函数和训练循环——这是我们需要重载的两个方法。此外，目标函数修改只涉及策略损失；值损失的计算方法保持不变。

7.4.1　计算 PPO 的策略损失

在代码 7-1 中，策略损失重载了 ActorCritic 中的父方法，从而使用裁剪的替代目标函数来计算近端策略优化的策略损失。

动作日志概率是根据当前和旧的演员网络(第 14～18 行)计算得出的。这些用于计算概率比 $r_t(\theta)$(第 20 行)。请注意，我们使用它们的差异指数将对数概率转换为概率比。

裁剪的替代目标函数是分段计算的，并在第 21～24 行中组合。策略损失计算的其余部分与父方法相同。

代码 7-1　近端策略优化的实现：计算策略损失

```
1   # slm_lab/agent/algorithm/ppo.py
2
3   class PPO(ActorCritic):
4       ...
5
6       def calc_policy_loss(self, batch, pdparams, advs):
7           clip_eps = self.body.clip_eps
8           action_pd = policy_util.init_action_pd(self.body.ActionPD, pdparams)
9           states = batch['states']
10          actions = batch['actions']
11          ...
12
13          # L^CLIP
14          log_probs = action_pd.log_prob(actions)
15          with torch.no_grad():
16              old_pdparams = self.calc_pdparam(states, net=self.old_net)
17              old_action_pd = policy_util.init_action_pd(self.body.ActionPD,
                    ↪ old_pdparams)
18              old_log_probs = old_action_pd.log_prob(actions)
19          assert log_probs.shape == old_log_probs.shape
20          ratios = torch.exp(log_probs - old_log_probs)
21          sur_1 = ratios * advs
22          sur_2 = torch.clamp(ratios, 1.0 - clip_eps, 1.0 + clip_eps) * advs
23          # flip sign because need to maximize
24          clip_loss = -torch.min(sur_1, sur_2).mean()
25
26          # H entropy regularization
```

```
        entropy = action_pd.entropy().mean()
        self.body.mean_entropy = entropy  # update logging variable
        ent_penalty = -self.body.entropy_coef * entropy

        policy_loss = clip_loss + ent_penalty
        return policy_loss
```

7.4.2 PPO 训练循环

代码 7-2 显示了近端策略优化的训练循环。首先，根据主演员网络(第 10 行)更新旧的演员网络。从内存中采样一批收集的轨迹(第 11 行)。计算并缓存优势函数和目标 V 值，以在小批量中使用来提高效率(第 12～15 行)。此处的版本是一种优化实现，可以在一个批量中计算优势函数和目标 V 值，这与按照算法 7-2 在每个时间步进行计算相反。

为了重用数据进行训练，我们多次遍历所有数据(第 18 行)。在每个轮次中，将数据分为多个小批量进行训练(第 19～20 行)。其余的训练逻辑与 ActorCritic 类相同。这涉及计算策略损失和值损失，并使用它们来训练演员和评论家网络。

代码 7-2　近端策略优化的实现：训练方法

```
1  # slm_lab/agent/algorithm/ppo.py
2
3  class PPO(ActorCritic):
4      ...
5
6      def train(self):
7          ...
8          clock = self.body.env.clock
9          if self.to_train == 1:
10             net_util.copy(self.net, self.old_net)  # update old net
11             batch = self.sample()
12             clock.set_batch_size(len(batch))
13             _pdparams, v_preds = self.calc_pdparam_v(batch)
14             advs, v_targets = self.calc_advs_v_targets(batch, v_preds)
15             batch['advs'], batch['v_targets'] = advs, v_targets
16             ...
17             total_loss = torch.tensor(0.0)
18             for _ in range(self.training_epoch):
19                 minibatches = util.split_minibatch(batch, self.minibatch_size)
20                 for minibatch in minibatches:
21                     ...
22                     advs, v_targets = minibatch['advs'],
                       ↪ minibatch['v_targets']
23                     pdparams, v_preds = self.calc_pdparam_v(minibatch)
24                     policy_loss = self.calc_policy_loss(minibatch, pdparams,
                       ↪ advs)  # from actor
25                     val_loss = self.calc_val_loss(v_preds, v_targets)  # from
                       ↪ critic
```

```
                if self.shared:  # shared network
                    loss = policy_loss + val_loss
                    self.net.train_step(loss, self.optim,
                    ↪  self.lr_scheduler, clock=clock,
                    ↪  global_net=self.global_net)
                else:
                    self.net.train_step(policy_loss, self.optim,
                    ↪  self.lr_scheduler, clock=clock,
                    ↪  global_net=self.global_net)
                    self.critic_net.train_step(val_loss,
                    ↪  self.critic_optim, self.critic_lr_scheduler,
                    ↪  clock=clock, global_net=self.global_critic_net)
                    loss = policy_loss + val_loss
                total_loss += loss
        loss = total_loss / self.training_epoch / len(minibatches)
        # reset
        self.to_train = 0
        return loss.item()
    else:
        return np.nan
```

7.5 训练 PPO 智能体

本节中将训练近端策略优化来玩 Atari Pong 和 BipedalWalker 两个游戏。

7.5.1 在 Pong 上使用 PPO 算法

代码 7-3 显示了一个 spec 文件，该文件将近端策略优化智能体配置为玩 Atari Pong。该文件可以在 SLM Lab 中找到，地址为 slm_lab/spec/benchmark/ppo/ppo_pong.json。

代码 7-3 近端策略优化：spec 文件

```
# slm_lab/spec/benchmark/ppo/ppo_pong.json

{
  "ppo_pong": {
    "agent": [{
      "name": "PPO",
      "algorithm": {
        "name": "PPO",
        "action_pdtype": "default",
        "action_policy": "default",
        "explore_var_spec": null,
        "gamma": 0.99,
        "lam": 0.70,
        "clip_eps_spec": {
          "name": "no_decay",
```

```
          "start_val": 0.10,
          "end_val": 0.10,
          "start_step": 0,
          "end_step": 0
        },
        "entropy_coef_spec": {
          "name": "no_decay",
          "start_val": 0.01,
          "end_val": 0.01,
          "start_step": 0,
          "end_step": 0
        },
        "val_loss_coef": 0.5,
        "time_horizon": 128,
        "minibatch_size": 256,
        "training_epoch": 4
      },
      "memory": {
        "name": "OnPolicyBatchReplay",
      },
      "net": {
        "type": "ConvNet",
        "shared": true,
        "conv_hid_layers": [
          [32, 8, 4, 0, 1],
          [64, 4, 2, 0, 1],
          [32, 3, 1, 0, 1]
        ],
        "fc_hid_layers": [512],
        "hid_layers_activation": "relu",
        "init_fn": "orthogonal_",
        "normalize": true,
        "batch_norm": false,
        "clip_grad_val": 0.5,
        "use_same_optim": false,
        "loss_spec": {
          "name": "MSELoss"
        },
        "actor_optim_spec": {
          "name": "Adam",
          "lr": 2.5e-4,
        },
        "critic_optim_spec": {
          "name": "Adam",
          "lr": 2.5e-4,
        },
        "lr_scheduler_spec": {
          "name": "LinearToZero",
          "frame": 1e7
```

```
65          },
66          "gpu": true
67        }
68      }],
69      "env": [{
70        "name": "PongNoFrameskip-v4",
71        "frame_op": "concat",
72        "frame_op_len": 4,
73        "reward_scale": "sign",
74        "num_envs": 16,
75        "max_t": null,
76        "max_frame": 1e7
77      }],
78      "body": {
79        "product": "outer",
80        "num": 1
81      },
82      "meta": {
83        "distributed": false,
84        "log_frequency": 10000,
85        "eval_frequency": 10000,
86        "max_session": 4,
87        "max_trial": 1,
88      }
89    }
90  }
```

接下来逐行介绍代码 7-3 的主要组成部分。

- **算法**：算法是近端策略优化(第 8 行)，动作策略是用于离散动作空间(类别分布)的默认策略(第 10 行)。γ 在第 12 行设置。我们使用广义优势估计算法来估算优势函数，第 13 行设置 λ 的 lam。在第 14～20 行中指定裁剪超参数 ε 及其衰减，在第 21～27 行中指定熵系数。值损失系数在第 28 行中设置。
- **网络架构**：具有 3 个卷积层和 1 个带 ReLU 激活函数的全连接层的卷积神经网络(第 37～45 行)。演员和评论家使用第 38 行中指定的共享网络。如果 GPU 可用，则在 GPU 上训练该网络(第 66 行)。
- **优化器**：优化器是 Adam[68]，学习率为 0.000 25(第 54～57 行)。在超过 1000 万帧时，学习率下降到 0(第 62～65 行)。
- **训练频率**：按算法要求分批次进行训练，因此使用 OnPolicyBatchReplay 内存(第 34 行)。轮数为 4(第 31 行)，最小批量大小为 256(第 30 行)。时间范围 T 在第 29 行中设置，演员数在第 74 行中设置为 num_envs。
- **环境**：环境是 Atari Pong[14,18](第 70 行)。
- **训练时间**：训练包括 1000 万个时间步(第 76 行)。
- **评估**：每 10 000 个时间步评估一次智能体(第 85 行)。

要使用 SLM Lab 训练此近端策略优化智能体，请在终端中运行代码 7-4 中的命令。智能体应从 −21 的分数开始，并达到平均 21 分的最高分数。

代码 7-4 近端策略优化：训练智能体

```
conda activate lab
python run_lab.py slm_lab/spec/benchmark/ppo/ppo_pong.json ppo_pong train
```

上述命令会在 4 个 Session 上运行训练 Trial，以获得平均结果。在 GPU 上运行时，试验大约需要半天才能完成。试验图及其移动平均值如图 7-2 所示。

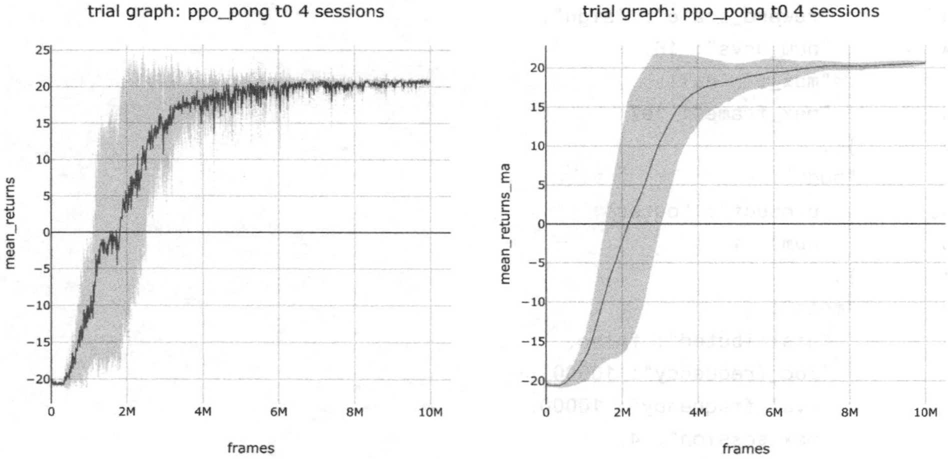

a）试验图　　　　b）带移动平均值的试验图

图 7-2 SLM Lab 中对 4 个会话取平均后的近端策略优化试验图。纵轴显示在检查点上 8 个事件的平均总奖励，横轴显示总训练帧。与第 6 章中的演员-评论家相比，近端策略优化可以更快地学习并获得最高分

7.5.2 在 BipedalWalker 上使用 PPO 算法

作为一种基于策略的方法，近端策略优化也可以应用于连续控制问题。代码 7-5 显示了一个规范文件，该文件为 BipedalWalker 环境配置了近端策略优化智能体。该文件可在 SLM Lab 中找到，它位于 slm_lab/spec/benchmark/ppo/ppo_cont.json。请特别注意不同的网络架构(第 37～39 行)和环境(第 62～65 行)。

代码 7-5 BipedalWalker 上的近端策略优化：规范文件

```
1  # slm_lab/spec/benchmark/ppo/ppo_cont.json
2
3  {
4    "ppo_bipedalwalker": {
5      "agent": [{
6        "name": "PPO",
7        "algorithm": {
8          "name": "PPO",
9          "action_pdtype": "default",
10         "action_policy": "default",
11         "explore_var_spec": null,
```

```
          "gamma": 0.99,
          "lam": 0.95,
          "clip_eps_spec": {
            "name": "no_decay",
            "start_val": 0.20,
            "end_val": 0.0,
            "start_step": 10000,
            "end_step": 1000000
          },
          "entropy_coef_spec": {
            "name": "no_decay",
            "start_val": 0.01,
            "end_val": 0.01,
            "start_step": 0,
            "end_step": 0
          },
          "val_loss_coef": 0.5,
          "time_horizon": 512,
          "minibatch_size": 4096,
          "training_epoch": 15
        },
        "memory": {
          "name": "OnPolicyBatchReplay",
        },
        "net": {
          "type": "MLPNet",
          "shared": false,
          "hid_layers": [256, 128],
          "hid_layers_activation": "relu",
          "init_fn": "orthogonal_",
          "normalize": true,
          "batch_norm": false,
          "clip_grad_val": 0.5,
          "use_same_optim": true,
          "loss_spec": {
            "name": "MSELoss"
          },
          "actor_optim_spec": {
            "name": "Adam",
            "lr": 3e-4,
          },
          "critic_optim_spec": {
            "name": "Adam",
            "lr": 3e-4,
          },
          "lr_scheduler_spec": null,
          "gpu": false
      }
    }],
```

```
      "env": [{
        "name": "BipedalWalker-v2",
        "num_envs": 32,
        "max_t": null,
        "max_frame": 4e6
      }],
      "body": {
        "product": "outer",
        "num": 1
      },
      "meta": {
        "distributed": false,
        "log_frequency": 10000,
        "eval_frequency": 10000,
        "max_session": 4,
        "max_trial": 1
      }
    }
  }
```

在终端中运行代码 7-6 中的命令来训练智能体。

代码 7-6　BipedalWalker 上的近端策略优化：训练智能体

```
conda activate lab
python run_lab.py slm_lab/spec/benchmark/ppo/ppo_cont.json ppo_bipedalwalker
↪ train
```

上述命令将运行训练 Trial，并产生图 7-3 中的试验图。

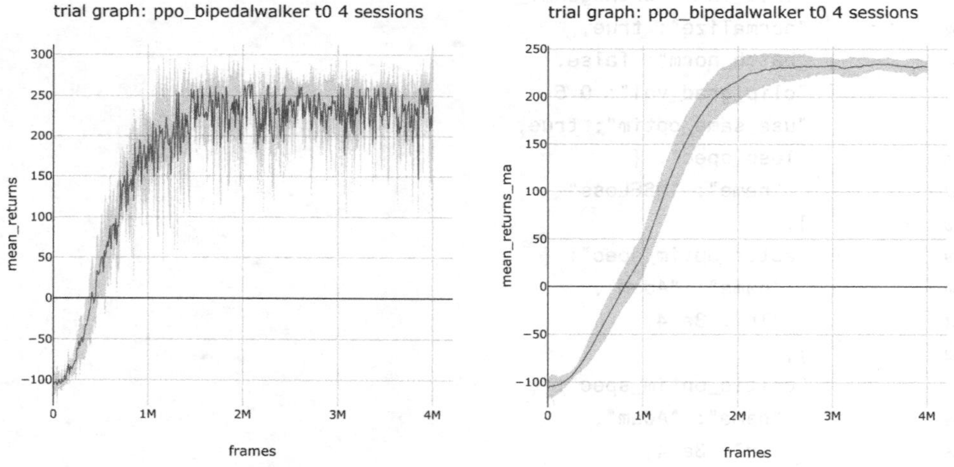

a）试验图　　　　b）带移动平均值的试验图

图 7-3　SLM Lab 中对 4 个会话取平均后的 BipedalWalker 上的近端策略优化。该试验产生接近解决方案得分 300 的性能

7.6 实验结果

本节将使用 SLM Lab 进行实验，以研究广义优势估计的 λ 变量对近端策略优化的影响。本节将使用 Atari Breakout 游戏作为更具挑战性的环境。

7.6.1 实验：评估 GAE 中 λ 的影响

由于近端策略优化是作为使用广义优势估计的演员-评论家的扩展而实现的，因此我们将运行与 6.7.2 节中相同的实验，以通过执行网格搜索来研究近端策略优化中不同 λ 值的影响。通过添加代码 7-7 中的搜索规范 lam，我们从代码 7-3 扩展了实验规范文件。第 4 行和第 7 行指定环境的变化，第 19 行指定 λ 值列表上的网格搜索 lam。完整的规范文件可在 SLM Lab 中找到，地址为 slm_lab/spec/experimental/ppo/ppo_lam_search.json。

代码 7-7 近端策略优化规范文件，其搜索规范lam 中设置了不同的广义优势估计的 λ 值

```
1  # slm_lab/spec/experimental/ppo/ppo_lam_search.json
2
3  {
4    "ppo_breakout": {
5      ...
6      "env": [{
7        "name": "BreakoutNoFrameskip-v4",
8        "frame_op": "concat",
9        "frame_op_len": 4,
10       "reward_scale": "sign",
11       "num_envs": 16,
12       "max_t": null,
13       "max_frame": 1e7
14     }],
15     ...
16     "search": {
17       "agent": [{
18         "algorithm": {
19           "lam__grid_search": [0.50, 0.70, 0.90, 0.95, 0.97, 0.99]
20         }
21       }]
22     }
23   }
24 }
```

要在 SLM Lab 中运行实验，请使用代码 7-8 中显示的命令。

代码 7-8 运行实验以搜索规范文件中定义的广义优势估计的 λ 的不同值

```
conda activate lab
python run_lab.py slm_lab/spec/experimental/ppo/ppo_lam_search.json
↪  ppo_breakout search
```

这将运行一个 Experiment，产生 6 个 Trial，每个 Trial 中用不同的 lam 值替换原始 PPO 规范中的 lam 值。每个 Trial 运行 4 个 Session。多重试验图如图 7-4 所示。

图 7-4 显示了近端策略优化中不同广义优势估计 λ 值对 Breakout 环境的影响。$\lambda=0.70$ 在事件评分高于 400 时表现最佳，紧随其后的是 $\lambda=0.50$。接近 0.90 的较高 λ 值效果不佳。与 6.7.2 节中针对演员-评论家的相同问题的相同实验相比，近端策略优化的最佳 λ 值(0.70)与演员-评论家的最佳 λ 值(0.90)显著不同，而近端策略优化获得了比演员-评论家的预期性能更好的性能。同样，该实验还证明 λ 在近端策略优化中不是非常敏感的超参数。

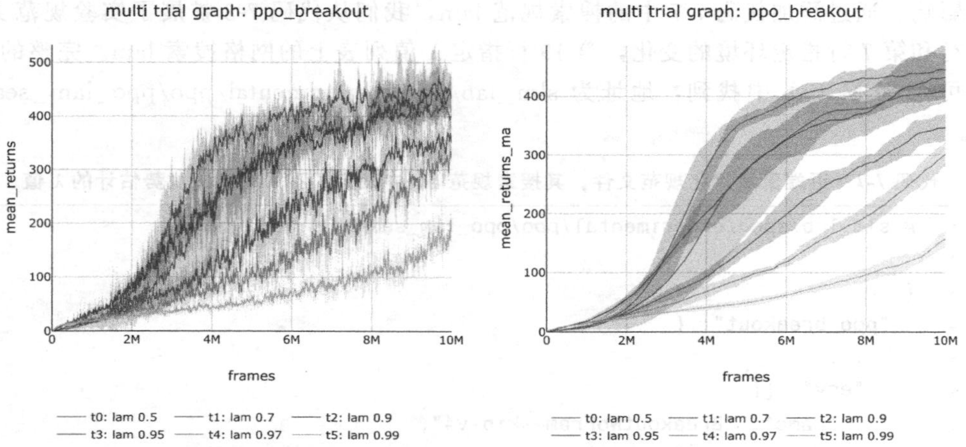

a）多重试验图　　　　b）带移动平均值的多重试验图

图 7-4　近端策略优化中不同广义优势估计 λ 值对 Breakout 环境的影响。$\lambda=0.70$ 的效果最好，而接近 0.90 的 λ 值的效果不佳(见彩插)

7.6.2　实验：评估裁剪变量 ε 的影响

裁剪变量 ε 为式 7.34 中裁剪的替代目标函数定义裁剪邻域 $|r_t(\theta)-1|\leqslant\varepsilon$。

本实验通过执行网格搜索来查看 ε 值的影响。通过针对代码 7-9 中显示的 clip_eps 添加搜索规范，我们根据代码 7-3 扩展了实验规范文件。我们还使用更具挑战性的环境 Atari Qbert。第 4 行和第 7 行指定环境的变化，第 19 行指定 ε 值列表上的网格搜索 clip_eps。完整的规范文件可在 SLM Lab 中找到，地址为 slm_lab/spec/experimental/ppo/ppo_eps_search.json。

代码 7-9　近端策略优化规范文件，其搜索规范clip_eps 中设置了不同的裁剪 ε 值

```
1  # slm_lab/spec/experimental/ppo/ppo_eps_search.json
2
3  {
4    "ppo_qbert": {
5      ...
6      "env": [{
7        "name": "QbertNoFrameskip-v4",
8        "frame_op": "concat",
```

```
        "frame_op_len": 4,
        "reward_scale": "sign",
        "num_envs": 16,
        "max_t": null,
        "max_frame": 1e7
    }],
    ...
    "search": {
      "agent": [{
        "clip_eps_spec": {
          "start_val__grid_search": [0.1, 0.2, 0.3, 0.4]
        }
      }]
    }
  }
}
```

要在 SLM Lab 中运行实验，请使用代码 7-10 中显示的命令。

代码 7-10 运行实验以搜索规范文件中定义的不同的裁剪 ε 值

```
conda activate lab
python run_lab.py slm_lab/spec/experimental/ppo/ppo_eps_search.json ppo_qbert
↪  search
```

这将运行一个 Experiment，其包含 4 个 Trial，每个 Trial 有 4 个 Session。多重试验图如图 7-5 所示。

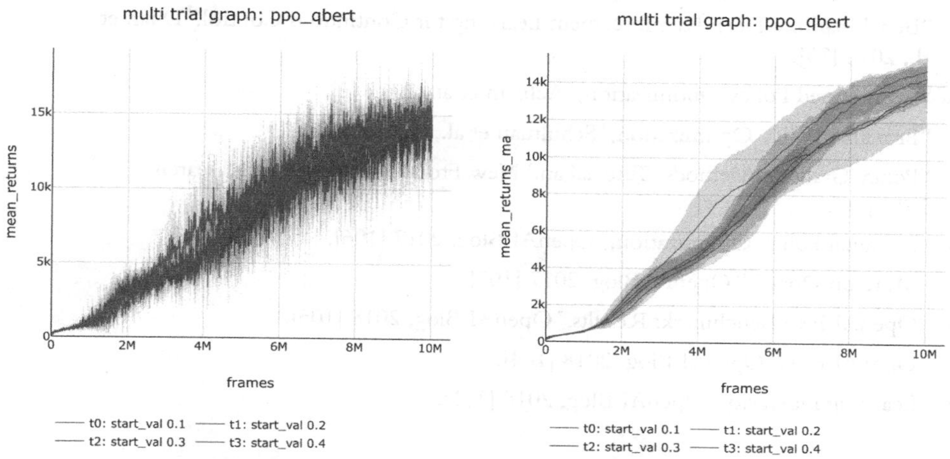

a）多重试验图　　b）带移动平均值的多重试验图

图 7-5 近端策略优化中不同裁剪 ε 值对 Qbert 环境的影响。总体而言，该算法对此超参数不是很敏感(见彩插)

图 7-5 显示了近端策略优化中不同裁剪 ε 值对 Qbert 环境的影响。ε＝0.20 时表现最佳。总的来说，从不同 ε 值的性能较为接近来看，该算法对此超参数不是很敏感。

7.7 总结

本章研究了策略梯度方法性能突然下降的问题，这个问题是由于我们通过间接控制参数空间中的参数来搜索策略而导致的。这可能会导致训练期间策略的不稳定变化。

为了解决这个问题，我们修改了策略梯度目标函数以产生替代目标函数，让参数空间的变化能保证单调策略改进。这被称为单调改进理论。在实践中，只能逼近替代目标函数，因此会引入一些误差。误差是可以限制的，我们将误差限制变成对目标函数的约束，以便可以在实践和理论上都保证策略改进。

我们发现，近端策略优化算法是解决此约束优化问题的一种简单有效的方法。它有两种变体：带 KL 惩罚的近端策略优化和带裁剪的近端策略优化。其中，裁剪是最简单、计算最便宜且性能最好的方法。

本书讨论的三种策略梯度算法是彼此的自然扩展。从最简单的算法 REINFORCE 开始，我们将其扩展到演员-评论家，从而改善了给予策略的强化信号。最后，我们证明了近端策略优化算法可以通过修改其策略损失来扩展演员-评论家算法，从而提高训练的稳定性和采样效率。

7.8 扩展阅读

- "Oct 11: Advanced Policy Gradients, Lecture 13," *CS 294: Deep Reinforcement Learning, Fall 2017*, Levine [78].
- "A Natural Policy Gradient," Kakade, 2002 [63].
- "Trust Region Policy Optimization," Schulman et al., 2015 [122].
- "Benchmarking Deep Reinforcement Learning for Continuous Control," Duan et al., 2016 [35].
- "Constrained Policy Optimization," Achiam et al., 2017 [2].
- "Proximal Policy Optimization," Schulman et al., 2017 [124].
- "Policy Gradient Methods: Tutorial and New Frontiers," Microsoft Research, 2017 [86].
- "Proximal Policy Optimization," OpenAI Blog, 2017 [106].
- "More on Dota 2," OpenAI Blog, 2017 [102].
- "OpenAI Five Benchmark: Results," OpenAI Blog, 2018 [105].
- "OpenAI Five," OpenAI Blog, 2018 [104].
- "Learning Dexterity," OpenAI Blog, 2018 [101].

第8章

Foundations of Deep Reinforcement Learning：Theory and Practice in Python

并行方法

在讨论本书中介绍的深度强化学习算法时，一个普遍的问题是采样效率低下。对于一些较复杂的问题，智能体通常需要数百万的训练经验，才能学会表现良好。如果数据采集是由运行在单个进程中的单个智能体按顺序完成的，则可能需要几天或几周时间才能产生足够多的经验。

我们在讨论DQN算法时提出了另一个问题，即不同和不相关的训练数据对于稳定和加速学习的重要性。虽然经验回放的使用有助于实现这一点，但是这依赖于DQN是一种异策略算法。这种方法不能直接适用于策略梯度算法⊖。然而，这些算法也从使用不同数据的训练中受益匪浅。

在本章中，我们讨论可应用于所有深度强化学习算法的并行方法。这既可以大大减少训练时间，又有助于为同策略算法生成更多样化的训练数据。

其关键思想是通过创建多个相同的实例来并行化智能体和环境，从而独立地收集轨迹。由于智能体通过网络实现参数化，我们创建了多个相同的工作网络和一个全局网络。工作线程不断收集轨迹，并在将更改推回到工作线程之前，使用工作线程数据定期更新全局网络。

并行方法主要有两类：同步和异步。我们先在8.1节讨论同步并行，然后在8.2节讨论异步并行。

8.1 同步并行

当并行是同步(阻塞)的时，在更新其参数之前，全局网络等待从所有工作线程接收一组更新。相应地，在发送更新之后，工作线程等待全局网络更新并推送新的参数，以便所有工作线程都具有相同的更新参数。如算法8-1所示。

算法8-1　同步并行，全局梯度计算

```
设置学习率 α
初始化全局网络 θ_G
初始化 N 个工作线程网络 θ_{W,1}，θ_{W,2}，…，θ_{W,N}
for 每个工作线程 do synchronously
    从全局网络中提取参数并设置 θ_{W,i} ← θ_G
    收集轨迹
    为全局网络推送轨迹
```

⊖ 使用重要性抽样可以利用异策略数据训练同策略算法。重要性抽样可以修正策略之间的动作概率差异。然而，重要性权重可以有很大变化，要么过大，要么过小缩减到零。因此，在实践中很难做好异策略修正工作。

```
    等待全局网络更新
end for
等待所有工作线程的轨迹
利用所有轨迹计算梯度∇θG
更新全局网络 θG←θG+α ∇θG
```

在这种并行性的变体中，工作线程用于收集发送到全局网络的轨迹。全局网络负责使用轨迹计算梯度并执行参数更新。重要的是，所有这些都有一个同步障碍——这就是它同步的原因。

通过并行，每个工作线程都会经历环境的不同实例，由于策略和环境的随机性，这些实例将展开并扩展到不同的场景。为了确保这一点，需要用不同的随机种子初始化工作线程和环境实例。随着并行化轨迹的展开，工作线程可能会在环境的不同阶段结束——一些接近开始，一些接近结束。并行化为全局网络的训练数据增加了多样性，因为它是在环境的多个场景和阶段上进行训练的。总的来说，这有助于稳定策略(以全局网络为代表)，并使其对噪声和变化更为鲁棒。

来自多个工作线程的经验交错也有助于分析数据的关联性。因为在任何时刻，全局网络都接收来自环境不同阶段的经验集合。例如，如果一个环境由多个游戏级别组成，那么全局网络很可能同时在其中的几个级别上进行训练。由于随机性，工作线程最终将探索不同的场景。还可以让工作线程使用不同的探索策略来进一步增加数据的多样性。一种方法是在第 4 章的 Q 学习中对 ε-贪婪策略使用不同的退火算法。

在 SLM Lab 中，同步并行是使用 OpenAI 的向量环境封装器实现的[99]。这将在不同的 CPU 进程上创建环境的多个实例，这些进程与智能体所在的主进程进行通信。然后，智能体成批地作用于这些环境，有效地充当多个工作线程。这利用了这样一个事实：在同步并行中，所有的工作线程都保证拥有相同的全局网络副本。向量环境封装非常广泛，其细节超出了本书的范围，源代码可以在 SLM Lab 的 slm_lab/env/vec_env.py 中找到。

通过在规范文件中指定所需的 num_envs，可以非常简单地在 SLM Lab 中使用同步并行。这适用于任何算法，我们在本书中一直使用它进行试验和实验。代码 7-3 的 PPO 规范文件中第 74 行显示了一个示例。

8.2 异步并行

如果并行是异步(非阻塞)的，则全局网络在从任何工作线程接收数据时都会更新其参数。同样，每个工作线程定期根据全局网络更新自身。这意味着工作线程可能有稍微不同的参数集。如算法 8-2 所示。

算法 8-2　异步并行，工作线程梯度计算

```
设置学习率 α
初始化全局网络 θG
初始化 N 个工作线程网络 θW,1, θW,2, …, θW,N
for 每个工作线程 do synchronously
    从全局网络中提取参数并设置 θW,i←θG
```

　　收集轨迹
　　计算梯度$\nabla_{\theta_{W,i}}$
　　推送$\nabla_{\theta_{W,i}}$到全局网络
end for
收到一个工作线程的梯度，更新全局网络$\theta_G \leftarrow \theta_G + \alpha \nabla_{\theta_{W,i}}$

Mnih 等人[87]在论文《Asynchronous Methods for Deep Reinforcement Learning》中，首次将异步并行应用于深度强化学习中。这也被称为“A3C”。通过使演员-评论家方法与 DQN 等基于值的方法竞争，在推广演员-评论家方法方面发挥了关键作用。他们不仅在 Atari 游戏上使用异步优势演员-评论家(Asynchronous Advantage Actor-Critic，A3C)算法获得了最先进的性能，而且还演示了如何在 CPU 上更快地训练深度强化学习算法，CPU 的成本明显低于 GPU。A3C 只是第 6 章中优势演员-评论家(Advantage Actor Critic，A2C)算法的异步版本。

在本例中，除了收集轨迹外，工作线程还使用自己的数据计算自己的梯度。梯度被异步发送到全局网络。类似地，全局网络在接收到梯度后立即更新自己的参数。与同步情况不同，此变体没有同步障碍。

实现异步训练的方法有很多。主要的设计选择包括：

1. **滞后与不滞后：**工作线程必须定期将其网络更新为全局网络参数。这可以在不同的频率下完成。如果更新是即时的，则工作线程参数始终等于全局参数。一种方法是在计算机内存中共享网络。然而，这意味着所有的工作线程都需要访问相同的共享内存，因此需要在同一台计算机上运行。如果更新不经常发生，则工作线程平均来说会得到全局参数的滞后副本。滞后网络有助于确保每个工作线程都是同策略的，因为它保证在生成轨迹和计算梯度时策略不会更改。

2. **局部与全局梯度计算：**梯度计算可以由工作线程在本地完成，也可以使用全局网络进行全局计算。由于全局网络不断变化，同策略训练要求局部梯度计算保持策略不变；异策略算法不受此限制。另一个实际考虑因素是工作线程与全局网络之间的数据传输成本。在进程之间发送轨迹数据通常比发送梯度要昂贵。

3. **锁定与无锁定：**在参数更新期间，可以锁定全局网络，以确保参数按顺序更新。由于同时更新可能会覆盖彼此的部分，这通常会产生问题。因此在大多数情况下，全局网络是锁定的。这会增加训练时间，因为同步更新需要按顺序进行。但是，对于某些问题，可以使用无锁的全局网络来节省时间。这就是 8.2.1 节讨论的 Hogwild！算法的灵感来源。

8.2.1　Hogwild！算法

在 SLM Lab 中，异步并行是使用 Hogwild！算法[⊖]实现的，这是一种无锁的随机梯度下降并行方法[93]。在 Hogwild！算法中，全局网络在参数更新期间未被锁定。该实现还使用了一个共享的全局网络，而没有滞后和局部的梯度计算。

在通读代码之前，先花点时间理解 Hogwild！算法有效的原因。

⊖ Hogwild 用作该算法的名字非常恰当，因为它意味着野性和缺乏约束。

无锁并行参数更新的问题是覆盖，这会导致破坏性的冲突。但是，如果我们假设优化问题是稀疏的(也就是说，对于一个由神经网络参数化的给定函数，参数更新通常只修改其中的一小部分)，这种影响会被最小化。在这种情况下，它们很少相互干扰，覆盖也不常见。在这种稀疏性假设下，多个同时更新中修改的参数可能并不重叠。因此，无锁并行成为一种可行的策略。它通过少量的冲突来提高训练速度。

为了了解如何利用稀疏性并行化参数更新的序列集，我们可以比较这两种方案。设 θ_i 为第 i 次迭代时的网络参数。可按如下方式编写顺序更新。

$$\theta_1 \xrightarrow{u_{1\to 2}} \theta_2 \xrightarrow{u_{2\to 3}} \theta_3 \cdots \xrightarrow{u_{n-1\to n}} \theta_n \tag{8.1}$$

$u_{i\to i+1}$ 代表一个更新，以使 $\theta_{i+1}=\theta_i+u_{i\to i+1}$。现在稀疏性假设意味着一个小集合的 w 个更新 $u_{j\to j+1}$，…，$u_{j+w-1\to j+w}$ 重叠分量非常少，可以将顺序更新压缩成由 w 个工作线程产生的并行更新，满足 $u_{j\to j+1}$，…，$u_{j\to j+w}$。给定顺序和并行的 w 个更新，如下所示：

$$\theta_j \xrightarrow{u_{j\to j+1}} \theta_{j+1} \xrightarrow{u_{j+1\to j+2}} \theta_{j+2} \cdots \xrightarrow{u_{j+w-1\to j+w}} \theta_{j+w} \quad \text{(顺序的)}$$

$$\theta_j \xrightarrow{u_{j\to j+1}} \theta_{\parallel j+1} \xrightarrow{u_{j\to j+2}} \theta_{\parallel j+2} \cdots \xrightarrow{u_{j\to j+w}} \theta_{\parallel j+w} \quad \text{(并行的)}$$

第 w 次迭代获得的结果是精确的或者近似相等的，即 $\theta_{j+w}\simeq\theta_{\parallel j+w}$。因此，$w$ 个工作线程的并行化可以提供一个快速和接近于连续情况的近似。既然两种情况都在解决同一个优化问题，那么它们应该产生几乎或完全相同的结果。

当使用 Hogwild! 算法时，工作线程越多，参数更新冲突的概率就越高。稀疏性只适用于某些数量下的并行操作。如果冲突变得过于频繁，这种假设就会失效。

当应用于深度强化学习时，稀疏性假设合理吗？这一问题并没有被很好地理解。这只是 Mnih 等人在 A3C 论文中采取的方法。这种方法的成功提出了一些可能的解释。第一，对于它所应用的问题，参数更新通常是稀疏的。第二，冲突更新引入的噪声可能会带来一些额外的训练好处。第三，同步的参数更新可能很少发生，例如，因为很少有工作线程使用交错的更新计划。第四，对神经网络剪枝的研究[30,41,90]表明在训练过程中存在许多不重要或冗余的神经网络参数。如果在这些参数上发生冲突，则总体性能不太可能受到影响。这些因素的组合也可以解释结果。Hogwild! 算法在深度强化学习领域的有效性仍然是一个有趣的开放性问题。

代码 8-1 显示了 Hogwild! 算法应用于一个典型神经网络的训练工作流的实现。关键的逻辑是在网络被创建并放入共享内存中后，再将网络传递给工作线程进行更新。由于 PyTorch 与多处理的一流集成，这样一个简单的实现是可能的。

代码 8-1 Hogwild! 算法很小的例子

```
# Minimal hogwild example
import torch
import torch.multiprocessing as mp

# example pytorch net, optimizer, and loss function
net = Net()
optimizer = torch.optim.SGD(net.parameters(), lr=0.001)
loss_fn = torch.nn.F.smooth_l1_loss
```

```python

def train(net):
    # construct data_loader, optimizer, loss_fn
    net.train()
    for x, y_target in data_loader:
        optimizer.zero_grad()  # flush any old accumulated gradient
        # autograd begins accumulating gradients below
        y_pred = net(x)  # forward pass
        loss = loss_fn(y_pred, y_target)  # compute loss
        loss.backward()  # backpropagate
        optimizer.step()  # update network weights

def hogwild(net, num_cpus):
    net.share_memory()  # this makes all workers share the same memory
    workers = []
    for _rank in range(num_cpus):
        w = mp.Process(target=train, args=(net, ))
        w.start()
        workers.append(w)
    for w in workers:
        w.join()

if __name__ == '__main__':
    net = Net()
    hogwild(net, num_cpus=4)
```

8.3 训练 A3C 智能体

当使用任何优势函数的 Actor-Critic 算法使用异步方法并行化时，它被称为 A3C[87]。在 SLM Lab 中，只要在规范文件中添加一个标志，任何实现的算法都可以并行化。代码 8-2 给出了一个例子，它是从第 6 章的 Actor-Critic 规范文件修改而来的。完整的文件可以在 SLM Lab 的 slm_lab/spec/benchmark/a3c/a3c_nstep_pong.json 获得。

代码 8-2 玩 Atari Pong 的 A3C 规范文件

```
# slm_lab/spec/benchmark/a3c/a3c_nstep_pong.json

{
  "a3c_nstep_pong": {
    "agent": [{
      "name": "A3C",
      "algorithm": {
        "name": "ActorCritic",
        "action_pdtype": "default",
        "action_policy": "default",
        "explore_var_spec": null,
        "gamma": 0.99,
        "lam": null,
```

```
        "num_step_returns": 5,
        "entropy_coef_spec": {
          "name": "no_decay",
          "start_val": 0.01,
          "end_val": 0.01,
          "start_step": 0,
          "end_step": 0
        },
        "val_loss_coef": 0.5,
        "training_frequency": 5
      },
      "memory": {
        "name": "OnPolicyBatchReplay",
      },
      "net": {
        "type": "ConvNet",
        "shared": true,
        "conv_hid_layers": [
          [32, 8, 4, 0, 1],
          [64, 4, 2, 0, 1],
          [32, 3, 1, 0, 1]
        ],
        "fc_hid_layers": [512],
        "hid_layers_activation": "relu",
        "init_fn": "orthogonal_",
        "normalize": true,
        "batch_norm": false,
        "clip_grad_val": 0.5,
        "use_same_optim": false,
        "loss_spec": {
          "name": "MSELoss"
        },
        "actor_optim_spec": {
          "name": "GlobalAdam",
          "lr": 1e-4
        },
        "critic_optim_spec": {
          "name": "GlobalAdam",
          "lr": 1e-4
        },
        "lr_scheduler_spec": null,
        "gpu": false
      }
    }],
    "env": [{
      "name": "PongNoFrameskip-v4",
      "frame_op": "concat",
      "frame_op_len": 4,
      "reward_scale": "sign",
      "num_envs": 8,
      "max_t": null,
      "max_frame": 1e7
    }],
```

```
67        "body": {
68          "product": "outer",
69          "num": 1
70        },
71        "meta": {
72          "distributed": "synced",
73          "log_frequency": 10000,
74          "eval_frequency": 10000,
75          "max_session": 16,
76          "max_trial": 1,
77        }
78      }
79    }
```

代码 8-2 设置了元规范"distributed":"synced"(第 72 行)，并设置工作线程数 max_session 为 16(第 75 行)。优化器被更改为更适合 Hogwild! 的变体 GlobalAdam(第 47 行)。环境数 num_envs 更改为 8(第 63 行)。如果环境数大于 1，则算法将成为同步(向量环境)和异步(Hogwild!)方法的混合，并且将有 num_envs × max_session 个工作线程。从概念上讲，这可以被认为是一个 Hogwild! 工作线程层次结构，每个线程都会产生多个同步工作线程。

若要使用 SLM Lab 用 *n* 步回报训练此 A3C 智能体，请在终端中运行代码 8-3 中的命令。

代码 8-3 A3C：训练智能体

```
conda activate lab
python run_lab.py slm_lab/spec/benchmark/a3c/a3c_nstep_pong.json
↪  a3c_nstep_pong train
```

和前文一样，这将运行一个训练 Trial 来生成如图 8-1 所示的试验图。但是，现在会话担任了异步工作线程的角色。在 CPU 上运行时，试验只需要几个小时就可以完成，尽管它需要一台至少有 16 个 CPU 的机器。

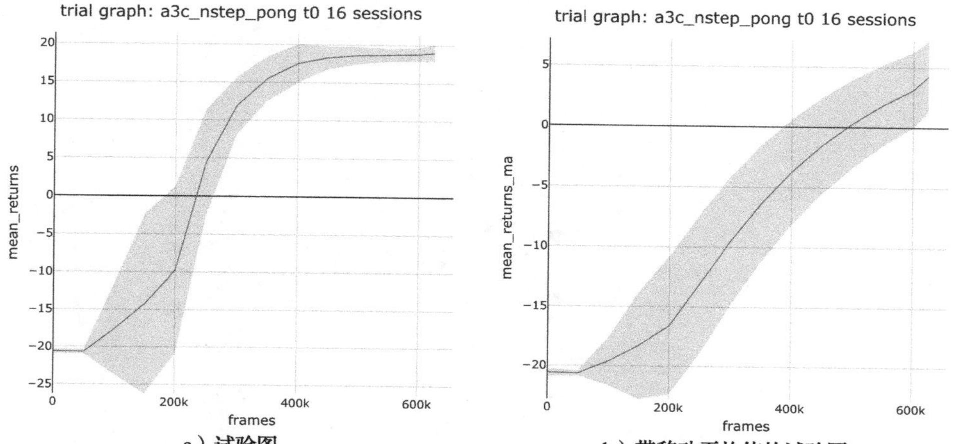

a）试验图　　b）带移动平均值的试验图

图 8-1　16 个工作线程的 A3C(*n* 步回报)试验图。由于会话担任了工作线程的角色，水平轴度量单个工作线程经历的帧数。因此，经历的总帧数等于各个工作线程的帧数的总和，总帧数将增加到 1000 万

8.4 总结

在本章中，我们讨论了两种广泛应用的并行化方法——同步和异步，并展示了这两种方法可以分别使用向量环境或 Hogwild!算法来实现。

并行化的两个好处是更快的训练和更多样的数据。第二个好处对于稳定和改进策略梯度算法的训练起着至关重要的作用。事实上，这往往决定了成功和失败。

在确定要应用哪种并行化方法时，一般会考虑实现难易度、计算成本和规模等因素。

同步方法(例如向量环境)通常比异步方法简单明了，易于实现，特别是在数据收集并行化的情况下。数据生成通常成本较低，对于相同数量的帧，它们所需的资源较少，因此可以更好地扩展到中等数量的工作线程(例如，少于 100 个)。然而，当大规模应用时，同步屏障成为一个瓶颈。在这种情况下，异步方法可能要快得多。

并不总是需要并行化。一般来说，在投入时间和资源来解决一个问题之前，试着理解这个问题是否足够简单，不需要并行化就可以解决。此外，并行化的需要取决于所使用的算法。异策略算法(如 DQN)由于经验回放已经提供了不同的训练数据，因此通常可以在不并行的情况下获得很强的性能。即使训练需要很长时间，智能体仍然可以学习。像演员-评论家这样的同策略算法通常不是这样的，它们需要并行化，以便能够从不同的数据中学习。

8.5 扩展阅读

- "Asynchronous Methods for Deep Reinforcement Learning," Mnih et al., 2016 [87].
- "HOGWILD!: A Lock-Free Approach to Parallelizing Stochastic Gradient Descent," Niu et al., 2011 [93].

算法总结

在本书中介绍的算法有三个定义特征。首先，算法是同策略的还是异策略的？其次，它可以应用于哪些类型的动作空间？最后，它学习什么函数？

REINFORCE、SARSA、A2C 和 PPO 都是同策略算法，而 DQN 和双重 DQN+PER 则是异策略算法。SARSA、DQN 和双重 DQN+PER 是学习逼近 Q^π 函数的基于值的算法。因此，它们仅适用于具有离散动作空间的环境。

REINFORCE 是一个纯基于策略的算法，因此只学习一个策略 π。A2C 和 PPO 是学习策略 π 和 V^π 函数的混合方法。REINFORCE、A2C 和 PPO 都可以应用于具有离散或连续动作空间的环境。表 9-1 总结了这些算法的特点。

表 9-1　本书中的算法及特点总结

算法	同策略/异策略	环境		学习到的函数		
		离散	连续	V^π	Q^π	策略 π
REINFORCE	同策略	√	√			√
SARSA	同策略	√			√	
DQN	异策略	√			√	
双重 DQN+PER	异策略	√			√	
A2C	同策略	√	√	√		√
PPO	同策略	√	√	√		√

讨论的算法形成了两个家族，如图 9-1 所示。每个家族都有一个祖先算法，其他成员都是从中扩展而来的。第一个家族是基于值的算法——SARSA、DQN 和双重 DQN+PER。SARSA 是这个家族的祖先。DQN 可以看作 SARSA 的一个扩展，它具有更好的采样效率，因为它是异策略的。PER 和双重 DQN 是 DQN 的扩展，它们提高了原 DQN 算法的采样效率和稳定性。

第二个家族由基于策略的算法和组合的算法组成——REINFORCE、A2C 和 PPO。REINFORCE 是这个家族的祖先。A2C 通过用学习到的值函数代替回报的蒙特卡罗估计来扩展 REINFORCE。PPO 通过修改目标函数来扩展 A2C，以避免性能突然下降并提高采样效率。

在讨论的所有算法中，性能最好的是双重 DQN+PER 和 PPO。通常它们是各自家族中最稳定且采样效率最高的算法。因此，它们也是解决新问题时首先尝试的好算法。

在决定是否使用双重 DQN+PER 或 PPO 时，需要考虑两个重要因素：环境动作空间和生成轨迹的成本。PPO 智能体可以在任何类型的动作空间环境中训练，而双重 DQN+PER 仅限于离散动作。但是，可以通过重用由任何方式生成的异策略数据来训练

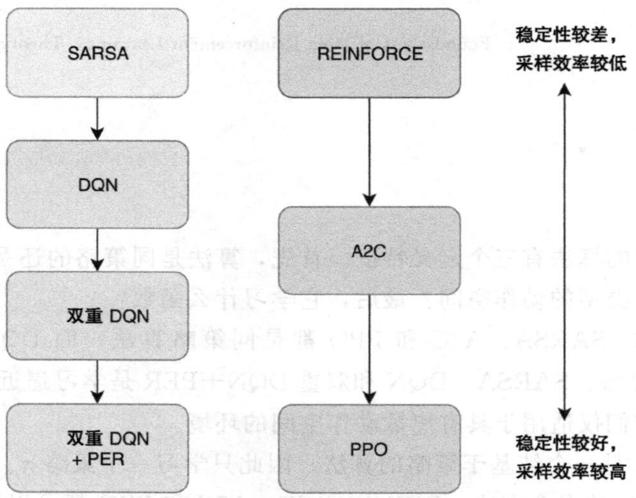

图 9-1　本书中所有算法都是 SARSA 和 REINFORCE 的扩展

双重 DQN＋PER。如果数据收集成本高昂或耗时(例如，如果必须从真实世界收集数据)，这是有利的。相比之下，PPO 是同策略的，因此它只能根据自己的策略生成的数据进行训练。

第三部分

Foundations of Deep Reinforcement Learning: Theory and Practice in Python

实践细节

深度强化学习工程实践

深度强化学习系统由与环境交互的智能体组成。智能体还包括内存、策略、神经网络和算法函数等组件，这些组件中的每一个都可能非常复杂，而且它们还必须集成并一起操作才能产生一个有效的深度强化学习算法。因此，一个实现了多个深度强化学习算法的代码库开始进入拥有大量代码的大型软件系统领域。这种复杂性导致了相互依赖和约束，并为代码错误留下了更大的空间。因此，软件可能很脆弱且很难工作。

本章提供了一些调试深度强化学习算法的实用技巧。在 10.1 节中，我们介绍一些有用的工程实践来帮助管理代码复杂性。然后，10.2 节讨论一些通用的调试实践，以及一些在 Atari 环境中训练智能体时有帮助的特定技巧(10.3 节)。10.4 节列出了我们在本书中讨论过的主要算法和环境的良好超参数值，并提供了有关近似运行时间和计算资源需求的一些信息。

10.1 软件工程实践

在最高层次上，存在理论正确性与实现正确性的问题。在设计一个新的强化学习算法或组件时，需要在实现之前从理论上证明它是正确的，这在进行研究时尤其重要。类似地，当试图解决一个新环境的问题时，在应用任何算法之前，首先需要确保问题确实可以由强化学习解决，这与应用程序尤其相关。如果理论上一切都是正确的，并且手头的问题是可以解决的，那么强化学习算法的失败可以归因于实现错误。然后我们需要调试代码。

调试包括识别一段代码中的错误并修复它们。通常，最耗时的过程是寻找错误，并首先理解错误存在的原因。一旦理解了错误，就可以直接快速实现修复。

深度强化学习算法可能会由于许多不同的原因而失败。另外，强化学习开发周期是资源密集型和时间密集型的，这使得调试过程更加困难。为了有效地调试强化学习代码，必须使用系统的方法来识别错误，以便快速缩小潜在的候选范围。幸运的是，软件工程领域已经习惯了这些问题，我们可以借鉴许多已经建立的最佳实践，特别是单元测试、代码质量和 Git 工作流。

10.1.1 单元测试

单元测试是优秀软件工程的普遍要求，原因很简单——任何未经测试的代码都是有风险的代码。一个可靠的软件系统必须建立在严格的基础之上：作为其他代码的基础的核心组件必须经过彻底的测试，并且验证是正确的。如果基础不可靠，当软件系统增长时，未解决的错误将会传播并影响更多的组件。由于我们将不得不花费更多的调试时间和更少的开发时间，进度将变得更慢。

单元测试提供了被测试组件按预期工作的保证。一旦一段代码经过了正确的测试，我们就可以信任它并更加自信地使用它进行开发。当单元测试系统地应用于代码基础时，它们有助于消除许多可能出错的地方，从而在调试时缩小错误候选列表的范围。

测试覆盖率是软件工程师用来衡量单元测试覆盖代码基础的百分比的一个有用指标。这是由静态分析工具计算的，该工具计算代码或逻辑路径的总行数，并检查在运行所有单元测试时覆盖了多少行。这个比例被转换成测试覆盖率的百分比。任何现代单元测试工具都会自动计算和报告此指标。在 SLM Lab 中，每当运行单元测试时，PyTest 都会执行此操作。

实现 100%的测试覆盖率可能很诱人，但这样做可能会适得其反。对于在生产环境中运行的工业软件来说，完美的测试覆盖率可能是可取的，但对于需要快速改变的研究来说却没有什么意义。编写单元测试需要时间和精力，如果做得过分，可能会与开发和研究的主要优先权相竞争。为了达到一个平衡的中间立场，它应该留给最重要的代码。代码的作者应该能够判断哪些代码足够重要，需要进行测试，但是，根据经验，应该测试那些被广泛使用、复杂、容易出错或至关重要的代码。

单元测试本质上是断定一段代码如何运行。但是，我们必须定义要测试的行为域。例如，当测试一个函数时，测试定义了输入和预期结果，并将预期结果与计算的输出进行比较。通常测试函数的几个方面：函数需要正确运行，并且对于一系列输入不崩溃的情况下，应测试常见情况和边缘情况，并检查数据形状和类型。如果函数实现了一个公式，则对其进行经验测试——手工计算一些示例的数值结果，并将它们与函数输出进行比较，以验证实现的正确性。当一个新的错误被修复时，应该添加一个测试来防止错误的再次出现。

为了说明这些要点，代码 10-1 展示了一个测试示例，该测试在 Atari Pong 环境中端到端运行 DQN 算法。该测试初始化智能体和环境，并在少量步骤中运行完整的训练循环。尽管它很简单，但却是一个广泛和完整的检查，以确保一切都可以运行而不会崩溃。它还确保了整个算法中的重要部分，如损失计算和网络更新。随着代码库的增长，基本测试(如 test_atari)尤其有用，因为它们有助于检查新功能是否破坏了旧功能的核心功能。

代码 10-1　在 Atari Pong 环境下 DQN 算法的端到端测试

```python
# slm_lab/test/spec/test_spec.py

from flaky import flaky
from slm_lab.experiment.control import Trial
from slm_lab.spec import spec_util
import pytest

# helper method to run all tests in test_spec
def run_trial_test(spec_file, spec_name=False):
    spec = spec_util.get(spec_file, spec_name)
    spec = spec_util.override_test_spec(spec)
    spec_util.tick(spec, 'trial')
    trial = Trial(spec)
    trial_metrics = trial.run()
```

```
    assert isinstance(trial_metrics, dict)
...

@flaky
@pytest.mark.parametrize('spec_file,spec_name', [
    ('benchmark/dqn/dqn_pong.json', 'dqn_pong'),
    ('benchmark/a2c/a2c_gae_pong.json', 'a2c_gae_pong'),
])
def test_atari(spec_file, spec_name):
    run_trial_test(spec_file, spec_name)
```

代码 10-2 显示了两个经验测试。test_calc_gaes 测试第 6 章中的广义优势估计(Generalized Advantage Estimation，GAE)的实现，test_linear_decay 测试线性衰减变量的函数。这在 SLM Lab 中经常使用，例如衰减探索变量 ϵ 或 τ。对于复杂或难以实现的函数来说，这样的经验测试尤其重要——令测试者放心，函数正在产生预期的输出。

代码 10-2　经验测试的示例。一些数学公式的结果是手动计算的，并与函数输出进行比较

```
# slm_lab/test/lib/test_math_util.py

from slm_lab.lib import math_util
import numpy as np
import pytest
import torch

def test_calc_gaes():
    rewards = torch.tensor([1., 0., 1., 1., 0., 1., 1., 1.])
    dones = torch.tensor([0., 0., 1., 1., 0., 0., 0., 0.])
    v_preds = torch.tensor([1.1, 0.1, 1.1, 1.1, 0.1, 1.1, 1.1, 1.1, 1.1])
    assert len(v_preds) == len(rewards) + 1  # includes last state
    gamma = 0.99
    lam = 0.95
    gaes = math_util.calc_gaes(rewards, dones, v_preds, gamma, lam)
    res = torch.tensor([0.84070045, 0.89495, -0.1, -0.1, 3.616724, 2.7939649,
    ↪  1.9191545, 0.989])
    # use allclose instead of equal to account for atol
    assert torch.allclose(gaes, res)

@pytest.mark.parametrize('start_val, end_val, start_step, end_step, step,
↪  correct', [
    (0.1, 0.0, 0, 100, 0, 0.1),
    (0.1, 0.0, 0, 100, 50, 0.05),
    (0.1, 0.0, 0, 100, 100, 0.0),
    (0.1, 0.0, 0, 100, 150, 0.0),
    (0.1, 0.0, 100, 200, 50, 0.1),
    (0.1, 0.0, 100, 200, 100, 0.1),
    (0.1, 0.0, 100, 200, 150, 0.05),
    (0.1, 0.0, 100, 200, 200, 0.0),
```

```
    (0.1, 0.0, 100, 200, 250, 0.0),
])
def test_linear_decay(start_val, end_val, start_step, end_step, step, correct):
    assert math_util.linear_decay(start_val, end_val, start_step, end_step, step) == correct
```

可以根据软件的结构和组件来决定如何组织和编写测试，这是在更好的软件设计上投入时间的原因之一。例如，将所有方法组织到一个无结构的脚本中可能会以一种类似黑客的快速方式完成任务，但是如果代码要在长期的生产系统中被多次使用，这是一种不好的做法。好的软件应该被模块化为可独立开发、使用和测试的敏感组件。在本书中，我们讨论了如何将智能体组织成诸如内存类、算法和神经网络之类的组件。SLM Lab 遵循这种组件设计，为每个组件编写单元测试。当组织测试以匹配一个软件的设计时，很容易跟踪已测试的内容，并相应地跟踪工作的内容。这显著提高了调试的效率，因为它提供了未经测试的弱点的分布图，这些弱点是潜在的错误候选。

代码 10-3 显示了作为独立模块开发和测试的卷积网络的组件测试示例。它检查特定于网络的元素，如架构、数据形状和模型更新，以确保实现按预期工作。

代码 10-3　卷积网络的组件测试示例。在一个独立的模块中开发和测试特定于网络的特性

```
# slm_lab/test/net/test_conv.py

from copy import deepcopy
from slm_lab.env.base import Clock
from slm_lab.agent.net import net_util
from slm_lab.agent.net.conv import ConvNet
import torch
import torch.nn as nn

net_spec = {
    "type": "ConvNet",
    "shared": True,
    "conv_hid_layers": [
        [32, 8, 4, 0, 1],
        [64, 4, 2, 0, 1],
        [64, 3, 1, 0, 1]
    ],
    "fc_hid_layers": [512],
    "hid_layers_activation": "relu",
    "init_fn": "xavier_uniform_",
    "batch_norm": False,
    "clip_grad_val": 1.0,
    "loss_spec": {
        "name": "SmoothL1Loss"
    },
    "optim_spec": {
        "name": "Adam",
        "lr": 0.02
```

```
    },
    "lr_scheduler_spec": {
        "name": "StepLR",
        "step_size": 30,
        "gamma": 0.1
    },
    "gpu": True
}
in_dim = (4, 84, 84)
out_dim = 3
batch_size = 16
net = ConvNet(net_spec, in_dim, out_dim)
# init net optimizer and its lr scheduler
optim = net_util.get_optim(net, net.optim_spec)
lr_scheduler = net_util.get_lr_scheduler(optim, net.lr_scheduler_spec)
x = torch.rand((batch_size,) + in_dim)

def test_init():
    net = ConvNet(net_spec, in_dim, out_dim)
    assert isinstance(net, nn.Module)
    assert hasattr(net, 'conv_model')
    assert hasattr(net, 'fc_model')
    assert hasattr(net, 'model_tail')
    assert not hasattr(net, 'model_tails')

def test_forward():
    y = net.forward(x)
    assert y.shape == (batch_size, out_dim)

def test_train_step():
    y = torch.rand((batch_size, out_dim))
    clock = Clock(100, 1)
    loss = net.loss_fn(net.forward(x), y)
    net.train_step(loss, optim, lr_scheduler, clock=clock)
    assert loss != 0.0

def test_no_fc():
    no_fc_net_spec = deepcopy(net_spec)
    no_fc_net_spec['fc_hid_layers'] = []
    net = ConvNet(no_fc_net_spec, in_dim, out_dim)
    assert isinstance(net, nn.Module)
    assert hasattr(net, 'conv_model')
    assert not hasattr(net, 'fc_model')
    assert hasattr(net, 'model_tail')
    assert not hasattr(net, 'model_tails')

    y = net.forward(x)
    assert y.shape == (batch_size, out_dim)
```

```
def test_multitails():
    net = ConvNet(net_spec, in_dim, [3, 4])
    assert isinstance(net, nn.Module)
    assert hasattr(net, 'conv_model')
    assert hasattr(net, 'fc_model')
    assert not hasattr(net, 'model_tail')
    assert hasattr(net, 'model_tails')
    assert len(net.model_tails) == 2

    y = net.forward(x)
    assert len(y) == 2
    assert y[0].shape == (batch_size, 3)
    assert y[1].shape == (batch_size, 4)
```

考虑到单元测试的重要性，应该经常编写单元测试，因此它们需要易于编写。测试不必很复杂，事实上，越简单越好。好的测试应该简短明了，同时涵盖要测试的函数的所有重要方面。测试也应该是快速和稳定的，因为它们经常被用作接受新开发的代码的限定符，从而影响开发周期的速度。可以通过单元测试来信任一个函数，单元测试提供了关于函数如何工作的证据，这些证据非常容易理解。有了信任和可靠性，进一步的开发和研究就可以更顺利地进行。

10.1.2 代码质量

单元测试对于良好的软件工程来说是必要的，但还不够，还需要良好的代码质量。代码不仅仅是为计算机传达指令，它还向程序员传达思想。好的代码很容易理解和使用——这适用于任何合作者以及原始代码作者。如果 3 个月后我们不能理解一段自己编写的代码，那它就是糟糕的代码，可维护性差。

软件工程中确保代码质量的标准做法是采用样式指南并进行代码评审。编程语言的样式指南是指编写代码过程中的一组最佳实践和约定。样式指南包括一般语法格式、命名约定和编写安全可靠代码的注意事项等指导原则。样式指南通常由一个大规模的程序员社区建立，以便共享通用的约定。它不仅使代码在协作环境中更容易理解，而且提高了代码的总体质量。

样式指南不断发展，以适应编程语言的增长及其社区的需求。样式指南通常作为 GitHub 上的众包文档进行维护，具有开源代码许可证。SLM Lab 使用 Google 的 Python 样式指南（https://github.com/google/styleguide）作为主要的样式指南，另外还使用了 Wah Loon Keng 的 Python 样式指南（https://github.com/kengz/python）。

为了帮助程序员编写更好的代码，现代的样式指南也被转换为称为 linters 的程序，该程序与文本编辑器一起工作，通过提供视觉帮助和自动格式化来帮助实施样式指南。同样的程序也被用于自动代码评审——这就引出了我们的下一个主题。

代码评审有助于确保添加到软件存储库的代码的质量。通常这需要一个或多个人员检查新提交的代码的逻辑正确性和对样式指南的遵从性。主要的代码托管平台（如 GitHub）支持代码评审。每一个新的代码块在被接受之前都会首先通过所谓的拉取请求进行检查。这个代码评审工作流现在是一个标准的软件开发实践。

在过去的几年中，自动化代码评审也迅速发展，像 Code Climate[27] 和 Codacy[26] 这样的公司提供免费和付费的云服务来执行代码质量检查。通常，这些工具对许多元素(例如遵循样式指南、安全问题、代码复杂性和测试覆盖率)执行静态代码分析检查。这些工具被用作看门人，以确保只有通过代码评审的代码才能被接受和合并到存储库中。任何找到的问题都会导致所谓的技术债务。与货币债务一样，技术债务也需要偿还——无论是现在还是以后。它也会随着软件项目的扩展而增长，未解决的坏代码会在任何地方被使用。为了确保项目的长期健康，在监管之下控制技术债务是很重要的。

10.1.3　Git 工作流

Git 是一种现代的源代码版本控制工具，它的核心思想很简单——每一次代码的添加和删除都应该以可跟踪的方式提交到代码库中。这意味着它的版本由一条消息控制，该消息描述了在该提交中所做的操作。当代码更改中断软件时，很容易快速恢复到以前的版本。此外，提交之间的差异也可以用于调试。这可以使用 git diff 命令或查看 GitHub 拉取请求页面来显示。如果软件在新的提交中突然失败，很可能是由于最近的代码更改造成的。Git 工作流只是以增量方式提交代码更改，并带有清晰的消息，然后在将这些提交接受到主代码库之前进行评审。

考虑到深度强化学习软件脆弱且复杂，使用 Git 工作流可能会非常有帮助。它在 SLM Lab 的开发中是一个不可或缺的辅助工具，不仅对函数代码有用，而且对算法超参数也有用。图 10-1 显示了一个 Git diff 视图示例，在该视图中，通过更改梯度剪裁标准、神经网络优化器和网络更新类型来调整双重 DQN 智能体的规范文件。如果生成的智能体性能更好或更差，我们可以知道原因。

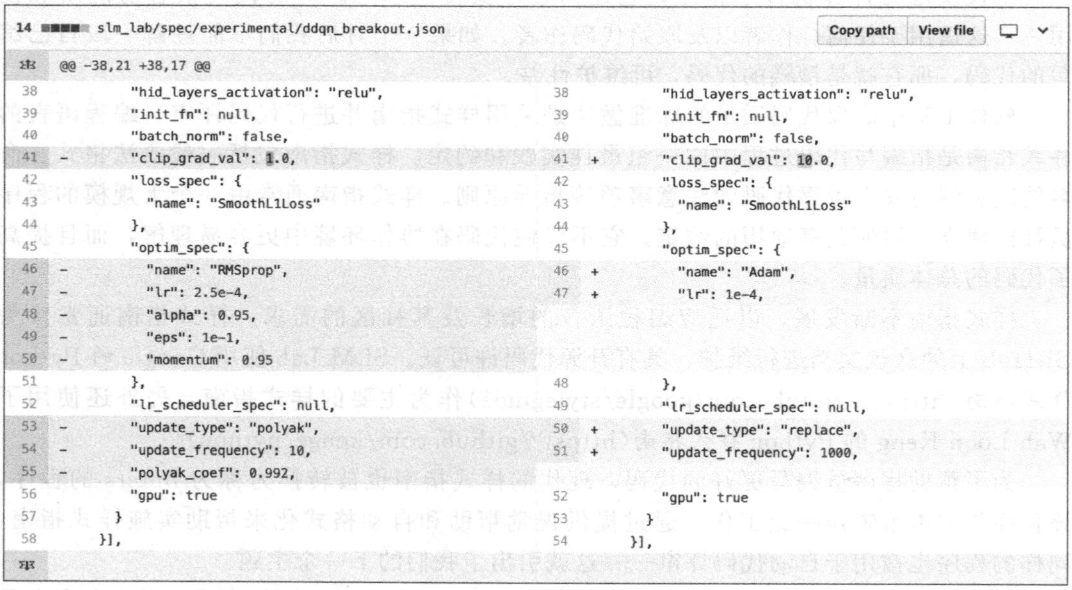

14 slm_lab/spec/experimental/ddqn_breakout.json
Copy path
View file
@@ -38,21 +38,17 @@
"hid_layers_activation": "relu",
"init_fn": null,
"batch_norm": false,
- "clip_grad_val": 1.0,
+ "clip_grad_val": 10.0,
"loss_spec": {
"name": "SmoothL1Loss"
},
"optim_spec": {
- "name": "RMSprop",
- "lr": 2.5e-4,
- "alpha": 0.95,
- "eps": 1e-1,
- "momentum": 0.95
+ "name": "Adam",
+ "lr": 1e-4,
},
"lr_scheduler_spec": null,
- "update_type": "polyak",
- "update_frequency": 10,
- "polyak_coef": 0.992,
+ "update_type": "replace",
+ "update_frequency": 1000,
"gpu": true
}
}],

图 10-1　SLM Lab 拉取请求的 Git diff 视图的屏幕截图，并排显示了更改前后的代码

Git 工作流有助于 SLM Lab 实验的可复制性。在 SLM Lab 中，只要提供 Git SHA 就可以复制任何结果。这被用于检查运行实验的代码的确切版本，并按照编写的方式精

确地重新运行它。如果没有 Git 工作流，我们将不得不手动更改代码。因为深度强化学习中有许多变化的部分，手动更改会变得复杂。

手动代码评审主要包括审查 Git diff，如图 10-1 所示。拉取请求可以为一个新特性或一个错误修复累积多个相关提交，并在页面上清楚地总结更改内容，供评审者和作者检查和讨论。这就是软件增量开发的方式。Git 工作流与单元测试、样式指南一起构成了现代软件工程的基石。

单元测试、样式指南和代码评审帮助我们管理复杂的软件项目。它们有助于构建大型复杂软件，并有助于在软件增长时保持其正确运行。鉴于深度强化学习算法的复杂性，采用这些做法是合理的，就像 SLM Lab 所做的那样。要了解将它们应用于深度强化学习的细节，请查看 SLM Lab GitHub 存储库中的一些拉取请求示例。图 10-2 显示了一个拉取请求自动运行单元测试和代码质量检查的示例。在拉取请求通过这些检查之前，不能合并代码更改。

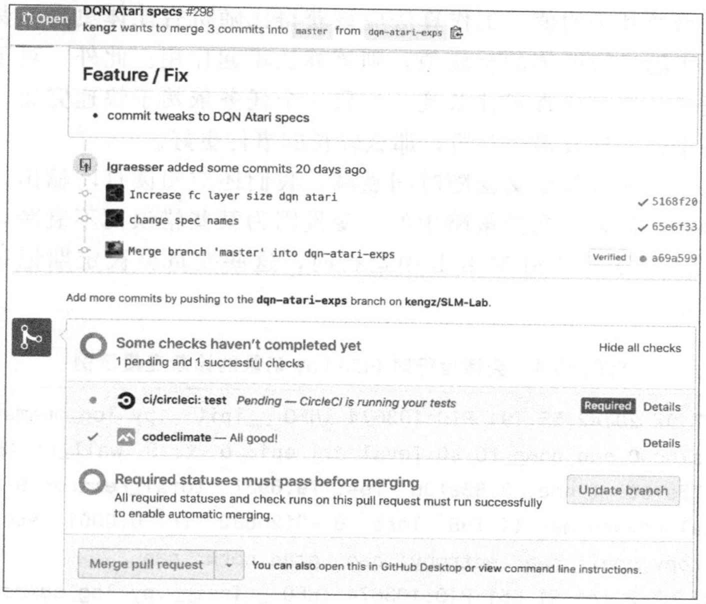

图 10-2　SLM Lab 拉取请求的屏幕截图，该请求在远程服务器上运行单元测试，并使用 Code Climate 自动检查代码质量

良好的软件工程对于可控地构建复杂软件是必要的。本节只是给关注该领域的读者提供一些建议——该领域本身是一个博大而有深度的领域。不幸的是，它不是哪一门计算机科学课程能教会我们的，好的工程只有通过观察和经验才能学到。幸运的是，有足够的开源项目和社区，可以通过亲身参与这些项目来学习。以开放和关心的态度对待代码，这不是一个困难的技能。以此为基础，我们将研究深度强化学习的一些工作指南。

10.2　调试技巧

在本节中，我们将介绍一些调试技巧，这些技巧在调试强化学习算法时可能会有用。

由于其复杂性和新颖性，在深度强化学习中进行调试仍然是一门艺术而不是一门科学，需要在深度学习软件、数值计算和硬件方面有丰富的实践经验。最重要的是，就像任何具有挑战性的项目一样，要想让事情顺利进行需要很大的毅力。

调试的主要目标是确定失败的根本原因。这个过程本质上是问题隔离，需要系统地检查各种可疑之处以发现错误。有条不紊是很重要的。我们应该有一个优先考虑的假设和疑点列表，然后逐一测试，如果可能，单独测试。每一个不成功的测试都会排除另一个可疑之处并改进下一个假设。希望这能很快让我们找到根本原因。

在下面的内容中，我们使用 SLM Lab 的设计来概述一个通用的强化学习调试清单。

10.2.1　生命迹象

要知道一个深度强化学习算法是否有效，我们需要检查一些基本的生命迹象。最简单的指标是总奖励及其平均值。工作算法应该获得比随机智能体更高的奖励。如果它的奖励值等于或小于随机智能体的奖励值，则该算法不起作用。此外，对于成功与否与时间步数相关的任务，应该检查事件长度。如果一个任务依赖于快速完成，那么较短的事件更好；如果一个任务涉及多个阶段，那么较长的事件更好。

此外，如果学习率或探索变量随时间衰减，我们还应阅读打印输出，以检查衰减是否正确完成。例如，如果 ε-贪婪策略中的 ε 变量因为某些错误而不衰减，那么算法将始终执行随机动作。当会话在 SLM Lab 中运行时，这些变量会被定期记录，如代码 10-4 中的日志片段所示。

代码 10-4　会话运行时 SLM Lab 记录的诊断变量示例

```
[2019-07-07 20:42:55,791 PID:103674 INFO __init__.py log_summary] Trial 0
↪ session 0 dqn_pong_t0_s0 [eval_df] epi: 0  t: 0  wall_t: 48059  opt_step:
↪ 4.775e+06  frame: 3.83e+06  fps: 79.6937  total_reward: 9.25
↪ total_reward_ma: 14.795  loss: 0.00120682  lr: 0.0001  explore_var: 0.01
↪ entropy_coef: nan  entropy: nan  grad_norm: nan
[2019-07-07 20:44:51,651 PID:103674 INFO __init__.py log_summary] Trial 0
↪ session 0 dqn_pong_t0_s0 [train_df] epi: 0  t: 3.84e+06  wall_t: 48178
↪ opt_step: 4.7875e+06  frame: 3.84e+06  fps: 79.7044  total_reward: 18.125
↪ total_reward_ma: 18.3331  loss: 0.000601919  lr: 0.0001  explore_var: 0.01
↪ entropy_coef: nan  entropy: nan  grad_norm: nan
```

10.2.2　策略梯度诊断

对于策略梯度方法，还可以监视由策略决定的变量。这些是可以根据动作概率分布计算出的量，例如熵。通常，策略在训练开始时是随机的，所以动作概率分布的熵应接近理论最大值，具体值随动作空间的大小和类型而变化。如果动作熵不降低，这意味着策略仍然是随机的，没有学习发生。如果降低得太快，智能体也可能无法正确学习，因为这表明智能体已停止探索动作空间，并且正在以非常高的概率选择动作。根据经验，如果智能体通常需要 100 万个时间步来学习一个好的策略，但是如果在前 1000 个时间步中动作概率熵迅速下降，那么智能体学到一个好策略的可能性就很小。

动作概率或对数概率与动作概率分布的熵密切相关，它显示了所选动作的概率。在训练开始时，动作概率应接近均匀随机。当智能体学到一个更好的策略时，所选择的动作应该更谨慎，因此平均概率更高。

另一个有用的指标是 KL 散度，它衡量策略更新的“规模”。如果 KL 很小，这意味着每次更新之间的策略变化也很小，表明学习很慢或根本不存在。另一方面，如果 KL 突然变得很大，这表明刚刚发生了一次大的策略更新，可能会导致性能崩溃，正如我们在第 7 章中讨论的那样。其中一些变量也记录在 SLM Lab 中，如代码 10-4 所示。

10.2.3　数据诊断

确保数据的正确性至关重要，特别是当智能体和环境之间交换的信息经过许多转换时。每一步都是潜在的错误源。手动调试数据通常非常有用。状态、动作和奖励可以在不同的转换步骤进行跟踪和检查。对于状态和奖励，原始数据来自环境，经过预处理，由智能体存储，然后用于训练。对于动作，数据由一个神经网络产生，经过合成和潜在的预处理，然后回传给环境。在每个步骤中，这些变量的值都可以打印出来并手动检查。在对它们进行足够长的研究之后，我们将对原始数据产生直觉，这有助于选择有用的调试信息，并在出现问题时进行识别。

对于图像，除了打印出数字外，还应该进行渲染和查看。渲染环境中的原始图像和渲染算法看到的预处理图像都很有用。当它们并排比较时，我们能够更好地识别预处理步骤中的任何细微错误，这些错误可能导致向算法提供的信息丢失或错误。在环境运行时单步浏览图像或视频也有助于我们了解智能体如何执行任务。这可以显示更多的信息，而不仅仅是查看像素数或日志。SLM Lab 的一种预处理图像的渲染方法如代码 10-5 所示。这用于生成缩小的和灰度化的图像，如图 10-3 所示，该图像位于环境中原始 RGB 图像的下方，以便进行比较。在此模式下，进程暂停以供用户进行目视检查，并在按下任何键后继续执行。

代码 10-5　一种渲染预处理图像的方法，以便在 SLM Lab 中进行调试。当对预处理图像状态调用该代码时，将渲染智能体所看到的内容，并将其与环境生成的内容进行比较

```
# slm_lab/lib/util.py

import cv2


def debug_image(im):
    '''
    Use this method to render image the agent sees
    waits for a key press before continuing
    '''
    cv2.imshow('image', im.transpose())
    cv2.waitKey(0)
```

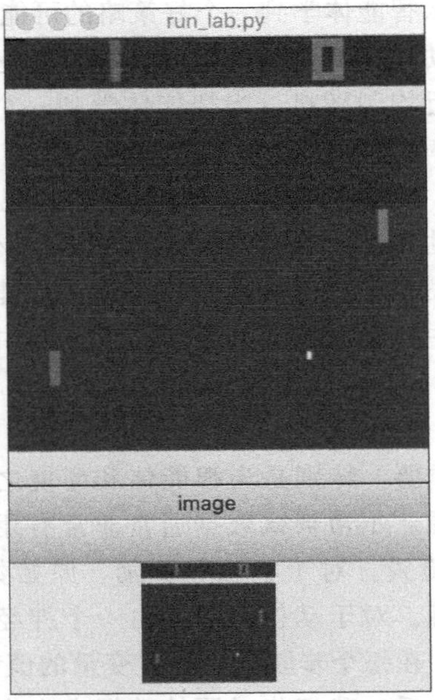

图 10-3 SLM Lab 中 Atari Pong 的图像调试示例。原始彩色图像在上面渲染，而预处理图像(缩小和灰度化的)在下面渲染，以进行比较。按任意键可以跨过该帧(见彩插)

10.2.4 预处理器

来自环境的状态和奖励通常经过预处理之后存储在智能体的内存中或用于训练。为了补充手工数据检查，我们需要检查产生数据的函数。如果预处理的数据看起来不正确，那么预处理器会错误地实现一些转换。可能输出数据的形状或方向错误，或者错误的类型转换将所有数据减少到零。处理图像数据时的一个小细节是图像通道排序约定的差异。作为一个历史遗留设计，大多数计算机视觉库把图像通道放在最后，所以图像形状是(宽度，高度，通道)。PyTorch 的约定为了提高效率而颠倒了它，它的图像形状是(通道，高度，宽度)。OpenAI Gym 环境生成的图像使用旧的约定，因此在进入 PyTorch 卷积网络之前，需要对其进行适当处理。

10.2.5 内存

智能体内存充当数据存储。首先，我们检查数据的形状和类型是否正确。我们还需要确保数据的顺序是正确的。这在为递归网络生成序列数据时尤为重要。对于同策略的内存，确保在每个训练步骤后正确清除内存是至关重要的。在采集训练数据时，还要检查生成随机指标和获取数据的方法是否正确。更高级的内存结构(如优先级经验回放)有自己的采样算法和数据结构，它们需要单独测试。

10.2.6 算法函数

如果数据的生成和存储正确，那么我们需要调试使用它的主要算法函数。强化学习函数(如 Bellman 方程或广义优势估计(GAE))可能相当复杂，因此很可能存在实现缺陷。经验单元测试(如代码 10-2 中的示例)应该通过比较实现的输出和手动计算的数值来完成。有时，错误可能是由于数组索引问题、数值错误、错误的字母大小写或简单的类型转换错误造成的。我们还应该打印并手动检查优势函数、V 值或 Q 值函数的输入和输出以及计算的损失。检查这些值的范围，如何随时间变化，以及看起来是否奇怪。通常，这些计算与神经网络密切相关。

10.2.7　神经网络

当强化学习算法无法学习时，一个值得怀疑的地方就是神经网络，因为这是学习发生的地方。最容易检查的是网络架构。输入和输出尺寸必须正确。隐藏层的类型应正确，大小应适当。激活函数也必须正确应用。任何压缩函数（如 tanh 或 sigmoid）都会限制值的范围，所以输出层通常没有激活函数。一个例外是输出动作概率的策略网络——可能有应用于输出层的激活函数。深度强化学习算法对网络参数初始化也很敏感，因为这会影响初始学习条件。

还应检查输入和输出数据的值的范围。神经网络对不同尺度的输入非常敏感，因此对网络输入按维度进行归一化或标准化是一种常见的做法。在训练过程中，我们希望避免爆发式的损失，即损失突然变得很大。如果一个网络突然输出一个 NaN 值，这可能意味着一些网络参数由于过大损失的大更新和相应的大参数更新而变得无限大。损失计算应该是固定的。另外，一个很好的经验法则是始终使用 0.5 或 1.0 的范数进行梯度裁剪，因为这有助于避免大的参数更新。

接下来，确保训练步骤确实是在更新网络参数。如果在多个非零损失的训练步骤后参数没有改变，请检查计算图。一个常见的原因是分离的图——在从输入到输出的计算链的某个地方，梯度传播被意外丢弃，因此反向传播不能完全应用于所有相关操作。现代的深度学习框架有内置的检查来标记分离的计算图，并指示是否可以正确计算梯度。SLM Lab 为训练步骤实现了一个装饰器方法，该方法在开发模式下自动检查网络参数更新。如代码 10-6 所示。

代码 10-6　SLM Lab 实现了一个装饰器方法，该方法可以与一个训练步骤方法一起使用。它在开发模式下自动检查网络参数更新，如果检查失败则抛出错误

```
# slm_lab/agent/net/net_util.py

from functools import partial, wraps
from slm_lab.lib import logger, optimizer, util
import os
import pydash as ps
import torch
import torch.nn as nn

logger = logger.get_logger(__name__)

def to_check_train_step():
    '''Condition for running assert_trained'''
    return os.environ.get('PY_ENV') == 'test' or util.get_lab_mode() == 'dev'

def dev_check_train_step(fn):
```

```
    '''
    Decorator to check if net.train_step actually updates the network weights properly
    Triggers only if to_check_train_step is True (dev/test mode)
    @example

    @net_util.dev_check_train_step
    def train_step(self, ...):
        ...
    '''
    @wraps(fn)
    def check_fn(*args, **kwargs):
        if not to_check_train_step():
            return fn(*args, **kwargs)

        net = args[0]  # first arg self
        # get pre-update parameters to compare
        pre_params = [param.clone() for param in net.parameters()]

        # run train_step, get loss
        loss = fn(*args, **kwargs)
        assert not torch.isnan(loss).any(), loss

        # get post-update parameters to compare
        post_params = [param.clone() for param in net.parameters()]
        if loss == 0.0:
            # if loss is 0, there should be no updates
            for p_name, param in net.named_parameters():
                assert param.grad.norm() == 0
        else:
            # check parameter updates
            try:
                assert not all(torch.equal(w1, w2) for w1, w2 in zip(pre_params, post_params)), f'Model parameter is not updated in train_step(), check if your tensor is detached from graph. Loss: {loss:g}'
                logger.info(f'Model parameter is updated in train_step(). Loss: {loss: g}')
            except Exception as e:
                logger.error(e)
                if os.environ.get('PY_ENV') == 'test':
                    # raise error if in unit test
                    raise(e)

            # check grad norms
            min_norm, max_norm = 0.0, 1e5
            for p_name, param in net.named_parameters():
                try:
                    grad_norm = param.grad.norm()
```

```
                        assert min_norm < grad_norm < max_norm, f'Gradient norm
                        ↪  for {p_name} is {grad_norm:g}, fails the extreme value
                        ↪  check {min_norm} < grad_norm < {max_norm}. Loss:
                        ↪  {loss:g}. Check your network and loss computation.'
                    except Exception as e:
                        logger.warning(e)
                logger.info(f'Gradient norms passed value check.')
            logger.debug('Passed network parameter update check.')
            # store grad norms for debugging
            net.store_grad_norms()
            return loss
        return check_fn
```

如果损失函数被计算为多个单独损失的贡献，则必须检查每个损失，以确保它们各自产生正确的训练行为和网络更新。要检查单个损失，只需禁用其他损失并运行一些训练步骤。例如，共享网络的演员-评论家算法的损失是策略损失和值损失的总和。要检查策略损失，只需删除值损失并运行训练以确认网络是否从策略损失中得到更新。然后，通过禁用策略损失来检查值损失。

10.2.8　算法简化

深度强化学习算法通常有许多组件——要使它们同时工作是很困难的。当面对一个复杂的问题时，一个经过考验的方法就是简化——在添加更多特性之前，先从最基本的要素开始。我们已经看到，各种深度强化学习算法是简单算法的扩展和修改，如第 9 章图 9-1 中的强化学习家族树所示。例如，PPO 通过改变策略损失来改进 A2C，A2C 反过来修改 REINFORCE。可以利用我们对算法之间关系的理解来达到我们的目的。如果 PPO 的实现不起作用，我们可以禁用 PPO 损失，将其转换为 A2C，并将重点放在让它先起作用上。然后，我们可以重新启用扩展并调试完整的算法。

这种方法也可以用于另一种情况——从零开始建造。例如，我们可以先实施 REINFORCE。当它工作时，我们可以扩展它来实现 A2C。当 A2C 实现了时，我们可以扩展 A2C 来实现 PPO。这自然适合类继承的编程框架，在这种框架中更复杂的类从更简单的父类扩展而来。这种方法还允许重用组件，这意味着需要调试的新代码更少。

10.2.9　问题简化

在实现和调试一个算法时，首先在简单的问题(比如 CartPole)上测试它通常是有益的。较简单的问题通常需要较少的超参数调整，并且计算量较少。例如，训练一个智能体玩 CartPole 可以在一个普通的 CPU 上运行几十分钟，而训练一个智能体玩 Atari 游戏可能需要 GPU 运行几小时或几天。通过首先关注一个简单的问题，每个测试迭代都变得更快，我们可以加快调试和开发的工作流程。

然而，即使事情对更简单的问题有效，它们也不一定会直接转化为更困难的问题。代码中可能还有一些错误。更困难的问题也可能需要修改。例如，CartPole 使用四元素的小状态，需要多层感知机网络来求解，而 Atari 游戏有图像状态，需要使用结合了一些图像预处理和环境修改的卷积网络。这些新组件仍然需要调试和测试，但大多数核心组件都已经过测试，因此调试变得更加容易。

10.2.10　超参数

尽管深度强化学习对超参数非常敏感，但是如果我们要实现一个现有的算法，那么调整它们通常只是调试的一小部分。我们可以经常参考研究论文或其他实现中的超参数，并检查智能体是否实现了与它们相当的性能。一旦修复了所有的主要错误，我们就可以花时间对超参数进行微调，以获得最佳的结果。作为参考，10.4 节包含了本书中讨论的不同算法和环境的成功超参数值的详细信息。

10.2.11　实验室工作流

深度强化学习在很大程度上仍然是一门经验科学，因此采用科学的工作流是很自然的。这意味着建立一些假设，确定变量，并运行实验以获得结果。每个实验可能需要几天或几周的时间来完成，所以重要的是要对运行哪些实验有策略性。想想哪些实验应该优先，哪些实验可以并行，哪些是最有前途的。为了记录所有的实验，保存一个实验笔记本来记录和报告结果。这可以在 SLM Lab 中完成，方法是提交用于实验的代码，并将 Git SHA 与实验结果一起记录在一个信息报告中。所有报告都以 GitHub 拉取请求的形式提交，并与复制结果所需的数据一起提供。SLM Lab 报告的示例如图 10-4 所示。

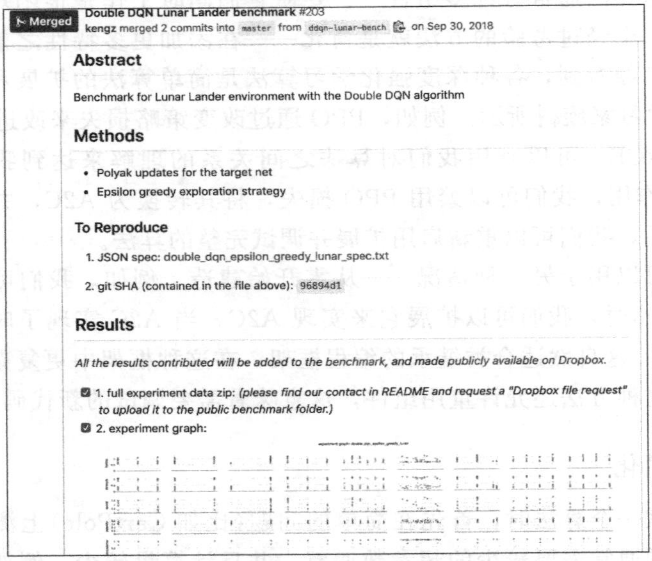

图 10-4　带有实验报告的 SLM Lab 拉取请求的屏幕截图，实验报告中包括方法概述、Git SHA、spec 文件、图和其他再现性数据

本节介绍的技巧并不详尽，错误可能以各种方式出现。然而，它们确实提供了启动调试的良好入口选择，而其余的则需要实践经验来学习。我们也不应该回避提及其他人编写的现有实现，因为它们会揭示我们可能错过的见解——只要记住做一个好的开源公民，并适当地赞扬其他人的工作。

良好的调试需要深思熟虑的假设和问题隔离，这在良好的工程实践中更容易实现。

许多问题需要深入研究代码，花费数周或数月使强化学习算法正常工作的情况并不少见。人类的一个重要组成部分是积极的态度和巨大的毅力——有志者事竟成，当他们成功时，回报是巨大的。

10.3 Atari 技巧

在本节中，我们将介绍一些在 Atari 环境中获得良好性能的特定技巧。我们首先讨论通过 OpenAI Gym 提供的不同版本的环境，然后看看已经成为标准做法的环境预处理步骤。

OpenAI Gym 提供的 Atari 环境有很多变化。例如，Pong 环境有 6 个版本：

1. Pong-v4。
2. PongDeterministic-v4。
3. PongNoFrameskip-v4。
4. Pong-ram-v4。
5. Pong-ramDeterministic-v4。
6. Pong-ramNoFrameskip-v4。

每个版本在内部实现方面都有所不同，但底层游戏仍然是相同的。例如，NoFrameskip 意味着原始帧是从环境返回的，因此用户需要实现自己的帧跳过机制。ram 环境将游戏的 RAM 数据返回为状态，而不是图像。大多数研究文献使用 NoFrameskip 环境，或用于 Pong 环境的 PongNoFrameskip-v4。

当使用 NoFrameskip 版本时，大多数数据预处理都是由用户实现和控制的。它通常被写成环境封装器。OpenAI 的基线[99] GitHub 存储库仍然是特定环境封装器的主要参考。SLM Lab 还在 SLM_Lab/env/wrapper.py 的 wrapper 模块下修改了其中的许多内容，如代码 10-7 所示。这些封装器中的每一个都被用来解决我们在这一节中讨论的 Atari 环境的一些特殊特性。

代码 10-7 SLM Lab 根据 OpenAI 基线调整环境预处理封装器。这些方法被用于创建带有 NoFrameskip 后缀的 Atari 环境，以便进行训练和评估。这里省略了大部分代码片段，但可以在 SLM Lab 的源文件中找到它们

```
# slm_lab/env/wrapper.py

...

def wrap_atari(env):
    '''Apply a common set of wrappers for Atari games'''
    assert 'NoFrameskip' in env.spec.id
    env = NoopResetEnv(env, noop_max=30)
    env = MaxAndSkipEnv(env, skip=4)
    return env

def wrap_deepmind(env, episode_life=True, stack_len=None):
    '''Wrap Atari environment DeepMind-style'''
```

```
    if episode_life:
        env = EpisodicLifeEnv(env)
    if 'FIRE' in env.unwrapped.get_action_meanings():
        env = FireResetEnv(env)
    env = PreprocessImage(env)
    if stack_len is not None:  # use concat for image (1, 84, 84)
        env = FrameStack(env, 'concat', stack_len)
    return env

def make_gym_env(name, seed=None, frame_op=None, frame_op_len=None,
↪   reward_scale=None, normalize_state=False):
    '''General method to create any Gym env; auto wraps Atari'''
    env = gym.make(name)
    if seed is not None:
        env.seed(seed)
    if 'NoFrameskip' in env.spec.id:  # Atari
        env = wrap_atari(env)
        # no reward clipping to allow monitoring; Atari memory clips it
        episode_life = not util.in_eval_lab_modes()
        env = wrap_deepmind(env, episode_life, frame_op_len)
    elif len(env.observation_space.shape) == 3:  # image-state env
        env = PreprocessImage(env)
        if normalize_state:
            env = NormalizeStateEnv(env)
        if frame_op_len is not None:  # use concat for image (1, 84, 84)
            env = FrameStack(env, 'concat', frame_op_len)
    else:  # vector-state env
        if normalize_state:
            env = NormalizeStateEnv(env)
        if frame_op is not None:
            env = FrameStack(env, frame_op, frame_op_len)
    if reward_scale is not None:
        env = ScaleRewardEnv(env, reward_scale)
    return env
```

1. NoopResetEnv：当 Atari 游戏重置时，传递给智能体的初始状态实际上是原始环境中前 30 帧的一个随机帧。这有助于防止智能体记住环境。

2. FireResetEnv：有些游戏需要智能体在重置过程中按下“FIRE”。例如，Breakout 需要球员在开始时将球发射出去。这个封装器在重置时执行一次，因此“FIRE”在游戏期间不是智能体动作。

3. EpisodicLifeEnv：许多 Atari 游戏在游戏结束前有多条生命。一般来说，当每一条生命都被视为同样宝贵的时候，它能帮助智能体更好地学习。这个封装器把每一条生命都分解成一个新的事件。

4. MaxAndSkipEnv：如果两个连续状态之间的差异太小，智能体无法学习好的策略。为了增加连续状态之间的差异，智能体被约束为每 4 个时间步[⊖]选择一个动作，并且

⊖ 在太空入侵者游戏中，变为每 3 步行动一次，这样激光就可以被看到。

所选动作在中间帧中重复，而中间帧在此封装器中被跳过。智能体感知到的 s_t 和 s_{t+1} 实际上是 s_t 和 s_{t+4}。此外，该封装器还从所有跳过帧中的对应像素中选择最大值像素。对状态中的每个像素取一个单独的最大值。在某些游戏中，某些对象只在偶数帧中渲染，而其他对象则在奇数帧中渲染。根据帧跳过率，这可能会导致从状态中完全忽略对象。使用跳过帧中的最大像素可以解决此潜在问题。

5. ScaleRewardEnv：这将缩放时间步奖励。对于 Atari 游戏来说，最常见的比例因子是通过获取其原始值的符号，将奖励限制为−1、0 或 1，这有助于规范游戏之间的奖励比例。

6. PreprocessImage：这是一个特定于 PyTorch 图像约定(颜色通道优先)的图像预处理封装器。它先将图像灰度化并缩小，然后交换轴以符合 PyTorch 的通道约定。

7. FrameStack：对于大多数智能体，每个网络输入帧是由 4 个连续的游戏图像叠加而成的。该封装器实现了一种有效的帧堆叠方法，只在训练过程中将数据分解成一个堆叠的图像。帧堆叠背后的动机是，关于游戏状态的一些有用信息在单个图像中不可用。回想一下第 1 章方框 1-1 中关于 MDP 和 POMDP 之间区别的讨论。Atari 游戏不是完美的 MDP，因此无法从单个观察到的状态(图像)推断游戏状态。例如，智能体无法从单个图像推断游戏对象移动的速度或方向。然而，在决定如何采取动作时，了解这些值是很重要的，并且可能会在一个好的分数和输掉比赛之间产生差异。为了解决此问题，前 4 个图像状态在传递给智能体之前被堆叠。智能体可以结合使用 4 个图像帧来推断重要的属性，例如对象运动。传递给智能体的状态的维度随后变为(84，84，4)。

此外，对于演员-评论家和 PPO 等算法，还使用了向量化环境。这是一个封装的环境，由运行在不同 CPU 上的多个并行游戏实例向量组成。并行化允许更快更多样化的经验采样，以改进训练。这也是 SLM Lab 在 SLM_Lab. env. vec_wrapper 模块下的环境封装的一部分。

10.4 深度强化学习小结

在本节中，我们为本书中讨论的算法和环境提供一组超参数。为调整算法的超参数找到一个好的起点可能会非常耗时。本节旨在作为帮助调参的简单参考。

我们根据算法家族列出了一些环境下的超参数。这些表显示了当环境发生变化时，哪些超参数的变化更大。在处理一个新问题时，更敏感(变化更大)的超参数是一个很好的开始。

最后，我们简单比较不同算法在几种环境下的性能。

SLM Lab 储存库中提供了更大的一组算法超参数和性能比较，见 https://github. com/kengz/SLM-Lab/blob/master/BENCHMARK. md。

10.4.1 超参数表

本小节包含按主要算法类型组织的 3 个超参数表。这些列显示了可以应用该算法的(离散或连续控制)环境的一些示例，其复杂性从左到右依次增加。注意，算法通常对所有的 Atari 游戏使用相同的超参数。REINFORCE 和 SARSA 被排除在外，因为它们在实践中使用的频率不高。

超参数是针对特定算法显示的，但大多数值都适用于其变体。表 10-1 显示了双重 DQN＋PER 的超参数，它们也可以应用于 DQN、DQN＋PER 和双重 DQN，但有一个例外——使用 PER 时应降低学习率(见 5.6.1 节)。

表 10-1　不同环境下双重 DQN＋PER 的超参数

超参数/环境	LunarLander	Atari
algorithm. gamma	0.99	0.99
algorithm. action_policy	ε-greedy	ε-greedy
algorithm. explore_var_spec. start_val	1.0	1.0
algorithm. explore_var_spec. end_val	0.01	0.01
algorithm. explore_var_spec. start_step	0	10 000
algorithm. explore_var_spec. end_step	50 000	1 000 000
algorithm. training_batch_iter	1	1
algorithm. training_iter	1	4
algorithm. training_frequency	1	4
algorithm. training_start_step	32	10 000
memory. max_size	50 000	200 000
memory. alpha	0.6	0.6
memory. epsilon	0.0001	0.0001
memory. batch_size	32	32
net. clip_grad_val	10	10
net. loss_spec. name	SmoothL1Loss	SmoothL1Loss
net. optim_spec. name	Adam	Adam
net. optim_spec. lr	0.000 25	0.000 025
net. lr_scheduler_spec. name	None	None
net. lr_scheduler_spec. frame	—	—
net. update_type	replace	replace
net. update_frequency	100	1000
net. gpu	False	True
env. num_envs	1	16
env. max_frame	300 000	10 000 000

表 10-2 显示了带有 GAE 的 A2C 超参数。除了要用 n 步回报的 algorithm. num_step_returns 替换 GAE 特定的 algorithm. lam 之外，可以将相同的值集应用于具有 n 步回报的 A2C。

表 10-2　不同环境下 A2C(GAE)的超参数

超参数/环境	LunarLander	BipedalWalker	Atari
algorithm. gamma	0.99	0.99	0.99
algorithm. lam	0.95	0.95	0.95
algorithm. entropy_coef_spec. start_val	0.01	0.01	0.01
algorithm. entropy_coef_spec. end_val	0.01	0.01	0.01
algorithm. entropy_coef_spec. start_step	0	0	0
algorithm. entropy_coef_spec. end_step	0	0	0
algorithm. val_loss_coef	1.0	0.5	0.5
algorithm. training_frequency	128	256	32
net. shared	False	False	True

（续）

超参数/环境	LunarLander	BipedalWalker	Atari
net. clip_grad_val	0. 5	0. 5	0. 5
net. init_fn	orthogonal_	orthogonal_	orthogonal_
net. normalize	False	False	True
net. loss_spec. name	MSELoss	MSELoss	MSELoss
net. optim_spec. name	Adam	Adam	RMSprop
net. optim_spec. lr	0. 002	0. 0003	0. 0007
net. lr_scheduler_spec. name	None	None	None
net. lr_scheduler_spec. frame	—	—	—
net. gpu	False	False	True
env. num_envs	8	32	16
env. max_frame	300 000	4 000 000	10 000 000

最后，表 10-3 显示了 PPO 的超参数。这些超参数在 SLM_Lab/spec/benchmark/文件夹中以 SLM Lab spec 文件的形式提供，该文件夹中还包含许多其他优化的 spec 文件。可以使用 11. 3. 1 节中概述的 SLM Lab 命令直接运行。

表 10-3 不同环境下 PPO 的超参数

超参数/环境	LunarLander	BipedalWalker	Atari
algorithm. gamma	0. 99	0. 99	0. 99
algorithm. lam	0. 95	0. 95	0. 70
algorithm. clip_eps_spec. start_val	0. 2	0. 2	0. 1
algorithm. clip_eps_spec. end_val	0	0	0. 1
algorithm. clip_eps_spec. start_step	10 000	10 000	0
algorithm. clip_eps_spec. end_step	300 000	1 000 000	0
algorithm. entropy_coef_spec. start_val	0. 01	0. 01	0. 01
algorithm. entropy_coef_spec. end_val	0. 01	0. 01	0. 01
algorithm. entropy_coef_spec. start_step	0	0	0
algorithm. entropy_coef_spec. end_step	0	0	0
algorithm. val_loss_coef	1. 0	0. 5	0. 5
algorithm. time_horizon	128	512	128
algorithm. minibatch_size	256	4096	256
algorithm. training_epoch	10	15	4
net. shared	False	False	True
net. clip_grad_val	0. 5	0. 5	0. 5
net. init_fn	orthogonal_	orthogonal_	orthogonal_
net. normalize	False	False	True
net. loss_spec. name	MSELoss	MSELoss	MSELoss
net. optim_spec. name	Adam	Adam	Adam
net. optim_spec. lr	0. 0005	0. 0003	0. 000 25
net. lr_scheduler_spec. name	None	None	LinearToZero
net. lr_scheduler_spec. frame	—	—	10 000 000
net. gpu	False	False	True
env. num_envs	8	32	16
env. max_frame	300 000	4 000 000	10 000 000

10.4.2　算法性能比较

本小节将比较不同算法在许多环境中的性能。这些环境按逐渐复杂的顺序列出。

表 10-4 中的结果和本小节所示的图表表明了不同算法的相对性能。但是，结果可能因超参数的不同而有很大差异。

表 10-4　最终的mean_returns_ma。这是总奖励的 100 个检查点的移动平均值，通过对一个试验中的 4 个会话取平均值得到。这些是使用 10.4.1 节中的超参数获得的

环境/算法	DQN	双重 DQN+PER	A2C(*n* 步回报)	A2C(GAE)	PPO
LunarLander	192.4	**232.9**	68.2	25.2	214.2
BipedalWalker	—	—	187.0	15.7	**231.5**
Pong	16.3	20.5	18.6	19.2	**20.6**
Breakout	86.9	178.8	394.1	372.6	**445.4**
Qbert	2913.2	10 863.3	**13 590.4**	12 498.1	13 379.2

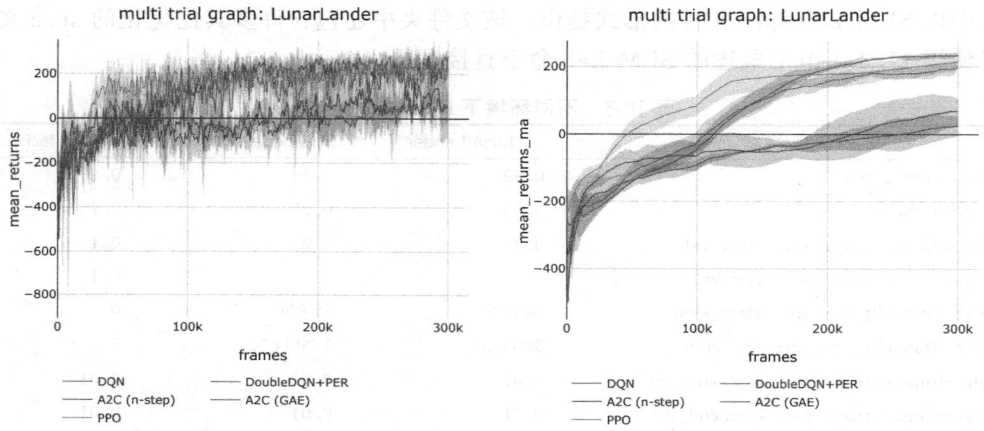

a）多重试验图　　b）带移动平均值的多重试验图

图 10-5　LunarLander 环境下的算法性能比较（见彩插）

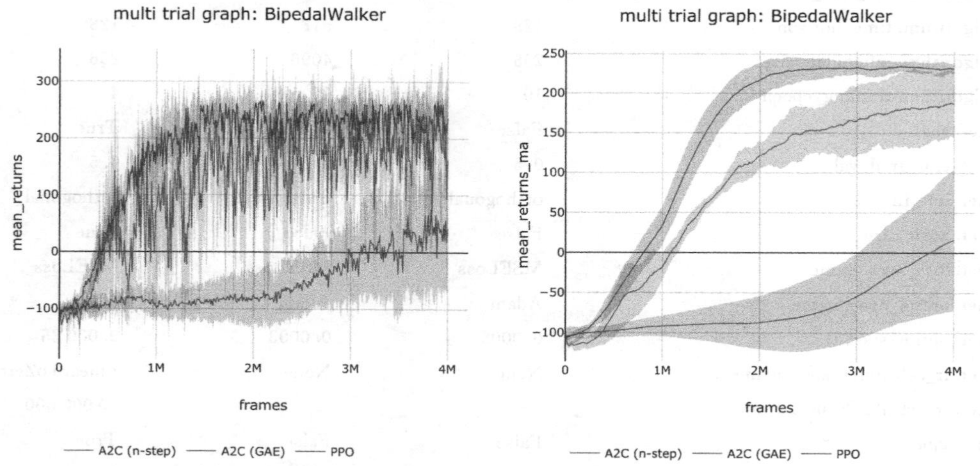

a）多重试验图　　b）带移动平均值的多重试验图

图 10-6　BipedalWalker 环境下的算法性能比较（见彩插）

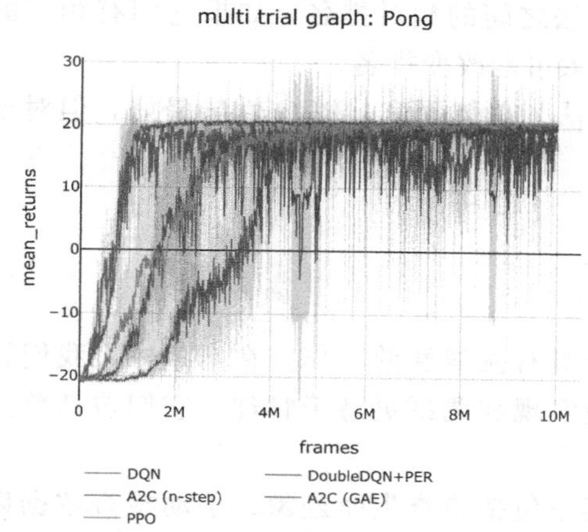

a）多重试验图

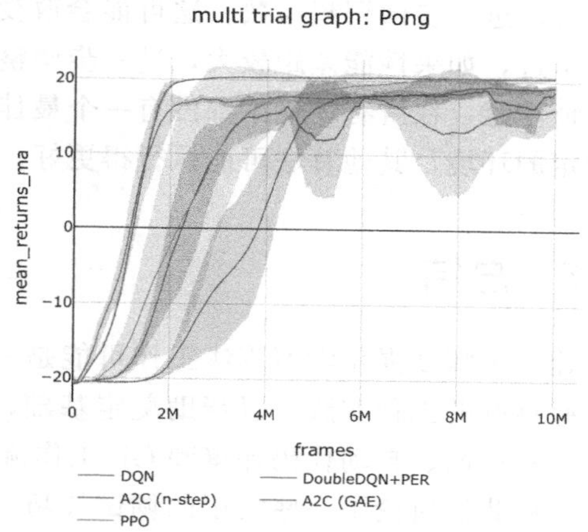

b）带移动平均值的多重试验图

图 10-7 Atari Pong 环境下的算法性能比较(见彩插)

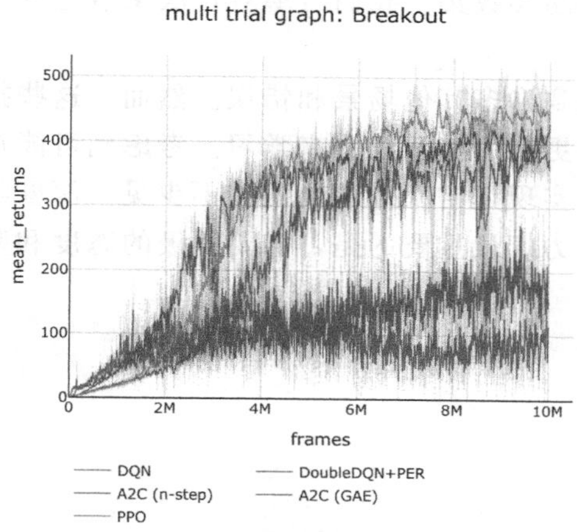

a）多重试验图

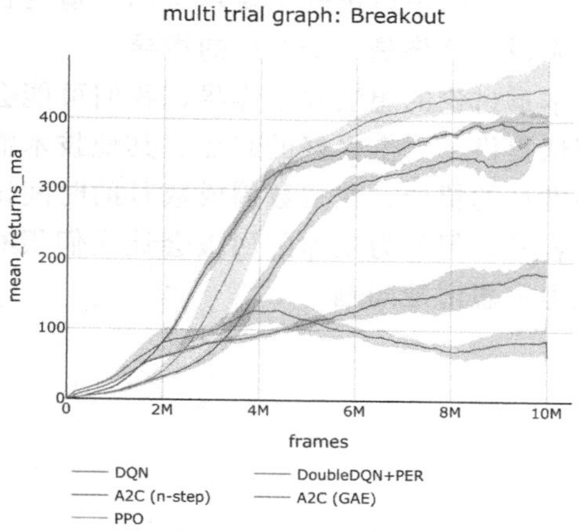

b）带移动平均值的多重试验图

图 10-8 Atari Breakout 环境下的算法性能比较(见彩插)

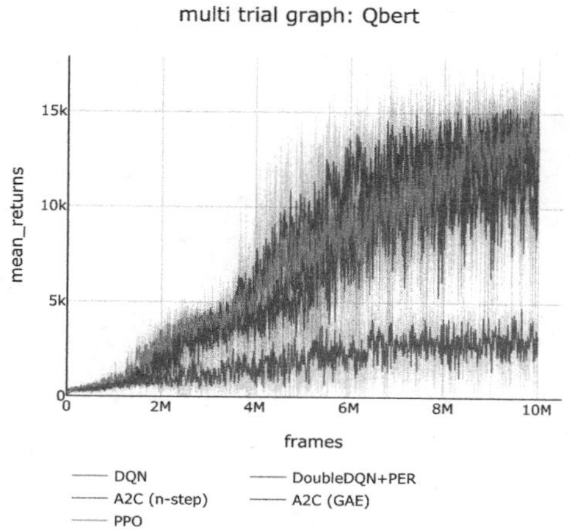

a）多重试验图

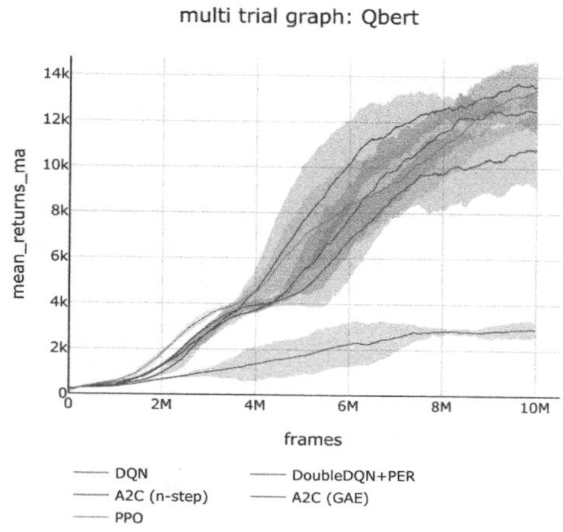

b）带移动平均值的多重试验图

图 10-9 Atari Qbert 环境下的算法性能比较(见彩插)

可以进一步微调超参数。这可能会改变算法之间的相对排名，如果它们有相似的性能。不过，如果性能差距较大，进一步调整不太可能改变排名。

请注意，在所有环境中都没有一个最佳算法。总体而言，PPO 性能最好，但对于某些特定的环境，其他算法可能执行得更好。

10.5 总结

让一个深度强化学习算法工作可能是一个具有挑战性的工作。在本章中，我们讨论了一些良好的工程实践，以帮助奠定基础，使实现和调试更易于管理。它们包括单元测试、样式指南、自动代码评审和 Git 工作流。

然后我们讨论了一些实用的调试技巧。其中包括检查生命迹象、手动检查数据以及检查智能体组件，如预处理器、内存、神经网络和算法。一般技巧还包括简化问题和采用科学的工作流。我们简要讨论了成功训练智能体玩 Atari 游戏的具体技巧。最后，我们列出了本书中讨论的主要算法和环境的良好超参数集。我们希望对首次从事这些工作的人来说，这将是一个有用的指导。

本章讨论的想法并不详尽，我们可能会遇到许多其他场景和错误。然而，这些技巧为调试提供了一个良好的起点。其他技术需要更多的实践经验来学习。考虑到可能存在许多潜在的错误，花费数周或数月的时间试图实现正常工作的情况并不少见。深度学习并不容易，但努力工作的回报会让人们很有动力。最重要的是，需要积极的态度和坚韧的毅力来想清楚问题。

SLM Lab

根据实验需要，本章为 SLM Lab 的主要功能和使用命令提供参考。

本章首先简要介绍 SLM Lab 中实现的算法。然后，详细地讨论 spec 文件，包括配置超参数搜索的语法。接下来，介绍由会话、试验和实验组成的实验框架，以及主要的库命令。本章以使用 SLM Lab 时自动生成的图形和数据演练作为结尾。

假定已经按照前言中的说明安装了 SLM Lab。SLM Lab 的源代码可以在 GitHub 上找到，网址为 https://github.com/kengz/SLM-Lab，本书使用 book 分支。

11.1 SLM Lab 算法实现

本书介绍的 SLM Lab 算法有：

- REINFORCE[148]
- SARSA[118]
- DQN[88]
- 双重 DQN[141]，优先级经验回放(PER)[121]
- 优势演员-评论家(A2C)
- PPO[124]
- 异步优势演员-评论家(A3C)[87]

SLM Lab 正在积极开发中，通常会添加功能和算法。这些是最近添加的一些核心算法的扩展示例。

- 组合经验回放(Combined Experience Replay，CER)[153]：这是对经验回放的简单修改，始终将最新的经验附加到一批训练数据中。CER 的作者表明，这降低了智能体对回放缓冲区大小的敏感性，从而减少了调整其大小时花费的时间。
- 对抗 DQN(Dueling DQN)[144]：此算法对用于逼近 DQN 中的 Q 函数的神经网络的经典结构进行了修改。在 DQN 中，网络通常直接输出 Q 值。Dueling DQN 将其分解为两部分——估计状态值函数 V^π 和状态-动作优势函数 A^π。这两部分在网络模块内组合在一起，以生成 Q 值的估计，因此网络输出的最终形式与 DQN 的相同。然后，以与 DQN 算法或其变体完全相同的方式进行训练。Dueling DQN 的主要思想是，在某些状态下，动作选择不是很重要，并不会显著影响结果，而在另一些状态下，它却是至关重要的。因此，它有助于将对状态值的估计与动作的优势区分开。Dueling DQN 算法发布时，在 Atari 游戏中取得了最领先的结果。
- 软演员-评论家(Soft Actor-Critic，SAC)[47]：此算法属于 Actor-Critic 算法，采样高效且稳定。与 A2C 和 PPO 相比，它的采样效率更高，因为该算法是异策略的，可以重用存储在经验回放内存中的数据。它还使用最大熵 RL 框架，向目标函数添加一个熵项。通过最大化熵和回报，智能体学习获得高奖励，同时尽可能随机地行动。这使得 SAC 表现健壮，因此训练更加稳定。

SLM Lab 将所有算法的实现分成三个组件，这些组件又被组织成三个对应的类。

- Algorithm：处理与环境的交互，实施动作策略，进而计算特定算法的损失函数，并运行训练步骤。Algorithm 类还控制其他组件及其交互。
- Net：存储用作算法函数逼近器的神经网络。
- Memory：为训练提供必要的数据存储和检索。

以这种方式进行组织，有益于类继承的实现。此外，每个组件都实现了标准化的 API，不同的元素通过该 API 进行交互和集成。继承和标准化的 API 使实现和测试新组件变得更加容易。为了说明这一点，下面讨论一个示例——“优先级经验回放 (PER)”。

在第 5 章中介绍的 PER 会更改回放内存中的采样分布。简单地说，在标准 DQN 算法中，从回放内存中随机均匀地对经验进行采样，而在 PER 中，经验是根据每种经验的优先级生成的概率分布进行采样的。经验需要优先级，优先级通常基于绝对 TD 误差。因此，每次训练智能体时，都需要更新相关经验的优先级。除此之外，经验回放内存和训练过程与 DQN 算法的相同。在 SLM Lab 中，这能够通过从 Replay 继承的 PrioritizedReplay 内存类实现，仅需要大约 100 行新代码，在 SLM Lab 中的 slm_lab/agent/memory/prioritized.py 中能够找到源代码。

通过这种设计，准备好组件后就可以立即将其应用于所有相关算法。例如，Double DQN 继承自 DQN，可以自动调用 PER。同样，由于 Dueling DQN 是通过对 Net 类的修改独立实现的，该类通过标准化 API 与 PER 内存进行交互，因此也可以调用 PER。

SLM Lab 旨在最大程度地重用组件，这样带来很多其他优点，即代码更短、单元测试范围更大。其关键思想是，通过信任重用的组件，可以专注于正在研发的组件。因为通过使用 spec 文件可以将这些组件设计为易于打开或关闭的模式，或者轻松地与另一个组件交换，所以隔离各个元素的影响也更加容易。因为它很容易建立基线，所以调试时和评估新思路时也很有用。

11.2 spec 文件

在本节中，我们研究如何在 SLM Lab 中编写 spec 文件。

在 SLM Lab 中，算法的所有可配置超参数均在 spec 文件中指定。这种设计选择旨在使深度强化学习实验更具可重复性。代码通常是通过版本控制的，并且可以通过 Git SHA 进行跟踪，但是运行实验还需要指定未被部分代码跟踪的超参数。因为在每次实验进行时没有对其进行跟踪的标准，这些缺失或隐藏的超参数会导致深度强化学习中的重现性问题。为了解决此问题，SLM Lab 在单个 spec 文件中公开了所有超参数，并自动将其与 Git SHA 和随机种子一起保存，作为每次运行生成的输出数据的一部分。

代码 11-1 显示了运行中已保存 spec 的示例片段。Git SHA（第 22 行）允许恢复用于运行 spec 的代码版本，随机种子（第 23 行）帮助重新模拟智能体和环境的随机过程。

代码 11-1 将示例spec 文件与 Git SHA、随机种子一起保存在会话中

```
1  {
2    "agent": [
3      {
4        "name": "A2C",
5        ...
6      }
7    ],
8    ...
9    "meta": {
10     "distributed": false,
11     "log_frequency": 10000,
12     "eval_frequency": 10000,
13     "max_session": 4,
14     "max_trial": 1,
15     "experiment": 0,
16     "trial": 0,
17     "session": 0,
18     "cuda_offset": 0,
19     "experiment_ts": "2019_07_08_073946",
20     "prepath": "data/a2c_nstep_pong_2019_07_08_073946/a2c_nstep_pong_t0_s0",
21     "ckpt": null,
22     "git_sha": "8687422539022c56ae41600296747180ee54c912",
23     "random_seed": 1562571588,
24     "eval_model_prepath": null,
25     "graph_prepath":
       ↪  "data/a2c_nstep_pong_2019_07_08_073946/graph/a2c_nstep_pong_t0_s0",
26     "info_prepath":
       ↪  "data/a2c_nstep_pong_2019_07_08_073946/info/a2c_nstep_pong_t0_s0",
27     "log_prepath":
       ↪  "data/a2c_nstep_pong_2019_07_08_073946/log/a2c_nstep_pong_t0_s0",
28     "model_prepath":
       ↪  "data/a2c_nstep_pong_2019_07_08_073946/model/a2c_nstep_pong_t0_s0"
29   },
30   "name": "a2c_nstep_pong"
31 }
```

通过这种方式设计，使用包含所有超参数和代码版本的 Git SHA 的 spec 文件可以重新运行 SLM Lab 中的任何实验。spec 文件包含所有必要信息，可以完全重现强化学习实验，只需在 Git SHA 上查看代码并运行保存的 spec 即可完成。在本书中，一直使用 spec 文件来进行实验。以下为规范文件的详细内容。

SLM Lab 使用 spec 文件来构建智能体和环境。其格式经过标准化处理以遵循库的模块化组件设计。spec 文件的组件包括：

1. agent：格式为列表，允许包含多个智能体。出于使用的目的，可以假设只有一个智能体。列表中的每个元素都是一个智能体规范，其中包含其组件的规范：

a. algorithm：算法特定的主要参数，例如策略类型、算法系数、速率衰减和训练安排。

b. memory：指定适合算法使用的内存以及任何特定的内存超参数，例如批处理大小和内存大小。

c. net：神经网络的类型、其隐层架构、激活函数、梯度裁剪、损失函数、优化器、速率衰减、更新方法和 CUDA 使用情况。

2. env：格式也是可以容纳多环境的列表，现在假设只有一个环境。这里指定了要使用的环境、每个事件的可选最大时间步以及 Session 中的总时间步(帧)。它还指定了状态和奖励预处理方法以及向量环境中的环境数量(第 8 章)。

3. body：指定多主体如何连接到多环境。对于单智能体的单环境用例，可以忽略这一组件，只需使用默认值即可。

4. meta：库运行方式的高级配置。它给出了要运行的 Trial 和 Session 的数量、评估和记录频率，以及激活异步训练的切换(详见第 8 章)。

5. search：要搜索的超参数，以及对其进行采样的方法。通常在智能体变量的子集上进行搜索，也可以搜索 spec 文件中的任何变量，包括环境变量。

11.2.1 搜索spec 语法

SLM Lab 指定超参数搜索的语法为"{key}_{space_type}"：{v}。{key}是在 spec 文件其余部分中指定的超参数的名称。{v}通常指定要搜索的范围，如随机搜索。为了允许更灵活的搜索策略，v 也可以是选项列表，或者是概率分布的均值和标准差。在 SLM Lab 中，有四种分布可供选择，其中两种分别用于离散变量和连续变量，并且 v 的解释取决于 space_type，后者定义了值的采样方法。

- 离散变量 space_type
  - choice：str/int/float。v=选项列表
  - randint：int。v=[low，high)
- 连续变量 space_type
  - uniform：float。v=[low，high)
  - normal：float。v=[mean，stdev)

此外，grid_search 还可以作为 space_type 来完全遍历选项列表，而不是像上面所说的随机抽样。这在本书的所有算法章节中都可以看到。

以下为搜索 spec 示例，该 spec 可用于在 SLM Lab 中运行实验。在此实验中，训练具有目标网络的 DQN 智能体来玩 CartPole 游戏，同时搜索三个超参数——折扣因子 γ、每个训练步骤从内存中采样的批次数量以及目标网络的替换更新频率。spec 在代码 11-2 中已完全列出，其中每行都有对超参数的简短描述。

代码 11-2 DQN CartPole 搜索规范

```
# slm_lab/spec/experimental/dqn/dqn_cartpole_search.json

{
"dqn_cartpole": {
```

```
    "agent": [{
      "name": "DQN",
      "algorithm": {
        "name": "DQN",                # class name of the algorithm to run
        "action_pdtype": "Argmax",            # action policy distribution
        "action_policy": "epsilon_greedy",  # action sampling method
        "explore_var_spec": {
          "name": "linear_decay",  # how to decay the exploration variable
          "start_val": 1.0,        # initial exploration variable value
          "end_val": 0.1,          # minimum exploration variable value
          "start_step": 0,         # time step to start decay
          "end_step": 1000,        # time step to end decay
        },
        "gamma": 0.99,             # discount rate
        "training_batch_iter": 8,  # parameter updates per batch
        "training_iter": 4,        # batches per training step
        "training_frequency": 4,   # how often to train the agent
        "training_start_step": 32  # time step to start training
      },
      "memory": {
        "name": "Replay",          # class name of the memory
        "batch_size": 32,          # batch size sampled from memory
        "max_size": 10000,         # max. experiences to store
        "use_cer": false   # whether to use combined experience replay
      },
      "net": {
        "type": "MLPNet",          # class name of the network
        "hid_layers": [64],        # size of the hidden layers
        "hid_layers_activation": "selu",   # hidden layers activation fn
        "clip_grad_val": 0.5,      # maximum norm of the gradient
        "loss_spec": {             # loss specification
          "name": "MSELoss"
        },
        "optim_spec": {            # optimizer specification
          "name": "Adam",
          "lr": 0.01
        },
        "lr_scheduler_spec": null, # learning rate scheduler spec
        "update_type": "polyak",   # method for updating the target net
        "update_frequency": 32,    # how often to update the target net
        "polyak_coef": 0.1,        # weight of net params used in update
        "gpu": false               # whether to train using a GPU
      }
    }],
    "env": [{
```

```
50         "name": "CartPole-v0",          # name of the environment
51         "max_t": null,                  # max time steps per episode
52         "max_frame": 50000              # max time steps per Session
53       }],
54       "body": {
55         "product": "outer",
56         "num": 1
57       },
58       "meta": {
59         "distributed": false,   # whether to use async parallelization
60         "eval_frequency": 1000,         # how often to evaluate the agent
61         "max_session": 4,               # number of sessions to run
62         "max_trial": 32                 # number of trials to run
63       },
64       "search": {
65         "agent": [{
66           "algorithm": {
67             "gamma__uniform": [0.50, 1.0],
68             "training_iter__randint": [1, 10]
69           },
70           "net": {
71             "optim_spec": {
72               "lr__choice": [0.0001, 0.001, 0.01, 0.1]
73             }
74           }
75         }]
76       }
77     }
78   }
```

在代码 11-2 中，第 64～76 行指定了要搜索的三个变量。使用随机均匀分布采样的值搜索一个连续可变的 gamma。使用从整数[0，10)均匀采样的整数值搜索离散变量 training_iter。从选择列表[0.0001，0.001，0.01，0.1]中随机抽取学习率 lr。这说明可以在 SLM Lab 的超参数搜索中使用不同的采样方法。

运行实验时的另一个重要变量是 max_trial(第 62 行)，它指定生成多少组超参数值并用于运行试验。在此示例中，当 max_trial＝32 时，代表有 32 个 gamma、training_iter 和 lr 值的随机组合，用于替换完整 spec 文件中的默认值。这种情况下产生 32 个 spec 文件，其中包含用于运行试验的不同超参数集。每个试验会运行 4 个 Session(第 61 行)。

本节说明了如何编写 spec 文件，接下来介绍如何使用 SLM Lab 进行实验。

11.3　运行 SLM Lab

运行深度强化学习实验通常涉及测试不同的超参数集。众所周知，即使对于同一组超参数，深度强化学习的结果也具有较高的方差，因此，一个好的方法是使用不同的随机种子运行多次并对结果取平均值。

SLM Lab 的实验框架就结合了这种做法，并按层次结构分为三个部分。

1. **Session(会话)**：SLM Lab 实验框架最低级别的是会话，它运行强化学习控制循环。它使用特定的包含超参数和一个给定的随机种子的集合初始化智能体和环境，进而训练智能体。会话结束后，它将训练后的智能体、spec 文件、数据和图形保存到数据文件夹中以进行分析。

2. **Trial(试验)**：试验使用相同的超参数集和不同的随机种子运行多个会话，然后对会话结果取平均值并绘制试验图。

3. **Experiment(实验)**：在 SLM Lab 实验框架的最高级别上进行的实验会生成不同的超参数集，并针对每个超参数运行一个试验。可以将其视为一项研究，例如，"如果其他变量保持不变，则 gamma 值和学习率的哪些值可以提供最快、最稳定的解决方案?" 实验完成后，它将通过绘制多重试验图来比较试验结果。

11.3.1 SLM Lab 指令

本小节介绍 SLM Lab 中的主要命令。它们遵循 python run_lab. py {spec_file}{spec_name} {lab_mode}的基本模式，包括 4 个具有不同用例的核心命令。

1. python run_lab. py slm_lab/spec/benchmark/a2c/a2c_nstep_pong. json a2c_nstep_pong dev：开发者模式。这与下面描述的 train 模式的不同之处在于，它仅限于单个会话、环境渲染、网络参数更新检查和冗长的调试日志。

2. python run_lab. py slm_lab/spec/benchmark/a2c/a2c_nstep_pong. json a2c_nstep_pong train：通过 Trial 使用给定的规范来训练智能体。

3. python run_lab. py slm_lab/spec/benchmark/a2c/a2c_nstep_pong. json a2c_nstep_pong search：通过 Experiment 来运行带有超参数搜索的实验。

4. python run_lab. py data/a2c_nstep_pong_2018_06_16_214527/a2c_nstep_pong_spec. json a2c_nstep_pong enjoy@a2c_nstep_pong_t1_s0：从已完成的试验或实验的 SLM Lab 数据或文件夹中加载已保存的智能体。库模式 enjoy@a2c_nstep_pong_t1_s0 指定模型文件的试验-会话。

11.4 分析实验结果

实验完成后，SLM Lab 自动将数据输出到 SLM-Lab/data/的文件夹中。本节重点介绍如何使用这些数据来深入了解实验。实验数据反映了 11.3 节中讨论的会话-试验-实验层次，本节会对 SLM Lab 生成的数据以及一些示例做出概述。

11.4.1 实验数据概述

实验生成的数据会自动保存到 data/{experiment_id}文件夹中，{experiment_id}是 spec 名称与实验开始时间戳的串联。

每个会话都会生成一个图表，其中包括学习曲线及其移动平均值、已保存的智能体模型参数、包含会话数据的 CSV 文件和会话级别指标。会话数据包括奖励、损失、学习率和探索变量值等。图 11-1 显示了 6.7.1 节中演员-评论家实验的会话图示例。

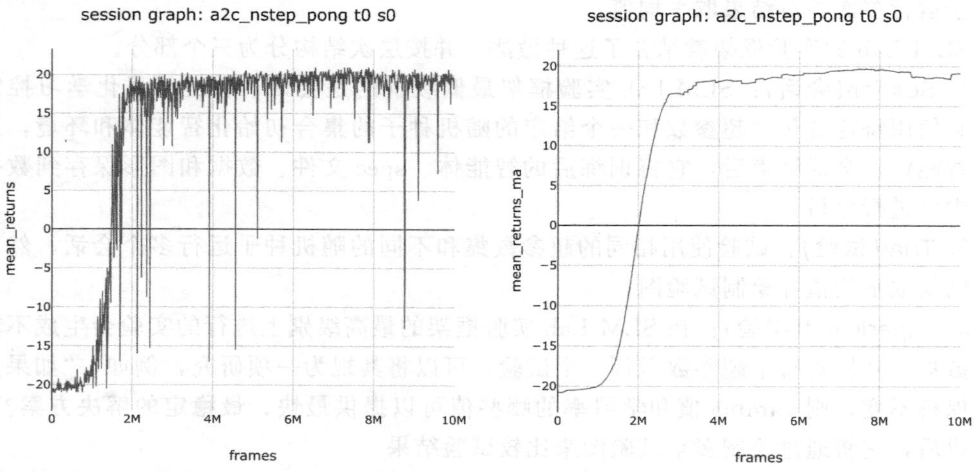

a）会话图　　b）带移动平均值的会话图

图 11-1　会话图示例。纵轴显示在检查点上 8 个事件的平均总奖励，横轴显示总训练帧。右图为具有 100 个评估检查点的窗口的移动平均值

每个试验都会生成会话平均学习曲线图，误差为±1 个标准差。带移动平均值的图也包括在内。它还会生成试验级别的指标。图 11-2 显示了一个试验图的示例。

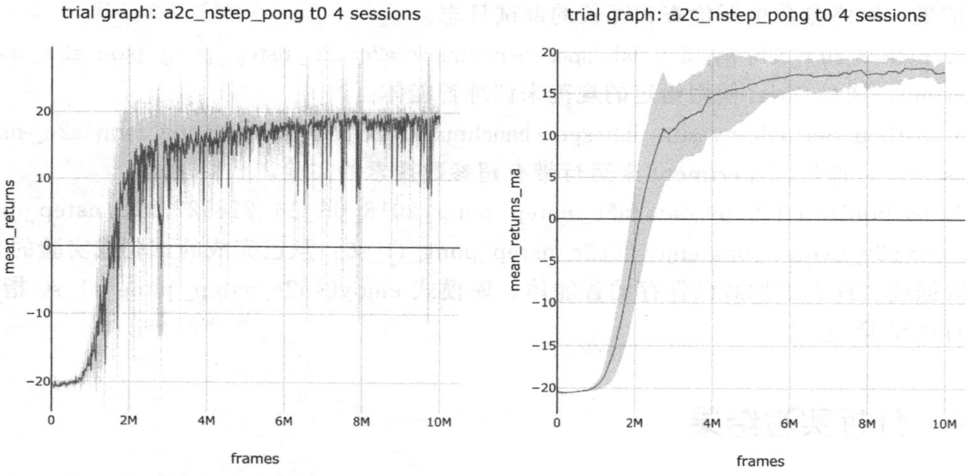

a）试验图　　b）带移动平均值的试验图

图 11-2　会话数据的平均试验图示例。纵轴显示在检查点上 8 个事件的平均总奖励，横轴显示总训练帧。右图为具有 100 个评估检查点的窗口的移动平均值

实验会生成一个多重试验图，该图比较所有试验的结果。它还包括带移动平均值的版本。此外，它还会生成一个名为 experiment_df 的 CSV 文件，该文件汇总了变量和实验结果，并对效果最佳至效果最差的试验做出分类。它旨在清楚地显示从最成功到最失败的超参数值的范围和组合。图 11-3 显示了多重试验图的示例。

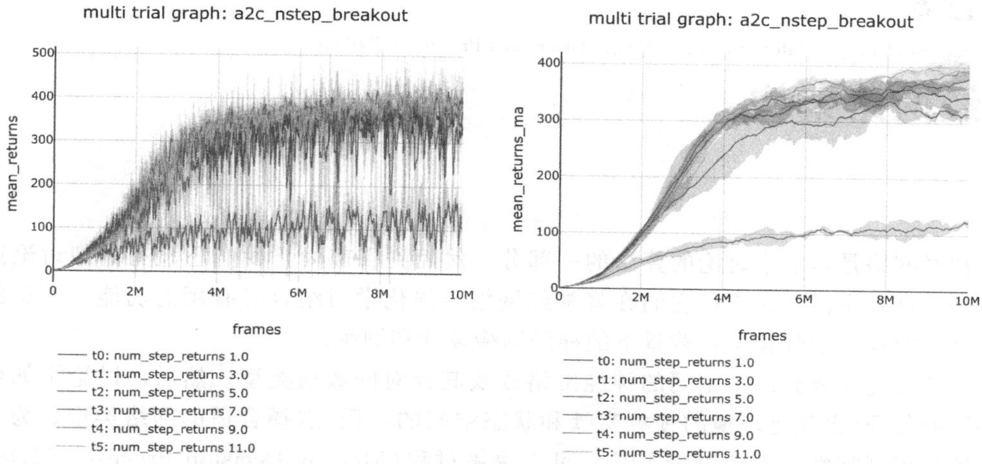

a）多重试验图 b）带移动平均值的多重试验图

图 11-3 多重试验图示例（见彩插）

11.5 总结

本章详细介绍了配套库 SLM Lab，讨论了其实现的算法以及用于配置它们的 spec 文件，还介绍了主要的实验命令。

然后，本章介绍了由会话、试验和实验组成的实验框架，它们每个都产生可用于分析算法性能的图表和数据。

SLM Lab 目前正在积极开发中，新算法和功能经常会被添加到最新版本中。要使用 SLM Lab，可访问 GitHub 仓库上的主 master 分支，网址为 https://github.com/kengz/SLM-Lab。

神经网络架构

神经网络是本书中讨论的算法的一部分。然而到目前为止我们还没有详细讨论这些网络的设计，也没有讨论过它们在将神经网络与强化学习结合时有用的功能。本章的目的就是介绍在深度强化学习背景下的神经网络设计和训练。

本章首先简要介绍了不同的神经网络族及其针对的数据类型。然后，讨论了如何根据环境的特征(也就是环境的可观察性和状态空间的本质)选择合适的网络类型。为了表征环境的可观察性，本章讨论了马尔可夫决策过程(Markov Decision Process，MDP)与部分可观察的马尔可夫决策过程(Partially Observable Markov Decision Process，POMDP)之间的区别，并介绍了三种不同类型的 POMDP。

本章还介绍了 SLM Lab 的 Net API，该 API 封装了深度强化学习中训练神经网络的通用功能。本章回顾了 Net API 的一些可用的属性，并使用 SLM Lab 的示例说明了如何实现这些属性。

12.1 神经网络的类型

神经网络可以组织成族，每个网络族都有其特定的特性，并且每个族都擅长于处理不同的任务以及不同类型的输入数据。神经网络族主要分为三类：多层感知机(Multilayer Perceptron，MLP)、卷积神经网络(Convolutional Neural Network，CNN)和循环神经网络(Recurrent Neural Network，RNN)。也可以组合这些网络类型以产生混合体，例如 CNN-RNN。

每个网络族的特性都在于网络包含的层的类型以及网络计算流程的组织方式。可以认为这些族结合了不同的先验知识，并利用这些知识更好地从某些数据中学习特征。本节最后对主要网络族的特性做出了简短的概述。熟悉神经网络的读者可以完全跳过本节，或者只是简单地看一下图 12-4。对于希望了解更多信息的读者，我们推荐两本出色的书，分别是 Michael Nielsen[92]撰写的 *Neural Networks and Deep Learning*，以及 Ian Goodfellow、Yoshua Bengio 和 Aaron Courville[45]撰写的 *Deep Learning*。在撰写本书时，这两本书都可在线免费获得。

12.1.1 多层感知机

多层感知机(Multilayer Perceptron，MLP)是最简单、最通用的神经网络类型。它们仅由全连接层(也称为稠密层)组成。在全连接层中，前一层的每个输出通过不同的权重连接到当前层中的节点。非线性激活函数通常应用于每个稠密层的输出，这些非线性激活函数使神经网络具有表达能力，从而逼近高度复杂的非线性函数。

MLP 是通用的，这些网络的输入被组织为具有 n 个元素的向量。MLP 对其输入的性质不做考虑。例如，不对输入的不同维度之间的关联信息做编码。这既是优势，又是局限。MLP 可以对其输入进行全局操作，可以通过学习所有输入元素的组合来构建全局结构和模式。

但是，MLP 也可能会忽略训练数据的结构。考虑图 12-1a 和图 12-1b。图 12-1a 是山地景观的图片。图 12-1b 看起来像是随机噪声。图 12-1a 中的像素值表现出非常强的 2D 空间相关性。在大多数情况下，相邻像素的值是特定像素值的有力标志。相反，图 12-1b 中的像素值与其相邻像素之间的相关性不强。任何真实的图像都更像图 12-1a 而不是图 12-1b，在像素值中表现出高度的局部相关性。

a）山

b）随机图像

图 12-1　山的图像与随机图像(见彩插)

图像的 2D 结构对于 MLP 来说不容易获得，因为每个图像在作为输入传递到网络之前将被处理为一长串的一维数字。在训练之前，可以随机排列像素值的顺序，并且一维图像的表示形式是等效的。相反，可以考虑如果随机排列 2D 图像的像素会发生什么情况。图 12-1b 就是对图 12-1a 的像素随机排列后的图像。在 2D 空间中，图 12-1a 和图 12-1b 显然不相同，仅从图 12-1b 看不可能确定像素代表什么。所以，像素的含义更容易从像素值及其在 2D 空间中的排序组合中得出。

将 2D 图像转换为 1D 是元状态信息丢失的一个示例，我们将在 14.4 节中详细讨论。图像本质上是二维的，因为 2D 空间中每个像素与其他像素相关。将图像转换为 1D 表示时，问题变得更加棘手。因为此关联信息在输入的表示方式中并不明显，所以网络必须做一些工作来重建像素之间的 2D 关系。

MLP 的另一个特性是参数的数量往往会增长地非常快。例如，考虑一个输入$\in \mathbb{R}^{784}$的 MLP，它具有两个隐藏层(分别具有 1024 和 512 个节点)，以及 10 个节点的输出层。MLP 计算的函数如式 12.1 所示。此网络中的激活函数为 sigmoid：$\sigma(x)=\frac{1}{1+e^{-x}}$。

$$f_{\text{MLP}}(x)=\sigma(W_2\sigma(W_1x+b_1)+b_2) \tag{12.1}$$

W_1 和 W_2 为两个权重矩阵，b_1 和 b_2 为偏差向量。W_1 具有 1024×784=802 816 个元素，W_2 具有 512×1024=524 288 个元素，两个偏置向量 b_1 和 b_2 分别具有 1024 和 512 个元素。共有 802 816+524 288+1024+512=1 328 640 个参数。按照目前的标准，这是一个小型网络，但是它已经具有许多需要学习的参数。这可能是有问题的，因为学习每个参数的较优值组合数量随网络中参数总数的增加而增加。当大量可学习的参数与当前深度强化学习算法的样本无效性相结合时，智能体可能需要很长时间来训练。因此，MLP 倾向于具有两个特征的环境：它们的状态空间是低维的，学习特征需要一个状态的所有元素。

MLP 是无状态的，这意味着它们对输入历史一无所知。同时，MLP 的输入是无序的，处理的每个输入都独立于所有其他输入。

12.1.2　卷积神经网络

卷积神经网络(Convolutional Neural Network，CNN)适用于图像学习。CNN 包含一个或多个由许多卷积核组成的卷积层，其经过专门设计以利用图像数据的空间结构。卷积核被反复应用于其输入的子集来学习输出。卷积运算指一个卷积核与其输入进行卷积操作。例如，卷积核可以与 2D 图像进行卷积以产生 2D 输出。在这种情况下，应用单个卷积核相当于将其应用于仅由几个像素(例如 3×3 或 5×5 像素)组成的一小幅图像，此操作产生标量输出。

该标量输出表示在输入的局部区域中是否存在特定特征。因此，可以将卷积核视为局部特征检测器，它基于输入特征的连续空间子集产生输出。在整个图像上局部应用卷积核(特征检测器)，从而产生特征图来描述一个特征在图像中出现的所有地方。

一个卷积层通常由多个卷积核组成(常见的是 8～256 个)，每个卷积核都可以学习检测不同的特征。例如，一个卷积核可以学习检测垂直边，另一个可以学习检测水平边或曲边。在组成图层时，后续图层可以使用前一层中特征检测器的输出来学习更加复杂的特征。例如，更高级别的网络层中的某个卷积核可以学会检测 Atari Pong 游戏中的球拍，而另一个可以学会检测球。

以这种方式构造网络层的优势是：不管特征在图像中的位置如何，卷积核都可以检测特征的存在。这是有益的，因为有效特征在图像中的位置可能会发生变化。例如，在 Atari Pong 的游戏中，球员和对手的球拍以及球的位置会发生变化。将“球拍检测器”卷积核应用于图像将生成 2D 图，其中包含图像中所有球拍的位置。

通过卷积操作，网络可以“轻松”学习到特定的值在图像的不同部分表示相同的特征。就参数数量而言，卷积层也比全连接层更有效。一个卷积核可用于识别图像中任何地方的相同特征，而不必为了在不同位置检测该特征而学习单独的卷积核。应用于具有相同数量元素的输入时，卷积层通常具有比全连接层明显更少的参数。这是将单个卷积核重复应用于输入的优势。

卷积层的缺点是它们是局部的，它们一次仅处理输入空间的一个子集，而忽略图像的全局结构。但是，全局结构通常很重要。再来考虑 Atari Pong 的游戏，需要使用球和球拍的位置来决定如何采取行动。位置是仅相对于整个输入空间定义的。

卷积的这种限制通常可以通过在较高层中增加卷积核来改善[⊖]。这意味着卷积核处理的输入空间的有效区域增加了，这种卷积核可以“看到”更多的输入空间。卷积核的接受范围越大，其视野就越广泛。另一种方法是在 CNN 的顶部添加一个小的 MLP，以充分利用两者的优势。回到 Atari Pong，CNN 的输出将生成 2D 图像，其中包含球和球拍的位置；这些图像作为输入传递到 MLP，MLP 合并所有信息并进行处理。

像 MLP 一样，CNN 也是无状态的。但是，与 MLP 不同，CNN 假定其输入具有空间结构，因此非常适合从图像中学习特征。此外，当输入的元素数量很大时，使用卷积核可以有效减少网络中的参数数量。每个图像的数字表示通常都有数千或数百万个元素。

⊖ 例如，通过池化操作、空洞卷积、卷积步长或大卷积核。

实际上，CNN 在学习图像方面比其他网络要好得多，因此一般的经验法则是：如果环境提供的数据是图像，则可以在网络中设计一些卷积层。

12.1.3 循环神经网络

循环神经网络(Recurrent Neural Network，RNN)专门用于处理序列数据。RNN 的单个数据点由一系列元素组成，其中每个元素都是向量。与 MLP 和 CNN 不同，RNN 假定接收元素的顺序是有意义的。例如，句子是 RNN 擅长处理的一种数据类型，句子序列中的每个元素都是一个单词，这些单词的顺序会影响句子的整体含义。此外，数据点也可以是状态序列，例如，智能体所经历的状态就是有序序列。

RNN 的显著特征是它们是有状态的，这意味着它们会记住以前看到的元素。当按顺序处理元素 x_i 时，RNN 会记住在其之前的元素 x_0，x_1，…，x_{i-1}，这是通过具有隐藏状态的专门循环层实现的。隐藏状态是网络到目前为止所看到的序列中元素的学习表示，并且每次网络接收新元素时都会对其进行更新。RNN 的记忆持续到序列的长度。在新序列开始时，将重置 RNN 的隐藏状态。长短期记忆神经网络(Long Short-Term Memory，LSTM)[52]和门控循环单元(Gated Recurrent Unit，GRU)[21]都是具有此特性的最常见层。

当环境在 t 时刻提供的信息不能完全捕捉到当前时间点的所有有用信息时，这种记住过去的机制是非常有用的。考虑一个迷宫环境，在该环境中以相同的位置生成金币，智能体捡起金币可以获得正面奖励。进一步假设金币在被智能体捡起后经过固定时间重新出现。即使智能体可以看到所有当前存在的硬币在迷宫中的位置，但如果它只记得自己多长时间之前捡起硬币，它只能预测何时会出现硬币。不难想象，在时间限制下，使分数最大化将涉及跟踪其捡起了哪些硬币以及何时捡拾。对于此任务，智能体需要存储记忆。这是 RNN 相对于 CNN 或 MLP 的主要优势。

幸运的是，实际中不必专门选择一种网络类型。相反，创建包含多个子网的混合网络非常普遍，每个子网可能属于不同的网络族。例如，我们可以设计一个具有状态处理模块的网络，该模块是输出原始状态表示[⊖]的 MLP 或 CNN，而时间处理模块是 RNN。在每个时间步，原始状态通过状态处理模块进行传递，其输出被作为输入传递到 RNN。然后，RNN 使用此信息来生成整个网络的最终输出。同时包含 CNN 和 RNN 子网的网络称为 CNN-RNN。由于 MLP 通常用作附加的小型子网，因此通常在名称中不做体现。

综上所述，RNN 最适合解决将数据表示为有序序列的问题。在深度强化学习的上下文中，在智能体需要记住很长一段时间内发生的事情以做出正确决策时，需要使用 RNN。

12.2 选择网络族的指导方法

在介绍了不同类型的神经网络之后，有这样一个问题：在特定环境下，智能体应使用哪种类型的网络？本节讨论根据环境特征选择网络族的准则。

所有深度强化学习环境都可以解释为生成序列数据，前面介绍的 RNN 专门处理这

⊖ 这种表示通常比原始状态具有更少的元素。

种类型的输入。那么，为什么不能总是在深度强化学习中使用 RNN 或 CNN-RNN 呢？要回答这个问题，需要了解 MDP 与部分可观察的 MDP(或 POMDP)之间的区别。

12.2.1　MDP 与 POMDP

第 1 章介绍了 MDP 的定义，我们先简要回顾一下。MDP 是一种数学框架，可对顺序决策进行建模。MDP 的核心是转换函数，该函数对状态 s_t 如何迁移到下一个状态 s_{t+1} 进行建模。MDP 转换函数如式 12.2 所示。

$$s_{t+1} \sim P(s_{t+1} \mid s_t, a_t) \tag{12.2}$$

该转换函数具有马尔可夫属性，到 s_{t+1} 的转换完全由当前状态和动作(s_t，a_t)决定。智能体在事件 s_0，s_1，…，s_{t-1} 中可能经历了许多状态，但它们不传达有关环境状态会转换到哪一状态的任何信息。

状态的概念有两方面。首先，由环境产生的并由智能体观察到的状态称为环境的观察状态 s_t。其次，由转换函数使用的状态称为环境的内部状态 s_t^{int}。

如果环境是 MDP，则将其描述为完全可观察的，即 $s_t = s_t^{\text{int}}$。例如，CartPole 和 LunarLander 问题都是完全可观察的环境。CartPole 环境在每个时间步提供 4 条信息：推车沿线性轴的位置、推车的速度、极角和尖端处的极速度。给定一个动作(向左或向右)，该信息足以确定环境的下一个状态。

但是，环境的内部状态对于智能体可能是隐藏的，即 $s_t \neq s_t^{\text{int}}$。这种类型的环境称为部分可观察的 MDP(POMDP)。POMDP 具有与 MDP 相同的转换功能。但是，POMDP 不向智能体提供环境的内部状态 s_t^{int}，只提供观察到的状态 s_t，这意味着智能体不知道内部状态 s_t^{int}，而必须根据某些或所有观察到的状态(s_t，s_{t-1}，…，s_1，s_0)推断它。

内部状态充分描述了系统环境。例如，在 Atari Pong 中，环境的内部状态包括球拍和球的位置与速度。观察到的状态 s_t 通常包括系统传感器提供的原始数据，例如游戏图像。在玩游戏时，使用图像来推断环境的内部状态。

接下来考虑 CartPole 环境的修改版本。假设环境在每个时间步仅提供两条信息：推车沿线性轴的位置和极角⊖。这是观察到的状态 s_t，因为它是智能体可以访问的信息。除了推车的位置和极角外，环境还受推车和杆的速度影响，这是环境的内部状态，它充分描述了问题的根源。

到目前为止，由于仅考虑 MDP，因此没有必要在观察到的状态和内部状态之间进行区分。内部状态就是智能体在 MDP 中观察到的状态。但是，在 POMDP 中，需要一种方法来区分观察到的状态和环境的内部状态。

POMDP 可以分为三类：

- 给定部分历史完全可观察。
- 给定完整历史完全可观察。
- 永远不可完全观察。

给定部分历史完全可观察

在这种环境中，可以从最近观察到的状态(s_t，s_{t-1}，…，s_{t-k})推断出 s_t^{int}，其中 k 很

⊖　这是 Wierstra 等人[147]在 Recurrent Policy Gradients 中提出的修改。

小，比如 2～4。通常，大多数 Atari 游戏都具有这种特征[65]。例如，考虑 Atari Breakout 游戏中的观察到的状态。图 12-2 显示了智能体的球拍、球的位置、不间断的砖块、智能体剩下的生命以及得分，除了一个关键信息——球的运动方向，几乎足以确定游戏所处的内部状态。可以从 s_t 和 s_{t-1} 推断出它们之间的差异，从而获得移动方向。如果知道了球的移动方向，就可以确定游戏将进入哪种状态㊀并预测接下来会发生什么。如果是推断球的加速度和速度，则可以使用前面观察到的 3 个状态来估计这些值。

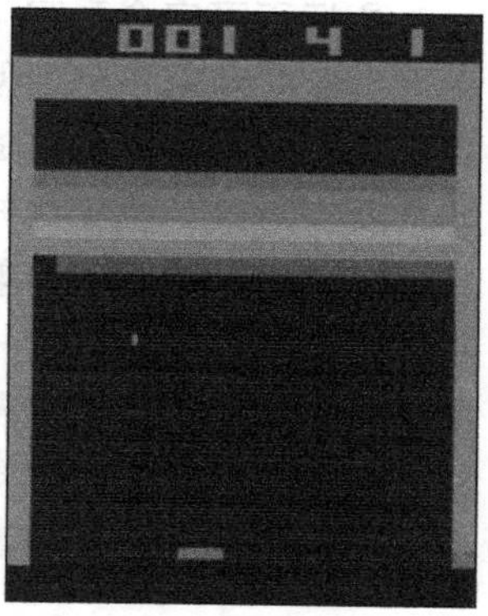

图 12-2　Atari Breakout（见彩插）

第 5 章中介绍了对于 Atari 游戏通常的做法是每 4 帧进行选择并将 4 个跳过的帧堆叠在一起作为一次输入。智能体使用堆叠帧之间的差异来推断游戏对象运动的有效信息。

给定完整历史完全可观察

在这些环境中，始终可以通过跟踪所有观察到的历史状态来确定游戏的内部状态。例如，Bram Bakker 在 *Reinforcement Learning with Long Short-Term Memory*[10] 中提出的 T 迷宫就具有此属性。图 12-3 显示了一个环境，该环境由一个长走廊和一个 T 型结组成，智能体始终在 T 的底部以相同的状态启动。智能体仅观察其周围的环境，并且在每个时间步有 4 个可用的动作：向上、向下、向左或向右移动，目的是要移动到位于 T 一端的目标状态。

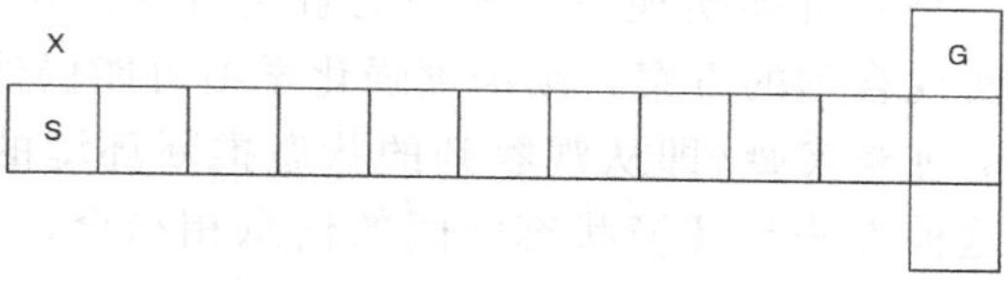

图 12-3　T 迷宫[10]

在游戏的开始状态，智能体会观察目标位于 T 的哪一端。在每个事件中，目标状态的位置都会随机更改为 T 的一端。到达路口后，智能体可以选择向左或向右走。如果它移至目标状态，则游戏以 4 分的奖励结束。如果它移至 T 的错误末端，则游戏以 1 分的奖励结束。只要智能体可以记住在开始状态下观察到的情况，总是有可能表现最佳。因此，在给定完整的观察状态历史的情况下，这种环境是完全可观察的。

再来看 DMLab-30[12] 中的另一个示例，DMLab-30 是 DeepMind 的开源库。它的许多环境是专门为测试智能体内存而设计的，因此它们属于这类 POMDP。natlab_varying_map_regrowth 是一个蘑菇搜寻任务，智能体必须在自然环境中收集蘑菇。观察到的状态是根据智能体的当前视点生成的 RGBD㊁图像。大约一分钟后，蘑菇会在同一位置重新生长，因此对于智能体而言，记住它收集了哪些蘑菇以及是多久之前收集的是有利的。这种环境很有趣，因为智能体推断出游戏内部状态所需的观察到的状态数取决于时间步和智能体采取的动作。因此，使用观察到的完整历史状态记录会很有帮助，这样智能体

㊀ 在 Atari Breakout 中，球以恒定的速度移动，因此可以忽略加速度等更高阶的信息。

㊁ RGB plus Depth。

就不会错过重要的信息。

永远不可完全观察

在这些环境中，即使我们拥有观察到的状态的完整历史记录(s_0，s_1，…，s_{t-1}，s_t)，也无法推断出内部状态 s_t^{int}。扑克就是一种具有这种特征的游戏：即使玩家记得到目前为止的所有纸牌，也无法知道其他玩家持有的牌。

或者，考虑一个导航任务，将一个智能体放置在一个装有多个不同颜色球的大房间中，每个事件开始时随机生成每个球的位置，并且房间中始终只有一个红色球。智能体配备了以自我为中心的灰度相机以感知环境，因此相机图像是观察到的状态。假设智能体的任务是导航到红色球。任务是明确的，但是如果没有彩色图像，智能体将无法感知球的颜色，它就永远没有足够的信息来完成任务。

12.2.2　根据环境选择网络

在一种新的环境下，如何分辨它是 MDP 还是 POMDP 的三种类型之一？一个好的方法是花一些时间来了解环境。考虑人类是如何完成任务的，如果可能，尝试自己在环境中完成游戏。根据单个观察到的状态中包含的信息，可以决定在每个时间步采取的有利动作吗？如果答案是肯定的，则环境可能是 MDP。如果不是，那么为了表现良好，需要记住多少个观察到的状态？是几个状态还是历史状态？那么，在给定部分历史状态或全部历史状态的情况下，环境可能是完全可观察的 POMDP。最后，考虑观察到的状态的历史中是否缺少关键信息。如果是这样，则环境可能是永远无法完全观察的 POMDP。这如何影响潜在的表现？是有可能实现一个合理的解决方案，还是无法完成任务？如果尽管缺少信息仍然可以实现合理的方案，则深度强化学习可能仍然适用。

我们已经根据环境的可观察性(即从观察到的状态推断环境的内部状态的程度)对环境进行了表征，可以将这种方法与环境状态空间的信息相结合，来选择最适合智能体的神经网络架构。

判断神经网络是否与环境的可观察性相关，一个最重要的特征是它是否是*有状态的*，也就是说，神经网络是否有能力记住观察到的状态历史。

MLP 和 CNN 是无状态的，它们不需要记住任何历史记录，因此最适合作为 MDP 的环境。当在完整的历史记录下完全可观察时，POMDP 也可以表现良好。但是，在这种情况下，必须转换观察到的状态，以使网络输入包含有关前 k 个时间步的信息。这样，可以在一次输入中为 MLP 和 CNN 提供足够的信息，以使其推断环境状态。

RNN 是有状态的，在给定完整历史的情况下完全可观察的 POMDP 需要记住尽可能长的观察到的状态序列，因此 RNN 最适合。RNN 在永远无法完全观察的 POMDP 上也可以表现良好，但可能由于缺少太多信息，不能保证智能体也会表现良好。

状态空间如何影响网络的选择？12.1 节介绍了在这三个网络家族中 CNN 最适合图像数据学习。因此，像在 Atari 游戏中那样，如果观察到的状态是图像，则最好使用 CNN。否则，MLP 可能就足够了。如果观察到的状态是图像和非图像数据的混合，可以考虑使用多个子网(如 MLP 和 CNN)，来处理不同类型的数据，然后组合其输出。

如果环境在给定完整历史的情况下是完全可观察的，或者无法完全可观察，则引入 RNN 子网是很重要的。在将数据传递到 RNN 子网之前，可以尝试使用 CNN 或 MLP 的混合网络来处理观察到的状态。

图 12-4 对网络架构和环境做出了总结。它显示了三个不同的神经网络族(MLP、CNN 和 RNN)以及 CNN-RNN 混合网络的一些常见变体。实心框代表所需的子网，虚线框代表可选的子网。它还描述了网络输入的特性、一些示例环境以及一些使用各自的网络类型实现了的最新算法。

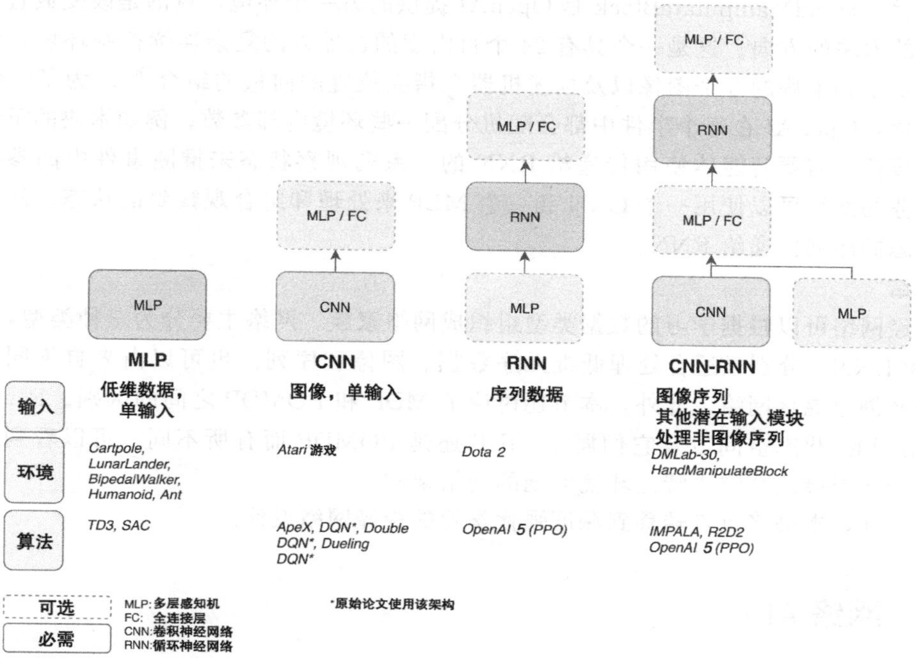

图 12-4 神经网络家族

CartPole、LunarLander 和 BipedalWalker 是本书中讨论过的一些环境。Humanoid 和 Ant 是 OpenAI Gym 提供的两个更具挑战性的连续控制环境。所有这些环境都是为智能体提供低维观察状态的 MDP。因此，使用 MLP 可以最好地解决它们。双延迟深度确定性策略梯度(Twin Delayed Deep Deterministic Policy Gradient，TD3)[42]和柔性演员-评论家(Soft Actor-Critic，SAC)[47]算法仅使用 MLP 就在 Humanoid 和 Ant 环境中获得了最著名的结果。

在本书中，我们经常讨论 Atari 游戏，这些环境大多数属于 POMDP，在给定部分历史记录的情况下完全可观察。其观察到的状态是 RGB 图像，因此 CNN 最适合解决这些问题。在过去几年中，针对这些环境得到的最健壮的结果包括 CNN 组件，例如 DQN[88]、Double DQN[141]、Dueling DQN[144]和 ApeX[54]。

Dota 2 是一款复杂的多人游戏，需要长期策略，可以将其描述为在完整历史记录下可以完全观察的 POMDP。OpenAI 5[104]的 PPO 智能体使用从游戏 API 派生的非图像观察状态，该状态包含约 20 000 个元素，并包含游戏地图和单元信息。适用于此状态的网络类型是 MLP。由于游戏需要长期策略，智能体需要记住历史的观察状态，然后将 MLP 输出传递到包含 1024 个单元的 LSTM 网络中。通过认真的工程工作和计算能力，OpenAI 5 在 2019 年成功击败了世界顶级玩家[107]。有关更多详细信息，请参见 OpenAI 5 博客文章[104]中“模型结构”部分链接的模型架构。

DMLab-30 环境具有基于图像的观察状态，最好的架构是那些将 CNN 和 RNN 模块组合在一起的架构，使得网络可以很好地处理图像并跟踪观察到的状态的历史。IMPALA[37] 和 R2D2[65] 是在这些环境下性能最佳的两种算法，两者都利用了 CNN-RNN 混合网络。

最后，HandManipulateBlock 是 OpenAI 提供的另一个环境，目的是改变放置在机器人手中的木块的方向。这是一个具有 24 个自由度的机器人的复杂连续控制环境，观察到的状态是手和木块的 3 个图像以及描述机器人指尖位置的向量的组合[98]。为了使训练数据多样化，OpenAI 在每个事件中都会随机分配一些环境内部参数，例如木块的重量。因此，完成任务需要智能体使用传递给 RNN 的一系列观察状态来推断事件中的参数。用于此任务的网络可以使用一个 CNN 和一个 MLP 来处理和组合观察到的状态，然后将已处理状态的序列传递给 RNN。

总结

神经网络可以根据学习的数据类型组织成网络家族。网络主要分为三种类型：MLP、CNN 和 RNN，分别最适合处理低维无序数据、图像和序列。也可以由来自不同家族的多个子网创建混合网络。此外，本节还讨论了 MDP 和 POMDP 之间的区别。RL 环境根据（观察到的）状态空间以及它们属于 MDP 还是 POMDP 而有所不同。可以看到，该信息可用于选择最适合解决特定环境问题的网络架构。

接下来，本书将重点转移到深度强化学习的神经网络设计。

12.3　网络 API

深度强化学习算法使用了神经网络，即使网络逼近的函数因算法而异，但它们的网络训练流程共享许多通用例程，例如计算损失和更新参数。模块化的网络组件通过使用更少的代码使算法实现更易于阅读和调试，因此，使用 Net API 对不同算法使用的神经网络进行标准化很有帮助。

用于深度强化学习的 Net API 有以下要求：

1. **输入和输出层的形状推断**：输入和输出层的形状根据环境和算法的组合而变化，这些可以自动推断，因此用户无须每次都手动指定输入和输出尺寸。此功能可以节省时间并减少代码出错。

2. **自动构建网络**：网络架构是影响算法性能的重要因素，并且会因环境而异。由于在深度强化学习中对多种不同的网络架构进行尝试很常见，因此最好通过配置文件而不是更改代码来指定网络架构。这需要一种进行配置并自动构建相应的神经网络的方法。

3. **训练步骤**：所有的神经网络都需要一个训练步骤，其中包括计算损失、计算梯度和更新网络参数。将这些步骤标准化为一个函数很有用，这样它们就可以在每种算法中重复使用。

4. **公开基本方法**：作为神经网络库顶部的包装，API 还应公开其最常用的方法，例如激活函数、优化器、学习率衰减和模型检查点。

代码 12-1 所示的 Net 是许多通用方法的基类，SLM Lab 中的 slm_lab/agent/net/base.py 提供了该方法。此基类由针对不同网络类型设计的 MLPNet、ConvNet 和 RecurrentNet 类扩展而来。

代码 12-1 定义 API 方法的Net 基类

```
# slm_lab/agent/net/base.py

class Net(ABC):
    '''Abstract Net class to define the API methods'''

    def __init__(self, net_spec, in_dim, out_dim):
        '''
        @param {dict} net_spec is the spec for the net
        @param {int|list} in_dim is the input dimension(s) for the network.
↪ Usually use in_dim=body.state_dim
        @param {int|list} out_dim is the output dimension(s) for the network.
↪ Usually use out_dim=body.action_dim
        '''
        ...

    @abstractmethod
    def forward(self):
        '''The forward step for a specific network architecture'''
        ...

    @net_util.dev_check_train_step
    def train_step(self, loss, optim, lr_scheduler, clock, global_net=None):
        '''Makes one network parameter update'''
        ...

    def store_grad_norms(self):
        '''Stores the gradient norms for debugging.'''
        ...
```

Net 类还支持一套工具函数，这些函数有助于自动构建网络和公开基础神经网络库的有用方法。接下来详细介绍每个 API 的使用要求。

12.3.1 输入层和输出层形状推断

为了合理地构建网络，需要推断输入层和输出层的形状。输入层的形状由环境的状态空间决定。例如，如果环境状态是具有 16 个元素的向量，则输入层应具有 16 个节点。或者，如果观察到的状态是 84×84 的灰度图像，则输入层应定义为(84, 84)的矩阵。另外，CNN 还应包括通道数，而 RNN 需要包括序列长度。

输出层的形状取决于环境的动作空间和用于训练智能体的算法。基于本书讨论的深度强化学习算法，可以考虑网络输出的三种变体。智能体可以学习 Q 函数、策略或者策略和 V 函数。因此，网络的输出将分别表示 Q 值、动作概率或动作概率和 V 值。

推断输出形状比推断输入形状要复杂，SLM Lab 提供了一些辅助方法，如代码 12-2 所示。这些方法位于库的 slm_lab/agent/net/net_util.py 中。

首先，当网络学习策略时，get_policy_out_dim 方法(第 3～19 行)会推断输出形状。

代码 12-2　推断网络输出层形状的辅助方法

```
1  # slm_lab/agent/net/net_util.py
2
3  def get_policy_out_dim(body):
4      '''Helper method to construct the policy network out_dim for a body
       ↪ according to is_discrete, action_type'''
5      action_dim = body.action_dim
6      if body.is_discrete:
7          if body.action_type == 'multi_discrete':
8              assert ps.is_list(action_dim), action_dim
9              policy_out_dim = action_dim
10         else:
11             assert ps.is_integer(action_dim), action_dim
12             policy_out_dim = action_dim
13     else:
14         assert ps.is_integer(action_dim), action_dim
15         if action_dim == 1:  # single action, use [loc, scale]
16             policy_out_dim = 2
17         else:  # multiaction, use [locs], [scales]
18             policy_out_dim = [action_dim, action_dim]
19     return policy_out_dim
20
21 def get_out_dim(body, add_critic=False):
22     '''Construct the NetClass out_dim for a body according to is_discrete,
       ↪ action_type, and whether to add a critic unit'''
23     policy_out_dim = get_policy_out_dim(body)
24     if add_critic:
25         if ps.is_list(policy_out_dim):
26             out_dim = policy_out_dim + [1]
27         else:
28             out_dim = [policy_out_dim, 1]
29     else:
30         out_dim = policy_out_dim
31     return out_dim
```

- 环境的动作空间的形状存储在智能体的 body.action_dim 属性中(第 5 行)。
- 离散情况参考第 6～12 行的处理：有多个动作时(第 7～9 行)或只有一个动作时(第 10～12 行)。
- 连续情况参考第 13～18 行的处理：有多个动作时(第 17～18 行)或只有一个动作时(第 15～16 行)。

然后，get_out_dim 方法(第 21～31 行)从算法推断出网络的输出形状。如果算法学习 V 函数(使用 Critic)，将添加带有一个输出单元的额外输出层(第 24～28 行)。否则，输出形状就是策略输出形状(第 29～30 行)。

Q 函数可以看作离散 Argmax 策略的一个实例(最大 Q 值的概率为 1)，因此当算法学习 Q 网络时，可以使用策略的输出形状来推断输出维数。

get_out_dim 方法用于在算法类内部构建神经网络。代码 12-3 为 Reinforce 的示例。

当使用 init_nets 方法构建网络(第 7～13 行)时，使用 get_out_dim 方法(第 10 行)能够推断输出形状。

代码 12-3　Reinforce 类中的网络构建

```
1   # slm_lab/agent/algorithm/reinforce.py
2
3   class Reinforce(Algorithm):
4       ...
5
6       @lab_api
7       def init_nets(self, global_nets=None):
8           ...
9           in_dim = self.body.state_dim
10          out_dim = net_util.get_out_dim(self.body)
11          NetClass = getattr(net, self.net_spec['type'])
12          self.net = NetClass(self.net_spec, in_dim, out_dim)
13          ...
```

使用网络 spec 以及推断的输入和输出形状(第 11～12 行)对 Net 类(MLPNet、ConvNet 或 RecurrentNet)进行了初始化。接下来介绍 Net 类如何使用这些输入来构建神经网络的实例。

12.3.2　自动构建网络

Net 类能够根据给定的网络 spec 构建神经网络。代码 12-4 显示了两个网络 spec 示例，一个针对 MLP(第 2～20 行)，一个针对 CNN(第 21～44 行)。MLP 具有一个包含 64 个单元的隐藏层(第 7～8 行)、ReLU 激活函数(第 9 行)、梯度标准裁剪到 0.5(第 10 行)、损失函数(第 11～13 行)、优化器(第 14～17 行)和学习率衰减(第 18 行)。CNN 具有 3 个卷积隐藏层(第 26～31 行)和 1 个全连接层(第 32 行)；其 spec 的其余部分具有类似于 MLP 的标准组件(第 33～43 行)。

代码 12-4　构建Net 实例的网络*spec* 示例

```
1   {
2     "reinforce_cartpole": {
3       "agent": [{
4         "name": "Reinforce",
5         ...
6         "net": {
7           "type": "MLPNet",
8           "hid_layers": [64],
9           "hid_layers_activation": "selu",
10          "clip_grad_val": 0.5,
11          "loss_spec": {
12            "name": "MSELoss"
13          },
14          "optim_spec": {
```

```
          "name": "Adam",
          "lr": 0.002
        },
        "lr_scheduler_spec": null
      }
  ...
  "dqn_pong": {
    "agent": [{
      "name": "DQN",
      ...
      "net": {
        "type": "ConvNet",
        "conv_hid_layers": [
          [32, 8, 4, 0, 1],
          [64, 4, 2, 0, 1],
          [64, 3, 1, 0, 1]
        ],
        "fc_hid_layers": [256],
        "hid_layers_activation": "relu",
        "clip_grad_val": 10.0,
        "loss_spec": {
          "name": "SmoothL1Loss"
        },
        "optim_spec": {
          "name": "Adam",
          "lr": 1e-4,
        },
        "lr_scheduler_spec": null,
        ...
}
```

在库内部，Net 类将 PyTorch 的 Sequential 容器类作为辅助来构建其网络层，MLPNet 类使用 build_fc_model 方法(代码 12-5)构建全连接层，而 ConvNet 使用 build_conv_layers 方法(代码 12-6)构建卷积层。

build_fc_model 方法采用了层维度列表 dims，在网络 spec 中将 dims 列表指定为 MLP 的 hid_layers 或 CNN 的 fc_hid_layers。它遍历各个维度以构造全连接层 nn. Linear (第 10 行)，并添加了激活函数(第 11～12 行)，然后将这些层收集到 Sequential 容器中以形成完整的神经网络(第 13 行)。

代码 12-5　自动构建网络：构建全连接层

```
1  # slm_lab/agent/net/net_util.py
2
3  def build_fc_model(dims, activation):
4      '''Build a full-connected model by interleaving nn.Linear and
       ↪  activation_fn'''
5      assert len(dims) >= 2, 'dims need to at least contain input, output'
6      # shift dims and make pairs of (in, out) dims per layer
```

```
    dim_pairs = list(zip(dims[:-1], dims[1:]))
    layers = []
    for in_d, out_d in dim_pairs:
        layers.append(nn.Linear(in_d, out_d))
        if activation is not None:
            layers.append(get_activation_fn(activation))
    model = nn.Sequential(*layers)
    return model
```

在 ConvNet 类中定义了 build_conv_layers 方法，尽管它具有卷积网络特有的额外细节，但仍可以通过类似的方式将该方法专门用于构建卷积层。

代码 12-6 自动构建网络：构建卷积层

```
'# slm_lab/agent/net/conv.py

class ConvNet(Net, nn.Module):
    ...

    def build_conv_layers(self, conv_hid_layers):
        '''
        Builds all of the convolutional layers in the network and stores in a
↪   Sequential model
        '''
        conv_layers = []
        in_d = self.in_dim[0]  # input channel
        for i, hid_layer in enumerate(conv_hid_layers):
            hid_layer = [tuple(e) if ps.is_list(e) else e for e in hid_layer]
            ↪  # guard list-to-tuple
            # hid_layer = out_d, kernel, stride, padding, dilation
            conv_layers.append(nn.Conv2d(in_d, *hid_layer))
            if self.hid_layers_activation is not None:
                conv_layers.append(net_util.get_activation_fn(
                ↪  self.hid_layers_activation))
            # Don't include batch norm in the first layer
            if self.batch_norm and i != 0:
                conv_layers.append(nn.BatchNorm2d(in_d))
            in_d = hid_layer[0]  # update to out_d
        conv_model = nn.Sequential(*conv_layers)
        return conv_model
```

自动构建不同类型的神经网络的源代码位于 SLM Lab 中的 slm_lab/agent/net/下。如果有需要，通过阅读代码能够更加详细地了解 Net 类。

12.3.3 训练步骤

Net 基类实现了所有子类需要的标准化的 train_step 方法以进行网络参数更新，这遵循代码 12-7 中的标准深度学习训练逻辑。它的主要步骤是：

1. 使用学习率调度器和时钟更新学习率(第 8 行)。

2. 清除全部现有的梯度(第 9 行)。

3. 算法在将损失传递给此方法之前计算损失。通过调用 loss.backward()进行反向传播(第 10 行)来计算梯度。

4. 剪裁梯度(可选)(第 11～12 行)。防止参数更新过大。

5. 使用优化器更新网络参数(第 15 行)。

6. 如果采用异步训练，则将 global_net 传递到此方法中，以将局部梯度推送到全局网络(第 13～14 行)。网络更新后，将最新的全局网络参数复制到局部网络(第 16～17 行)。

7. @net_util.dev_check_training_step 函数装饰器用于检查网络参数是否已更新。仅在开发模式下有效，在 10.2 节中有更详细的讨论。

代码 12-7 网络参数更新的标准化方法

```
1  # slm_lab/agent/net/base.py
2
3  class Net(ABC):
4      ...
5
6      @net_util.dev_check_train_step
7      def train_step(self, loss, optim, lr_scheduler, clock, global_net=None):
8          lr_scheduler.step(epoch=ps.get(clock, 'frame'))
9          optim.zero_grad()
10         loss.backward()
11         if self.clip_grad_val is not None:
12             nn.utils.clip_grad_norm_(self.parameters(), self.clip_grad_val)
13         if global_net is not None:
14             net_util.push_global_grads(self, global_net)
15         optim.step()
16         if global_net is not None:
17             net_util.copy(global_net, self)
18         clock.tick('opt_step')
19         return loss
```

12.3.4 基础方法的使用

代码 12-8 显示了许多示例，这些示例演示了如何通过最少的代码使用 SLM Lab 中公开的 PyTorch 功能。

get_activation_fn(第 3～6 行)和 get_optim(第 22～27 行)显示了网络 spec 中的组件如何用于检索和初始化由 Net 类引用的相关 PyTorch 类。

get_lr_scheduler(第 8～20 行)是围绕 PyTorch LRSchedulerClass 的简单封装，还可以使用 SLM Lab 中的自定义调度程序。

save(第 29～31 行)和 load(第 33～36 行)是在检查点保存和加载网络参数的简单方法。

代码 12-8 公开公共的 PyTorch 功能

```
# slm_lab/agent/net/net_util.py

def get_activation_fn(activation):
    '''Helper to generate activation function layers for net'''
    ActivationClass = getattr(nn, get_nn_name(activation))
    return ActivationClass()

def get_lr_scheduler(optim, lr_scheduler_spec):
    '''Helper to parse lr_scheduler param and construct PyTorch
    ↪ optim.lr_scheduler'''
    if ps.is_empty(lr_scheduler_spec):
        lr_scheduler = NoOpLRScheduler(optim)
    elif lr_scheduler_spec['name'] == 'LinearToZero':
        LRSchedulerClass = getattr(torch.optim.lr_scheduler, 'LambdaLR')
        frame = float(lr_scheduler_spec['frame'])
        lr_scheduler = LRSchedulerClass(optim, lr_lambda=lambda x: 1 - x /
        ↪ frame)
    else:
        LRSchedulerClass = getattr(torch.optim.lr_scheduler,
        ↪ lr_scheduler_spec['name'])
        lr_scheduler_spec = ps.omit(lr_scheduler_spec, 'name')
        lr_scheduler = LRSchedulerClass(optim, **lr_scheduler_spec)
    return lr_scheduler

def get_optim(net, optim_spec):
    '''Helper to parse optim param and construct optim for net'''
    OptimClass = getattr(torch.optim, optim_spec['name'])
    optim_spec = ps.omit(optim_spec, 'name')
    optim = OptimClass(net.parameters(), **optim_spec)
    return optim

def save(net, model_path):
    '''Save model weights to path'''
    torch.save(net.state_dict(), util.smart_path(model_path))

def load(net, model_path):
    '''Save model weights from a path into a net module'''
    device = None if torch.cuda.is_available() else 'cpu'
    net.load_state_dict(torch.load(util.smart_path(model_path),
    ↪ map_location=device))
```

12.4 总结

本章重点介绍了用于深度强化学习的神经网络的设计和实现，简要概述了三个主要的网络家族——MLP、CNN 和 RNN，并讨论了根据环境特征选择合适的网络家族的一些准则。

一个重要的特征是区分环境是 MDP 还是 POMDP。POMDP 包括以下三种类型：给定部分历史完全可观察、给定完整历史完全可观察以及永远不可完全观察。

MLP 和 CNN 非常适合解决 MDP 和在给定部分历史记录的情况下完全可观察的 POMDP。RNN 和 RNN-CNN 非常适合解决给定完整历史完全可观察的 POMDP。RNN 可能还会改善永远无法完全观察的 POMDP 的性能，但这不能保证。

对于 Net API，本章介绍了一组标准化的可重复使用的常用方法，使得算法的实现更加简单，其中包括输入和输出层形状推断、自动网络构建以及标准化的训练步骤。

12.5 扩展阅读

- General
  - *Neural Networks and Deep Learning*, Nielsen, 2015 [92].
  - *Deep Learning*, Goodfellow et al., 2016 [45].
- CNNs
  - "Generalization and Network Design Strategies," LeCun, 1989 [71].
  - "Neural Networks and Neuroscience-Inspired Computer Vision," Cox and Dean, 2014 [28].
- RNNs
  - "The Unreasonable Effectiveness of Recurrent Neural Networks," Karpathy, 2015 [66].
  - "Natural Language Understanding with Distributed Representation," Cho, 2015, pp. 11–53 [20].
  - "Reinforcement Learning with Long Short-Term Memory," Bakker, 2002 [10].
  - "OpenAI Five," OpenAI Blog, 2018 [104].

硬　　件

深度强化学习(deep RL)的成功一部分归功于强大的硬件。要实现或使用深度强化学习算法，不可避免地需要了解一些计算机的基本细节。这些算法还需要大量的数据、内存和计算资源。在训练智能体时，能够估计算法所需内存和计算需求并有效管理数据非常有用。

本章旨在为在深度强化学习中遇到的数据类型、大小以及如何优化它们建立认知。首先简要描述诸如 CPU、RAM 和 GPU 之类的硬件组件如何工作和交互。然后，在 13.2 节中，对数据类型进行概述。13.3 节讨论深度强化学习中的常见数据类型，并提供一些管理准则。本章最后给出一些运行不同类型的深度强化学习实验的参考硬件需求。

这些信息对于深入调试以及管理或选择用于深度强化学习的硬件非常有用。

13.1　计算机

如今，计算机无处不在。它们存在于手机、笔记本电脑、台式机和云(远程服务器)中。自从 Ada Lovelace 写下第一个算法，Alan Turing 设想了通用计算机——图灵机以来，已经取得了很大的进步。第一代计算机是大型的机械装置，由可移动的部件组成，程序作为穿孔卡的输入，计算机故障也是真正的小虫[⊖]。如今，计算机是电子的，体积小，速度快，而且在外观上与它的祖先有着很大的不同。大多数人在使用它的时候都不知道它是如何工作的——这是生活在计算机时代的一种特权。

即使计算机在发展，它仍然是图灵机的一种实现，这意味着设计的某些元素没有改变。计算机由处理器和随机访问内存组成，它们分别对应于图灵机的磁头和磁带。现代计算机的体系结构要复杂得多，主要是处理诸如数据存储、数据传输和读/写速度之类的实际问题。计算机仍在处理信息，并且处理器和内存始终存在。

先看一下处理器。如今，它配备了许多称为中央处理器(CPU)的处理内核，例如双核或四核。每个内核都可以是超线程的，允许同时运行多个线程。这就是为什么处理器包装可能会标识“2 核 4 线程”，这意味着它包含 2 个内核，每个内核有 2 个线程。

更详细地看一下这个例子。即使内核数较少，具有 2 个内核和 4 个线程的计算机也可以将线程数量作为 CPU 数量显示。这是因为使用 4 个线程，它可以在每个进程利用率为 100%的情况下运行 4 个进程。但是，如果需要，我们可以选择在没有超线程的情况下仅运行两个进程，并最大化两个内核。这就是 CPU 显示 200%的进程利用率的方式。最大百分比取决于单个内核中有多少线程。

根据模式的不同，内核可能会重组，就像有更多 CPU 一样。因此，真正的内核称为物

⊖　关于“计算机故障”一词的起源有一个有趣的事实：它字面上指的是进入早期机械计算机内部并导致其故障的小虫，人们不得不打开计算机来清理。

理 CPU，而组织好的线程称为逻辑 CPU。可以使用 Linux 上的终端命令 lscpu 或 MacOS 上的 system_profiler SPHardwareDataType 进行检查。代码 13-1 显示了一个具有 32 个逻辑 CPU 的 Linux 服务器，实际上是 16 个物理 CPU，每个内核有 2 个线程。

代码 13-1　命令lscpu 的输出示例，显示了某 Linux 服务器上的 CPU 信息。该机器具有 16 个物理内核和 32 个逻辑内核，CPU 速度为 2.30GHz

```
1  # On Linux, run `lscpu` to show the CPU info
2  $ lscpu
3  Architecture:           x86_64
4  CPU op-mode(s):         32-bit, 64-bit
5  Byte Order:             Little Endian
6  CPU(s):                 32
7  On-line CPU(s) list:    0-31
8  Thread(s) per core:     2
9  Core(s) per socket:     16
10 Socket(s):              1
11 NUMA node(s):           1
12 Vendor ID:              GenuineIntel
13 CPU family:             6
14 Model:                  79
15 Model name:             Intel(R) Xeon(R) CPU E5-2686 v4 @ 2.30GHz
16 Stepping:               1
17 CPU MHz:                2699.625
18 CPU max MHz:            3000.0000
19 CPU min MHz:            1200.0000
20 BogoMIPS:               4600.18
21 Hypervisor vendor:      Xen
22 Virtualization type:    full
23 L1d cache:              32K
24 L1i cache:              32K
25 L2 cache:               256K
26 L3 cache:               46080K
27 NUMA node0 CPU(s):      0-31
28 ...
```

这意味着可以选择通过最大化线程数来以更慢的速度运行更多进程，或者通过最大化内核数来更快地运行更少的进程。前一种模式非常适合超参数搜索，因为在超参数搜索中会运行很多并行会话，而后一种模式则有助于更快地运行一些特定的训练会话。局限性在于，单个进程不能使用多个物理内核，因此运行比物理内核数量更少的进程没有任何好处。

CPU 具有一个内部时钟，该时钟在每次操作时都会滴答一次，时钟速度衡量处理器的速度。这在代码 13-1(第 15 行)的模型名称中很明显，频率为 2.30GHz，即每秒 23 亿个时钟周期。在给定的时间，真实的时钟速度可能会因多种因素而变化，比如为了安全操作而设置的 CPU 温度(电子元件仍然是由可能过热的物理部件构成的)。

CPU 可以超频使其运行得更快。在 BIOS 引导期间可以启用此功能，但在执行此操作之前，人们通常会使用一些严重的液体冷却来保护 CPU。对于 Deep RL 来说，这没有必要，并且在使用远程服务器时也不可行，但是如果你拥有个人计算机，则可以将其作为一个选择。

再看一下计算机内存。计算机中有多种类型的内存，按最靠近 CPU 到离 CPU 最远的结构分层组织。靠近 CPU 的内存具有更低的传输延迟，因此数据访问速度更快。另一方面，因为一个小的 CPU 也容纳不了大量的内存，因此靠近 CPU 的内存往往也趋向于更小。为了弥补这一点，将最常访问的数据块放到更靠近 CPU 的内存中，而将较大但不常访问的数据放到较远的内存中。

CPU 里的是存放正在处理的指令和数据的寄存器，它是最小、最快的内存。接下来是缓存，它保留经常重复使用的数据以防止重复计算。代码 13-1(第 23～26 行)中还显示了不同的缓存存储器(都比寄存器慢)。

接下来，是随机存取内存(RAM)。这是在程序运行期间加载并放入数据以供 CPU 处理的位置。当提到“将数据加载到内存中”或“进程内存不足”时，指的就是 RAM。计算机主板通常可容纳 4 个或更多的 RAM 插槽，因此，如果用 4 个 16GB 的卡替换 4 个 4GB 的卡，则内存将从 16GB 升级到 64GB。

在运行程序时，人们通常会关心 CPU 和 RAM 的利用率。上面已经描述了 CPU 的使用情况。读取 RAM 使用情况时，会显示两个数字——VIRT(虚拟内存)和 RES(常驻内存)。使用 Glances[44] 生成的系统仪表板的屏幕截图示例如图 13-1 所示，在进程列表中，主列显示 CPU 使用率、内存(RAM)使用率、VIRT 和 RES。

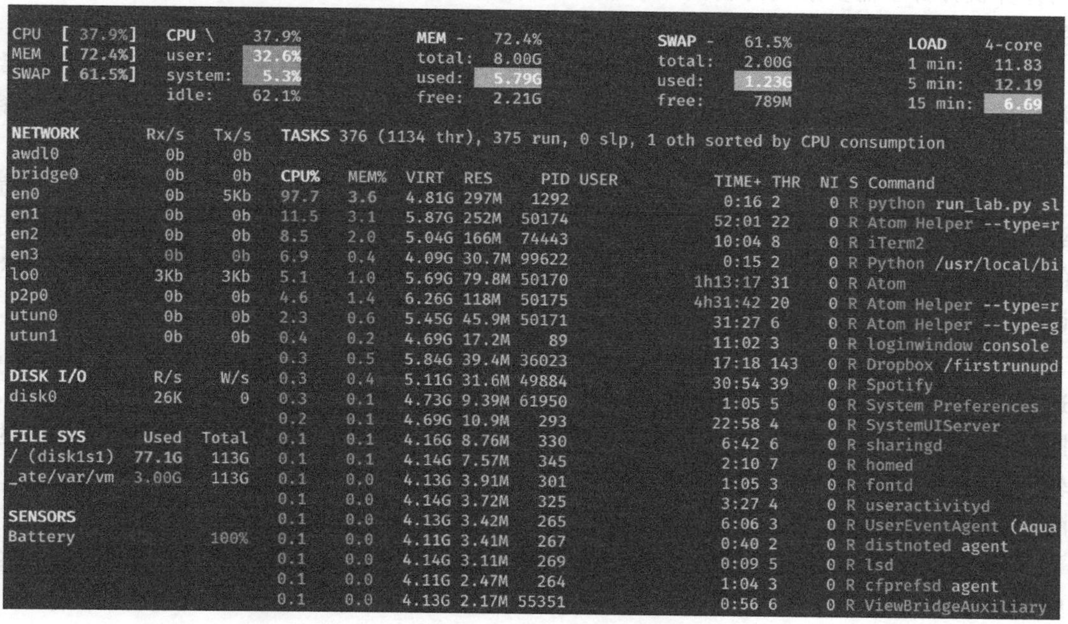

图 13-1 使用监控工具 Glances[44] 生成的系统仪表板的屏幕截图。显示了关键的统计信息，例如 CPU 负载、内存使用、I/O 和进程

快速浏览一下图 13-1 的顶部，可以看到这台计算机的总 RAM(MEM 总量)是 8.00GB。查看任务表的第一行，可以看到一个进程以 97.7%的 CPU 利用率运行。

进程实际占用的 RAM 数量显示为常驻内存 RES——它非常小，这也可以在 MEM% 中真实地反映出来。例如，最上面的进程使用 3.6% 的 RAM，相当于使用 8GB 总内存中的 297MB 常驻内存。

然而，虚拟内存的消耗远远超过了这个数字——VIRT 列的总和超过 40GB。实际上，虚拟 RAM 只是一个程序可能占用的内存量的估计值。例如，在 Python 运行时环境中声明一个大型空数组将添加该数组大小到虚拟内存的估计中，但是在数组被实际数据填充之前，不会占用任何内存。

只要常驻内存不超过实际可用的 RAM 数量，虚拟内存的大小就不会有问题——否则将面临内存不足和计算机崩溃的风险。

寄存器、缓存和 RAM 是用于计算的快速运行时内存，但它们不是持久性的。重启计算机后，这些内存里的内容通常会被清除。为了更永久地存储信息，计算机使用硬盘驱动器或诸如内存条之类的便携式存储设备。根据硬件的不同，驱动器可以以适当的读写速度存储大量信息——如图 13-1 左侧的 DISK I/O 和 FILE SYS 所示。尽管如此，这种存储器仍然比非持久性存储器慢得多。随着内存距离处理器越来越远，其读/写速度会降低，但存储容量会扩大。当决定如何在训练会话中管理数据时，上述经验方法非常有用。

CPU 及其随机存取内存是一种通用设备。没有 CPU，计算机就不再是计算机了。按照摩尔定律，计算能力呈指数级增长。然而，计算需求似乎总是加速得更快，因为更大的计算机开辟了需要解决的新问题领域。深度学习的兴起就是一个很好的例子——从共生性上讲，它甚至有助于推动硬件行业的发展。

尽管 CPU 具有通用性以及强大的功能，但不能始终满足计算需求。幸运的是，经常计算的一些内容由特定类型的操作组成。为此，可以设计一种专门的硬件，通过放弃 CPU 的计算通用性来非常高效地计算这些操作。

矩阵运算就是这样的一个例子。由于矩阵可以编码和计算数据转换，它们是图像渲染的基础。相机移动、网格构建、照明、阴影投射和光线跟踪都是所有渲染引擎中使用的典型计算机图形功能，并且它们都是矩阵运算。以高帧频渲染的视频需要计算其中的许多内容，从而推动了图形处理器(GPU)的发展。

视频游戏行业是第一个使用 GPU 的行业。GPU 的前身是街机内部的图像处理器。这些是随着个人计算机和视频游戏的发展而发展起来的，1999 年英伟达发明了 GPU[95]。同时，皮克斯动画工作室(Pixar)和 Adobe 等创意工作室还通过创建和扩展用于 GPU 的软件和算法，为计算机图像行业奠定了基础。游戏玩家、图像设计师和动画师成为 GPU 的主要消费者。

处理图像的卷积网络也涉及许多矩阵运算。因此，深度学习的研究人员采用 GPU 也只是时间问题。当这一切最终发生时，深度学习领域的发展会迅速加快。

GPU 计算昂贵的矩阵计算，从而释放 CPU 来执行其他任务。GPU 可以并行执行计算，并且由于它非常专业，因此它的效率很高。与 CPU 相比，GPU 具有更多的处理内核，并且具有类似的内存体系结构——寄存器、缓存和 RAM，尽管其 RAM 通常更小。要将数据发送到 GPU 进行处理，首先需要将其加载到 GPU 的 RAM 中。代码 13-2 为将 CPU 上创建的 PyTorch 张量移动到 GPU RAM 中的示例。

代码 13-2 在 CPU 上创建 PyTorch 张量然后将其移动到 GPU RAM 的示例

```
# example code to move a tensor created on CPU into GPU (RAM)
import torch

# specify device only if available
device = 'cuda:0' if torch.cuda.is_available() else 'cpu'

# tensor is created on CPU first
v = torch.ones((64, 64, 1), dtype=torch.float32)
# moving to GPU
v = v.to(device)
```

使用 GPU，在 CPU 上运行缓慢的计算会显著加快。这为深度学习开辟了新的可能性——研究人员开始使用越来越多的数据来训练更大、更深的网络。这推动了许多领域的最新成果，包括计算机视觉、自然语言处理和语音识别。GPU 推动了深度学习及其相关领域的快速发展，包括深度强化学习。

尽管其具有有效性，但 GPU 仍是针对图像处理方面而非神经网络计算方面进行优化。对于工业应用，即使是 GPU 也有局限性。这推动了另一种专用处理器的发展。2016 年，谷歌宣布使用它的张量处理器(TPU)来满足这一需求。这有助于为深度学习应用程序提供“好一个数量级的优化性能”[58]。实际上，DeepMind 的深度强化学习算法 AlphaGo 就是由 TPU 提供支持的。

在有关计算机硬件的这一节中，我们讨论了计算机的基本组成——处理器和内存。CPU 是通用处理器，但是它可以同时处理的数据量是有限的。GPU 具有许多专门用于并行计算的内核。TPU 专门用于神经网络的张量计算。无论其专业化程度如何，每个处理器都需要一个设计适当的内存体系结构，包括寄存器、缓存和 RAM。

13.2 数据类型

为了有效地进行计算，还需要了解问题的空间和时间复杂性。对于任何数据密集的应用程序，比如深度强化学习，它有助于理解从软件到硬件的各个级别所涉及的一些重要细节和流程。到目前为止，我们已经了解了计算机的组织方式，现在，对在深度强化学习中经常遇到的数据再建立一些直觉。

比特位是用于度量信息大小的最小单位。现代数据极其庞大，因此需要更大的规模度量。由于历史原因，8 个比特位是 1 个字节，即 8b=1B。然后，使用其作为度量标准前缀。1000 字节为 1kB，1 000 000 字节为 1MB，依此类推。

信息编码是通用的，所以任何数据都可以被编码为数字位。如果数据不是数值型的，则在将其表示为硬件中的原始位之前，先将其转换为数字。图像被转换为像素值，声音被转换为频率和振幅，分类数据被转换为独热编码，单词被转换为向量，等等。使数据可由计算机表示的前提是使其数值化，然后将数字在硬件级别上转换为位。

按照设计，通常用于数字编码的最小存储块为 1 字节，即 8 位。使用幂次规则，长度为 8 的位串可以表示 $2^8=256$ 个不同的信息，所以 1 字节可以表示 256 个不同的数字。

像 numpy[143]这样的数字库使用它来实现不同范围的整数，即无符号 8 位整数 uint8:[0, 255]和有符号 8 位整数 int8:[-128,127]。

字节适合存储数值范围较小的数据，例如灰度图中的像素值(0～255)，因为字节在内存中占用的空间最小。单个无符号 8 位整数的大小是 8 位(1 字节)，因此，一个灰度图可以被压缩为 84×84 像素，仅需要存储 7096 个数字，即 7096B≈7kB。回放内存中的 100 万个灰度图将占用 7kB×1 000 000=7GB，适合于大多数现代计算机的 RAM。

显然，对于大多数计算目的来说，这样一个小范围是不够的。通过将位串的大小加倍，可以实现一个范围更大的 16 位的整数 int16:[-32768,32768]。此外，由于 16 位足够长，因此它还可以用于实现称为"float"的浮点数，即带有小数的数字，这将产生 16 位浮点数 float16。浮点数的实现与整数完全不同，在这里不做讨论；尽管有这种差异，16 位的整数和浮点数都使用相同大小的位串，即 16 位=2 字节。

可以重复相同的位加倍方案来实现 32 位和 64 位的整数和浮点数，它们分别占用 4 个字节和 8 个字节，产生 int32、float32、int64 和 float64。但是，比特位数量每增加一倍，计算速度就会减半，因为在位串中要执行二进制运算的元素数量是原来的两倍。更多的比特位并不总是更好，因为也伴随着更大尺寸和更慢计算的成本。

整数可以通过 int8、int16、int32、int64 实现，取值范围以 0 为中心。无符号整数可以通过 uint8、uint16、uint32、uint64 实现，取值范围从 0 开始。具有不同位数的整数之间的区别在于大小、计算速度和它们可以表示的值的范围。

当一个有符号整数 int 被赋予超出其范围的值时，它将以未定义的行为溢出并中断算术运算。无符号整数 uint 永远不会溢出——相反，它使用模数进行计算，例如 np. uint8(257)=np. uint8(1)。对于某些特定的应用程序，此行为可能是可取的——但通常，在向下转换无符号整型数据时要注意。如果需要设置极值的上限，则在向下强制转换之前先对其进行修剪，如代码 13-3 所示。

代码 13-3　显示不同数据类型的大小比较和优化方法的简单脚本

```python
import numpy as np

# beware of range overflow when downcasting
np.array([0, 255, 256, 257], dtype=np.uint8)
# => array([  0, 255,   0,   1], dtype=uint8)

# if max value is 255, first clip then downcast
np.clip(np.array([0, 255, 256, 257], dtype=np.int16), 0, 255).astype(np.uint8)
# => array([  0, 255, 255, 255], dtype=uint8)
```

浮点数可以从 16 位开始以 float16、float32 或 float64 的形式实现。不同之处在于它们所代表的小数的大小、计算速度和精度——更多的位具有更高的精度。这就是 float16 被称为半精度，float32 被称为单精度，而 float64 被称为双精度(或简称为"double")的原因。没有 8 位浮点数的实现，因为对于大多数应用程序而言，低精度是不可靠的。半精度的计算速度是单精度的两倍，对于不需要精确到小数点后很多位的计算来说已经足够了。这也是存储的理想选择，因为大多数原始数据不会使用那么多小数位数。对于大多数计算，单精度就足够了，它是许多程序（包括深度学习）使用的最常见的数据类型。双精度主要用于严肃的科学计算，例如物理方程，需要精确到许多有效数字。在选择适当的类型来表示浮点值时，需要考虑字节大小、速度、范围、精度和溢出行为。

13.3 在强化学习中优化数据类型

到目前为止，我们已经对如何在硬件中表示数值型数据有了一定的了解，并考虑了大小、计算速度、范围和精度。代码 13-4 包含了 numpy 中这些数据类型的一些示例，以及它们在内存中的大小。现在再看看它们是如何与深度学习和深度强化学习中经常遇到的数据联系起来的。

代码 13-4 显示各种数据类型及其大小的简单脚本

```
import numpy as np

# Basic data types and sizes

# data is encoded as bits in the machine
# and so data size is determined by the number of bits
# e.g., np.int16 and np.float16 are both 2 bytes, although float is
↪ represented differently than int

# 8-bit unsigned integer, range: [0, 255]
# size: 8 bits = 1 byte
# useful for storing images or low-range states
np.uint8(1).nbytes

# 16-bit int, range: [-32768, 32768]
# size: 16 bits = 2 bytes
np.int16(1).nbytes

# 32-bit int, 4 bytes
np.int32(1).nbytes

# 64-bit int, 8 bytes
np.int64(1).nbytes

# half-precision float, 2 bytes
# may be less precise for computation, but ok for most data storage
np.float16(1).nbytes

# single-precision float, 4 bytes
# used by default most computations
np.float32(1).nbytes

# double-precision float, 8 bytes
# mostly reserved for high-precision computations
np.float64(1).nbytes
```

在大多数库中，默认情况下，神经网络使用 float32 进行初始化和计算。这意味着其所有输入数据都必须强制转换为 float32。但是，对于数据存储来说，float32 并不总是理想选择，因为它的字节数较大(32b=4B)。假设 RL 数据的一帧为 10kB，需要在回放内存中存储 100 万帧，总大小为 10GB，这在运行时不适合典型的 RAM。因此，通常将数据向下转换并将其存储为半精度的 float16。

需要存储在深度强化学习中的大多数数据都包括状态、动作、奖励和表示一个事件结束的布尔信号“done”。此外，还有特定算法或调试所需的辅助变量，例如 V 值和 Q 值、对数概率和熵。通常，这些值要么是小数，要么是低精度浮点数，因此 uint8、int8 或 float16 是存储的合适选择。

以 100 万帧作为标准数据量存储在回放内存中。除了状态以外，这些变量中许多都是标量。对于每个标量变量，存储 100 万个值需要 100 万个元素。使用 uint8 时将花费 1 000 000×1B=1MB，而使用 float 16 时将花费 1 000 000×2B=2MB。1MB 的大小差异对于现代计算机而言微不足道，因此通常对它们全部使用 float16 来消除意外丢失小数点或限制值范围的风险。

但是，许多内存优化工作都涉及状态，因为它们通常构成了深度强化学习中生成的大多数数据。如果一个状态是一个相对较小的张量，例如 CartPole 中长度为 4 的向量，可以使用 float16。只有当每个状态都很大时，才需要优化——比如一个图像。如今，通过相机或游戏引擎生成的图像通常具有高分辨率，可以运行在 1920×1080 像素以上，这样的图像可能有几 MB 大小。假设一个状态是一个类型为 float32 的 256×256 像素的小型 RGB 图像，那么这个图像的状态是(256×256×3)×4B=786 432B≈786kB，将 100 万个图像加载到 RAM 将需要 786GB，这甚至超出了大型服务器的能力。

通过对图像进行灰度变换，将三个颜色通道缩减为一个，因此大小缩小到 262GB，但仍然很大。通过将 256×256 像素向下采样到 84×84 像素，大小大约减少至 1/9，约 28GB。这种压缩将丢失一些信息，且下采样的像素值取决于压缩算法。另外需要注意，原始 RGB 值是 0～255 范围内的整数，但是灰度变换将它们转换为 0.0～255.0 范围内的单个 float32 像素值。大多数任务不需要高精度的像素值，因此可以将它们转换回 uint8，从而将大小进一步减小至 1/4。

在最终形式中，具有 uint8 值的 84×84 像素的灰度图仅占据 84×84×1B=7096B。100 万个图像占用约 7GB 的容量，可轻松装入大多数现代计算机的 RAM 中。代码 13-5 中比较了所有优化阶段的数据大小。

代码 13-5 存储在回放内存中的数据不同优化阶段的大小

```
import numpy as np

# Handy data sizes for debugging RAM usage

# replay memory with 1 million uint8 data = 1MB
np.ones((1000000, 1), dtype=np.uint8).nbytes

# replay memory with 1 million float16 data = 2MB
np.ones((1000000, 1), dtype=np.float16).nbytes

```

```
# a downsized greyscale image with uint8 range ~ 7kB
np.ones((84, 84, 1), dtype=np.uint8).nbytes

# replay memory with a million images ~ 7GB
np.ones((1000000, 84, 84, 1), dtype=np.uint8).nbytes

# a raw small image is ~ 262kB, 37 times larger than above
# a million of these would be 262GB, too large for standard computers
np.ones((256, 256, 1), dtype=np.float32).nbytes
```

当运行实际的 RL 算法时，进程的内存消耗可能大于仅来自状态、动作、奖励和“done”数据的贡献。在基于值的算法中，回放内存在添加元组(s，a，r，s')时还需要存储下一个状态。当预处理 Atari 游戏的状态时，4 个帧连接在一起，尽管理论上所需的原始状态数量没有变化，但这些考虑因素可能会使内存占用增加几倍。

为了确保有效的内存管理，需要花费额外的精力来确保仅存储所需的最少数据量。一般策略是保留对原始数据的软变量引用，并仅在需要进行计算时才解析它们。例如，可以将原始状态中的帧连接起来，在将帧传递到网络之前，直接生成更大的预处理状态。

除了数据之外，内存消耗的另一个重要来源是神经网络本身。一个两层的前馈网络在 RAM 中最多可占用 100MB，然而一个卷积网络可占用 2GB。当为自动求导积累梯度时，张量对象也会占用一些 RAM，根据批量大小，通常只有几 MB。所有这些都需要在训练过程中考虑到。

在讨论了 CPU RAM 和 GPU RAM 中的有效信息存储之后，现在考虑如何将数据从存储器移动到神经网络的计算中。

由于数据传输具有硬件造成的延迟，因此在创建和移动数据时需要遵循一种策略。传输数据时，越少越好，因此，正如前边所讨论的那样，它有助于优化存储。目标是确保数据传输不会成为训练过程中的瓶颈——比如当 CPU/GPU 处于空闲状态，等待数据传输时，或者当大部分处理时间都花在移动或复制数据上时。

计算机内存中最接近处理器的部分是 RAM，通常可以对其进行编程控制。只要将数据有效地加载到 RAM 中，主要的传输瓶颈就已经消除了。

在将数据传递到神经网络之前，需要将其转换为 Tensor 对象以支持各种微分运算，比如自动求导。如果数据已经作为 numpy 数据加载到 CPU RAM 中，则 PyTorch 只需引用相同的 numpy 数据即可构建 Tensor，而无须进行额外的复制，从而使其非常高效且易于使用。代码 13-6 中显示了 numpy-to-Tensor 操作的示例。它直接从 CPU RAM 传递到 CPU 进行计算。

代码 13-6 PyTorch 使用 CPU RAM 中的numpy 数据直接构造一个Tensor

```
import numpy as np
import torch

# Storage-to-compute tips

# Often, raw data comes in high precision format such as float64
# but this is not so useful for learning (e.g., a high-def game image)
```

```
# for storage, use a low-precision int/float
# to reduce RAM usage by up to x8 (e.g., float64 to uint8)

# for float data, downcasting to float16 is ok for storage
state = np.ones((4), dtype=np.float16)

# for storing an image into replay memory and fitting into RAM
# use an optimized format by downsizing and downcasting
im = np.ones((84, 84, 1), dtype=np.uint8)

# just right before feeding into a neural network for compute
# cast into a consumable format, usually float32
im_tensor = torch.from_numpy(im.astype(np.float32))
```

如果希望使用GPU进行计算，则需要将张量从CPU RAM传输到GPU RAM。这需要额外的时间来复制和构造新位置中的数据。对于大型网络，这些传输开销由GPU的计算速度补偿。但是，对于更小的网络（例如，小于1000个单元的单个隐藏层），GPU不能提供超过CPU的显著加速，因此由于传输上的开销，训练总体上可能会变慢。所以，经验是不要将GPU用于小型网络。

由于深度强化学习中的大多数神经网络都相对较小，因此GPU往往没有得到充分利用。如果数据生成过程缓慢，则环境可能会出现另一个瓶颈。回想一下，GPU最初是为游戏而创建的，所以大多数游戏引擎都可以使用GPU加速。其他物理引擎或环境也可能提供此选项。因此，也可以利用GPU来加速环境中数据的生成。

当使用多个进程并行进行算法训练时，另一个潜在的瓶颈出现了。在多台机器上使用多个分布式节点时，机器之间的通信可能会很慢。如果可以在单个更大的机器上运行训练，那么最好这样做，因为这样可以消除通信瓶颈。

此外，在一台机器上，多个并行工作进程共享数据的最快方法是共享RAM。这消除了进程之间的数据传输。PyTorch与Python的多处理模块的本机集成正是通过调用网络的共享内存方法share_memory()与所有工作进程共享全局网络参数，如第8章的代码8-1所示。

一种极端的情况是，数据太大，以至于无法放入RAM中，而只能存储在持久化内存中。与在RAM中移动数据相比，磁盘读/写非常慢，因此需要一种智能的策略来解决这一问题。例如，可以在需要计算所需的数据块之前就安排加载，这样处理器就不必等待。一旦不再需要数据块，就将其删除，以便为下一个数据块释放RAM。

综上所述，在硬件方面需要关心的因素包括在何处计算（CPU或GPU）、数据放置在何处（RAM）、RAM能容纳多少数据，以及怎样避免数据生成和传输的瓶颈。

13.4 选择硬件

通过到目前为止提供的实用信息，我们可以利用对数据的直觉为深度强化学习提供一些可供参考的硬件需求。

本书中讨论的所有不基于图像的环境都可以在笔记本电脑上运行。只有基于图像的环境(如Atari游戏)才能从GPU中受益。对于这些环境，建议使用一个GPU、至少4个CPU，这可以运行一个包含4个会话的Atari试验。

对于台式机，参考规范为GTX 1080 GPU、4个3.0GHz以上的CPU和32GB的RAM。Tim Dettmers提供了一个在台式机上构建深度学习环境的出色指南，可以在https://timdettmers.com/2018/12/16/deep-learning-hardware-guide[33]上找到。另一种选择是租用云中的远程服务器，很好的起点就是带有一个GPU和4个CPU的服务器。

但是，对于更广泛的实验，需要更强的计算能力。对于台式机，通常意味着增加CPU数量。在云计算中，一种选择是租用具有32个CPU和8个GPU的服务器。或者，考虑具有64个CPU而没有GPU的服务器。第8章中的一些算法(例如A2C)可以用多个CPU并行化处理，以弥补GPU的不足。

13.5 总结

在深度强化学习中，能够估计算法的内存和计算需求将很有帮助。本章针对RL中遇到的基本数据类型(例如向量和图像状态)的大小建立了一些直观的认识，还重点介绍了可以增加算法内存需求的一些方法。

本章还简要介绍了不同类型的处理器——CPU和GPU。GPU最常用于加速基于图像的环境的训练。

本章介绍的技巧旨在帮助优化深度强化学习算法中的内存消耗，以便更有效地使用计算资源。

第四部分

Foundations of Deep Reinforcement Learning: Theory and Practice in Python

环境设计

状　　态

使用深度强化学习解决新问题涉及环境的创建。因此，现在我们将重点从算法转移到环境设计的各个组成部分——状态、动作、奖励和转换函数。在设计环境时，首先对问题进行建模，然后决定环境应向用户呈现哪些信息以及如何呈现。

强化学习环境必须为算法提供足够的信息，以便可以解决问题，这一点至关重要。这是状态的关键作用，也是这一章的主要内容。

首先，我们将给出一些现实世界和强化学习环境中的状态实例。在后面的几节中，我们将考虑在设计状态时非常重要的问题：

1. **完整性**：状态表示是否包含来自环境的充足信息来解决问题？
2. **复杂性**：表示的有效性如何，以及计算的成本如何？
3. **信息损失**：表示会丢失信息吗，例如，在对图像进行灰度变换或下采样时？

在最后一节中，我们将介绍一些常用的状态预处理技术。

14.1　状态示例

状态是描述环境的信息，也可以称为“可观察的”，即可以被测量的一组量[⊖]。状态不仅仅代表计算机上运行的游戏或模拟器的数字。同样地，环境不仅仅是针对强化学习问题的计算机模拟；环境包括现实世界系统。下面看一些状态的示例。

我们看到、听到和触摸到的都是周围环境的状态。这些信息是可以通过感觉器官(如眼睛、耳朵和皮肤)，用我们的感知来“测量”的信息。除了原始的感官信息外，状态还可以包括抽象信息，例如运动对象的速度。

还有一些信息可以通过工具间接检测到，例如，磁场、红外光、超声以及最近的引力波[⊜]。动物与我们的感知不同，因此对周围环境的感知也不同。例如，狗是红绿色盲，但它们的嗅觉要比人类好得多。

所有这些示例都是状态——通过不同的感知手段(生物的或机械的)测量的环境信息。相同的环境可能会根据环境和所测量的内容产生不同的信息，也就是说，信息可能会根据一个人的观点而改变。这是一个需要牢记的关键思想，不仅在强化学习中，而且在日常事物中，它都应该成为设计信息处理系统的指导原则。

现实环境包含许多复杂的信息。幸运的是，有许多可以管理这种复杂性的方法，这是本章的主题。现在，看一些简单的例子。电子游戏(例如经典的 Atari 游戏(见图 14-1))具有可通过视觉和声音观察到的状态——屏幕上的游戏图形和扬声器的声音。机器人，无论

⊖ 这种可观察的定义在物理学中被广泛使用，并且在包括量子力学在内的许多理论中都起着基础性的作用。

⊜ 2015 年 9 月 14 日，LIGO(由加州理工学院和麻省理工学院操作)首次检测到引力波[80]。这是人类科学成就中一个非凡的里程碑。

是实际的还是仿真的，都具有较高水平的状态，例如关节角度、速度和扭矩。强化学习中的状态趋于简化，以排除无关的背景噪声和副作用，并且仅关注设计者认为相关的信息。例如，机器人仿真可能无法解决摩擦、阻力、热膨胀等问题。

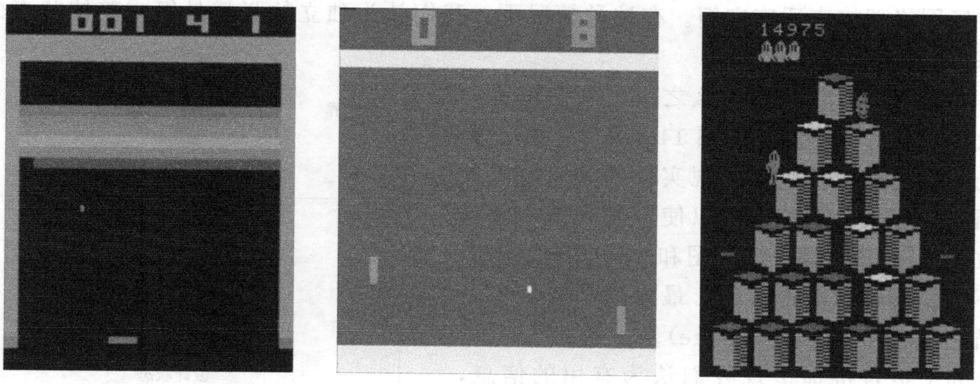

a）Breakout　b）Pong　c）Qbert

图 14-1 具有 RGB 彩色图像（3 阶张量）的状态的 Atari 游戏示例。这些是 OpenAI Gym[18] 提供的 Arcade 学习环境（ALE）[14] 的一部分（见彩插）

将状态与动作和奖励区分开来至关重要。状态是关于环境的信息——即使没有采取任何动作或没有分配任何奖励。动作是非环境的实体（也就是智能体）施加在环境上的影响。奖励是一种由强制行为引起的状态转换的元信息形式。

我们可以用任何合适的数据结构来表示一个状态，例如，一个标量、一个向量或一个通用的张量㊀。如果不是最初的数值，总是可以这样编码。例如，在自然语言中，单词或字符可以通过词嵌入转化为数值。我们还可以将信息双射㊁到一个整数列表。例如，钢琴的 88 个键可以用整数[1，2，…，88]标记。状态也可以具有离散或连续的值，或两者的混合。例如，水壶可以指示其处于开启状态（离散状态）并提供其当前温度（连续状态）。这取决于设计者使用何种算法和方式来表示信息。

状态 s 是状态空间 S 的元素，它完全定义了环境状态可以拥有的所有值。一个状态可以具有多个元素（维度），并且每个元素可以具有任意基数㊂（离散或连续）。然而，使用具有单个数据类型（整型或浮点型）的张量来表示状态很方便，因为大多数计算库（例如 numpy、PyTorch 或 TensorFlow）都希望这样做。

状态可以以任意阶和任意形状㊃出现：

标量（0 阶张量）：温度。

向量（1 阶张量）：[位置，速度，角度，角速度]。

矩阵（2 阶张量）：Atari 游戏中的灰度像素。

㊀ 张量是 N 维的广义信息立方体。标量（单个数字）是阶为 0 的张量；向量（数字列表）的阶为 1；矩阵（数字表格）的阶为 2；立方体的阶为 3，依此类推。

㊁ 双射是一对一的数学术语，指的是两组元素的映射，也就是说，具有相互一对一对应关系的集合。在应用程序中，我们通常将一个集合双射为一个从 0 开始的整数列表。

㊂ 基数是对集合“大小”的度量，也用于区分离散集合和连续集合。

㊃ 更多术语：“阶”广义地说是张量的维数，而“形状”是它维数的大小。例如，具有 10 个元素的向量的形状为（10）；2×4 的矩阵的形状为（2，4）。

数据立方(3 阶张量)：Atari 游戏中的 RGB 颜色像素(参见图 14-1)。

状态也可以是张量的组合。例如，机器人仿真可以将机器人的视野作为 RGB 图像(3 阶张量)，并且将其关节角度作为单独的向量。使用不同形状的张量作为输入还需要不同的神经网络架构来适应它们。在这种情况下，我们认为独立的张量是组成整体状态的子状态。

描述了一般状态是什么之后，现在来看一下设计状态的工作流，如图 14-2 所示。该过程首先要决定包括哪些有关现实世界的信息以及采用哪种形式。例如，可以使用激光雷达或雷达数据、RGB 图像、深度图和热成像等，以多种不同方式表示电磁波谱。最终选择的信息可以描述为*原始状态*(raw state)。

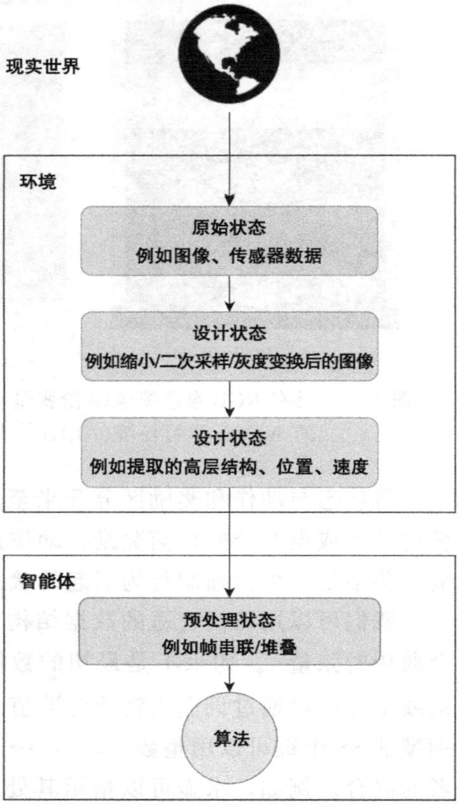

图 14-2　从现实世界到算法的信息流

为了更直接地呈现我们认为有用的信息，可以利用对问题的了解来设计更简单的状态——例如，通过缩小图像和灰度变换。这可以描述为环境的*设计状态*。

智能体可以从环境中获取原始状态或设计状态，然后对其进行进一步预处理以供自己使用。例如，一系列灰度图像可以堆叠在一起形成单个输入。这称为*预处理状态*。

以图 14-1 中的 Atari Pong 游戏为例。这是一个二维的乒乓球游戏。有两个球拍和一个球，左边的球拍由游戏控制，右边的球拍由玩家控制。谁把球打过对手的球拍，谁就得一分，并且 21 轮后比赛结束。为了赢得一场比赛，智能体需要能够感知球和两个球拍。

在 Pong 中，*原始状态*是计算机屏幕在特定时间步上的 RGB 彩色图像，其中包含有关游戏完整的未经过滤的信息。如果智能体使用此原始状态，它必须学会识别像素中的哪些图案代表球和球拍，并通过像素推断它们的运动。只有这样，它才能设计出一个制胜的策略——至少人类是这样做的。

但是，人类已经知道有用的信息，包括这些物体的位置和速度，可以使用这些知识来创建一个*设计状态*。一种候选方法是使用数字向量代表球拍和球的位置和速度⊖。与*原始状态*相比，此状态包含的信息要少得多——但是它包含的内容对于算法来说更直接，更容易学习。

接下来看另一个示例：来自 OpenAI Gym 的 CartPole 环境，如图 14-3 所示。原始图像和设计状态都是可用的，如代码 14-1 所示。设计状态是从环境 API 方法 env.reset(第 15 行)和 env.step(第 37 行)直接返回的状态。可以使用 env.render(mode='rgb_array')函数获取 RGB 原始图像状态(第 21 行)。

⊖　此设计状态是一个假设示例；游戏环境实际上仅提供原始图像状态。

如果将通常的状态替换为 RGB 原始图像状态，任何算法在解决其他简单问题时都会遇到更大的困难。这是因为智能体现在要做的工作还很多——它必须找出要关注的像素集合，找出识别图像中的推车和杆子物体的方法，并根据帧之间像素模式的变化来推断对象的运动，等等。从所有像素值中，智能体必须过滤掉噪声，提取有用的信号，形成高级概念，然后恢复与所设计的位置和速度向量状态相似的信息。只有这样，智能体才能利用这些相关的特征来制定解决问题的策略。

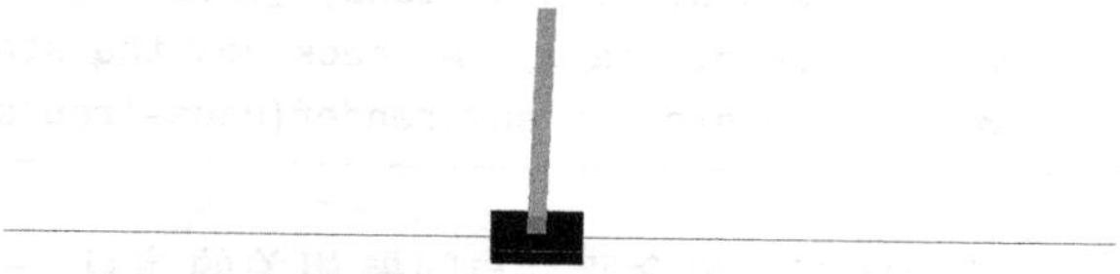

图 14-3　CartPole-v0 是 OpenAI Gym 中最简单的环境。目标是在 200 个时间步中通过控制推车的左右运动来平衡杆

代码 14-1　获取 CartPole-v0 环境的原始状态和设计状态的示例代码

```
# snippet to explore the CartPole environment
import gym

# initialize an environment anc check its state space, action space
env = gym.make('CartPole-v0')
print(env.observation_space)
# => Box(4,)
print(env.action_space)
# => Discrete(2)
# the natural maximum time step T to terminate environment
print(env.spec.max_episode_steps)
# => 200

# reset the environment and check its states
state = env.reset()
# example state: [position, velocity, angle, angular velocity]
print(state)
# => [0.04160531 0.00446476 0.02865677 0.00944443]

# get the image tensor from render by specifying mode='rgb_array'
im_state = env.render(mode='rgb_array')

# the 3D tensor that is the RGB image
print(im_state)
# => [[[255 255 255]
# [255 255 255]
# [255 255 255]
# ...

# the shape of the image tensor (height, width, channel)
print(im_state.shape)
# => (800, 1200, 3)

done = False
while not done:
```

```
rand_action = env.action_space.sample() # random action
state, reward, done, _info = env.step(rand_action)
print(state)  # check how the state changes
im_state = env.render(mode='rgb_array')
```

原始状态应包含所有与问题相关的信息——但是通常很难学习。它通常具有很多冗余和背景噪声，因此，在提取这些信息并联系上下文环境将其转换为有用的形式时，便不可避免地产生处理成本。原始而完整的信息可以提供更大的自由，但是从中提取和解释有用的信号是一个更沉重的负担。

设计状态通常包含对学习更有用的提取信号。一种风险是它可能会丢失重要的信息——将在14.4节中详细讨论。环境可能同时提供原始状态和设计状态。使用哪一种取决于目的——较难的原始状态可用于挑战和测试算法的极限，如果目标是解决问题，可以使用更简单的设计状态。

研究环境更倾向于具有可以快速计算的简单状态。部分原因是模型自由的深度强化学习方法需要训练大量样本，因此任何更复杂的方法都将使学习变得困难。除非在样本效率方面有很大的改进，否则这仍然是一个瓶颈。来自 OpenAI Gym[18] 和 MuJoCo[136] 的经典控制和机器人环境具有相对低维的设计状态，包括位置、速度和关节角度。甚至基于图像的 Atari 游戏环境所产生的图像的分辨率也很低，但足以解决问题。

现代电子游戏通常非常复杂和现实。借助先进的游戏引擎，它们可以非常接近地模拟现实世界。对于这些游戏，状态可能与现实世界的感知模式相对应——例如摄像机视角和桌面电脑游戏的环绕声。虚拟现实头戴式耳机具有高保真立体(3D)视觉，其控制台可提供触摸或振动反馈。带有运动座椅的街机射击游戏甚至可以模拟身体运动㊀。

在人工智能研究中，利用这类复杂的感官信息仍然很少见。造成这种情况的原因有很多：数据存储和计算需求巨大，环境平台的开发仍处于初期阶段。幸运的是，在过去几年中，通过构建强大的游戏引擎，更加逼真的强化学习环境开始出现。举几个例子：Unity ML-Agents[59] 包含了许多构建在 Unity 游戏引擎上的玩具环境；Deepdrive 2.0[115]（基于虚幻引擎构建）提供了逼真的驾驶模拟；Holodeck[46]（基于虚幻引擎构建）提供了虚拟世界的高保真模拟。这些为强化学习中更具挑战性的任务打开了一个全新的平台。

状态空间的复杂性与问题的复杂性相关，尽管有效问题的复杂性还取决于状态的设计程度。状态设计可以区分可解决的强化学习环境和不可解决的强化学习环境。

我们与之交互的公共对象可以作为状态设计的重要参考。其中很多都是通过视觉来传达信息——视觉是人类所有感官中最强大的。温度和质量采用分级量表测量；电器的状态由其指示灯指示；压力和车速通过仪表显示；比赛结果记录在记分牌上。还有一些非视觉的渠道，例如汽车喇叭发出的声音或静音手机的振动。这些例子说明了系统的信息是如何被测量和表示的。在信息时代，我们习惯于衡量事物——状态设计的思想无处不在。

一个良好的环境设计可以加速研究和应用。它还需要进行全面的测试，以便用户可以避免修补和修复与其工作无关的问题。提供一套标准而强大的环境是创建 OpenAI

㊀ 去街机中心享受一些最丰富、最新颖的感官体验（以及很多乐趣）是值得的。

Gym 的主要动机之一，OpenAI Gym 包含大量具有精心设计的状态、动作和奖励的环境。通过良好的设计加上易用性和许可认证，以及为研究人员提供的试验台，OpenAI Gym 促进了该领域的发展。自建立以来，它已成为深度强化学习中的标准环境之一。

尽管它很重要，但关于深度强化学习的状态设计，几乎没有正式或全面的指南。然而，获得足够的状态设计技巧，或者至少理解它，是对强化学习算法核心知识的补充。没有它，你就不能解决新问题。

14.2 状态完整性

现在谈谈原始状态设计。最重要的问题是原始状态是否包含有关问题的足够信息。

作为基本规则，想一下为了解决这个问题，一个人需要知道什么信息。然后，考虑是否可以从现实世界中获得此信息。如果有完整的信息，则问题是*完全可观察的*；例如，国际象棋可以通过棋盘上所有棋子的位置来完全表示。信息不完整的问题是*部分可观察的*；扑克就是一个例子，因为一个玩家无法观察其他玩家的牌。

包含完整信息的状态是理想的，但不一定总是有。这可能是由于理论上或实践上的限制。有时，由于噪声、不完善的条件或其他无法解释的因素，状态在理论上是完全可观察的，但在实践中却无法观察到。例如，在现实的机器人场景中，信号从计算机传播到电机需要时间，因此高精度的控制需要考虑这些影响。

当状态是部分可观察的时，不完整信息的影响可能会大相径庭。如果环境中的噪声和延迟不是太大，智能体可能能够补偿它们。另一方面，如果延迟时间过长，则需要瞬间做出决定才能获胜的在线电子游戏就不能玩了。

下面是在设计原始状态时需要考虑的一些辅助因素。

1. 数据类型是什么？它们是离散的还是连续的？它们是稠密的还是稀疏的？这将用来确定合适的数据表示格式。

2. 状态空间的基数是什么？这些状态的生产成本低吗？根据这些，我们可以获得或无法获得训练所需的数据量。

3. 解决问题需要多少数据？一条经验法则是估计一个人解决该问题需要多少数据，然后将其乘以 1000 到 100 000 之间的数字。这只是一个粗略的估计；真实数字将取决于问题的性质、状态设计以及所使用算法的效率。例如，一个人需要 10 到 100 个事件来学习如何很好地玩 Atari 游戏，但是一个算法通常需要超过 1000 万帧(大约 10 000 个事件)才能在同一水平上运行。

回答这些问题需要专业领域知识和对当前问题(尤其是以前从未解决过的问题)的充分理解。评估这些选项的一个视角是产生状态的复杂性。

14.3 状态复杂性

状态是用数据结构来表示的——在数据结构设计中，我们总是需要考虑它的计算复杂度。这种复杂性可以表现为两种形式：*易处理性*和*特征表示的有效性*。下面是一些设计有效状态表示的指导原则。这些指导原则既适用于原始状态，也适用于设计状态。

易处理性[1]直接关系到状态空间的基数。每个数据样本有多大？需要多少个样本才能很好地表示整个问题并解决它？回想一下，一帧是指在一个时间步的范围内产生的所有数据。我们已经看到，强化学习算法通常需要数百万帧才能在Atari游戏中表现良好。一个缩小尺寸的灰度图像的典型帧为7kB，因此1000万帧将包含1000万×7kB，总计7GB。根据一个智能体一次存储多少帧，内存(RAM)消耗可能很高。相反，考虑一个拥有高分辨率图像的现代游戏，每个图像的大小为1MB。处理1000万帧相当于处理10TB的数据。这就是为什么对图像进行下采样是个好主意[2]。

完整地再现问题的环境模型(例如，使用最高质量的游戏图像)可能会生成大量原始数据，以至于计算在实践中变得非常棘手。因此，原始状态通常必须被压缩和提炼成适当设计的特征，以表示与某个问题相关的内容。特征工程是解决问题的一个极其关键的部分，特别是当这个问题是一个新问题的时候。并不是所有特征的生成都是相同的，因此需要考虑其有效性。

鉴于存在多种潜在特征表示，需要知道当相同的算法在它们上面运行时会发生什么。存储空间会不会太大？计算如此昂贵，会导致解决方案变得不切实际吗？从原始状态提取特征的计算成本是多少？我们正在寻找的是最小且足够的特征表示形式，该特征表示使得计算易于处理，并且不会生成太多需要进行处理的数据。

一个好的策略是压缩原始信息。复杂度随数据的大小而变化——算法必须计算的位数越多，所需的空间和时间就越多。基于图像的游戏就是一个很好的例子：以全分辨率对游戏进行编码会保留所有原始信息，但为了更有效地玩游戏，通常不需要生成和处理成本高昂的高分辨率图像。

如果使用卷积网络来处理输入图像，则像素数量将沿各层向下级联，因此需要更多的计算来处理它们。一种更聪明的方法是使用标准技术来压缩图像。这样可以将其缩小为合理的较小尺寸(例如84像素×84像素)，并且计算时间会成比例地加快。即使使用当今功能强大的硬件，缩小尺寸也会对模型是否适合内存造成影响——从而导致需要几天或几个月时间训练的差别。

复杂性也随着维度的增加而增加，因为每一个额外的维度都伴随着组合爆炸。即使维度代表的是根本不同类型的信息，也可以通过一些巧妙的设计来减少维度。再次考虑电子游戏。不使用完整的3通道RGB颜色，可以将图像灰度转换为单个通道。但是，这只适用于颜色不重要的情况；如果黑客帝国(*The Matrix*)电影是黑白的，Neo将很难区分红色药丸和蓝色药丸。将图像转换为灰度图像可将其从三维像素体(带有颜色通道)减少为二维灰度像素矩阵(没有颜色通道)，复杂度降低了一个立方根。这就是为什么除了缩小尺寸外，通常还会将Atari游戏的状态从彩色图像预处理成灰度图像。

压缩信息的另一种策略是特征工程。回想一下原始状态和设计状态之间的区别。特征工程是将前者转换为后者的过程，即从低级原始信息转换为高级表示形式。当然，这受原始状态下可用的信息的限制。以CartPole为例。无须使用图像，可以仅用4个数字简洁地表示环境——推车的位置和速度，以及杆子的角度和角速度。这种状态也更相关，因为算法不需要执行额外的工作来理解原始图像的位置和速度的概念。

---

[1] 在计算机科学中，一个易处理的问题是可以在多项式时间内解决的问题。

[2] 预处理技术在14.5节中讨论；第13章讨论了确定内存消耗的计算。

一个状态设计者可以选择手动编码有用的信息。根据不同的选择，新的编码可以使问题更简单，也可以使问题更困难。假设我们不使用 Atari Pong 的图像状态进行学习。那么，从原始图像中可以提取哪些有用的高级信息，使其形成游戏的简洁表示，类似于上一段中的 CartPole 示例？我们可以猜测，这样的设计状态将包括球的位置、速度和加速度㊀，智能体的球拍以及对手的球拍。如果忽略了对手球拍的信息，就会更难赢得游戏，因为智能体无法预测或利用对手信息。相反，如果包括球的速度和两个球拍的速度，这个问题就变得更简单了，因为智能体将不需要学习如何通过计算随时间变化的位置差异来估计速度。

特征工程实现了两件事：大大降低了状态的基数及其复杂性。通过人工挑选有用的特征，可以排除原始状态中无关的信息，而我们将获得一个设计状态，该状态更加紧凑，尺寸更小。此外，设计状态还可以包括只能从原始数据中推导出而不能直接观察到的信息。物体的速度就是一个很好的例子。当这些特征以设计状态直接呈现时，智能体无须学习从原始状态中提取它们。本质上，理解这个问题的大部分工作已经为智能体完成了。给定一个设计状态，智能体只需使用它，并直接专注于解决主要问题。

特征工程的一个缺点是它依赖于人类，人类通常利用对问题的了解来从原始数据中识别相关信息，从而设计出有效且适当的特征表示。与原始数据相比，此过程不可避免地会编码更多基于人的先验信息，因为人类会利用知识和启发式方法来选择认为有用的内容。当然，从这种状态中学习的智能体并不是真的“从零开始”——但是如果解决问题是主要的关注点，这不是需要担心的事情。特征工程使得从人的角度构建具有更多上下文的设计状态，并且使它们更易于解释——尽管出于完全相同的原因，有些人可能认为这样的状态不太普遍或更可能包含人为偏见。

尽管可取，但特征工程并非总是可行或实用的。例如，如果任务是识别图像或进行视觉导航，则要制作状态以说明图像中的所有相关特征是不切实际的，甚至可能无法达到目的。虽然这样做非常困难，但是值得付出努力。一个非常复杂的游戏(例如 Dota 2㊁)就是一个需要付出巨大努力才能完成设计状态的示例，但是使用原始游戏图像会导致需要解决更有挑战性的问题。

为了玩 Dota 2，OpenAI 设计了一个庞大的游戏状态，由多达 20 000 个来自游戏 API 的元素组成。该状态包含与地图相关的基本信息，例如地形和生成时间。对于许多小兵或英雄单元，状态还包含与每个小兵或英雄单元相关的一组信息，例如攻击、生命值、位置、能力和物品。这个巨大的状态被单独处理，然后被合并传递到包含 1024 个单元的 LSTM 网络中。有关更多细节，请参见 OpenAI 5 博客文章[104]的“模型结构”一节中链接的模型架构。结合一些重要的工程努力和计算能力，它们在 2019 年成功击败了世界顶级玩家[107]。

总的来说，状态特征工程是可行且受鼓励的，尤其是在已经得知游戏中的重要元素并且可以非常简单地描述它的情况下。

在设计状态中包含哪些明显的元素可能是个问题。在游戏中，我们通常对变化或移

㊀ 加速是必要的，因为球在比赛中停留的时间越长，速度就越快。

㊁ Dota2 是一款非常受欢迎的电子竞技游戏。它由各包含 5 名玩家的两支队伍组成，从 100 多个角色中挑选英雄来战斗并夺取敌人的王位。这是一款非常复杂的游戏，拥有一张大地图，以及数量惊人的角色和技能组合。

动的事物感兴趣。在机器人技术中，我们感兴趣的是位置、角度、力和扭矩。在股票市场中，有用的交易指标包括市场交易量、价格变化、移动平均值等。

对于从原始数据设计有效状态，没有硬性的规则。但是，花时间理解问题总是有用的，这样就可以将领域知识和上下文合并到状态中。对于实际应用，这通常是特别值得的。

状态设计从根本上讲就是压缩信息和消除噪声，因此，任何标准的方法都值得探索。一般来说，考虑以下几点。

1. **明显的信息**：与人类直接相关的东西，比如 Breakout 中球拍、球和砖块的位置——因为这些都是游戏对象。

2. **反事实**：如果缺少 x 问题无法解决，那么必须包含 x。如果在 CartPole 中无法获得物体速度，我们将无法预测相关物体的移动位置，因此，预测物体的运动是至关重要的——这意味着速度不会消失。

3. **不变性**(借用物理学的概念)：什么东西是保持恒定的或在变换中保持不变的，也就是表现出对称性？例如，CartPole 对于水平平移是不变的(只要它不会偏离屏幕即可)，因此，推车的绝对 x 位置无关紧要，可以排除。然而，杆倒下与垂直翻转并不相同，因为重力只作用于一个方向，这一事实反映在角位置和速度上。

4. **变化**(借用物理学的概念)：通常我们对变化的东西感兴趣。球的位置改变了吗？价格是上涨了还是下跌了？机械臂移动了吗？这些变化可能是相关的。然而，其他改变的东西——如背景噪声——可能是无关紧要的。例如，自动驾驶汽车不需要注意树叶在风中移动。人们很容易认为智能体应该只关心其动作可能产生的变化。但是，有一些纯粹观察性的变化也是有用的，例如我们无法控制但必须遵守的交通灯。总的来说，这里的关键思想是：在状态中包含变化的并且对目标有用的相关事物。反过来，如果某个特征不能由智能体控制并且对实现目标没有帮助，则可以将其排除。

5. **时间相关变量**：许多(但不是全部)变化发生在时间而不是空间上。然而，单帧(时间步)中的信息不能指示任何在时间上的变化。如果期望 x 随时间变化，应该在状态中包含 $\frac{dx}{dt}$。例如，位置变化对于 CartPole 影响很大，因此速度至关重要。

6. **因果关系**：如果目标或任务是其他原因的结果(通常是)，那么因果链中的所有元素都必须包括在内。

7. **已建立的统计数据或数量**：在股票交易中，技术分析的常识是查看数量，例如交易量和移动平均值。把这些已经确立的数据点包含进来，要比利用证券交易所的原始价格点来创建自己的数据更有用。

最后，从具有相关或相似数据类型和问题的领域借用技术通常很有用。对于图像，利用计算机视觉的缩小、灰度变换、卷积和池化技术，这些技术有助于推进深度强化学习。例如，Atari 游戏中所有的最新结果都使用了卷积神经网络。如果数据是稀疏的，可以使用自然语言处理并使用单词嵌入。对于连续数据，再次使用自然语言处理并使用循环网络。不要羞于从广泛的领域借用技术——例如博弈论和用于游戏的优秀的老式 AI (GOFAI)、用于机器人的经典力学、用于控制系统的经典控制，等等。

14.4 状态信息损失

状态设计始于原始状态下的一组可用信息。然后，可以应用各种压缩方法在设计状态的形式中获得所需的最终信息集。压缩信息时，其中一些信息可能会损失。如果不损失，该过程称为无损压缩。

在这一节，我们关注从原始状态设计状态时一个常见的陷阱——重要信息损失的可能性。设计者有责任确保不会发生这种情况。我们将研究多个案例，包括图像灰度、离散化、散列冲突和由于不恰当的表示而导致的元信息损失。

14.4.1 图像灰度

缩小图像时，设计者需要用他们的眼睛来检查图像是否变得太模糊(太低的分辨率)而不能使用。此外，在电子游戏中，某些元素采用了颜色编码，以使人们更容易玩。将游戏图像从 RGB 颜色压缩为灰度图像时，要确保重要元素在脱色时不会消失。当将较大的一组数字(三维张量，具有三个通道的 RGB)映射到较小的一组数字(二维张量，灰度图像)时，可能发生哈希重叠，因此，不同的颜色最终可能会产生几乎相同的亮度值。

图 14-4 显示了一个因灰度变换而导致信息损失的示例。OpenAI 训练了一个智能体来玩 Atari Seaquest[103]，玩家在其中控制一艘潜水艇，其任务是在射击敌方鲨鱼和其他潜水艇时营救潜水员，以获取奖励。预处理后的图像将绿色和蓝色映射为非常接近的灰度值，从而使其难以区分。这个错误导致敌人的鲨鱼混入背景中，并且对智能体来说是不可见的(图 14-4 中的算法视图)。丢失这一关键信息对性能产生了负面影响。幸运的是，有许多灰度变换方法，因此可以通过选择一个不会导致鲨鱼消失的合适方法来避免此问题，如图 14-4 的“更正视图”所示。没有任何灰度变换方法可以做到万无一失，因此，我们总是需要手动检查预处理图像。

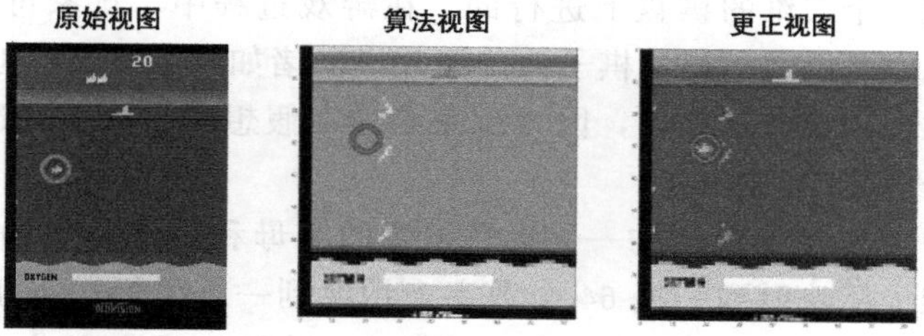

图 14-4 灰度变换会导致关键的游戏元素消失，因此，在调试时始终检查预处理后的图像是一种好习惯。图像来自 OpenAI 基准：DQN[103](见彩插)

14.4.2 离散化

另一个造成信息损失的常见原因是离散化连续值，即将一系列连续或无限的离散值映射到一组有限的离散值中。例如，执行一项涉及读取模拟手表的任务。一种有效的特征设计是将手表的圆周离散化。根据想要读取的是时针还是分针，我们需要使用不同的离散化方案。如果任务只是读取时针，那么将角度离散成 12 个部分是有意义的，因为手表上只有 12 个小时的值。如果我们希望读取分针，那么这是不够的。根据精度要求，手表需要每隔 30 分钟、10 分钟或 1 分钟进行一次离散化处理，但如果间隔时间过短，人眼就难以辨认了。实际上，手表上的刻度线就是一种离散化方案，可以帮助我们以允许的精度读取时间。它还会影响我们怎么说时间：一个戴着一块只有 30 分钟刻度的手表的人，当被问到时间时，他可能会用同样的离散化方法来回答——不管是 10：27、10：28 还是 10：29，这个人可能都会说："10 点半。"这个例子表明，离散化会导致信息损失（这并不奇怪）。

14.4.3　散列冲突

前两个示例是被称为散列冲突(hash conflict)的实例。当较大的数据集被压缩为较小的集合而该集合没有足够的能力来表示其所有不同元素时会发生这种情况。因此，当原始集合的不同元素映射到较小集合中的相同值时会发生冲突。

信息压缩可能会导致散列冲突——但它们并不总是有问题的。如果我们看 Atari Seaquest 的示例，所有灰度变换方案都会导致散列冲突，但是图 14-4 中只有其中一些会导致鲨鱼消失的问题。不幸的是，没有一种简单的方法可以确定哪些散列冲突是有害的，因为它取决于问题。我们需要依靠手动检查数据样本。

在日常生活中，我们也会遇到散列冲突。人类使用颜色来传达语义，例如红色表示危险，绿色表示安全；世界各地的交通灯都使用我们熟悉的红-黄-绿三色灯泡。即使我们拥有使用单个灯泡将其颜色更改为这三种颜色中的任何一种的技术，并且这在经济或技术上都可行，但对于有色盲的人来说驾驶仍将变得极为危险——他们将很难分辨指示灯是红色还是绿色。这就是为什么交通灯仍使用三个独立的单色灯泡。

14.4.4　元信息损失

一些信息提供了关于我们正在处理的数据的高级知识，这就是元信息——关于信息的信息。让我们看一些例子。

国际象棋是在一个二维的棋盘上进行的，在游戏过程中，玩家可以轻松移动棋子。一些真正高级的玩家可以通过记住棋子的位置并说出诸如"象从 A2 到 D5"之类的步法来心算棋局。这比使用棋盘难得多，因为玩家必须在假想的棋盘上构造这些位置的心理图像，但这仍然是可行的。

在国际象棋中，坐标是二维的——水平位置的字母和垂直位置的数字。面对挑战，让我们通过将二维坐标映射到一组 64 个数字来切换到一维坐标，例如，A1 $\mapsto$1；B1 $\mapsto$2，…，A2 $\mapsto$9；B2 $\mapsto$10，…，H8 $\mapsto$64。"象从 A2 到 D5"现在变成"象从 9 到 36"。

想象一下使用这个一维系统下棋。这要困难得多，因为我们将不得不把数字 9、36 转换回 A2、D5，这样我们就能在二维棋盘上看到棋子的位置。这是假设我们以前下过棋。更进一步说，想象一下把国际象棋介绍给一个新玩家，而不给他们看任何二维棋盘——只是用这个新的一维坐标来描述所有的规则。此外，我们也不告诉他们这是一个二维游戏，所以他们并不了解游戏的空间性质。毫无疑问，新玩家会很困惑。

这是无损压缩吗？所有二维坐标都映射到 64 个不同的数字——没有散列冲突。那么，为什么游戏变得如此困难呢？定量检查不会告诉我们任何错误，但是定性检查可以发现问题所在。当把二维坐标转换成一维坐标时，我们就去掉了它们的维度信息——我们忽略了这样一个事实：游戏是为二维空间设计的，棋子在二维空间中移动，所以规则是为二维空间设计的。例如，“将死”的概念依赖于二维定位，这在一维中将变得非常奇怪。

在使用二维卷积网络之前，同样的事情也发生在图像数字识别的早期(例如，使用 MNIST[73] 数据集)。图像被切成条状，然后邻接到一个向量上。然后将其作为输入传递给 MLP。网络很难识别数字，这并不奇怪，因为它只得到图像的一维版本，而不知道图像应该是二维的。当用于处理二维数据的二维卷积开始使用时，这个问题得到了解决。图 14-5 显示了从 MNIST[73] 数据集中获取的数字“8”的图像。当它被平展成一个一维向量时，它看起来就像图 14-6(由于长度限制只显示了一部分)，很难被识别为“8”。

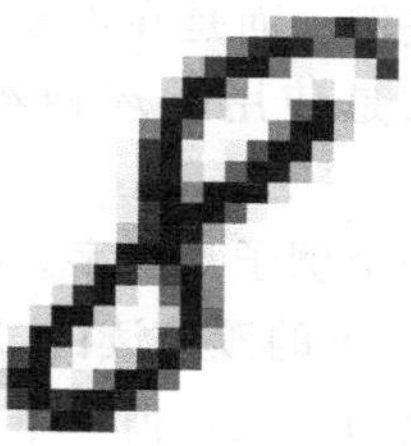

图 14-5　来自 MNIST 的数字“8”的图像。这种自然的二维表示法很容易被识别

图 14-6　当通过将所有行连接在一起将其扁平化为一维向量时图 14-5 的外观(由于长度限制而仅部分显示)。这很难被识别为“8”

这种情况就是*元信息损失*的一个示例。通过查看信息本身并不能立即消除这种损失——我们需要查看其外部环境。例如，国际象棋中 64 个数字的集合并不能告诉我们有关数据是二维的：该上下文必须由外部提供。这样的元信息不仅发生在空间上，而且发生在时间上。

考虑图 14-7a 中 $t=1$ 时来自 CartPole 环境的帧。假设我们只能访问图像，而不能访问设计状态。只看这一帧，我们能否说出在 $t=2, 3, \cdots$ 时将会发生什么？这是不可能的。没有访问状态，我们就不知道车或杆的速度。这根杆子可能是静止的，向左倒，或者向右倒。只有当我们在图 14-7 的后续时间步中查看所有其他帧时，我们才知道杆正在向左倒。这说明缺少高级信息，即有关*信息本身随时间如何变化*的信息。恢复此信息的一种方法是将连续的帧收集在一起并观察它们。

a）t=1　　b）t=2　　c）t=3　　d）t=4

图 14-7　CartPole 环境中的 4 个连续帧

在图 14-7 中，我们可以观察变化的序列，因为快照是在合理的时间间隔内拍摄的。我们感知这些变化的能力是由帧速率决定的。高质量游戏的帧速率超过每秒 60 帧，所以对玩家来说视频看起来更平滑。但是，由于帧速率较高，连续帧之间的变化也较小。在选择帧频进行训练时，我们需要确保变化是可检测的。什么是“可检测的”取决于感知者。与机器相比，人类对变化不那么敏感，因此，如果屏幕上的一个物体移动了 1 个像素，人类很可能会错过它。另一方面，变化会随着时间累积，变得更容易被发现。因此，一种常见的策略是通过跳帧来强调连续的变化——即每 k 帧采样一次。对于帧速率为 60 的游戏，一个好的跳帧频率是 $k=4$。这种技术可以使智能体更容易地学习，同时减少了

需要存储的数据总量。

如果现在告诉我们图 14-7 中的帧是反向播放的，那么我们可以得出结论，杆实际上并没有向左倒，而是在恢复并向右倒。需要给出有关顺序方向的元信息。保存此元信息的一种方法是使用循环神经网络。另一种方法是将帧序列以一致的方式传递给 MLP 或 CNN。

最后一个例子是汉字。汉字写在网格中，句子由一系列字符组成。有时一句话是按照左-右-上-下的顺序读的，有时是上-下-左-右，有时是上-下-右-左。此外，尽管通常与句子的流向一致，但一本书可以从左至右或从右至左阅读。如果我们试着在一个二维的汉字网格上训练一个神经网络，而不知道它应该往哪个方向读，它所看到的将是一些混乱的、脱节的字符序列——书中的故事将会丢失。

这些例子说明了信息是如何以直接和细微的方式损失的。我们会在意想不到的地方遇到这种损失，将所有此类损失称为“信息盲区”，类似于“色盲”，但在其他信息维度和形式上，包括元信息和外部环境。

总而言之，在压缩数据时，使用本节中讨论的方法检查信息损失。

1. **意外排除**(基本的)：检查没有任何重要信息意外遗漏。

2. **散列冲突**(定量的)：当较大的集合映射到较小的空间时，对不会合并且必须保持可区分性的元素进行检查。

3. **信息盲区**(定性的)：从人的角度检查，确保没有任何细微的、定性的信息或元信息损失。

根据一般经验，手动调试压缩后的信息总是一件好事。如果一个人不能使用压缩的图像或状态来玩游戏或解决问题，不要惊讶，如果一个算法也失败了，也不要惊讶。这个原则不仅适用于游戏，而且适用于所有一般问题。如果状态是图像，则渲染并查看它。如果它是声音，那就聆听它。如果是一些抽象张量，则将它们打印出来并检查其值。举一些例子，并尝试根据它们采取行动。最重要的是，有关环境的一切都必须对人类有意义。我们可能发现问题不在于算法，而在于设计状态提供的信息不足。

原始状态到设计状态的转换可以通过状态预处理模块来实现。它既可以在环境中应用，也可以由转换环境产生的状态的智能体来应用。在哪里应用取决于我们能控制什么；例如，如果环境是由第三方提供的，那么在智能体中实现预处理很有意义。

14.5 预处理

在本节中，我们将介绍常见的预处理方法。我们还将更详细地介绍跳帧。本节可以在第一次阅读时略去，而不影响对后面内容的理解。

预处理是在数据被使用之前对其进行转换的函数。预处理并不是深度强化学习所独有的，它被广泛应用于机器学习。一般情况下，进行数据预处理有多种原因，包括：

1. **清理**：在自然语言处理中，从句子中删除非标准字符。

2. **数值表示**：在自然语言处理中，我们不能直接对字母字符执行计算。它们必须被编码为数字(例如 0，1，2)，或作为连续的词嵌入输入神经网络中。

3. **标准化**：标准化输入数据是很常见的，它使得每个特征都有相似的范围和平均值。网络可能会根据其相对规模或多或少地关注特征。规模可以是任意的(例如，长度可以是毫米或米)，这些任意的选择不应该影响学习。标准化通过减去平均值并除以每个特征的标准差来帮助避免这种情况。

4. **探索**：对于特定的问题，通常不清楚什么是最佳的数据表示。实验工作流程的一部分包括尝试各种预处理方法，如嵌入、编码、灰度转换、下采样和帧级联。

14.5.1 标准化

要标准化数据集，首先计算总体均值和标准差，然后减去均值并除以每个数据点的标准差。在这里，总体分布将以均值 0 为中心，标准差为 1。如式 14.1 所示，在代码 14-2 中实现(第 2～6 行)。

另一个密切相关的方法是数据规范化，它将数据集中每个特征的值范围重新调整为 0～1。给定一个数据集，对于每个特征，找出最小值、最大值和值的范围，然后对于每个数据点，减去最小值并除以范围。如式 14.2 所示，在代码 14-2 中实现(第 8～15 行)。

$$x_{\text{std}}=\frac{x-\bar{x}}{\sigma} \tag{14.1}$$

$$x_{\text{norm}}=\frac{x-x_{\min}}{x_{\max}-x_{\min}} \tag{14.2}$$

代码 14-2 张量标准化的方法

```
1  # source: slm_lab/agent/algorithm/math_util.py
2  def standardize(v):
3      '''Method to standardize a rank-1 np array'''
4      assert len(v) > 1, 'Cannot standardize vector of size 1'
5      v_std = (v - v.mean()) / (v.std() + 1e-08)
6      return v_std
7
8  def normalize(v):
9      '''Method to normalize a rank-1 np array'''
10     v_min = v.min()
11     v_max = v.max()
12     v_range = v_max - v_min
13     v_range += 1e-08  # division guard
14     v_norm = (v - v_min) / v_range
15     return v_norm
```

代码 14-2 中的方法仅适用于离线数据。在强化学习中，数据是在线生成的，也就是说，通过智能体与环境的交互逐步生成数据。因此，我们需要一种针对各种状态的在线标准化方法。在线标准化的实现可以在 SLM Lab 的 slm_lab/env/wrapper.py 中找到。

这些是有效且常用的技术。但是，重要的是我们应该首先进行检查，以确保在此过程中不会丢失任何关键信息。接下来用一个例子来说明。

考虑一个具有大块区域并且在特定位置具有固定特征的环境，例如 Dota 2 中的地图。地形和关键的游戏对象被固定在特定的位置。假设在训练过程中，一个智能体只看到标准化的位置坐标。由于地图很大，智能体可能只会设法探索其中的小部分。这意味着其标准化数据将仅代表该地图的特定小块。如果将智能体放置在未探索的区域中，则数据的范围或标准差会突然发生变化。这可能会导致标准化后产生具有极值的异常数据点。更大的问题是，它可能会改变前面看到的状态所映射到的值，从而改变它们的含义。如果标准化或规范化有帮助，但是还需要全局信息，我们可以向智能体提供原始数据和处理后的数据。在 OpenAI 5 的智能体架构中，地图上的绝对位置被用作输入之一[104]。

总之，标准化和规范化是清理数据集非常有用的方法。它们可能对训练有益，但应用时应谨慎。有关相对变化的信息会被转换和保留，但是绝对全局信息可能会丢失。在考虑这些方法时，深入了解数据集和任务所需的信息将有所帮助。

14.5.2 图像预处理

一个彩色数字图像通常具有三个颜色通道：红色、绿色和蓝色，缩写为 RGB。该方法将图像分解为三个二维切片，其中切片中的每个值表示强度(亮度)。因此，每个切片是其中一个颜色通道中图像的强度。将二维切片堆叠在一起时，它们会形成一个三维张量。每个像素将作为其强度的组合，在所有三个基本颜色通道上被渲染。在现代 LCD 屏幕上，每个物理像素实际上是三个微小的红色、绿色和蓝色发光二极管挤在一起。从远处看，我们看到了丰富多彩的图像，却从未注意到这些二极管。

彩色通道意味着图像有三组值，与单色图像相比，这需要三倍的存储空间。可以使用加权和将每个颜色像素的三个值映射到单个标量，这称为*灰度变换*，得到的图像是一个二维张量，它消耗的内存是原始张量的三倍。需要仔细选择颜色权重，以免引起颜色散列冲突。幸运的是，标准的计算机视觉库具有内置的方法，这些方法具有健壮的灰度变换系数。

即使经过灰度变换，现代数字图像仍然具有较高的分辨率。每个图像被转换为很多像素——通常超出学习目的所需的像素数量。我们需要缩小图像的大小来减少张量中值的数量，这样，需要存储和计算的元素就更少了。这叫作*下采样*或“缩放大小”。下采样的问题在于它会使图像变得模糊，并损失一些信息。有许多下采样算法以不同方式模糊图像。

有时，图像中只有一部分是有用的。不相关的部分(通常是边框)可以被丢弃以进一步减少像素的数量。这通常是通过*图像裁剪*完成的。对于某些 Atari 游戏，顶部或底部显示游戏得分，这些与游戏状态没有直接关系，因此可以删除，尽管保留它们是无害的。

最后，图像的像素强度是一个整数，在 0～255 范围内有 256 个不同的值。通常的做法是将*图像归一化*，将其类型化为一个浮点张量，然后按元素的顺序除以范围 255.0。因此，最终图像张量的值将在 0.0～1.0 范围内。

所有这些图像预处理方法都可以组合使用。为了提高效率，可以按照以下顺序应用它们：灰度变换、下采样、裁剪和图像归一化。代码 14-3 展示了 SLM Lab 中这些图像预处理方法以及一些组合方法的实现。

代码 14-3 SLM Lab 中的图像预处理方法

```
# source: slm_lab/lib/util.py
import cv2
import numpy as np

```

```python
def to_opencv_image(im):
    '''Convert to OpenCV image shape h,w,c'''
    shape = im.shape
    if len(shape) == 3 and shape[0] < shape[-1]:
        return im.transpose(1, 2, 0)
    else:
        return im

def to_pytorch_image(im):
    '''Convert to PyTorch image shape c,h,w'''
    shape = im.shape
    if len(shape) == 3 and shape[-1] < shape[0]:
        return im.transpose(2, 0, 1)
    else:
        return im

def crop_image(im):
    '''Crop away the unused top-bottom game borders of Atari'''
    return im[18:102, :]

def grayscale_image(im):
    return cv2.cvtColor(im, cv2.COLOR_RGB2GRAY)

def resize_image(im, w_h):
    return cv2.resize(im, w_h, interpolation=cv2.INTER_AREA)

def normalize_image(im):
    '''Normalizing image by dividing max value 255'''
    return np.divide(im, 255.0)

def preprocess_image(im):
    '''
    Image preprocessing using OpenAI Baselines method: grayscale, resize
    This resize uses stretching instead of cropping
    '''
    im = to_opencv_image(im)
    im = grayscale_image(im)
    im = resize_image(im, (84, 84))
    im = np.expand_dims(im, 0)
    return im
```

14.5.3 时间预处理

时间预处理用于恢复或强调多步时间域信息，这些信息不可能或很难从单个帧中注意到。

帧级联(frame concatenation)和帧堆栈(frame stacking)是两种有效的时间预处理方法。这些用于包含多步信息，例如 Atari Pong 中对象的运动以及顺序变化的时间顺序。

级联和堆栈可用于任何非循环网络。假设状态 s_k 是一个没有任何级联/堆栈的网络输入状态。收集总共 c 帧，其中 c 是级联/堆栈长度，然后使用级联（例如 np. concatenate）或堆栈（例如 np. stack[143]）将它们组合为一个单独的张量。

预处理后的状态作为输入传递给网络。请注意，由于新输入具有不同的形状，因此需要相应地修改网络的输入层来处理它。通过训练，网络会学会将预处理的输入中的时隙视为时间顺序，即第一帧在第二帧之前，等等。

两种方法之间的区别在于结果输出的形状。级联保留张量的阶，但在组合维度中扩展长度。例如，级联 4 个向量将产生一个向量，该向量的长度是之前的 4 倍。通常对非图像状态进行级联，因此可以很容易地将它们输入具有适当扩展的输入层的多层感知机网络中。

相反，堆栈使张量的阶增加 1，但保留底层张量的形状。它相当于将一系列状态组织成一个列表。例如，堆栈 4 张灰度图像（二维张量）会产生一个三维张量。这类似于具有 4 个通道的图像，只是现在通道不对应于 RGB 颜色，而是对应于时间位置。通常对灰度图像状态进行堆栈，预处理后的三维张量以四通道图像的形式输入到卷积网络中。

状态级联和堆栈也可以与其他预处理方法结合使用。例如，我们可以首先使用代码 14-3 中的方法预处理图像，然后将它们堆栈。这在 Atari 的环境中很常见。

跳帧是一种改变有效帧速率的时间预处理方法。例如，跳帧设置为 4 将会在视频中的每 4 帧中渲染一帧，并丢弃其余帧。它是对时间数据进行下采样的一种形式。

跳帧最常见于电子游戏。通过连续快速渲染一系列图像来在屏幕上显示视频。这种渲染频率称为帧速率，例如现代电子游戏的每秒 60 帧（FPS）。当帧速率高于人类的视觉响应时间（大约为 10FPS）时，我们将不再看到一系列静态图像，而是会看到连续的运动视频。为了使视频流畅，需要较高的帧速率，视频将在短时间内转换为很多图像。这也是电影文件通常很大的原因。

如果我们把组成一个视频的所有图像都展示出来，就会有很多这样的图像——这比智能体学习一个好的策略所需要的更多。大多数图像包含变化，这些变化太小以至于没有意义——这有利于使视频流畅，但对学习没有帮助。学习智能体需要感知帧之间有意义的差异。糟糕的是，处理所有图像将在计算上非常昂贵且浪费。

利用跳帧技术，通过跳过大多数图像来解决高 FPS 视频中的冗余问题。例如，当给定跳帧频率为 4 时，我们将只渲染每个第 4 帧，并丢弃中间的所有图像。这也将大大加快环境的速度，因为它消耗较少的计算资源来进行渲染。自从最初的 DQN 论文[89]提出该建议以来，对于 Atari 游戏来说，创建 15FPS 的有效帧速率已成为惯例。尽管需要针对每种环境适当选择跳帧频率，但是同样的方法也可以应用于其他视频。

概括地说，跳帧不仅限于视频，它也可以应用于具有等效帧速率概念的任何形式的时间数据。例如股票市场信号、音频数据、物体振动等。降低采样率本质上是一种时间下采样方法。

跳帧虽然有效，但并非没有问题。电子游戏通常具有闪烁的元素，例如经典马里奥中的角色动画或 Atari Breakout 中的积木。如果跳帧频率不幸地与这些元素的闪烁频率相匹配，那么它们将不能正常地进行动画处理；或者，更糟糕的是，如果我们仅在这些闪烁的元素变暗时才获得这些帧，则它们根本不会显示。因此，我们可能会丢失一些关键信息。

一种解决方法是在跳帧之间获取连续的帧，然后选择每个像素的最大值(最大亮度)。这会增加额外的计算成本来处理原先跳过的数据，因此可能会降低速度。此外，它假定我们对明亮的元素感兴趣，但是某些游戏使用底色方案，因此关键的游戏元素是暗的。在这种情况下，我们需要选择最小像素值。

对于由常规跳帧引起的问题，一种更简单的解决方案是随机进行处理。为了进行说明，让我们看一下随机跳帧设置为 4 的情况。为此，我们生成并缓存接下来的 4 帧，然后随机选择其中一帧来渲染并丢弃其余帧。这种方法的缺点是它引入了具有帧滞后的随机性——对于许多问题(不是全部)而言可能是好的。如果环境需要最优帧的策略来解决，则这种预处理方法将危害它。竞争游戏中确实存在最优帧策略，可以在《超级马里奥兄弟》中查询世界纪录，看看最佳的人类纪录保持者是如何通过精确的动作来完成特定任务的。

总体而言，没有一种理想的跳帧方法可以普遍适用于所有的问题。每个环境和数据集都有自己的问题，在选择合适的跳帧方法之前，我们必须先了解数据。

跳帧也可以应用于动作。在玩游戏时，人们倾向于在做出动作之前观察多个帧。这是有道理的，因为在做出深思熟虑的决定之前我们需要足够的信息。每款游戏都有自己理想的有效动作率——射击游戏需要快速反应，而战略游戏则需要较慢和更长的计划。假设帧速率是恒定的(例如 60Hz)，这通常以每分钟动作量(APM)来衡量。对于我们的讨论，一种更可靠的度量方法是用帧速率除以 APM 得到每个动作的帧数(FPA)。每个游戏都有其典型的 FPA 分布，快节奏游戏的 FPA 较低，而慢节奏游戏的 FPA 较高。通常情况下，由于我们每几帧操作一次，因此 FPA 应该大于 1。

在实现动作的跳帧时，有一个细节需要处理。假设一个环境有其底层的*真实帧速率*，而状态跳帧会产生较低的*有效帧速率*。在跳帧期间，以有效帧速率感知状态，并且以相同的速率应用动作。相对于真实帧，FPA 相当于跳帧率。在底层，环境以真实帧速率运行，每一个真实帧都期望有一个相应的动作，所以底层的 FPA 总是等于 1。因此，当跳过帧时，需要处理在真实帧速率下提供动作的逻辑。通常，这是通过环境的跳帧逻辑来完成的。

有些环境根本不允许任何动作。在这种情况下，什么都不需要做，我们只需要关心以有效帧速率提供动作。在其他情况下，环境需要以真实帧速率执行动作。如果这些动作没有累积效果，则可以在跳帧上安全地重复动作。Dota 2 中的鼠标点击有这个属性：在一个动作实际执行之前，玩家进行多少次冗余点击都无关紧要。然而，如果动作是累积性的，它们可能互相干扰。例如，在《马里奥赛车 9》[84]中投掷香蕉是累积的：香蕉是宝贵的资源，不应该通过重复的动作浪费掉。一个安全的选择是在跳帧之间提供无动作行为(空闲/空动作)。

如果 FPA 对于游戏来说太低，智能体就会变得*过度活跃*，它的快速动作就会相互竞争。它会表现出布朗运动的形式——在许多有贡献的动作上平均随机行走。即使在状态跳帧频率理想的情况下，FPA 仍然可能过低。

提高有效 FPA 的一种方法是在状态跳帧之上使用动作跳帧。在状态跳帧频率为 4 的情况下，得到有效的 FPA 为 5，一个动作必须跳过 5 个有效帧才能改变。与恒定的随机跳帧同样的方法也可以重新适用于动作。然后，相对于底层的真实帧速率，每 4 个真实帧渲染一次状态，并且每 5×4＝20 个真实帧执行一次动作。

以此类推，如果动作跳帧可解决智能体的极度活跃，则针对状态的跳帧可解决智能体的高灵敏度。如果不跳过帧，智能体将对变化不大的状态进行训练，这意味着它必须对小的变化敏感。如果在训练后突然引入跳帧，连续的状态变化对智能体来说就太大了——它会是超敏的。

最后，可以对状态执行恒定或随机的跳帧。这就造成了真实帧速率与有效帧速率之间的差异，并且底层环境可能需要特殊处理。跳帧也可以应用于动作。

14.6 总结

本章研究了状态的一些重要性质以及它们可以采取的各种形式，例如向量或图像。同时还介绍了原始状态和设计状态之间的区别。

我们应该考虑从现实世界中提取的原始状态是否包含解决问题所需的完整信息集，然后可以将其用于设计状态表示，这些表示是一组我们认为有用的精选信息。在设计状态时，有许多重要的因素，最值得注意的是它们的复杂性、完整性和信息损失。为了提高可用性，状态应具有较低的计算复杂度。本章还研究了一些潜在的陷阱，需要注意的是，状态表示不会损失对解决问题至关重要的信息。

最后，我们研究了一些用于预处理状态的常用方法，例如，数值数据的标准化，图像数据的缩小、灰度变换和标准化，以及时间数据的跳帧和堆栈。

动作

动作是智能体的输出，动作通过将环境转换到下个状态来更改环境。状态是被感知的，而动作是被驱动的。

动作的设计很重要，因为它赋予了智能体改变环境的能力。动作的设计方式会影响系统控制的难易程度，从而直接影响问题的难易程度。特定的控制设计可能对某个人有意义，但对另一个人没有意义。幸运的是，通常存在多种方法来执行相同的动作。例如，汽车的变速器可以手动或自动控制，但人们通常发现自动变速器更容易使用。

第 14 章的许多内容也适用于动作设计。本章的组织结构与第 14 章类似。首先，本章给出一些动作示例，并讨论总体的设计原则，然后考虑动作的完整性和复杂性。

15.1 动作示例

在日常生活中，动作通常也称为“控制”，例如电视遥控器。它们可以以各种形式出现，从熟悉的到意想不到的。只要某个物体能产生环境中的变化，它就被认为是一种动作。游戏控制器和乐器是我们最熟悉的控制示例。身体的运动是另一种示例，而机械手臂在仿真环境中的运动是一种虚拟动作。

在不为人熟知的另一方面，发给数字助手的语音命令是一种执行任务的动作；猫发出呼噜声是一种引起人们注意的动作；磁场可以对带电粒子施加作用力。本质上，动作可以以任何的形式出现，只要它是可以在系统中传输并产生变化的信息。

现实世界的环境通常是复杂的，动作也可能是复杂的。例如，手动操作是一种复杂的控制形式，包括许多肌肉、精确的协调和对环境的灵敏反应。人类在成长过程中花了很多年来学习掌握这一点。在仿真环境中，动作常常被简化，例如，一只机械手可能有多达几十个自由度。虽然这与人手的复杂性相差甚远，但并不一定是不利的。

与状态类似，动作可以表示为数字，这些数字可以构成任何适当的数据结构。动作需要被恰当地转换成算法所需的表示形式，这就是特征工程，它受益于深思熟虑的设计原则。

动作 a 是动作空间 $\mathcal{A}$ 的元素，$\mathcal{A}$ 定义了一个环境可接受的所有可能的动作。动作可以是离散的，和使用整数值编号的，例如电梯内的楼层按钮。动作也可以是连续的，例如汽车的油门踏板。动作也可以是离散值和连续值的混合，例如带有电源按钮(离散的)和温度旋钮的水壶(连续的)[⊖]。一个动作可以具有多个元素(维度)，并且每个元素都可以是任意基数的(离散或连续的)。

为了方便与标准计算库兼容，动作也被编码为具有单个数据类型(整型、浮点型)的

⊖ 我们可以认为现实世界中的所有事物实际上都是离散的，具有最小的粒度，但是我们选择从概念上将某些事物视为连续的。

张量。它们可以有任意阶和任意形状。

- 标量(0 阶张量)：温度旋钮。
- 向量(1 阶张量)：钢琴键。
- 矩阵(2 阶张量)：计算器按钮。

注意维度和基数之间的区别是很重要的。一个温度旋钮只有一个元素，因此只有一个维度，但是它的值是连续的，因此其基数为 $|\mathbb{R}^1|$。钢琴有 88 个琴键，每个琴键都可以被粗略地认为是二进制的(按下或未按下)，因此钢琴动作空间的基数为 2^{88}。一个动作张量的阶和形状仅仅代表这些元素是如何排列成一个张量的。

我们可以即刻与之交互的大多数控制最多只有 2 阶。控制旋钮、电话、键盘和钢琴是 1 阶张量动作。DJ 的音乐合成器和智能手机的多点触控是 2 阶张量，就像淋浴旋钮一样，通常通过一个手柄的倾斜来控制水量，而通过旋转控制水温。

3 阶张量动作不太常见，但也不是完全不存在。其中一个示例是允许在三维空间中进行动作捕捉的虚拟现实控制器。或者，想象一个仓库，有许多储物柜放置在一个三维网格中，并且它们的门可以通过计算机控制，因此这些虚拟的上锁/开锁的按钮形成一个三维布局。

一个动作也可以是张量的组合。水壶可以通过按钮和刻度盘来控制，按下按钮可以将水壶打开，刻度盘则可以用来设置水温。DJ 控制器也是一个示例，它包含一套丰富的按钮、转盘、滑块和旋转盘。一款计算机游戏通常需要组合的输出，例如键盘按键和鼠标移动。驾驶汽车也涉及很多控制，例如油门踏板、刹车、方向盘、档位和指示灯等。

当动作由多个不同形状的张量表示时，需要神经网络具有单独的输出层。这些不同的张量被认为是子动作，它们共同构成一个组合动作。

即使智能体产生动作，这些动作也是由环境定义的，环境决定哪些动作是有效的。智能体必须接受环境定义的状态和动作，尽管它可以选择对其进行预处理以供自身使用，但前提是环境的输入具有正确的最终格式。

广义上说，有三种方法来设计动作：奇异(singular)、奇异组合(singular-combination)，或多个(multiple)。让我们看一些例子。

在简单的环境中，控制通常是*奇异的*。动作是 0 阶张量(标量)，因此智能体只能一次执行一件事。在 CartPole 中，可用的动作是向左或向右移动，但是智能体一次只能选择一个动作。

然而，情况并不总是如此。复古的 Atari 游戏控制器支持动作组合，例如在游戏中按下按钮即可射击，而操纵杆的翻转则可以实现移动。在设计环境时，可以通过使这些组合对智能体显示为单个动作来实现它们，这可以描述为*奇异组合*。实际上，这是通过完整地枚举所有可能的组合并将它们映射到整数列表来实现的。由于只需要一个输出层，这种设计使得策略网络的构建更加容易。在每个时间步中，智能体将选择一个整数来执行。当整数传递到环境中时，它将映射回按钮-操纵杆组合。

有时，奇异组合使控制问题更加困难。当组合的集合太大时，会发生这种情况。在机器人中，智能体经常需要同时控制多个力矩或关节角度，这些被表示为不同的实数。在这种情况下，将维度分开，使得一个动作包含多个子动作，并且每个子动作对应一个维度。

强化学习中的动作主要是为机器或软件设计的，但是仍然可以从人类所设计的控制多样性和独创性中获得启发。15.5节给出了一些示例，从中得出的核心设计原则是，控制应该是用户熟悉和直观的，因为它有助于用户更好地理解其动作的效果。对于硬件和软件控制的设计，如果控制易于理解，则更易于调试，这是很有帮助的。同样，如果控制是直观的，则软件可以将控制交给受过训练的人进行手动控制。此特征在自动驾驶系统、自动驾驶汽车和工厂机器中特别有用。

人类在日常生活中控制着许多事情，这些事情可以作为动作设计的好示例，也可以作为坏示例。一般来说，控制设计属于用户界面(UI)这一更广泛的范畴，它与用户和系统之间的交互设计有关。好的用户界面应该是有效的和易于使用的。设计糟糕的控制会使任务变得更困难、更容易出错，有时甚至是危险的。

15.2 动作完整性

在构造一个动作空间时，需要确保它能够提供足够多样且精确的控制来解决问题，即它是完整的(complete)。它能控制需要控制的一切吗？

为了解决一个问题，人类会用什么来控制一个系统，这是一个很有用的出发点。然后，考虑需要多大的精度和控制范围。例如，工业机器人可能需要精确到几分之一度之内的控制，但不需要移动得太远，而人类驾驶汽车只需要精确到几度，但需要汽车能够行驶很远的距离。

当决定什么需要控制时，可以从人类这里获得启发(例如，通过观察电子游戏的设计)。但是，智能体如何控制一个系统可能是非常不同的。例如，一台机器可以同时且非常精确地控制多个事物，这是人类难以做到的事情。这里只是举了一个例子来说明人类和智能体是如何以不同的方式来控制机器人系统的。

电子游戏拥有一些最好、最丰富的控制设计。这并不奇怪，因为现有的游戏种类繁多，并且其中有许多模仿现实世界的场景。通常，控制设计按如下过程进行。

首先，从游戏动态中识别出玩家实现目标所需要控制的元素。通常以流程图的形式建立游戏的理论模型，这有助于描述所有的游戏场景。还需进行完整性检查，至少在理论上确保所标识的元素及其预期的动作正确，这样可以确保动作是被完全指定的。一旦确定了元素，就找出控制它们的方法。如果游戏模仿现实，那么这应该相对直观，因为控制也可以模仿现实生活中的对应对象。否则，需要进行一些设计。

如果控制设计可行，则接下来要考虑的因素是直观性和效率，这不仅有助于创造良好的游戏体验，而且还会影响游戏的难度。设计不良的界面可能会使任务变得比原有任务困难得多。设计应在简洁和冗长之间取得平衡。假设一个游戏中有100个不同的动作，每个动作可能有100个不同的按钮，但这太冗长了。一个动作也可以有2个刻度盘，每个刻度盘有10个选项，那么它们的组合可映射到100个动作，但这太过简洁和不直观。如果这些动作有一个自然的分类模式——例如一组攻击、一组咒语和一组运动基元(如向左或向右移动)——则将控制划分为这些类别更为自然。然后，在每个类别内，可以使用一些更紧凑的按键设计，每个按键对应一个类别。

最后，当控制设计被完成并实现后，设计人员需要对其进行测试。通过与理论方案进行比较和验证，检查设计可实现的动作集合是否确实完成。接下来，编写一组单元测试。验证它确实有效并且不会使游戏崩溃。通常，单元测试还会检查输出值是否在规定的范围内，因为极值可能会导致意外行为。要验证动作的完整性，需要检查设计没有遗漏任何必要的动作或产生最初不打算执行的无关动作。通常，整个设计和测试过程需要经过多次迭代，并对设计进行改进和微调，直到可以发布为止。

游戏设计中使用的相同处理对于非游戏的应用程序也很有用。它包括几个问题。第一，给定一个环境，希望智能体做什么？定义环境目标时，可以在很大程度上回答此问题，并且可以为列出完整的动作提供指导。第二，智能体是如何影响环境的？智能体应控制哪些元素？智能体无法控制的元素会怎么样？这些涉及确定应存在的动作类别。第三，智能体将如何控制它们？这确定了所标识动作的可能设计模式和如何直观有效地对动作进行编码。然后，已实施的控制设计应该以同样的方式进行测试。

以机器人为例。假设任务是捡起一个物体。机械臂有 3 个运动轴，因此一个动作有 3 个维度，每个轴一个。手臂可以自由地向一个物体移动，但它没有办法把它拿起来。该动作设计不完整——无法执行任务。要解决此问题，可以在手臂的末端安装一个夹持器来捡东西。最终的工作控制具有 4 个维度：3 个用于移动手臂，另一个用于夹持器。现在，机械臂可以通过执行一整套预期的动作来实现其目标。

假设希望创建一个控制机械臂的界面，那么什么是好的设计？如果由机器或人来控制机器人，界面会有什么不同？一种选择是将动作表示为 4 个数字，分别对应 3 个轴和 1 个夹持器，这是机器最容易控制的设计。然而，这对于人类来说不是很直观或容易的。他们必须首先熟悉数字如何映射到机械臂的实际状态，更不用说键入单个数字了，这将会非常慢。对于人类而言，一种较好的设计包括 3 个可旋转的刻度盘(映射到轴的旋转)，以及 1 个用于拉紧和释放夹持器的滑块。

在确定了动作设计之后，可以确定适当的数据类型，以便使用正确的范围对动作进行编码。如果控制维度是离散的，则可以将其变成按钮或离散的刻度盘，并相应地将其编码为整数。如果控制维度是连续的，则可以将其转换为连续的刻度盘或滑块，并将其编码为实数。

在动作空间设计的简洁性和表现力之间取得平衡是很重要的。如果动作空间太小，则智能体可能无法足够精确地控制系统。在最坏的情况下，根本无法执行所需的任务。如果动作空间太大或太复杂，学会控制系统就会变得困难得多。下一节将介绍一些管理动作复杂性的技术。

15.3 动作复杂性

本节讨论一些处理动作复杂性的策略。这些策略包括组合或拆分动作、使用相对动作、离散化连续动作以及利用环境中的不变性。

人类处理复杂控制的方法之一是将低级动作组合为单个高级动作。

一架钢琴有 88 个键；掌握它需要一生的练习。即使有这么多的键要控制，在弹的时候，也不会一次只专注于一个键，因为大脑缺乏这样做的能力。单独关注单个键也是低效的，将键序列组织成更大的模式则容易得多。钢琴曲是以和弦、音阶和音程来创作和演奏的。

诸如 Dota 2 和 StarCraft 之类的计算机游戏有很多组件，并且具有广阔的战略空间。学习以专业水平玩这样的游戏需要花费多年的屏幕时间。一个游戏通常具有许多命令键来控制单元及其动作。熟练的玩家不会在单个动作层面上进行游戏；相反，他们使用命令热键、键组合和可重复的宏观策略。通过练习，这些会被编码到他们的肌肉记忆中，因为他们发现了更多捷径，可以通过将动作重新组织为更高级别的模式来降低动作的复杂性。

实际上，形成高级模式相当于基于原始控制创建控制模式，就像和弦是由单个钢琴键组成的更简单的控制模式一样。这种技术是元控制(meta control)的一种形式，人类一直都在这么做。目前，还不知道如何使强化学习智能体自主地设计自己的控制模式。因此，必须为它们设计元控制——设身处地为它们着想，并且从我们的角度来设计这些模式。

有时，动作可以更简单地表示为多个子动作的组合，而不是单个复杂动作。

例如在一个射击游戏中，玩家瞄准一个 84×84 像素的屏幕。在设计“目标”动作时，可以选择以一维或二维的方式表示它。在二维中对一个动作进行采样将从两个分布中抽取，每个分布的基数为 84。如果将其双射到一维，则基数将变为 84×84＝7096。在这种情况下，从一维中采样一个动作，将会从一个非常广泛而稀疏的单一分布中提取。稀疏性会使智能体的探索变得复杂，人为地使问题变得更加困难。想象一下，如果有一排 7096 个不同的按钮供玩家选择，玩家很可能只学习和使用其中的几个按钮，而忽略其他按钮。相比之下，从二维采样更易于管理。

如果一个问题的自然控制具有多个维度，例如棋盘或游戏主机，那么在设计其动作时，需要在简洁与冗长之间找到平衡。既可以保持所有维度的不同，也可以将它们合并成一个维度。维度过多会增加控制的复杂性，因为智能体必须在一个动作中探索和学习控制这些独立的子动作。但是，我们也看到了将动作拆分为多个维度的方式，该方式有效地减少了动作空间基数。

一般来说，像组合键这样的东西最好编码为唯一的动作，因为这样更容易发现它们，特别是当组合涉及一长串子动作时。

此外，Atari 游戏控制器能够被双射为一维向量，该向量被映射到所有可能的按钮-操纵杆组合。

这样做在某些情况下可能会有所帮助，但并不总是有益的——就像我们在国际象棋的例子中看到的那样，将棋子的移动从二维减少到一维，会使游戏变得更加困难。在其他情况下，双射到一维会把动作空间变得太大，根本不切实际。如果从一个 1920×1080 像素的现代电子游戏中获取全屏幕分辨率并将其双射到一维，那么它的基数是 2 073 600。

一个经验法则是，在将控制双射到比原控制更低的维度时，要考虑稀疏性和信息损失。如果双射丢失了一些关键信息或元信息，例如控制的空间性，应该避免这种情况。由于双射到一个较低的维度也增加了它的基数，因此来自该维度的控制采样会突然变得非常稀疏。

降低复杂性要考虑的另一个因素是绝对控制与相对控制。在 Dota 2 中，一个智能体可以在广阔的游戏地图上控制许多单元。当设计控制来移动单元时，用绝对 x、y 坐标使得这个问题很难解决，因为地图太大了。一个更好的控制设计是让智能体先选择一个单元，得到它的当前位置，然后选择一个有限的相对 x、y 偏移量来应用于它。OpenAI Dota 2 智能体[104]使用该方法将移动动作的基数减少了几个数量级。它也适用于任何动作维度，这些维度是巨大的，但是有一个自然的值顺序，例如值的范围。使用相对范围可以将动作空间的基数缩小很多，从而使棘手的问题更容易解决。

这种方法的一个优点是相对 x、y 偏移量在任何地方都适用，因此该控制设计具有平移对称性。一旦智能体学会应用一个有用的移动策略，它就可以将它应用到地图上的任何单元。当在不同场景下将同一动作与其他子动作组合时，它们变得更稳定，并且可以通过学习多个更简单的子动作来获取更多动作。

更重要的是，由于问题的局部性，相对控制是可能的。由于一个单元的移动控制只与它的邻域相关，因此移动单元是一个局部问题，可以使用相对控制。然而，它的缺点是任何与地形和地图相关的非局部的全局策略都是盲区。为了解决一个问题的非局部方面，必须恢复全局环境和其他信息。

为了简化连续控制，可以将其离散化。在离散一个连续空间时，需要考虑分割空间的分辨率，即当连续空间被强制放入网格时“像素”有多大。如果太粗糙，智能体将很难提供一个可靠的近似值；如果太精细，问题可能会变得难以计算。离散化必须小心谨慎，以免产生基数过高的动作空间。

另一个潜在的问题是在其他连续空间中引入人工边界。假设一个从 0 到 2 的连续动作被离散成整数 0、1、2。那么，通过四舍五入将值 1.5 离散化为 2 是否足够合理？如果用于离散化的分辨率太粗糙，就有可能在离散的动作中损失一些精度和灵敏度。

人类利用对问题的直觉和适应性来学习、测试和调整控制的灵敏度，以实现精度与效率之间的平衡。我们知道温控器中的温度增量应该有多大，或者扬声器上的音量旋钮有多灵敏。机器和人之间的另一个主要区别是反应时间。机器的动作非常快，因此可能需要对智能体进行速率限制，使其每 N 个时间步行动一次，以防止其变得过于活跃。否则，快速变化的动作——在短时间内抵消前面动作的影响——可能会使整个动作变得随机和紧张。Atari 游戏通常以跳帧 4 进行采样，以便在内部逐步浏览真实游戏帧时，对所有跳过的帧重复执行给定的动作。还可以想象让智能体通过场景判断来自适应地选择其理想的跳帧频率。人类已经做到了这一点——例如，当加速俄罗斯方块(Tetris)游戏时，会快速落下一个方块。

对于动作和状态来说，最有用的复杂性降低技术之一是通过对称性降低复杂性。对于国际象棋，智能体不必学会在两边都比赛。如果它在第二个玩家的位置，则只需旋转棋盘(具有绝对坐标)，并应用相同的学习策略即可。这样，不管智能体处于哪一边，它都使用相同的标准化坐标进行操作。对称可以是空间的，也可以是时间的。常见的对称类型包括平移、旋转、反射、螺旋(旋转加移位)等。所有这些都可以描述为函数的转换。一旦确定，转换可以被应用于状态和动作，使状态空间和动作空间的基数减少几个数量级。

在强化学习中，状态与动作之间通常存在不对称关系。状态空间通常比动作空间更大、更复杂。状态张量通常比动作张量有更多的元素，并且经常表现出更大的变化范围。例如，Atari Pong 图像状态(经过预处理)具有 $84\times84=7096$ 像素，每个像素可以取 256 个值中的一个，从而使状态空间的基数为 256^{7096}。动作有一个维度，可以取 4 个值中的一个，因此动作空间[⊖]的基数为 $4^1=4$。

⊖ 在 OpenAI Gym 中 Pong 的动作是 0(无动作)、1(开火)、2(向上)和 3(向下)。

当状态空间很大且变化很大，而动作空间相对较小时，智能体需要学习一个多对一的函数，其中许多状态被映射到同一个动作。这个较大的状态空间包含许多信息，以帮助智能体在相对较小的动作集中进行选择。相反，如果反面情况成立，则网络需要学习一对多的函数，其中一个状态映射到多个潜在的动作——在此场景中，状态可能没有提供足够的信息来选择动作。

假设一个状态张量 s 携带 n_s 比特位的信息，而一个动作张量 a 携带 n_a 比特位。如果正确地确定一个动作位，需要从一个状态得到一个信息位，那么，要完全区分 a 的所有可能值，至少需要 $n_s=n_a$。如果 $n_s<n_a$，将无法执行此操作，因此 a 的某些值将不能被指定。

对于 Atari Pong，在给定大状态空间的情况下，从 4 个可能的动作值中生成一个的任务是很好确定的，并且状态中有足够的信息供算法学习一个好的策略。设想一个相反的设置，其中的任务是在 4 个可能的动作值中仅给定一个来生成图像。在玩 Pong 时，要产生我们所体验到的各种各样的图像将是非常困难的。

最后，在处理新问题时，从最简单的动作设计开始(状态也是如此)。限制第一次的动作设计是有益的，因此可以专注于问题最简单的方面。简化问题对于逐步构建解决方案非常有用。如果最初的设计看起来很有希望，并且智能体可以学习解决简化的版本，那么可以逐渐引入复杂性，使问题更现实，更接近完整的版本。在这个过程中，渐进的设计过程也将帮助我们更多地了解问题的本质，以及智能体是如何学习解决问题的。

降低复杂度的方法大多与动作相关，但是在适当的时候，它们也可以应用于状态。总结一下，以下是在动作设计中处理复杂性的准则。

1. **双射到低维，或分割到高维**：双射动作至一维，从而帮助发现复杂的子动作组合；拆分动作维度去管理基数。

2. **在绝对和相对之间切换**：利用相对范围对局部控制进行简化；对全局控制使用绝对范围。

3. **离散化**：尽量接近控制的原始性质，在确保分辨率足够时，采用离散化方法来简化操作。

4. **通过对称缩小**：尝试在动作中寻找对称，并应用它来缩小动作空间。

5. **检查状态与动作的大小比率**：作为一种完整性检查，动作空间不应该比状态空间更复杂；一般来说，它应该小得多。

6. **从简单开始**：从最简单的动作设计开始，然后逐渐增加复杂性。

15.4 总结

本章首先以人类的控制设计为灵感来源，然后将其与智能体的动作设计进行比较，同时，考虑了动作的完整性和复杂性。特别地，良好的动作设计应允许智能体有效地控制环境中的所有相关组件，而不会使问题变得不必要地困难。最后，本章提供了一些技巧来减少动作设计的复杂性。

15.5 扩展阅读：日常事务中的动作设计

本节包含人类奇思妙想的一些有趣动作设计的集合，旨在将其作为灵感的来源。

人类的动作设计通常被称为用户界面(UI)设计，是一门广泛而多样的学科，涵盖了从工业产品设计到游戏以及最近的网站和应用程序设计等多个领域。虽然这个术语是最近才出现的，但界面设计在人类历史上一直存在，从祖先制造的第一把史前石斧到现在拥有的智能手机。它一直影响着如何与环境互动。想要获得优秀界面设计的灵感，只需看看人类社会中无处不在的乐器和游戏。

乐器本质上是一种控制装置，它与空气相互作用，通过弹拨、吹或锤打，以声音的形式产生丰富的状态，它们需要精心制作和仔细调音，以产生动听的声音。除了音质外，乐器的制造商还需要考虑用户——例如，他们手的大小、强度和手指的跨度都至关重要。但是这些乐器的好坏取决于它们的使用者。一个顶级的小提琴家演奏最基本的小提琴会比初学者演奏最好的斯特拉迪瓦里小提琴要好(斯特拉迪瓦里家族在18世纪制造的小提琴至今仍被认为是世界上最好的小提琴)，而一位杰出音乐家在这种乐器上可以创作出激动人心的音乐，充满激情且技艺精湛。

以古典键盘乐器为例，它们通过空气柱(管风琴)、拨弦(羽管键琴)或锤击弦(钢琴)发声。各种风琴音栓、大键琴的音调和钢琴踏板也随着键盘上精确的触摸而改变声音。虽然我们已经知道钢琴的动作可以简化为88个整数，但是，这不足以训练一个机器人正确机械地弹奏钢琴。实际上，每一个钢琴键都可以在不同的压力下弹奏，从而形成一个柔和的或响亮的音符。此外，要改变声音，钢琴具有三个脚踏板：*弱音踏板*、*消音踏板*和*延音踏板*。它的控制以复杂的方式相互作用，产生丰富的音符，因此对钢琴的动作和状态(声音)进行建模将是一项艰巨的任务。尽管如此，这仍然是有可能的，数字钢琴已经做到了这一点，尽管数字钢琴听起来仍然与实际钢琴有所不同。为了训练一个钢琴演奏机器人，首先的尝试可能是将数字钢琴的软件重新用于虚拟环境中进行训练，然后再让机器人在昂贵的钢琴上训练(甚至可能破坏)。

新的乐器仍在发明中。电子舞曲和科技音乐等现代音乐流派以打破常规、借助现代技术创造新声音而闻名。在这些新创建的乐器中，一个著名的例子是一种称为Seaboard[116]的新型键盘。它使钢琴进入了连续控制的领域。Seaboard不需要分离的琴键，而是具有一个波浪形的表面，该表面类似于钢琴布局的轮廓。触摸表面上的任何一点都会从它的许多软件预设(吉他、琴弦等)中产生声音。此外，它的响应表面可以识别5个维度的触摸：敲击、按压、提指、滑移、滑动。为了适应这些新的控制维度，Seaboard制造商ROLI也为其乐谱引入了新的符号。总体而言，该乐器具有1个二维表面、5个触摸维度以及1个用于声音预设的维度，这个乐器实际上有8个维度：7个连续维度和1个离散维度。要了解实际情况，请查看YouTube或其网站(https://roli.com/products/blocks/seaboard-block)上的一些视频。

游戏是控制设计灵感的另一个重要来源。游戏在人类社会已经存在很长时间了，伴随着现有的技术不断发展。每一代游戏都有其自身的媒介、设计挑战和创新，并反映了所处时代的技术。当木制瓦片变得普遍时，中国人就创造了多米诺骨牌。有了纸，就可以制作纸牌。计算机时代之前的游戏由物理游戏块来控制或互动，例如砖块、卡片、骰子、棋子、大理石、木棍等。

在早期的计算机时代，电子游戏被街机机器推广，尤其是 Atari 和 Sega。这些机器在屏幕上渲染图像，而这里的图像对应于强化学习中的状态。它们的控制是与动作相对应的物理按钮和操纵杆。街机设计者不仅必须设计游戏，还必须创建适合游戏的、必要的控制界面。有时，这意味着除了通常的操纵杆和按钮之外，还要发明一个全新的控制界面。如今，街机中心仍展示了许多早期的创新。射击游戏带有塑料枪或操纵杆，可以瞄准屏幕上的目标进行射击。一些骑乘射击游戏，例如侏罗纪公园 1994(世嘉游戏)(Jurassic Park 1994 Sega)，还增加了可移动的座椅，当玩家在屏幕上被恐龙追赶时，座椅就会移动。一个典型的驾驶街机有一个方向盘、脚踏板和一个档位。舞蹈革命游戏(Dance Dance Revolution)有一个地垫，玩家可以踩上去，让屏幕上有节奏的箭头与音乐相匹配。其他街机机器具有专门针对其游戏而设计的独特控制，例如弓箭、锤子、爪机等。

电子游戏技术的便携性引发了主机游戏的产生。这些游戏机大多继承了其前身的控制方式，带有两个按钮，但是街机游戏的操纵杆被 4 个不同的箭头按钮所代替。随着主机游戏的流行，像索尼和游戏公司任天堂这样的制造商开始在他们的设备上引入新的控制单元，从而产生了我们今天所看到的熟悉的形式——每侧 4 个按钮，并在左上角增加了左/右按钮。当今的现代主机游戏系统，例如 PSP 和 Xbox，都包括操纵杆，带来更丰富的方向控制。Wii 和 Nintendo Switch 等更高级的游戏机还具有陀螺仪控制，可检测三维空间中的运动。

当个人计算机成为主流时，计算机游戏也随之激增，控制设计迅速扩展到键盘和鼠标。较简单的游戏通常使用箭头键以及其他两个键来模仿操纵杆和早期游戏中的两个按钮。鼠标移动和点击的加入开启了新的可能性，例如在玩家移动时进行镜头平移，这样就可以实现更为直观的第一人称射击游戏，例如毁灭战士(Doom)，其中的箭头键用于使玩家四处移动，而鼠标则用于平移镜头、瞄准和射击。随着游戏变得越来越复杂，它们的动作也越来越复杂，可以通过组合按下多个键来产生新的组合动作。根据游戏环境，动作也可能会过载。在 StarCraft 和 Dota 2 中要控制的对象有几十到几百个，但是人类只有那么多手指。因此，游戏控制被设计为通用的，并且可应用于不同的游戏环境和目标。即使这样，玩这些游戏中的任何一种游戏，都需要近 20 个不同的键。将这些复杂的控制系统转换为强化学习环境具有很大的挑战。

智能手机的发明创造了游戏的另一种新媒体，移动游戏产业由此诞生。游戏状态和控制移动到一个小的触摸屏上，设计人员可以自由地创建他们想要的任何虚拟界面。一些智能手机还包括陀螺仪传感器，赛车游戏利用了将整个智能手机当作方向盘的优势。

现在，我们处于娱乐技术的新前沿：虚拟现实(VR)。原始的运动控制器已经被设计为允许用户在身临其境的空间环境中执行动作。Oculus[97] 和 HTC Vive[55] 等虚拟现实平台使用带有运动传感器的手持式游戏。它们还可以使用基于视觉的 Leap Motion[69] 传感器来跟踪手和手指的运动，从而获得更加复杂和直观的控制体验。虚拟现实手套是手部追踪的另一种选择。这些虚拟现实控制器可用于创建和操纵空间中的虚拟物体。艺术家们还用它们来创作令人惊叹的三维虚拟雕塑，这在现实世界中是不可能的。其他人可以通过连接到相同虚拟现实的屏幕或头戴式耳机看到这些雕塑。

另一个真正令人印象深刻但鲜为人知的控制技术是由 CTRL-Labs[29] 开发的神经接口

腕带。这是一种非侵入性的腕带，它可以检测从用户大脑发送到手部的神经信号，然后利用这些信号重建相应的手部和手指运动。这听起来就像科幻小说里的情节，但是他们已经演示了腕带，用它来播放 Atari Asteroid。在撰写本书时，腕带仍在积极开发中。

除了音乐和游戏之外，在交互式现代艺术装置中还可以找到更多有创意的空间设计。动作是通过不寻常的方式传达的，以阴影、光线、动作手势或声音来触发这些装置。艺术家 Daniel Rozin[31] 擅长于创建交互式镜子，该镜子使用大网格上旋转的黑白瓷砖、巨魔玩偶或玩具企鹅等材料。这些对象实质上是物理“屏幕”的“像素”。附近的红外摄像机捕捉到一个人的轮廓，然后像镜子一样将其反射回网格上。在这个富有创造力的实例中，一个人的运动剪影被作为一个动作，用来控制一排可爱多彩的玩具。

最后，我们与之交互的常见日常物品也充满了动作的设计灵感。我们习惯了典型的控制界面，例如按钮、拨号盘、滑块、开关和操纵杆。这些通常是机械的，尽管虚拟接口也倾向于模仿它们。作为对控制界面设计的深入了解，强烈推荐 Donald Norman[94] 的《日常事物的设计》(*The Design of Everyday Things*)一书。

奖　　励

这一章着眼于奖励设计，讨论奖励在强化学习问题中的作用和一些重要的设计选择，尤其是在设计奖励信号时需要考虑的规模、幅度、频率和开发潜力。本章最后介绍一系列简单的设计指南。

16.1　奖励的作用

奖励信号用来定义智能体应最大化的目标。奖励是来自环境的标量，它将信用分配给由于智能体的动作 a 而发生的特定转换 s、a、s'。

奖励设计是强化学习中的一个基本问题，它面临着多方面的困难。首先，需要对环境有深入的了解，才能对适当的信用分配产生直观感觉，也就是说，判断哪些转换是好的(正奖励)、中性的(零奖励)或着差的(负奖励)。另外，即使已经确定了奖励的符号(正或负)，仍然需要选择它的幅度。

如果一个转移被赋予＋1 的奖励，而另一个被赋予＋10 的奖励，那大致上可以说后者的重要性是前者的 10 倍。然而，通常并不清楚如何确定具体尺度。由于通过使用奖励作为强化信号来进行学习的智能体可以非常直接地理解奖励，因此相应地，奖励设计也必须是直接的。此外，智能体还可能通过寻找一种意外的策略来利用奖励而不产生预期的行为，从而学会滥用奖励。因此，奖励设计可能需要频繁的调整才能使智能体正确地工作，但这也需要大量的手工操作。

在判断自己的动作是否有助于实现某个目标时，人类往往具有一种直觉，而这种隐性的信用分配能力是建立在经验和知识的基础上的，这也是设计奖励来鼓励智能体行为的好的开端。

奖励是一种反馈信号，用来告诉智能体它做得有多好或有多差。智能体通常是从零开始学习的，没有任何先验知识或常识，因此它对动作的探索几乎是没有任何约束的。奖励信号只对任务的结果进行评分，而不对任务的执行方式进行评分，因此无论智能体表现出的各种行为有多么怪异，都不会受到限制。这也是基于：一个问题的解决方案往往不是唯一的，即存在多种解决途径。然而，从人类的角度来看，这些怪异的行为往往是不可取且被认为是错误的。

可以尝试通过对智能体施加一些约束来解决这个问题。但是，即使对智能体的动作自由进行了严格限制，这可能还是远远不够。接下来考虑一下我们的肌肉约束如何帮助我们学习最佳的行走方式——但如果我们愿意，也可以很奇怪地行走。另一个替代解决方案就是奖励设计。就像人类可以根据自己当前的目标正常行走或奇怪行走一样，也可以设计奖励来鼓励智能体的期望行为，至少在理论上这是可行的。如果要准确地再现像人类一样行走的正确奖励信号，那么可以想象它有多么复杂，毕竟要完成这个任务需要多少组件才能正常工作啊。

要设计一个良好的奖励信号，需要确定所需的行为，然后相应地为它们分配奖励——同时要注意不要排除其他可能的好的行为。然后还要测试和评估智能体来检查所设计的奖励信号是否可以接受。起码对于小玩具问题，这是可行的，但是尚不清楚对于更复杂的环境是否可行。

无论如何，针对特定任务精心设计的奖励信号仍然可以使研究很深入。强化学习中的最新突破(例如 OpenAI 的 Dota 2[104]和机器人手操作[101])证明了这一点，其中的奖励函数经过人工精心调整，智能体可以实现令人印象深刻的结果。奖励设计是使智能体成功学习的重要组成部分。这些结果表明，手工奖励设计的复杂度阈值非常高。这里自然而然可以想到一个问题：是否存在无法设计出良好奖励信号的问题呢？如果答案是否定的，那么为任何复杂的任务设计一个好的奖励信号都是可能的，尽管这可能是非常困难且耗时的。话虽如此，我们仍需要看一些实用的奖励设计准则。

16.2　奖励设计准则

奖励信号可以是密集的或稀疏的。稀疏奖励是指在大多数时间步中产生中性奖励信号(通常 $r=0$)的一种奖励，只有在环境终止或智能体做出至关重要的事情时才产生积极和消极的奖励。而密集奖励相反：它提供许多非中性的奖励信号，指示上一个动作是好是坏，因此在大多数时间步中，智能体都会获得正奖励或负奖励。

奖励值与好、中性或坏的对应关系是相对的，也就是说，奖励的数字范围是一种设计选择，这也是要在智能体训练期间标准化奖励的理由。我们可以设计一种环境，其中所有奖励值均为负，而不好的奖励比好的奖励更不利。由于智能体始终将目标最大化，因此仍需要对奖励值进行排序，以便更好的奖励具有更高的值。但将中性奖励设置为零，将不好的奖励设置为负，将好的奖励设置为正在数学表达上更有意义。尽管这种设计不是必需的，但却易于推理，同时还具有良好的数学特性。例如，如果奖励的尺度以零为中心，则可以通过乘以标量轻松地在负数和正数两边对称地对其进行缩放。

奖励的定义为 $r_t=R(s, a, s')$，因此奖励设计的第一步是弄清楚环境中好的或坏的转移是由什么构成的。由于转移由动作引起，该动作导致从状态 s 转移到 s'，因此这有助于系统地枚举所有可能的转移。但是，在复杂的环境中，可能有太多的转移需要枚举，因此需要更智能的奖励设计方法。

如果可能，按规则将好的转移分为一组，将坏的转移分为一组，然后使用这些规则分配奖励。更好的是，在许多任务中，可以简单地根据转移后的状态 s' 分配信用，而不必考虑前面的动作。例如，CartPole 会为杆未倒下的所有状态分配 0.1 的奖励，而与保持杆直立的操作无关。或者，也可以仅基于动作来给予奖励。例如，在 OpenAI 的 LunarLander 环境中，启动主机的每个动作都会获得少量的负奖励作为其代价。

幸运的是，奖励在游戏中无处不在，尽管游戏中的奖励变成了另一个名字，即游戏分数。记分是游戏的普遍特征，因为总要有赢家或总有任务要完成。而分数通常可以以在屏幕上显示的显式数字的形式来提供，也可以以隐式的非数字形式(例如获胜/失败声明)来提供。因此可以在游戏中寻找灵感和奖励设计的技巧。

奖励的最简单形式是二进制的赢或输，可以分别将其编码为 1 和 0，国际象棋就是这样的例子。另外，当玩多轮这样的游戏时，平均奖励可以很好地转换为获胜概率。角色扮演的叙事类游戏通常没有分数，但是仍然可以附加二进制分数以推进每个阶段，这样玩家才有动力完成游戏。

奖励的另一种形式是单一标量值，其随着玩家累积更多积分而逐渐增加。许多游戏都有要达到的目标、要收集的对象以及要经过的阶段，为每个目标或每个对象都分配一个分数，那么随着游戏的进行，分数累积到最终分数，就可以根据该分数对每个玩家的成就进行排名。具有简单到中等复杂度的游戏会显示这些累积的奖励，因为在将分数分配给所有相关的游戏元素的同时确保它们的总和能正确反映最终的游戏目标仍然是可行的。

最后，更大更复杂的游戏也可能会跟踪多个辅助游戏得分，但不一定会增加最终的游戏目标。像《星际争霸》(Star Craft)和《命令与征服》(Command & Conquer)这样的实时策略游戏就可以跟踪分数，包括建筑物、研究、资源和单元，但这些不一定与最终游戏的结果相对应。在《Dota 2》中，在整个游戏中都密切跟踪辅助得分，例如最后击中的得分、黄金和经验值，但最终，摧毁敌人宝座的团队才能获胜。这些辅助得分通常通过显示一方相对于另一方的优势来帮助显示长时间运行的游戏的进展，并且它们是最终结果的一种迹象。但是，有利的迹象并不总是能够保证胜利，辅助得分较低的玩家仍然可能赢得比赛。因此，辅助得分是与游戏目标脱节的一组“奖励”。尽管如此，它们仍然可以用作实际的奖励信号，因为它们也可以帮助智能体学习。OpenAI5[104]使用辅助得分和最终目标的组合作为 Dota 2 的奖励信号。

对于国际象棋这样的赢/输游戏，很难设计出良好的中间奖励，因为在所有可能配置是天文数字的情况下，客观上很难确定棋盘配置的好坏。在这种情况下，只有在最后知道了获胜者时才在游戏结束时给予奖励。最终奖励对于获胜者来说只是 1，对于失败者则是 0，而中间奖励是 0。因此该奖励信号是稀疏的。

这就引出了一个问题：当一个任务被定义并且我们知道可以轻松地对最终期望结果进行分配和奖励时，为什么不像国际象棋那样只使用稀疏奖励呢？

稀疏奖励与密集奖励之间是需要权衡的。尽管稀疏奖励很容易指定，但由于来自环境的反馈少得多，因此很难学习。智能体必须等到任务终止才能获得奖励信号，即使如此，它仍无法轻松分辨中间步骤中的哪些动作是好，哪些是坏。稀疏奖励使问题的样本效率非常低下，因此智能体需要更大数量级的样本来学习。有时，奖励稀疏甚至可能使问题无法得到解决，因为智能体收到的反馈很少，因此无法发现一系列好的动作。相反，对于密集奖励，尽管指定中间奖励可能很难，但是来自环境的反馈是即时的，因此，智能体将获得更多信号来学习。

一个有效的技巧是将稀疏奖励和密集奖励结合起来，并随着时间的推移改变其权重，以逐渐从密集奖励转换为稀疏奖励。接下来在式 16.1 中定义组合奖励。

$$r=\delta\cdot r_{\text{dense}}+r_{\text{sparse}},\quad 其中\ \delta=1.0\to 0.0 \tag{16.1}$$

在智能体训练过程中，系数 δ 将从 1.0 逐渐衰减到 0.0。这样一个小的设计细节是将 r_{dense} 从结束奖励中排除，因为我们不希望重复计算它。

在训练的早期阶段获得密集奖励可以通过给予智能体很多反馈来帮助其进行探索。假设在机器人任务中，智能体的目标是在空旷的平面上走到旗帜那里。结束奖励很简单：场景结束时，1 代表走到了旗帜处，−1 代表失败。接下来假设智能体到旗帜的距离为

d(agent，flag)，有用的密集中间奖励可以是负距离 $r_{dense}=-d$(agent，flag)。刚开始时，这种密集奖励有助于使智能体知道其所做的移动是否会改变其与旗帜之间的距离，并且最小化该距离对于达成目标是有利的。由此，它学习了距离最小化策略。经过几次训练后，我们可以通过将 δ 衰减到 0.0 来移除训练轮次。当 r_{dense} 被完全去除后，仅使用稀疏奖励，同一策略仍能够正常运行。

要了解密集奖励有多重要，只需想象一下相同的但只有稀疏奖励的任务。一个智能体通过在一个巨大的二维平面上进行随机行走来达到目标的概率非常小。大多数时候，它都会失败，即使在极少数情况下它成功了，也没有多少成功的样本值得它学习，更不用说发现距离最小化的概念了。即使给智能体足够的时间，它学会解决问题的概率也很小。

另一种用于解决稀疏奖励问题的先进技术是*奖励再分配*。这个想法是使用最终奖励，并将其分割，然后将其中一些奖励重新分配给中间步骤中信用重大的事件。如果奖励设计者知道这样的重大事件，这就相对简单了，但实际上奖励设计者可能并不容易识别它们。一种解决方案是通过收集许多轨迹、识别常见模式并将它们与最终奖励关联起来来估计它们。这是一种自动信用分配形式，这方面的一个例子是由 LIT AI 实验室开发的 RUDDER[8]。

奖励再分配的逆过程是*奖励延迟*，在这个过程中，所有的奖励信号都被保留若干个时间步。当跳帧时就会发生这种情况。重要的是，跳帧的奖励不会丢失——总奖励应保持与原始环境的奖励相等。通过存储来自中间帧的奖励，然后对它们求和来产生下一个采样帧的奖励。求和还保证了在不改变目标的情况下，奖励信号对于任意跳帧频率都具有良好的线性特性。

在设计奖励信号时需要考虑它的分布情况。在许多算法中，奖励被用来计算损失。奖励幅度大会使损失大，并最终导致梯度爆炸。当创建奖励函数时，应避免使用极端值。总的来说，将奖励信号塑造成具有健康的统计特征(即标准化的、平均值为零、没有极端值)的奖励信号是有益的。理想情况下，奖励应该根据简单易懂的原则进行分配，过于复杂的奖励设计不仅需要时间和精力，而且还使得环境和智能体难以调试，并且还不能保证它的功能会比简单的设计好很多。一个复杂的奖励信号往往是过于关注某些场景的结果，因此不太可能很好地概括环境的变化。

设计奖励信号时要注意的另一件事是*奖励农业*(reward farming)或*奖励黑客*(reward hacking)。在一个足够复杂的环境中，很难预测所有可能的场景。在电子游戏中，如果玩家发现漏洞或黑客攻击，然后不断滥用它来获得巨大的回报，即便这在游戏中是允许的，但这仍是一个漏洞。弗赖堡大学的一组研究人员在 Atari Qbert 游戏中发现了一个漏洞，从而创建了一个基于进化策略的智能体[23]。他们的智能体执行了一系列特定的动作，触发了一个额外的动画，不断增加没有限制的游戏分数。视频可以在 YouTube 上找到，网址是 https://youtu.be/meE5aaRJ0Zs[22]。

在视频游戏中，奖励黑客活动的结果可能很有趣，但在现实世界中，这可能会带来严重的危害。如果控制工业硬件的强化学习系统遇到过程失控的攻击，则可能最终导致某些昂贵的设备损坏或人员受伤。由于信用分配与指定和控制智能体行为密切相关，因此它也是 AI 安全研究的主要课题。详细的介绍可以参考论文“Concrete Problems in AI Safety”[4]。当在真实世界中部署强化学习系统时，应设计好环境并严谨地训练智能体，以避免产生负面影响，防止奖励黑客入侵，确保监督，鼓励安全探索并确保鲁棒性。

当奖励黑客行为发生时，我们认为奖励信号是错误的[100]。然后，设计人员必须采取行动来修补环境中的错误或重新设计部分错误的奖励信号。现在还没有确切的方法来预测奖励黑客可能发生的位置，必须通过观察测试环境来发现它。一种方法是记录训练期间获得的所有奖励并进行分析。比如计算平均值、众数、标准偏差，然后发现异常值和极端值。如果找到任何极端奖励值，就得确定相关方案并手动检查它们，以查看智能体是如何产生这些异常的奖励值的。还可以保存这些场景的视频并重播，以便于调试，或者如果有方法可以再现存在问题的场景，就可以观看实时环境。

本章在奖励设计方面已经做了相当多的研究。总结一下，下面是设计奖励信号时要考虑的因素。

1. **使用好的、中性的或坏的奖励值**：一个好的起点是对好的奖励使用正值，对中性奖励使用零，对坏的奖励使用负值。但要注意规模，并避免极端值。

2. **选择稀疏或密集的奖励信号**：稀疏奖励易于设计，但通常会使问题更加棘手；密集奖励相对较难设计，但是会给智能体更多的反馈。

3. **注意奖励黑客和安全性**：不断评估智能体和环境，以确保不会发生奖励黑客的情况。应负责任地进行智能体训练和环境设计，以确保已部署系统的安全。

奖励信号可以看作一个智能体，它将有关任务的人类先验知识、期望和常识传递给本身没有这些的智能体。按照当前设置强化学习的方式，智能体无法像人类一样理解或看到任务。它唯一目的就是最大化目标，而它的所有行为都来自奖励信号。为了鼓励某些行为，必须弄清楚如何分配奖励，使奖励成为最大化目标的副作用。但是，奖励设计可能并不总是完美的，智能体可能会误解我们的意图，即使仍在使总奖励最大化的情况下也无法按照所希望的方式解决问题。这就是为什么需要这个领域的专家来设计良好的奖励信号。

16.3 总结

在本章的奖励设计中，我们讨论了稀疏和密集奖励信号之间的权衡以及奖励规模的重要性。如 OpenAI 的 Dota 2 结果所示，精心设计的奖励函数可能非常有效。良好的奖励信号不应太笼统，也不应太具体，而应鼓励智能体采取预期的行为。但是，错误的奖励设计可能会导致意外的行为，这就是奖励黑客，它可能会对部署的系统造成风险。因此，要注意在部署强化学习系统时应该确保安全性。

第 17 章

Foundations of Deep Reinforcement Learning: Theory and Practice in Python

转换函数

我们已经研究了状态、动作和奖励，使强化学习环境正常运行所必需的最后一个组件是转换函数，也称为模型。

可以对环境模型进行编程或学习。可编程规则很常见，它们可以产生具有各种复杂程度的环境。国际象棋被多重简单规则完美描述。机器人仿真模拟机器人的动力学及其周围环境。现代计算机游戏可能非常复杂，但是仍然可以使用编程的游戏引擎来构建。

但是，当对无法有效编程的问题进行建模时，可以学习环境模型。例如，机器人技术中的接触动力学很难用可编程规则进行建模，因此另一种方法是尝试从实际观察中学习。有些应用问题的状态和动作是抽象量，难以理解和建模，但这些问题有大量转换数据，因此可以学习转换函数来代替建模。一个环境模型还可以是部分编程和部分学习的混合模型。

本章将介绍一些指导意见，以检查构建转换函数的可行性以及评估其与实际问题的接近程度。

17.1 可行性检测

回想一下，转换函数被定义为 $P(s_{t+1} | s_t, a_t)$。它具有马尔可夫特性，这意味着转换完全由当前状态和动作决定。从理论上讲，我们必须考虑是否可以以此形式构建模型。在实践中，首先考虑是否可以使用规则、物理引擎、游戏引擎或数据来构建模型。

本节提供了一些可行性检测，以便在构建转换函数之前满足要求。有几件事情需要考虑。

1. **可编程 vs. 可学习**：能否通过计算转换规则并对其编程来建立一个不使用数据的强化学习环境？可以用多重规则完全描述问题吗？例如国际象棋等棋类游戏和机器人等物理系统。如果不可能或不可行，则只能从数据中学习模型。

2. **数据完整性**：如果需要从数据中学习模型，可用的数据是否充足？也就是说，数据是否足够具有代表性？如果否，是否有可能收集更多数据或弥补这个缺陷？所有数据都可以完全观察到吗？如果不可以，则模型可能不准确。在这种情况下，可接受的误差阈值是多少？

3. **数据代价**：有时生成数据的代价可能很高。该过程可能会花费很长时间，或花费大量金钱，因为收集实际数据会涉及较长的处理周期和大量的金钱支出。例如，与仿真相比，真实的机器人运动速度更慢且价格昂贵，但创建真实的模型可能需要首先从实际的机器人运动中收集数据。

4. **数据样本 vs. 样本效率**：深度强化学习仍然具有较低的样本效率和较差的概括性。这意味着问题的模型需要具有高保真度。反过来，这需要大量数据来构建，并且将增加学习模型的成本。即使转换函数是可编程的，仍然可能需要大量时间和精力来生成真实的模型。例如，视频游戏具有一些最复杂的可编程转换函数，并且可能花费数百万美元来制作。

5. **在线 vs. 离线**：当数据收集过程中数据与实际的强化学习智能体隔离时，将其视为离线。如果使用离线数据构建模型，是否足以应对与智能体交互的影响？例如，学习智能体可以探索状态空间的新部分，从而需要新数据来填补模型中的空白。这需要一种在线方法，即部署智能体与实际问题进行交互以收集更多数据。这可能吗？

6. **训练 vs. 产品**(与上一点有关)：使用学习过的模型进行训练的智能体在使用前需要针对实际问题进行评估。在产品中测试智能体是否安全？如何确保行为在合理范围之内？如果产品出现意外行为，潜在的财务代价是什么？

如果这些可行性检测都通过了，那么我们可以继续构建转换函数。建立模型时，通常需要考虑一些问题特征。这些特征确定哪种方法适合该模型。

1. **已知转换规则的确定性问题。**例如国际象棋。我们使用已知规则来构建确定性映射函数，例如使用存储的字典。可以将其写为 $s_{t+1} \sim P(s_{t+1} \mid s_t, a_t) = 1$ 或等价地写为 $s_{t+1} = f_{\text{deterministic}}(s_t, a_t)$ 的直接函数。在构建模型时，可以方便地使用现有的开源引擎或商用工具。有许多出色的物理或游戏引擎，例如 Box2D[17]、PyBullet[19]、Unity[138] 和 Unreal Engine[139] 已用于构建许多强化学习环境，包括从简单的 2D 玩具问题到高度逼真的驾驶模拟器。

2. **已知动力学的随机性(不确定性)问题。**例如逼真的机器人仿真。在这里，部分动力学从一开始就是随机的，而其余部分则由确定性动力学和附加的随机噪声组成。例如，可以使用确定性规则对物理系统进行建模，但是要使其更加真实，通常需要考虑诸如摩擦、抖动或传感器噪声之类的随机噪声。在这种情况下，转换模型的形式为 $s_{t+1} \sim P(s_{t+1} \mid s_t, a_t)$。

3. **未知动力学的随机问题。**例如复杂的库存管理或具有许多不可观察或不可预测的成分的销售优化。由于动力学是未知的，因此必须从数据中学习它们。收集…，s_t，a_t，s_{t+1}，a_{t+1}，…中的所有可用数据，并构建直方图以捕获给定 s_t、a_t 的 s_{t+1} 的频率。然后，将直方图与分布类型(例如高斯、贝塔、伯努利等)拟合，以获得 $P(s_{t+1} \mid s_t, a_t)$ 形式的概率分布。这是学习的模型。整个过程可以变成监督学习任务，从数据中学习概率分布，其中 s_t、a_t 作为输入，s_{t+1} 作为目标输出。

4. **不遵循马尔可夫属性的问题。**例如复杂的视频游戏。在这种情况下，需要更长的时间范围才能完全确定转换。有两种常见的策略可以解决这个问题。首先，如果转换函数是可编程的，则聚焦于构建不一定是马尔可夫的现实模型，然后确定暴露给智能体的状态是否应为马尔可夫。如果它们是马尔可夫，这个要求非常重要，则可能需要重新设计状态以包括足够的历史记录。另外，状态可以更简单，那么智能体的问题就变成了部分可观察的马尔可夫决策过程。如果我们正在学习转换函数，那就没有那么多选择了，因为训练数据 s_t、a_t 需要包含足够的信息才能完全学习下一个转换。这里的主要策略是将状态重新定义为马尔可夫。

建立模型后，如何检查它是否足以实际地表示问题？这将引导我们进入下一节。

17.2 真实性检测

任何近似于现实世界现象的模型都可能是不完美的。因此，我们需要一些方法来评估模型的近似程度。本节首先讨论一些模型误差的来源，然后讨论 KL 散度作为量化误差的一种方法。

我们可以找出可能导致模型不完善的两种主要情况。

第一种情况是无法完全模拟问题的各个方面，因此必须进行简化。例如，对机械臂的模拟可能无法解决现实世界中发生的摩擦、抖动、热膨胀以及其物理部分的撞击导致的变形。某些数据实际上是不可用的。例如，以电影推荐为例，了解一个人喜欢哪种类型的电影会很有用，但我们无法直接知道，只能从他们之前看过的电影中推断出来。

第二种情况是当使用学习过的转换函数时存在探索限制。在这种情况下，问题在于直到部署一个算法去与环境交互，某些转换才能被访问。当状态空间太大而无法为所有转换学习一个好的模型时，就会发生这种情况。相反，我们通常更加关注为智能体可能会遇到的转换函数学习一个好的模型。当然，如果模型无法解决智能体在产品中遇到的转换问题，那么它可能会产生不准确的转换，但这并不意味着不能在有限的模型上训练智能体。

可以使用如下所述的方法从数据中迭代学习模型。首先，从现实世界中收集数据的一部分，并使用它来训练模型。该模型将逼近现实，但会有一些误差。然后，可以训练一个智能体，将其部署到产品中，收集更多的转换数据，并进行再训练以改善模型。对此进行迭代，直到误差减小到可接受的阈值为止。

现在，我们需要一个在学习的模型与其近似问题之间的误差的概念。我们将训练与产品的转换函数分别定义为 $P_{\text{train}}(s'|s, a)$ 和 $P_{\text{prod}}(s'|s, a)$。现在有两个概率分布，因此可以使用标准方法来测量它们之间的差异。

Kullback-Leibler(KL) 散度[⊖]是一种广泛使用的方法，用于测量一个概率分布与另一个概率分布之间的差异。假设给定随机变量 $s \in \mathcal{S}$ 的两个分布 $p(s)$、$q(s)$，令 $p(s)$ 为基本事实分布，$q(s)$ 为近似值。可以使用 KL 散度确定 $q(s)$ 与基本事实 $p(s)$ 的偏离量。离散变量的 KL 散度如式 17.1 所示。

$$KL(p(s) \| q(s)) = \sum_{s \in \mathcal{S}} p(s) \log \frac{p(s)}{q(s)} \tag{17.1}$$

通过将离散和变成连续积分，可以很容易地将其泛化成连续变量的形式，如式 17.2 所示。

$$KL(p(s) \| q(s)) = \int_{-\infty}^{\infty} p(s) \log \frac{p(s)}{q(s)} ds \tag{17.2}$$

KL 散度是一个非负数。当它为 0 时，近似分布 q 没有与基本事实分布 p 偏离，也就是说，两个分布相等。KL 散度越大，q 与 p 的散度就越大。它也是一个非对称度量标准，即 $KL(p\|q) \neq KL(q\|p)$。由于其理想的特性，KL 也被用于许多强化学习算法中，以测量策略迭代中的差异，如我们在第 7 章中所见到的。

⊖ KL 散度也称为相对熵。

当使用 $q(s)$ 逼近现实 $p(s)$ 时，KL 可以解释为信息损失。在我们的例子中，现实是产品中的 $P_{\text{prod}}(s'|s, a)$，而逼近值是训练中的 $P_{\text{train}}(s'|s, a)$。另外，$P_{\text{prod}}$ 和 P_{train} 是条件概率，但是可以简单地为条件变量的每个特定实例计算 KL。令 $p=P_{\text{prod}}$，$q=P_{\text{train}}$，它们之间的 $KL_{s,a}$ 如式 17.3 所示。

$$KL_{s,a}(P_{\text{prod}}(s'|s, a)\|P_{\text{train}}(s'|s, a))=\sum_{s'\in S}P_{\text{prod}}(s'|s, a)\log\frac{P_{\text{prod}}(s'|s, a)}{P_{\text{train}}(s'|s, a)} \quad (17.3)$$

这是针对离散情况编写的。对于连续变量，只需将总和适当地转换为整数即可。

式 17.3 适用于单一的 (s, a) 对。但是，我们想基于所有 (s, a) 对为整个模型估计 KL。在实践中，我们使用本书中常见的一种技术来实现此目的——蒙特卡罗采样。

要使用它来改进模型，请在模型训练和部署的每次迭代期间计算并跟踪 KL，以确保 P_{train} 与 P_{prod} 的差异不会太大。在多次训练迭代中，应力争将 KL 降低到可接受的阈值。

在本章中，我们着手为实际环境构建模型 $P(s'|s, a)$。现在已经配备了执行真实性检测的工具，我们可以提出更多实际问题。用于训练和用于产品的数据的分布是什么，有何区别？训练和产品之间的差距如何收敛？这些问题尤为重要，在工业应用中，数据通常是有限的且难以获取，因此可能仅代表实际问题的全部转换分布的一部分。可用数据将影响模型的质量，进而影响强化学习算法的学习。为了使强化学习算法在训练之外有用，需要在将它们推广到产品时泛化到训练数据之外。如果训练数据和产品数据之间的差距太大，则智能体可能会在训练集之外失败，因此需要迭代地改进模型以缩小差距。

17.3 总结

本章着眼于转换函数，也称为环境模型。可以使用规则对模型进行编程或从数据中学习模型。本章提供了一个清单，用于检查编程或学习模型的可行性。然后，本章研究了转换函数可能采用的不同形式。最后，提出了 KL 散度，作为一种测量构造模型与实际转换分布之间的误差的方法。

后 记

本书首先将强化学习问题描述为马尔可夫决策过程。第一部分和第二部分介绍了可用于解决马尔可夫决策过程的主要深度强化学习算法系列，有基于策略的算法、基于值的算法和组合方法。第三部分着重于训练智能体的实践，包括调试、神经网络架构和硬件等主题。我们还提供了一份深度强化学习年鉴，其中包含了 OpenAI Gym 中一些经典控制和 Atari 环境的超参数信息与算法性能信息。

在本书的结尾，我们关注环境设计，因为这是在实践中使用深度强化学习的一个重要部分。如果没有环境，智能体就无法解决问题。环境设计是一个大而有趣的话题，所以我们只能简单地谈谈一些重要的想法。第四部分应理解为一套高级别准则，而不是对本专题详细深入的讨论。

我们希望本书是对深度强化学习的一个有用的介绍，我们为能够参与这个领域并进行研究，感到兴奋、好奇和欣赏。我们也希望它激发了你的兴趣，使你很想学习这个领域更多的知识。考虑到这一点，我们在本书的结尾简要地介绍了一些开放性的研究问题，并给出了这些领域的最新工作的列表指南。这不是一个完整的列表，却是一个不断发展的、有趣的、迅速变化的研究领域的起点。

可重复性

目前，深度强化学习算法具有不稳定、对超参数敏感、性能变化大等特点。这使得结果难以再现。Henderson 等人[48]在《重要的深度强化学习》(*Deep Reinforcement Learning that Matters*)一书中，对这些问题进行了出色的分析，并提出了一些可能的改进方法，其中一个方法，就是使用一个更加可重复的工作流程，这也是本书及其配套库(SLM lab)所推荐的方法。

现实差距

这也被称为模拟-现实(sim-to-real)的转换问题。由于成本、时间和安全性的原因，在现实世界中训练一个深度强化学习智能体常常是困难的。通常，我们在模拟中训练智能体并将其部署到现实世界中。不幸的是，在模拟中很难精确地模拟现实世界——这就是所谓的现实差距。这表示一个域转换问题，在该问题中，训练智能体的数据集与测试的数据集有着不同的分布。

解决这一问题的一种常用方法就是在训练过程的模拟中加入随机噪声。OpenAI 的文章"Learning Dexterous In-Hand Manipulation"[98]通过随机化模拟的物理特性(如物体质量、颜色和摩擦力)来实现这一点。

元学习与多任务学习

本书中算法的一个局限性是它们从零开始学习每一个任务，这是非常低效的。因为许多任务是相关的，例如，竞技游泳运动员经常以多种游泳方式进行比赛，因为技术是密切相关的。当学习一种新的泳姿时，他们不会再从头开始学习如何游泳。更普遍地说，人类在成长过程中学会控制自己的身体，并运用这些知识来学习许多不同的身体技能。

元学习通过学习如何学习来解决这个问题。这些算法是为了学习如何在一组相关学习任务的训练后有效地学习一个新任务而设计的。Finn 等人[40]提出的“Model-Agnostic Meta-Learning for Fast Adaptation of Deep Networks”就是这种方法的一个例子。

多任务学习是指通过共同学习更有效地学习多个任务。Teh 等人[134]的分布算法和 Parisotto 等人[110]的演员-模拟算法就是这种方法的例子。

多智能体问题

将强化学习应用于多智能体问题是很自然的事。OpenAI 5[104]就是一个这样的例子，其中使用 PPO 算法训练了 5 个独立的智能体来玩 Dota 2 多人游戏。通过调整平衡团队和个人奖励的系数，其作者发现在智能体之间出现了合作行为。DeepMind 的 FTW 算法[56]通过使用基于多人的训练和深度强化学习来玩多人游戏 Quake，其中每个智能体的目标是最大化其团队获胜的概率。

样本效率

深度强化学习算法的样本效率是将其应用于实际问题的一个重要障碍。解决这个问题的一个方法是合并环境模型。Clavera 等人[24]的 MB-MPO 算法和 Kaiser 等人[62]的 SimPLe 算法是近期的两个例子。

事后经验重播(Hindsight Experience Replay，HER)[6]是另一种可选择的方法。它的动机是人类善于从失败的尝试和成功的尝试中学习。在 HER 算法中，轨迹被赋予新的奖励，假设一个智能体在一个场景里所做的就是它应该做的，这将有助于智能体了解奖励稀少时的环境状况，提高样本效率。

泛化性

深度强化学习算法的泛化性是很差的。算法经常在相同的环境中接受训练和测试，这使它们容易过度拟合。例如，Zhang 等人[152]的“Natural Environment Benchmarks for Reinforcement Learning”表明只要在一些 Atari 游戏中添加图像噪声，已经经过训练的智能体就可能完全失败。为了解决这个问题，他们通过在游戏背景中嵌入视频来修改 Atari 游戏环境，并使用这些视频来训练智能体。

在前面的例子中，即使将变体引入环境中，底层任务仍保持不变。但是，智能体还应该能够泛化到未执行的相关任务中。为了对此进行测试，可以创建一个环境来逐步生成新的相关任务。有两个例子是这种情况，一个是具有生成不同元素和级别的 Obstacle Tower 游戏[60]，另一个是具有一组不相交的训练和评估任务的 Animal-AI Olympics 环境[7]。

探索与奖励塑造

在奖励稀少的环境中训练深度强化智能体是一项挑战，因为环境提供的关于哪些操作可取的信息很少。当智能体探索一个环境时，很难发现有用的行为，并且它们经常会陷入局部极小值。

通常可以设计额外的奖励，鼓励有助于解决任务的行为。例如，在 BipedalWalker 环境[18]中，不是仅当智能体成功到达远端时才给予奖励，而是向前移动时就给予奖励，但是在应用电机转矩和摔倒时给予惩罚。这些密集的奖励会鼓励智能体有效地前进。

然而，设计奖励是非常耗时的，因为奖励往往是针对特定问题的。解决这一问题的一种方法是给予智能体一种内在的奖励，激励其探索新的状态和发展新的技能。这类似于奖励一个好奇的探险者。Pathak 等人[111]的“Curiosity-Driven Exploration by Self-Supervised Prediction”是最近的一个例子。

Ecoffet 等人[36]的 Go-Explore 算法则采取了不同的方法。它的动机是，如果从有希望的状态开始，而不是从一个场景开始，探索可能会更加有效。为了实现这一点，训练分为探索阶段和模拟阶段。在探索阶段，Go-Explore 智能体随机地探索环境，并记住有趣的状态和导致它们的轨迹；在模拟阶段，它不是从头开始探索，而是从已经存储的状态开始迭代地探索。

深度强化学习时间线

- 1947 年：蒙特卡罗采样
- 1958 年：感知机
- 1959 年：时序差分学习
- 1983 年：ASE-ALE——第一个演员-评论家算法
- 1986 年：反向传播算法
- 1989 年：卷积神经网络
- 1989 年：Q 学习
- 1991 年：TD-Gammon
- 1992 年：REINFORCE
- 1992 年：经验回放
- 1994 年：SARSA
- 1999 年：英伟达发明了 GPU
- 2007 年：CUDA 发布
- 2012 年：街机学习环境(ALE)
- 2013 年：深度 Q 网络(DQN)
- 2015 年 2 月：Atari 的 DQN 人工控制
- 2015 年 2 月：TRPO
- 2015 年 6 月：广义优势估计
- 2015 年 9 月：深度确定性策略梯度(Deep Deterministic Policy Gradient，DDPG)[81]
- 2015 年 9 月：双重 DQN
- 2015 年 11 月：对抗 DQN[144]
- 2015 年 11 月：优先级经验回放
- 2015 年 11 月：TensorFlow
- 2016 年 2 月：异步优势演员-评论家(A3C)
- 2016 年 3 月：AlphaGo 以 4 比 1 击败 Lee Sedol
- 2016 年 6 月：OpenAI Gym
- 2016 年 6 月：生成对抗模仿学习(Generative Adversarial Imitation Learning，GAIL)[51]
- 2016 年 10 月：PyTorch
- 2017 年 3 月：模型无关元学习(Model-Agnostic Meta-Learning，MAML)[40]
- 2017 年 7 月：分布式强化学习[13]
- 2017 年 7 月：近端策略优化算法(PPO)
- 2017 年 8 月：OpenAI Dota 2 1：1

- 2017 年 8 月：内在的好奇心模型(Intrinsic Curiosity Module，ICM)[111]
- 2017 年 10 月：Rainbow[49]
- 2017 年 12 月：AlphaZer[126]
- 2018 年 1 月：柔性演员-评论家算法(SAC)[47]
- 2018 年 2 月：IMPALA[37]
- 2018 年 6 月：Qt-Opt[64]
- 2018 年 11 月：Go-Explore 解决了 Montezuma 复仇问题[36]
- 2018 年 12 月：AlphaZero 成为国际象棋、围棋和日本将棋(Shogi)历史上最强的选手
- 2018 年 12 月：AlphaStar[3]在星际争霸 II 游戏中击败了世界上最强的玩家之一
- 2019 年 4 月：OpenAI 5 在 Dota 2 中击败世界冠军。
- 2019 年 5 月：FTW Quake III Arena Capture the Flag[56]

示例环境

如今，深度强化学习拥有许多 Python 库提供的多种强化学习环境供选择。下面列出其中的一些以供参考。

1. Animal-AI Olympics [7] `https://github.com/beyretb/AnimalAI-Olympics`: an AI competition with tests inspired by animal cognition.
2. Deepdrive [115] `https://github.com/deepdrive/deepdrive`: end-to-end simulation for self-driving cars.
3. DeepMind Lab [12] `https://github.com/deepmind/lab`: a suite of challenging 3D navigation and puzzle-solving tasks.
4. DeepMind PySC2 [142] `https://github.com/deepmind/pysc2`: StarCraft II environment.
5. Gibson Environments [151] `https://github.com/StanfordVL/GibsonEnv`: real-world perception for embodied agents.
6. Holodeck [46] `https://github.com/BYU-PCCL/holodeck`: high-fidelity simulations created with the Unreal Engine 4.
7. Microsoft Malmö [57] `https://github.com/Microsoft/malmo`: Minecraft environments.
8. MuJoCo [136] `http://www.mujoco.org/`: physics engine with robotics simulations.
9. OpenAI Coinrun [25] `https://github.com/openai/coinrun`: custom environment created to quantify generalization in RL.
10. OpenAI Gym [18] `https://github.com/openai/gym`: a huge selection of classic control, Box2D, robotics, and Atari environments.
11. OpenAI Retro [108] `https://github.com/openai/retro`: retro games including Atari, NEC, Nintendo, and Sega.
12. OpenAI Roboschool [109] `https://github.com/openai/roboschool`: robotics environments tuned for research.
13. Stanford osim-RL [129] `https://github.com/stanfordnmbl/osim-rl`: musculoskeletal RL environment.
14. Unity ML-Agents [59] `https://github.com/Unity-Technologies/ml-agents`: a set of environments created with the Unity game engine.
15. Unity Obstacle Tower [60] `https://github.com/Unity-Technologies/obstacle-tower-env`: a procedurally generated environment consisting of multiple floors to be solved by a learning agent.
16. VizDoom [150] `https://github.com/mwydmuch/ViZDoom`: VizDoom game simulator, usable with OpenAI Gym.

本书使用了 OpenAI Gym 的许多环境，其中包括一些易于调节的离散环境 CartPolev0、MountainCar-v0、LunarLander-v2 和连续环境 Pendulum-v0。对于更复杂的环境，本书使用了一些 Atari 游戏，例如 PongNoFrameskip-v4 和 BreakoutNoFrameskip-v4。

B.1　离散环境

在 OpenAI Gym 中，可用的离散控制环境包括易于调节的 CartPole-v0、MountainCar-v0 和 LunarLander-v2 环境。较复杂的环境是一些 Atari 游戏——PongNoFrameskip-v4 和 BreakoutNoFrameskip-v4。本节详细说明这些环境，一些信息引用自原始 OpenAI Gym 的 Wiki 文档。

B.1.1　CartPole-v0

图 B-1　CartPole-v0 环境。目标是在 200 个时间步内保持杆平衡

这是 OpenAI Gym 中最简单的玩具问题，通常用于调试算法。它最初是由 Barto、Sutton 和 Anderson[11] 描述的。一个杆被连接到可以沿着无摩擦轨道移动的小车上。

1. **目标**：在 200 个时间步内保持杆直立。

2. **状态**：长度为 4 的数组——[小车位置，小车速度，极角，极角速度]。例如，[−0.034 743 55，0.032 482 49，−0.031 007 49，0.036 143 01]。

3. **动作**：{0，1}内的整数，表示小车向左或向右移动。例如，0 表示向左移动。

4. **奖励**：每个时间步，若杆保持直立，则奖励+1。

5. **终止**：当杆倒下(与垂直方向成 12 度)，或者小车移出屏幕，或者达到 200 个时间步时终止。

6. **解决方案**：连续 100 个事件的平均总奖励达到 195.0。

B.1.2　MountainCar-v0

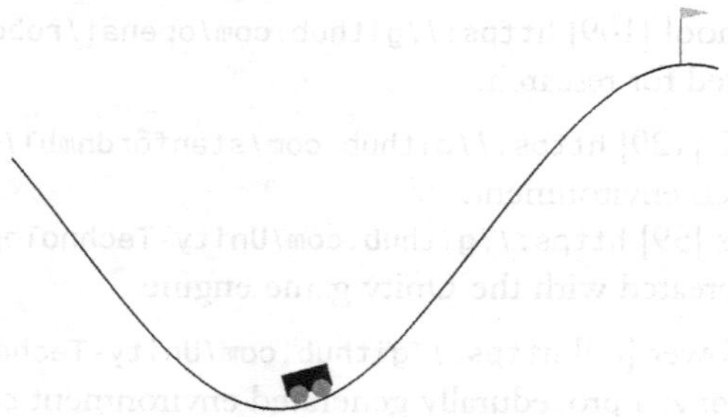

图 B-2　MountainCar-v0 环境。目标是使汽车左右摆动，在最短的时间内到达山顶

这是一个稀疏奖励问题，最初由 Andrew Moore[91] 提出。目标是有策略地将一辆动力不足的小车“摆”到上边标有一面旗帜的山顶。

1. **目标**：将小车摆到标有旗帜的山顶。

2. **状态**：长度为 2 的数组——[小车位置，小车速度]。例如，[−0.590 251 58，0.]。

3. **动作**：{0，1，2}内的整数，表示向左推、保持静止或向右推。例如，0 表示向左推。

4. **奖励**：每个时间步奖励−1，直到小车到达山顶。

5. **终止**：当小车到达山顶时，或经过 200 个时间步之后终止。

6. **解决方案**：连续 100 个事件的平均总奖励为−110。

B.1.3 LunarLander-v2

这是一个更难控制的问题，智能体必须操纵着陆器并使其着陆而不坠毁。燃料无限，着陆垫始终位于中央，由两面旗帜标示。

图 B-3 LunarLander-v2 环境。目标是用最少的燃料在两面旗帜之间引导着陆器降落，而不坠毁(见彩插)

1. **目标**：着陆器着陆时不碰撞燃料。解决方案总奖励为+200。

2. **状态**：长度为 8 的数组——[x 位置，y 位置，x 速度，y 速度，着陆角，着陆角速度，左腿地面接触，右腿地面接触]。例如[0.005 507 37，0.948 061 47，0.557 860 95，0.496 526 65，0.006 388 56，0.126 363 93，0，0]。

3. **动作**：{0，1，2，3}内的整数，表示不点燃任何引擎、点燃左侧引擎、点燃主引擎或点燃右侧引擎。例如，2 表示点燃主引擎。

4. **奖励**：碰撞时−100，当点燃主引擎时每个时间步−0.3，着陆时+100 至+140，任意一条腿地面接触时+10。

5. **终止**：当着陆器着陆或碰撞时，或者超过 1000 个时间步后终止。

6. **解决方案**：连续 100 个事件的平均总奖励为 200.0。

B.1.4 PongNoFrameskip-v4

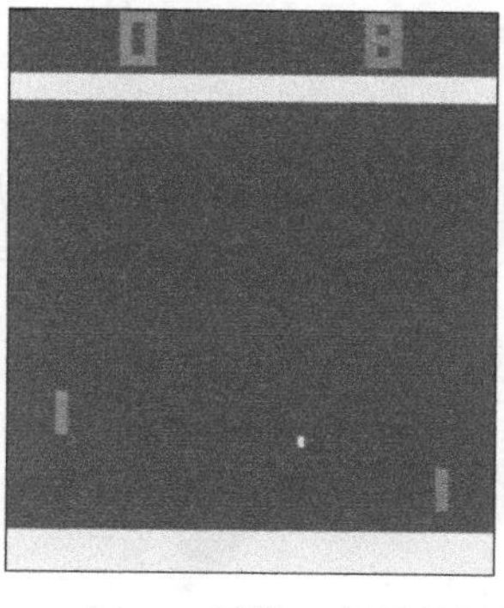

图 B-4 PongNoFrameskip-v4 环境。主要目标是击败左边的对手

这是一个基于图像的 Atari 游戏，它由一个球、一个程序控制的左球拍和一个智能体控制的右球拍组成。目标是接住球，让对手错过球。比赛进行 21 轮。

1. **目标**：最大化游戏得分，最高得分为＋21 分。
2. **状态**：一个形状为(210，160，3)的 RGB 图像张量。
3. **动作**：{0，1，2，3，4，5}内的整数，用于控制模拟游戏机。
4. **奖励**：如果智能体失球，－1 分，如果对手失球，＋1 分。比赛进行 21 轮。
5. **终止**：21 轮后终止。
6. **解决方案**：连续 100 个事件的平均得分最大化，满分＋21 分也是可能的。

B.1.5　BreakoutNoFrameskip-v4

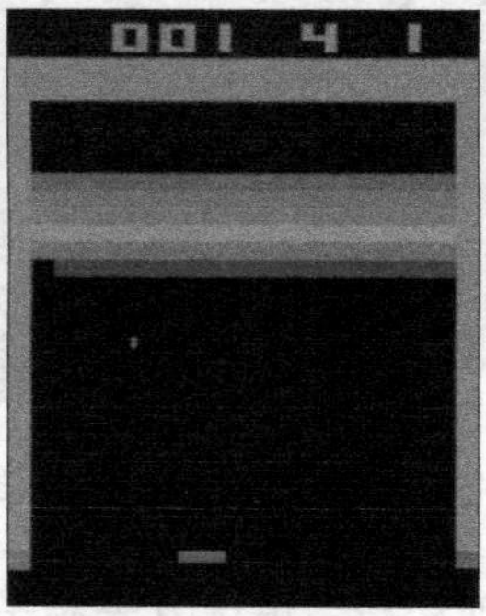

图 B-5　BreakoutNoFrameskip-v4 环境。主要目标是摧毁所有砖块

这是一款基于图像的 Atari 游戏，由一个球、一个由智能体控制的底部球拍和砖块组成。目标是通过控制球拍使球弹跳，击中并打碎所有砖块。每当球掉落到屏幕底部，就会丧失一条游戏生命。

1. **目标**：最大化游戏得分。
2. **状态**：一个形状为(210，160，3)的 RGB 图像张量。
3. **动作**：{0，1，2，3}内的整数，用于控制模拟游戏机。
4. **奖励**：由游戏逻辑决定。
5. **终止**：丧失了所有游戏生命之后终止。
6. **解决方案**：连续 100 个事件的平均得分最大化。

B.2　连续环境

OpenAI Gym 中的连续控制环境包括机器人控制问题 Pendulum-v0 和 BipedalWalker-v2。本节详细说明这些环境，一些信息引用自原始 OpenAI Gym 的 Wiki 文档。

B.2.1　Pendulum-v0

图 B-6　Pendulum-v0 环境。目标是摆动倒立的摆锤，使其保持站立

这是一个连续控制问题，其中智能体施加扭矩，使无摩擦的倒立摆锤向上摆动并保持站立。

1. **目标**：摆动摆锤并保持摆锤直立。

2. **状态**：包含连接角 θ 及其角速度的长度为 3 的数组——$\left[\cos\theta,\ \sin\theta,\ \frac{d\theta}{dt}\right]$。例如，[0.914 500 08，-0.404 585 73，0.854 369 13]。

3. **动作**：区间[-2.0，2.0]内的浮点数，用于在连接处施加扭矩。例如，0.0 表示不施加扭矩。

4. **奖励**：公式为$-\left(\theta^2+0.1\frac{d\theta^2}{dt}+0.001\ 扭矩^2\right)$。

5. **终止**：经过最大 200 个时间步之后终止。

6. **解决方案**：在连续 100 个事件中最大化平均总奖励。

B.2.2 BipedalWalker-v2

这是一个连续控制问题，智能体使用机器人的激光雷达传感器感应周围环境并向右移动而不跌倒。

图 B-7 BipedalWalker-v2 环境。目标是使智能体向右移动而不跌倒

1. **目标**：向右移动而不跌倒。

2. **状态**：一个长度为 24 的数组——[船体角度，船体角速度，x 速度，y 速度，髋部 1 关节角度，髋部 1 关节速度，膝盖 1 关节角度，膝盖 1 关节速度，腿部 1 地面触点，髋部 2 关节角度，髋部 2 关节速度，膝盖 2 关节角度，膝盖 2 关节速度，腿部 2 地面触点，…，10 个激光雷达读数]。例如，[2.745 617 88e-03，1.180 998 05e-05，-1.539 960 13e-03，-1.600 007 77e-02，…，7.091 477 51e-01，8.859 303 59e-01，1.000 000 00e+00，1.000 000 00e+00]。

3. **动作**：区间[-1.0，1.0]内的 4 个浮点数组成的一个向量——[髋部 1 扭矩和速度，膝盖 1 扭矩和速度，髋部 2 扭矩和速度，膝盖 2 扭矩和速度]。例如，[0.097 627 01，0.430 378 74，0.205 526 75，0.089 766 37]。

4. **奖励**：向右移动的奖励总额最多+300；如果机器人跌倒，则奖励-100。

5. **终止**：当机器人身体接触地面或到达最右侧时，或经过最大 1600 个时间步后终止。

6. **解决方案**：连续 100 个事件后获得的平均总奖励为 300。

参考文献

[1] Abadi, M., Agarwal, A., Barham, P., Brevdo, E., Chen, Z., Citro, C., Corrado, G. S., et al. "TensorFlow: Large-Scale Machine Learning on Heterogeneous Distributed Systems." Software available from tensorflow.org. 2015. ARXIV: 1603.04467.

[2] Achiam, J., Held, D., Tamar, A., and Abbeel, P. "Constrained Policy Optimization." 2017. ARXIV: 1705.10528.

[3] AlphaStar Team. "AlphaStar: Mastering the Real-Time Strategy Game StarCraft II." 2019. URL: https://deepmind.com/blog/alphastar-mastering-real-time-strategy-game-starcraft-ii.

[4] Amodei, D., Olah, C., Steinhardt, J., Christiano, P., Schulman, J., and Mané, D. "Concrete Problems in AI Safety." 2016. ARXIV: 1606.06565.

[5] Anderson, H. L. "Metropolis, Monte Carlo, and the MANIAC." In: *Los Alamos Science* 14 (1986). URL: http://library.lanl.gov/cgi-bin/getfile?00326886.pdf.

[6] Andrychowicz, M., Wolski, F., Ray, A., Schneider, J., Fong, R., Welinder, P., McGrew, B., Tobin, J., Abbeel, P., and Zaremba, W. "Hindsight Experience Replay." 2017. ARXIV: 1707.01495.

[7] Animal-AI Olympics. URL: https://github.com/beyretb/AnimalAI-Olympics.

[8] Arjona-Medina, J. A., Gillhofer, M., Widrich, M., Unterthiner, T., Brandstetter, J., and Hochreiter, S. "RUDDER: Return Decomposition for Delayed Rewards." 2018. ARXIV: 1806.07857.

[9] Baird, L. C. *Advantage Updating*. Tech. rep. Wright-Patterson Air Force Base, OH, 1993.

[10] Bakker, B. "Reinforcement Learning with Long Short-Term Memory." In: *Advances in Neural Information Processing Systems 14 (NeurIPS 2001)*. Ed. by Dietterich, T. G., Becker, S., and Ghahramani, Z. MIT Press, 2002, pp. 1475–1482. URL: http://papers.nips.cc/paper/1953-reinforcement-learning-with-long-short-term-memory.pdf.

[11] Barto, A. G., Sutton, R. S., and Anderson, C. W. "Neuronlike Adaptive Elements That Can Solve Difficult Learning Control Problems." In: *IEEE Transactions on Systems, Man, & Cybernetics* 13.5 (1983), pp. 834–846. URL: https://ieeexplore.ieee.org/abstract/document/6313077.

[12] Beattie, C., Leibo, J. Z., Teplyashin, D., Ward, T., Wainwright, M., Küttler, H., Lefrancq, A., et al. "DeepMind Lab." 2016. ARXIV: 1612.03801.

[13] Bellemare, M. G., Dabney, W., and Munos, R. "A Distributional Perspective on Reinforcement Learning." 2017. ARXIV: 1707.06887.

[14] Bellemare, M. G., Naddaf, Y., Veness, J., and Bowling, M. "The Arcade Learning Environment: An Evaluation Platform for General Agents." In: *Journal of Artificial Intelligence Research* 47 (June 2013), pp. 253–279. ARXIV: 1207.4708.

[15] Bellman, R. "A Markovian Decision Process." In: *Indiana University Mathematics Journal* 6.5 (1957), pp. 679–684. ISSN: 0022-2518. URL: https://www.jstor.org/stable/24900506.

[16] Bellman, R. "The Theory of Dynamic Programming." In: *Bulletin of the American Mathematical Society* 60.6 (1954). URL: https://projecteuclid.org/euclid.bams/1183519147.

[17] Box2D. 2006. URL: https://github.com/erincatto/box2d.

[18] Brockman, G., Cheung, V., Pettersson, L., Schneider, J., Schulman, J., Tang, J., and Zaremba, W. "OpenAI Gym." 2016. ARXIV: 1606.01540.

[19] Bullet Physics SDK. URL: https://github.com/bulletphysics/bullet3.

[20] Cho, K. "Natural Language Understanding with Distributed Representation." 2015. ARXIV: 1511.07916.

[21] Cho, K., van Merrienboer, B., Gulçehre, Ç., Bahdanau, D., Bougares, F., Schwenk, H., and Bengio, Y. "Learning Phrase Representations Using RNN Encoder-Decoder for Statistical Machine Translation." 2014. ARXIV: 1406.1078.

[22] Chrabaszcz, P. "Canonical ES Finds a Bug in Qbert (Full)." YouTube video, 13:54. 2018. URL: https://youtu.be/meE5aaRJ0Zs.

[23] Chrabaszcz, P., Loshchilov, I., and Hutter, F. "Back to Basics: Benchmarking Canonical Evolution Strategies for Playing Atari." 2018. ARXIV: 1802.08842.

[24] Clavera, I., Rothfuss, J., Schulman, J., Fujita, Y., Asfour, T., and Abbeel, P. "Model-Based Reinforcement Learning via Meta-Policy Optimization." 2018. ARXIV: 1809.05214.

[25] Cobbe, K., Klimov, O., Hesse, C., Kim, T., and Schulman, J. "Quantifying Generalization in Reinforcement Learning." 2018. ARXIV: 1812.02341.

[26] Codacy. URL: https://www.codacy.com.

[27] Code Climate. URL: https://codeclimate.com.

[28] Cox, D. and Dean, T. "Neural Networks and Neuroscience-Inspired Computer Vision." In: *Current Biology* 24 (2014). Computational Neuroscience, pp. 921–929. DOI: 10.1016/j.cub.2014.08.026.

[29] CTRL-Labs. URL: https://www.ctrl-labs.com.

[30] Cun, Y. L., Denker, J. S., and Solla, S. A. "Optimal Brain Damage." In: *Advances in Neural Information Processing Systems 2*. Ed. by Touretzky, D. S. San Francisco, CA, USA: Morgan Kaufmann Publishers Inc., 1990, pp. 598–605. ISBN: 1-55860-100-7. URL: http://dl.acm.org/citation.cfm?id=109230.109298.

[31] Daniel Rozin Interactive Art. URL: http://www.smoothware.com/danny.

[32] Deng, J., Dong, W., Socher, R., Li, L.-J., Li, K., and Fei-Fei, L. "ImageNet: A Large-Scale Hierarchical Image Database." In: *IEEE Conference on Computer Vision and Pattern Recognition, CVPR09*. IEEE, 2009, pp. 248–255.

[33] Dettmers, T. "A Full Hardware Guide to Deep Learning." 2018. URL: https://timdettmers.com/2018/12/16/deep-learning-hardware-guide.

[34] Dreyfus, S. "Richard Bellman on the Birth of Dynamic Programming." In: *Operations Research* 50.1 (2002), pp. 48–51. DOI: 10.1287/opre.50.1.48.17791.

[35] Duan, Y., Chen, X., Houthooft, R., Schulman, J., and Abbeel, P. "Benchmarking Deep Reinforcement Learning for Continuous Control." 2016. ARXIV: 1604.06778.

[36] Ecoffet, A., Huizinga, J., Lehman, J., Stanley, K. O., and Clune, J. "Go-Explore: A New Approach for Hard-Exploration Problems." 2019. ARXIV: 1901.10995.

[37] Espeholt, L., Soyer, H., Munos, R., Simonyan, K., Mnih, V., Ward, T., Doron, Y., et al. "IMPALA: Scalable Distributed Deep-RL with Importance Weighted Actor-Learner Architectures." 2018. ARXIV: 1802.01561.

[38] Fazel, M., Ge, R., Kakade, S. M., and Mesbahi, M. "Global Convergence of Policy Gradient Methods for the Linear Quadratic Regulator." 2018. ARXIV: 1801.05039.

[39] Fei-Fei, L., Johnson, J., and Yeung, S. "Lecture 14: Reinforcement Learning." In:

CS231n: Convolutional Neural Networks for Visual Recognition, Spring 2017. Stanford University, 2017. URL: `http://cs231n.stanford.edu/slides/2017/cs231n_2017_lecture14.pdf`.

[40] Finn, C., Abbeel, P., and Levine, S. "Model-Agnostic Meta-Learning for Fast Adaptation of Deep Networks." 2017. ARXIV: 1703.03400.

[41] Frankle, J. and Carbin, M. "The Lottery Ticket Hypothesis: Finding Sparse, Trainable Neural Networks." 2018. ARXIV: 1803.03635.

[42] Fujimoto, S., van Hoof, H., and Meger, D. "Addressing Function Approximation Error in Actor-Critic Methods." 2018. ARXIV: 1802.09477.

[43] Fukushima, K. "Neocognitron: A Self-Organizing Neural Network Model for a Mechanism of Pattern Recognition Unaffected by Shift in Position." In: *Biological Cybernetics* 36 (1980), pp. 193–202. URL: `https://www.rctn.org/bruno/public/papers/Fukushima1980.pdf`.

[44] Glances–An Eye on Your System. URL: `https://github.com/nicolargo/glances`.

[45] Goodfellow, I., Bengio, Y., and Courville, A. *Deep Learning*. MIT Press, 2016. URL: `http://www.deeplearningbook.org`.

[46] Greaves, J., Robinson, M., Walton, N., Mortensen, M., Pottorff, R., Christopherson, C., Hancock, D., and Wingate, D. "Holodeck–A High Fidelity Simulator for Reinforcement Learning." 2018. URL: `https://github.com/byu-pccl/holodeck`.

[47] Haarnoja, T., Zhou, A., Abbeel, P., and Levine, S. "Soft Actor-Critic: Off-Policy Maximum Entropy Deep Reinforcement Learning with a Stochastic Actor." 2018. ARXIV: 1801.01290.

[48] Henderson, P., Islam, R., Bachman, P., Pineau, J., Precup, D., and Meger, D. "Deep Reinforcement Learning That Matters." 2017. ARXIV: 1709.06560.

[49] Hessel, M., Modayil, J., van Hasselt, H., Schaul, T., Ostrovski, G., Dabney, W., Horgan, D., Piot, B., Azar, M. G., and Silver, D. "Rainbow: Combining Improvements in Deep Reinforcement Learning." 2017. ARXIV: 1710.02298.

[50] Hinton, G. "Lecture 6a: Overview of Mini-Batch Gradient Descent." In: *CSC321: Neural Networks for Machine Learning*. University of Toronto, 2014. URL: `http://www.cs.toronto.edu/~tijmen/csc321/slides/lecture_slides_lec6.pdf`.

[51] Ho, J. and Ermon, S. "Generative Adversarial Imitation Learning." 2016. ARXIV: 1606.03476.

[52] Hochreiter, S. and Schmidhuber, J. "Long Short-Term Memory." In: *Neural Computation* 9.8 (Nov. 1997), pp. 1735–1780. ISSN: 0899-7667. DOI: 10.1162/neco.1997.9.8.1735.

[53] Hofstadter, D. R. *Gödel, Escher, Bach: An Eternal Golden Braid*. New York: Vintage Books, 1980. ISBN: 0-394-74502-7.

[54] Horgan, D., Quan, J., Budden, D., Barth-Maron, G., Hessel, M., van Hasselt, H., and Silver, D. "Distributed Prioritized Experience Replay." 2018. ARXIV: 1803.00933.

[55] HTC Vive. URL: `https://www.vive.com/us`.

[56] Jaderberg, M., Czarnecki, W. M., Dunning, I., Marris, L., Lever, G., Castañeda, A. G., Beattie, C., et al. "Human-Level Performance in 3D Multiplayer Games with Population-Based Reinforcement Learning." In: *Science* 364.6443 (2019), pp. 859–865. ISSN: 0036-8075. DOI: 10.1126/science.aau6249.

[57] Johnson, M., Hofmann, K., Hutton, T., and Bignell, D. "The Malmo Platform for Artificial Intelligence Experimentation." In: *IJCAI'16 Proceedings of the Twenty-Fifth International Joint Conference on Artificial Intelligence*. New York, USA: AAAI Press, 2016, pp. 4246–4247. ISBN: 978-1-57735-770-4. URL: `http://dl.acm.org/citation.cfm?id=3061053.3061259`.

[58] Jouppi, N. "Google Supercharges Machine Learning Tasks with TPU Custom Chip." Google Blog. 2016. URL: https://cloudplatform.googleblog.com/2016/05/Google-supercharges-machine-learning-tasks-with-custom-chip.html.

[59] Juliani, A., Berges, V.-P., Vckay, E., Gao, Y., Henry, H., Mattar, M., and Lange, D. "Unity: A General Platform for Intelligent Agents." 2018. ARXIV: 1809.02627.

[60] Juliani, A., Khalifa, A., Berges, V., Harper, J., Henry, H., Crespi, A., Togelius, J., and Lange, D. "Obstacle Tower: A Generalization Challenge in Vision, Control, and Planning." 2019. ARXIV: 1902.01378.

[61] Kaelbling, L. P., Littman, M. L., and Moore, A. P. "Reinforcement Learning: A Survey." In: *Journal of Artificial Intelligence Research* 4 (1996), pp. 237–285. URL: http://people.csail.mit.edu/lpk/papers/rl-survey.ps.

[62] Kaiser, L., Babaeizadeh, M., Milos, P., Osinski, B., Campbell, R. H., Czechowski, K., Erhan, D., et al. "Model-Based Reinforcement Learning for Atari." 2019. ARXIV: 1903.00374.

[63] Kakade, S. "A Natural Policy Gradient." In: *NeurIPS'11 Proceedings of the 14th International Conference on Neural Information Processing Systems: Natural and Synthetic.* Cambridge, MA, USA: MIT Press, 2001, pp. 1531–1538. URL: http://dl.acm.org/citation.cfm?id=2980539.2980738.

[64] Kalashnikov, D., Irpan, A., Pastor, P., Ibarz, J., Herzog, A., Jang, E., Quillen, D., et al. "QT-Opt: Scalable Deep Reinforcement Learning for Vision-Based Robotic Manipulation." 2018. ARXIV: 1806.10293.

[65] Kapturowski, S., Ostrovski, G., Quan, J., Munos, R., and Dabney, W. "Recurrent Experience Replay in Distributed Reinforcement Learning." In: *International Conference on Learning Representations.* 2019. URL: https://openreview.net/forum?id=r1lyTjAqYX.

[66] Karpathy, A. "The Unreasonable Effectiveness of Recurrent Neural Networks." 2015. URL: http://karpathy.github.io/2015/05/21/rnn-effectiveness.

[67] Keng, W. L. and Graesser, L. "SLM-Lab." 2017. URL: https://github.com/kengz/SLM-Lab.

[68] Kingma, D. P. and Ba, J. "Adam: A Method for Stochastic Optimization." 2014. ARXIV: 1412.6980.

[69] Leap Motion. URL: https://www.leapmotion.com/technology.

[70] LeCun, Y., Boser, B., Denker, J. S., Henderson, D., Howard, R. E., Hubbard, W., and Jackel, L. D. "Backpropagation Applied to Handwritten Zip Code Recognition." In: *Neural Computation* 1 (1989), pp. 541–551. URL: http://yann.lecun.com/exdb/publis/pdf/lecun-89e.pdf.

[71] LeCun, Y. "Generalization and Network Design Strategies." In: *Connectionism in Perspective.* Ed. by Pfeifer, R., Schreter, Z., Fogelman, F., and Steels, L. Elsevier, 1989.

[72] LeCun, Y. "Week 10, Unsupervised Learning Part 1." In: *DS-GA-1008: Deep Learning, NYU.* 2017. URL: https://cilvr.cs.nyu.edu/lib/exe/fetch.php?media=deeplearning:2017:007-unsup01.pdf.

[73] LeCun, Y., Cortes, C., and Burges, C. J. "The MNIST Database of Handwritten Digits." 2010. URL: http://yann.lecun.com/exdb/mnist.

[74] Levine, S. "Sep 6: Policy Gradients Introduction, Lecture 4." In: *CS 294: Deep Reinforcement Learning, Fall 2017.* UC Berkeley, 2017. URL: http://rail.eecs.berkeley.edu/deeprlcourse-fa17/index.html#lectures.

[75] Levine, S. "Sep 11: Actor-Critic Introduction, Lecture 5." In: *CS 294: Deep Reinforcement Learning, Fall 2017.* UC Berkeley, 2017. URL:

http://rail.eecs.berkeley.edu/deeprlcourse-fa17/index.html#lectures.

[76] Levine, S. "Sep 13: Value Functions Introduction, Lecture 6." In: *CS 294: Deep Reinforcement Learning, Fall 2017*. UC Berkeley, 2017. URL: http://rail.eecs.berkeley.edu/deeprlcourse-fa17/index.html#lectures.

[77] Levine, S. "Sep 18: Advanced Q-Learning Algorithms, Lecture 7." In: *CS 294: Deep Reinforcement Learning, Fall 2017*. UC Berkeley, 2017. URL: http://rail.eecs.berkeley.edu/deeprlcourse-fa17/index.html#lectures.

[78] Levine, S. and Achiam, J. "Oct 11: Advanced Policy Gradients, Lecture 13." In: *CS 294: Deep Reinforcement Learning, Fall 2017*. UC Berkeley, 2017. URL: http://rail.eecs.berkeley.edu/deeprlcourse-fa17/index.html#lectures.

[79] Li, W. and Todorov, E. "Iterative Linear Quadratic Regulator Design for Nonlinear Biological Movement Systems." In: *Proceedings of the 1st International Conference on Informatics in Control, Automation and Robotics (ICINCO 1)*. Ed. by Araújo, H., Vieira, A., Braz, J., Encarnação, B., and Carvalho, M. INSTICC Press, 2004, pp. 222–229. ISBN: 972-8865-12-0.

[80] LIGO. "Gravitational Waves Detected 100 Years after Einstein's Prediction." 2016. URL: https://www.ligo.caltech.edu/news/ligo20160211.

[81] Lillicrap, T. P., Hunt, J. J., Pritzel, A., Heess, N., Erez, T., Tassa, Y., Silver, D., and Wierstra, D. "Continuous Control with Deep Reinforcement Learning." 2015. ARXIV: 1509.02971.

[82] Lin, L.-J. "Self-Improving Reactive Agents Based on Reinforcement Learning, Planning and Teaching." In: *Machine Learning* 8 (1992), pp. 293–321. URL: http://www.incompleteideas.net/lin-92.pdf.

[83] Mania, H., Guy, A., and Recht, B. "Simple Random Search Provides a Competitive Approach to Reinforcement Learning." 2018. ARXIV: 1803.07055.

[84] MarioKart 8. URL: https://mariokart8.nintendo.com.

[85] Metropolis, N. "The Beginning of the Monte Carlo Method." In: *Los Alamos Science*. Special Issue. 1987. URL: http://library.lanl.gov/cgi-bin/getfile?00326866.pdf.

[86] Microsoft Research. "Policy Gradient Methods: Tutorial and New Frontiers." YouTube video, 1:09:19. 2017. URL: https://youtu.be/y4ci8whvS1E.

[87] Mnih, V., Badia, A. P., Mirza, M., Graves, A., Harley, T., Lillicrap, T. P., Silver, D., and Kavukcuoglu, K. "Asynchronous Methods for Deep Reinforcement Learning." In: *ICML'16 Proceedings of the 33rd International Conference on International Conference on Machine Learning–Volume 48*. New York, NY, USA: JMLR.org, 2016, pp. 1928–1937. URL: http://dl.acm.org/citation.cfm?id=3045390.3045594.

[88] Mnih, V., Kavukcuoglu, K., Silver, D., Graves, A., Antonoglou, I., Wierstra, D., and Riedmiller, M. A. "Playing Atari with Deep Reinforcement Learning." 2013. ARXIV: 1312.5602.

[89] Mnih, V., Kavukcuoglu, K., Silver, D., Rusu, A. A., Veness, J., Bellemare, M. G., Graves, A., et al. "Human-Level Control through Deep Reinforcement Learning." In: *Nature* 518.7540 (Feb. 2015), pp. 529–533. ISSN: 00280836. URL: http://dx.doi.org/10.1038/nature14236.

[90] Molchanov, P., Tyree, S., Karras, T., Aila, T., and Kautz, J. "Pruning Convolutional Neural Networks for Resource Efficient Inference." 2016. ARXIV: 1611.06440.

[91] Moore, A. W. *Efficient Memory-Based Learning for Robot Control*. Tech. rep. University of Cambridge, 1990.

[92] Nielsen, M. *Neural Networks and Deep Learning*. Determination Press, 2015.

[93] Niu, F., Recht, B., Re, C., and Wright, S. J. "HOGWILD!: A Lock-Free

Approach to Parallelizing Stochastic Gradient Descent." In: *NeurIPS'11 Proceedings of the 24th International Conference on Neural Information Processing Systems*. USA: Curran Associates Inc., 2011, pp. 693–701. ISBN: 978-1-61839-599-3. URL: `http://dl.acm.org/citation.cfm?id=2986459.2986537`.

[94] Norman, D. A. *The Design of Everyday Things*. New York, NY, USA: Basic Books, Inc., 2002. ISBN: 9780465067107.

[95] Nvidia. "NVIDIA Launches the World's First Graphics Processing Unit: GeForce 256." 1999. URL: `https://www.nvidia.com/object/IO_20020111_5424.html`.

[96] NVIDIA. "NVIDIA Unveils CUDA–The GPU Computing Revolution Begins." 2006. URL: `https://www.nvidia.com/object/IO_37226.html`.

[97] Oculus. URL: `https://www.oculus.com`.

[98] OpenAI, Andrychowicz, M., Baker, B., Chociej, M., Józefowicz, R., McGrew, B., Pachocki, J., et al. "Learning Dexterous In-Hand Manipulation." 2018. ARXIV: 1808.00177.

[99] OpenAI Baselines. URL: `https://github.com/openai/baselines`.

[100] OpenAI Blog. "Faulty Reward Functions in the Wild." 2016. URL: `https://blog.openai.com/faulty-reward-functions`.

[101] OpenAI Blog. "Learning Dexterity." 2018. URL: `https://blog.openai.com/learning-dexterity`.

[102] OpenAI Blog. "More on Dota 2." 2017. URL: `https://blog.openai.com/more-on-dota-2`.

[103] OpenAI Blog. "OpenAI Baselines: DQN." 2017. URL: `https://blog.openai.com/openai-baselines-dqn`.

[104] OpenAI Blog. "OpenAI Five." 2018. URL: `https://blog.openai.com/openai-five`.

[105] OpenAI Blog. "OpenAI Five Benchmark: Results." 2018. URL: `https://blog.openai.com/openai-five-benchmark-results`.

[106] OpenAI Blog. "Proximal Policy Optimization." 2017. URL: `https://blog.openai.com/openai-baselines-ppo`.

[107] OpenAI Five. URL: `https://openai.com/five`.

[108] OpenAI Retro. URL: `https://github.com/openai/retro`.

[109] OpenAI Roboschool. 2017. URL: `https://github.com/openai/roboschool`.

[110] Parisotto, E., Ba, L. J., and Salakhutdinov, R. "Actor-Mimic: Deep Multitask and Transfer Reinforcement Learning." In: *4th International Conference on Learning Representations, ICLR 2016, San Juan, Puerto Rico, May 2–4, 2016, Conference Track Proceedings*. 2016. ARXIV: 1511.06342.

[111] Pathak, D., Agrawal, P., Efros, A. A., and Darrell, T. "Curiosity-Driven Exploration by Self-Supervised Prediction." In: *ICML*. 2017.

[112] Peters, J. and Schaal, S. "Reinforcement Learning of Motor Skills with Policy Gradients." In: *Neural Networks* 21.4 (May 2008), pp. 682–697.

[113] Peters, J. and Schaal, S. "Natural Actor-Critic." In: *Neurocomputing* 71.7–9 (Mar. 2008), pp. 1180–1190. ISSN: 0925-2312. DOI: 10.1016/j.neucom.2007.11.026.

[114] PyTorch. 2018. URL: `https://github.com/pytorch/pytorch`.

[115] Quiter, C. and Ernst, M. "deepdrive/deepdrive: 2.0." Mar. 2018. DOI: 10.5281/zenodo.1248998.

[116] ROLI. Seaboard: The future of the keyboard. URL: `https://roli.com/products/seaboard`.

[117] Rumelhart, D. E., Hinton, G. E., and Williams, R. J. "Learning Representations by Back-Propagating Errors." In: *Nature* 323 (Oct. 1986), pp. 533–536. DOI: 10.1038/323533a0.

[118] Rummery, G. A. and Niranjan, M. *On-Line Q-Learning Using Connectionist Systems*. Tech. rep. University of Cambridge, 1994.

[119] Samuel, A. L. "Some Studies in Machine Learning Using the Game of Checkers." In: *IBM Journal of Research and Development* 3.3 (July 1959), pp. 210–229. ISSN: 0018-8646. DOI: 10.1147/rd.33.0210.

[120] Samuel, A. L. "Some Studies in Machine Learning Using the Game of Checkers. II–Recent Progress." In: *IBM Journal of Research and Development* 11.6 (Nov. 1967), pp. 601–617. ISSN: 0018-8646. DOI: 10.1147/rd.116.0601.

[121] Schaul, T., Quan, J., Antonoglou, I., and Silver, D. "Prioritized Experience Replay." 2015. ARXIV: 1511.05952.

[122] Schulman, J., Levine, S., Moritz, P., Jordan, M. I., and Abbeel, P. "Trust Region Policy Optimization." 2015. ARXIV: 1502.05477.

[123] Schulman, J., Moritz, P., Levine, S., Jordan, M. I., and Abbeel, P. "High-Dimensional Continuous Control Using Generalized Advantage Estimation." 2015. ARXIV: 1506.02438.

[124] Schulman, J., Wolski, F., Dhariwal, P., Radford, A., and Klimov, O. "Proximal Policy Optimization Algorithms." 2017. ARXIV: 1707.06347.

[125] Silver, D., Huang, A., Maddison, C. J., Guez, A., Sifre, L., Van Den Driessche, G., Schrittwieser, J., Antonoglou, I., Panneershelvam, V., Lanctot, M., et al. "Mastering the Game of Go with Deep Neural Networks and Tree Search." In: *Nature* 529.7587 (2016), pp. 484–489.

[126] Silver, D., Hubert, T., Schrittwieser, J., Antonoglou, I., Lai, M., Guez, A., Lanctot, M., Sifre, L., Kumaran, D., Graepel, T., et al. "Mastering Chess and Shogi by Self-Play with a General Reinforcement Learning Algorithm." 2017. ARXIV: 1712.01815.

[127] Silver, D., Schrittwieser, J., Simonyan, K., Antonoglou, I., Huang, A., Guez, A., Hubert, T., Baker, L., Lai, M., Bolton, A., et al. "Mastering the Game of Go without Human Knowledge." In: *Nature* 550.7676 (2017), p. 354.

[128] Smith, J. E. and Winkler, R. L. "The Optimizer's Curse: Skepticism and Postdecision Surprise in Decision Analysis." In: *Management Science* 52.3 (2006), pp. 311–322. URL: http://dblp.uni-trier.de/db/journals/mansci/mansci52.html#SmithW06.

[129] Stanford osim-RL. URL: https://github.com/stanfordnmbl/osim-rl.

[130] Sutton, R. S. "Dyna, an Integrated Architecture for Learning, Planning, and Reacting." In: *ACM SIGART Bulletin* 2.4 (July 1991), pp. 160–163. ISSN: 0163-5719. DOI: 10.1145/122344.122377.

[131] Sutton, R. S. "Learning to Predict by the Methods of Temporal Differences." In: *Machine Learning* 3.1 (1988), pp. 9–44.

[132] Sutton, R. S. and Barto, A. G. *Reinforcement Learning: An Introduction*. Second ed. The MIT Press, 2018. URL: https://web.stanford.edu/class/psych209/Readings/SuttonBartoIPRLBook2ndEd.pdf.

[133] Sutton, R. S., McAllester, D., Singh, S., and Mansour, Y. "Policy Gradient Methods for Reinforcement Learning with Function Approximation." In: *NeurIPS'99 Proceedings of the 12th International Conference on Neural Information Processing Systems*. Cambridge, MA, USA: MIT Press, 1999, pp. 1057–1063. URL: http://dl.acm.org/citation.cfm?id=3009657.3009806.

[134] Teh, Y. W., Bapst, V., Czarnecki, W. M., Quan, J., Kirkpatrick, J., Hadsell, R.,

Heess, N., and Pascanu, R. "Distral: Robust Multitask Reinforcement Learning." 2017. ARXIV: 1707.04175.

[135] Tesauro, G. "Temporal Difference Learning and TD-Gammon." In: *Communications of the ACM* 38.3 (Mar. 1995), pp. 58–68. ISSN: 0001-0782. DOI: 10.1145/203330.203343.

[136] Todorov, E., Erez, T., and Tassa, Y. "MuJoCo: A Physics Engine for Model-Based Control." In: *IROS*. IEEE, 2012, pp. 5026–5033. ISBN: 978-1-4673-1737-5. URL: http://dblp.uni-trier.de/db/conf/iros/iros2012.html#TodorovET12.

[137] Tsitsiklis, J. N. and Van Roy, B. "An Analysis of Temporal-Difference Learning with Function Approximation." In: *IEEE Transactions on Automatic Control* 42.5 (1997). URL: http://www.mit.edu/~jnt/Papers/J063-97-bvr-td.pdf.

[138] Unity. URL: https://unity3d.com.

[139] Unreal Engine. URL: https://www.unrealengine.com.

[140] van Hasselt, H. "Double Q-Learning." In: *Advances in Neural Information Processing Systems 23*. Ed. by Lafferty, J. D. et al. Curran Associates, 2010, pp. 2613–2621. URL: http://papers.nips.cc/paper/3964-double-q-learning.pdf.

[141] van Hasselt, H., Guez, A., and Silver, D. "Deep Reinforcement Learning with Double Q-Learning." 2015. ARXIV: 1509.06461.

[142] Vinyals, O., Ewalds, T., Bartunov, S., Georgiev, P., Vezhnevets, A. S., Yeo, M., Makhzani, A., et al. "StarCraft II: A New Challenge for Reinforcement Learning." 2017. ARXIV: 1708.04782.

[143] Walt, S. v., Colbert, S. C., and Varoquaux, G. "The NumPy Array: A Structure for Efficient Numerical Computation." In: *Computing in Science and Engineering* 13.2 (Mar. 2011), pp. 22–30. ISSN: 1521-9615. DOI: 10.1109/MCSE.2011.37.

[144] Wang, Z., Schaul, T., Hessel, M., van Hasselt, H., Lanctot, M., and Freitas, N. d. "Dueling Network Architectures for Deep Reinforcement Learning." 2015. ARXIV: 1511.06581.

[145] Watkins, C. J. C. H. "Learning from Delayed Rewards." PhD thesis. Cambridge, UK: King's College, May 1989. URL: http://www.cs.rhul.ac.uk/~chrisw/new_thesis.pdf.

[146] Widrow, B., Gupta, N. K., and Maitra, S. "Punish/Reward: Learning with a Critic in Adaptive Threshold Systems." In: *IEEE Transactions on Systems, Man, and Cybernetics* SMC-3.5 (Sept. 1973), pp. 455–465. ISSN: 0018-9472. DOI: 10.1109/TSMC.1973.4309272.

[147] Wierstra, D., Förster, A., Peters, J., and Schmidhuber, J. "Recurrent Policy Gradients." In: *Logic Journal of the IGPL* 18.5 (Oct. 2010), pp. 620–634.

[148] Williams, R. J. "Simple Statistical Gradient-Following Algorithms for Connectionist Reinforcement Learning." In: *Machine Learning* 8.3–4 (May 1992), pp. 229–256. ISSN: 0885-6125. DOI: 10.1007/BF00992696.

[149] Williams, R. J. and Peng, J. "Function Optimization Using Connectionist Reinforcement Learning algorithms." In: *Connection Science* 3.3 (1991), pp. 241–268.

[150] Wydmuch, M., Kempka, M., and Jaśkowski, W. "ViZDoom Competitions: Playing Doom from Pixels." In: *IEEE Transactions on Games* 11.3 (2018).

[151] Xia, F., R. Zamir, A., He, Z.-Y., Sax, A., Malik, J., and Savarese, S. "Gibson Env: Real-World Perception for Embodied Agents." In: *2018 IEEE/CVF Conference on Computer Vision and Pattern Recognition*. IEEE. 2018. ARXIV: 1808.10654.

[152] Zhang, A., Wu, Y., and Pineau, J. "Natural Environment Benchmarks for Reinforcement Learning." 2018. ARXIV: 1811.06032.

[153] Zhang, S. and Sutton, R. S. "A Deeper Look at Experience Replay." 2017. ARXIV: 1712.01275.

推荐阅读

深度强化学习：基于Python的理论及实践（英文版）

作者：[美] 劳拉·格雷泽（Laura Graesser） 龚辉伦（Wah Loon Keng）

ISBN：978-7-111-67040-7 定价：119.00元

深度学习基础教程

作者：赵宏 主编 于刚 吴美学 张浩然 屈芳瑜 王鹏 参编

ISBN：978-7-111-68732-0 定价：59.00元